ナノバイオテクノロジー
—新しいマテリアル，プロセスとデバイス—
Nano-Biotechnology
—New Material, Process and Device—

監修：植田充美

シーエムシー出版

はじめに

ヒトをはじめ，多くの生物のゲノム情報が続々と解明され，この情報を応用する研究や産業が展開し，遺伝子（DNA）という分子にまつわる技術が格段に進歩しつつあります。この発展には，コンピューターによる情報技術（IT）と遺伝子工学に代表されるバイオテクノロジーの融合が大きく寄与しています。この流れは，マテリアルサイエンスの進展によるマイクロレベルでの加工技術であるチップテクノロジーにより，網羅的（コンビナトリアル）な研究手法を可能にし，生命科学の研究を一気に変貌させてきています。

しかし，ポストゲノム研究の中核を占めるプロテオームやメタボローム研究とそれを通じて一個の細胞の生きざまともいえる動態を解析することにおいて，複雑で，不安定な要素をふくむポストゲノム時代の主人公たちの分子の把握には，さらなる高度なテクノロジーが渇望されてきました。ナノテクノロジーは，こういった期待に応えうる技術として，現在のバイオテクノロジーへの浸透が始まり，やがて融合し，いわゆるナノバイオテクノロジーという新しい魅力に富んだ研究分野や産業の萌芽への胎動が聞こえ始めてきています。

ナノバイオテクノロジーの究極の世界は，ナノテクノロジーやITとともに，生命の基本的分子メカニズムの解析を行うナノバイオロジーとの3者による融合や，これにより開拓されてきた革新的なコンビナトリアル・サイエンスの世界を通して，分子レベルで自在に制御できる生体高分子を創製したり，それを組織化して有機組織体（細胞）を構築したりするバイオエンジニアリングの世界であろうと考えられます。この方向に，新しい産業や社会の活性化と，さらには，若い世代へのフューチャーサイエンスへの関心の喚起を託していけるのではないでしょうか。

現在のナノバイオテクノロジーの最新技術を結集した本成書が，究極のナノバイオテクノロジーに向かう多くの研究や研究者の一助になることを願うものであります。また，本分野でご活躍中の先生方には，超ご多忙の中，ご執筆頂き，改めて深謝いたしますとともに，ナノバイオテクノロジーという新しい研究分野の発展を祈念いたします。

2003年10月

京都大学大学院農学研究科

応用生命科学専攻

植田　充美

普及版の刊行にあたって

本書は2003年に『ナノバイオテクノロジーの最前線』として刊行されました。普及版の刊行にあたり，内容は当時のままであり加筆・訂正などの手は加えておりませんので，ご了承ください。

2009年8月

シーエムシー出版　編集部

執筆者一覧(執筆順)

植田充美	(現) 京都大学大学院　農学研究科　応用生命科学専攻　教授
渡邉英一	(現) 東北大学　未来科学技術研究センター　産学官連携研究員
阿尻雅文	(現) 東北大学　原子分子材料科学高等研究機構　教授
細川和生	(現) ㈱理化学研究所　前田バイオ工学研究室　専任研究員
前田瑞夫	(現) ㈱理化学研究所　前田バイオ工学研究室　主任研究員
森本展行	東京医科歯科大学　生体材料工学研究所　助手
秋吉一成	東京医科歯科大学　生体材料工学研究所　教授
東　雅之	(現) 大阪市立大学大学院　工学研究科　化学生物系専攻　教授
近藤昭彦	(現) 神戸大学大学院　工学研究科　応用化学専攻　教授
大西徳幸	(現) マグナビート㈱　代表取締役社長
松村英夫	㈱産業技術総合研究所　光技術研究部門＆ライフエレクトロニクス研究ラボ　主任研究員
伊藤嘉浩	㈶神奈川科学技術アカデミー　伊藤「再生医療バイオリアクター」プロジェクト　プロジェクトリーダー (現) ㈱理化学研究所　基幹研究所　伊藤ナノ医工学研究室　主任研究員
石塚紀生	㈱京都モノテック　研究開発部　主任研究員 (現) ㈱エマオス京都　代表取締役
水口博義	(現) ㈱京都モノテック　代表取締役
一木隆範	(現) 東京大学大学院　工学系研究科　バイオエンジニアリング専攻　准教授
高橋治雄	(現) ㈱豊田中央研究所　バイオ研究室　室長（主監）
芝　清隆	(現) ㈶癌研究会癌研究所　蛋白創製研究部　部長
本多裕之	(現) 名古屋大学大学院　工学研究科　化学・生物工学専攻　教授
加藤竜司	(現) 名古屋大学　工学研究科　生物機能工学専攻　助教
神谷秀博	(現) 東京農工大学大学院　共生科学技術研究院　教授
松永　是	東京農工大学　工学部　生命工学科　教授
田中　剛	(現) 東京農工大学大学院　共生科学技術研究院　准教授

民谷栄一	(現) 大阪大学大学院　工学研究科　精密科学・応用物理学専攻 教授
長棟輝行	(現) 東京大学大学院 工学系研究科 バイオエンジニアリング専攻 教授 化学生命工学専攻 (兼務)
加地範匡	徳島大学　薬学部　科学技術振興事業団CREST　大学院生・ 日本学術振興会　特別研究員 (DC) (現) 名古屋大学大学院　工学研究科　化学・生物工学専攻 応用化学分野　助教
長田英也	徳島大学　薬学部　科学技術振興事業団CREST　大学院生 (現) ㈱産業技術総合研究所　健康工学研究センター 特別研究員
馬場嘉信	(現) 名古屋大学大学院　工学研究科　教授； ㈱産業技術総合研究所　健康工学研究センター　副センター長
岩堀健治	(現) ㈱科学技術振興機構　さきがけ　専任研究員
村岡雅弘	㈱科学技術振興事業団　戦略的創造研究推進事業　研究員
山下一郎	松下電器産業㈱　先端技術研究所　主幹研究員
伊永隆史	(現) 首都大学東京大学院　理工学研究科　教授
斉藤美佳子	(現) 東京農工大学大学院　工学府　生命工学専攻　准教授
松岡英明	東京農工大学　工学部　生命工学科　教授
桂　進司	豊橋技術科学大学　エコロジー工学系　助教授 (現) 群馬大学大学院　工学研究科　環境プロセス工学専攻 教授
山口猛央	東京大学大学院 工学系研究科 化学システム工学専攻 助教授 (現) 東京工業大学　資源化学研究所　教授
後藤雅宏	(現) 九州大学大学院　工学研究院　応用化学部門　教授
迫野昌文	九州大学大学院　工学研究院　応用化学部門　日本学術振興会 特別研究員 (現) ㈱科学技術振興機構　さきがけ　構造機能と計測分析領域 さきがけ研究者； ㈱理化学研究所　前田バイオ工学研究室　訪問研究員

大内　敬	東京理科大学　理工学部　応用生物科学科　助手 (現) パラエストラ小岩　代表
新井孝夫	東京理科大学　理工学部　応用生物科学科　教授
新谷幸弘	ジーエルサイエンス㈱　技術開発部
中野秀雄	(現) 名古屋大学大学院　生命農学研究科　教授
黒田俊一	(現) 名古屋大学大学院　生命農学研究科　生命技術科学専攻 生物機能技術科学講座　教授
谷澤克行	大阪大学　産業科学研究所　教授
妹尾昌治	(現) 岡山大学大学院　自然科学研究科　教授
上田政和	(現) 慶應義塾大学　一般・消化器外科　准教授
花木賢一	(現) 東京大学大学院　医学系研究科附属疾患生命工学センター 講師
山本健二	(現) 国立国際医療センター・国際臨床研究センター　センター長
福森義信	神戸学院大学　薬学部　教授
市川秀喜	(現) 神戸学院大学　薬学部　製剤学研究室・ライフサイエンス産学連携研究センター　准教授
谷山義明	(現) 大阪大学大学院　医学系研究科　臨床遺伝子治療学　准教授
島村宗尚	大阪大学大学院　医学系研究科　臨床遺伝子治療学・遺伝子治療学　大学院生
金田安史	(現) 大阪大学　医学系研究科　教授
森下竜一	(現) 大阪大学大学院　医学系研究科　臨床遺伝子治療学 寄附講座　教授
田畑泰彦	京都大学　再生医科学研究所　生体組織工学研究部門 生体材料学分野　教授
大和雅之	(現) 東京女子医科大学　先端生命医科学研究所　教授
岡野光夫	(現) 東京女子医科大学　先端生命医科学研究所　所長・教授
上田太郎	㈱ 産業技術総合研究所　ジーンファンクション研究センター 主任研究員 (現) ㈱ 産業技術総合研究所　セルエンジニアリング研究部門 部門付き

平 塚 祐 一	㈱産業技術総合研究所　ジーンファンクション研究センター　日本学術振興会　特別研究員 (現) 北陸先端科学技術大学院大学　マテリアルサイエンス研究科　講師
米 倉 功 治	大阪大学大学院　生命機能研究科　助手・科学技術振興事業団 ICORP超分子ナノマシンプロジェクト　研究員 (現) ㈱理化学研究所　播磨研究所　米倉生体機構研究室　准主任研究員
眞木さおり	科学技術振興事業団　ICORP超分子ナノマシンプロジェクト　研究員 (現) ㈱理化学研究所　播磨研究所　タンパク質結晶構造解析研究グループ　研究員
難 波 啓 一	(現) 大阪大学大学院　生命機能研究科　教授
多田隈尚史	早稲田大学　理工学部　物理学科　助手
座 古　 保	早稲田大学　理工学部　物理学科　客員研究員 (現) ㈱理化学研究所　バイオ工学　専任研究員
船 津 高 志	早稲田大学　理工学部　物理学科　教授 (現) 東京大学大学院　薬学系研究科　生体分析化学教室　教授
円 福 敬 二	九州大学大学院　システム情報科学研究院　超伝導科学部門　教授
加 藤　 薫	(現) ㈱産業技術総合研究所　脳神経情報研究部門　主任研究員
安 藤 敏 夫	(現) 金沢大学　理工研究域数物科学系　教授
眞 島 利 和	㈱産業技術総合研究所　光技術研究部門　ライフエレクトロニクス研究ラボ　主任研究員
田 之 倉 優	(現) 東京大学大学院　農学生命科学研究科　教授
伊 東 孝 祐	東京大学大学院　農学生命科学研究科　産学連携研究員
水 谷 泰 久	(現) 大阪大学大学院　理学研究科　教授

執筆者の所属表記は，注記以外は2003年当時のものを使用しております。

目　次

第1章　ナノテクノロジーとバイオテクノロジーの融合　植田充美

第2章　ナノバイオテクノロジーの潮流

第3章　ナノバイオテクノロジーを支えるマテリアル

第4章　ナノバイオテクノロジーを支えるインフォーマティクス

第5章　ナノバイオテクノロジーで広がるプロセスとデバイス

第6章　ナノバイオテクノロジーで広がる新しい世界

第1章　ナノテクノロジーとバイオテクノロジーの融合

植田充美*

1　はじめに

最近，ナノテクノロジーという言葉や技術がマスコミや各種記事を賑わし，眼にしない日がないくらいにあっという間に産業や社会に浸透してきている。これは，かつての情報技術（IT）やバイオテクノロジーが席巻したつい最近の出来事の再来のごとく感じられている。ところが，これまでと趣を異にする点として，このナノテクノロジーの技術がITをひとつの接着剤として，バイオテクノロジーを融合させ，一種の産業革命を誘因するかのような大きなうねりを作りつつあることである。これが，この書物の基盤となるナノバイオテクノロジーなのである。バイオナノテクノロジーとも一部では称されてもいるが，ここでは，前者のナノバイオテクノロジーで統一してゆきたい。

2　マテリアルを基盤とするナノバイオテクノロジー

1996年4月，ヒト細胞も含まれる真核細胞のなかから，その第1号として，単細胞である酵母の全ゲノム解析が完了したのを皮切りに，バクテリアやウイルスなどの原核細胞やショウジョウバエや線虫などの多細胞生物の全ゲノム解析が進み，ついに2000年6月にヒトの全ゲノム解析のドラフトデータが発表された。その後も植物個体としては初めて，2000年12月にシロイヌナズナ，さらに，2001年には，魚類として初めて，フグの全ゲノム解析が報告された。このように，多くの生物のゲノム情報の解析が急速に進展している。さらに，エラープローン法やDNAシャッフリング法を始め，種々の遺伝子工学的手法の導入により利用できる遺伝子（DNA）の情報プールはますます拡大しつつ多様性をおびてきており，これらDNA情報資源の活用は，まさに人類の未来社会の構築に重要かつ急務な課題となってきている。そして，これまでの化石燃料を資源とする産業に代わり，ポストゲノムやプロテオミックスといったDNA情報を資源とした新しいサイエンスや産業が創出されようとしているのである。DNAの情報は，4つの塩基の並び，すなわち，配列や長さはランダムでかつ，無制限な組み合わせが可能な化学分子である。ところが，その情報分子が翻訳されてタンパク質分子に変換されると，その組み合わせは，4塩基から20アミノ酸の組み

---

* Mitsuyoshi Ueda　京都大学大学院　農学研究科　応用生命科学専攻　教授

合わせへと膨張する。しかも，生物は基本的には，このタンパク質で機能していることを考えると，ゲノムから読み取られる網羅的タンパク質群の機能の解析とこれを基にしたライフサイエンス研究と産業形成が究極の未来社会の基盤となるのも自明であろう。

バイオテクノロジーの根幹をなすDNAという情報高分子はITを母体とするコンピューターテクノロジーにとっては，扱いやすい格好の研究材料である。というのも，それらが，単純な4つの塩基の組み合わせからなり，アルファベットでいえば，A，T，G，Cの単純な組み合わせで処理できるからである。従って，バイオインフォマティックスの分野の中には，単なるパズル解きのような無機的なドライな方向へ一人歩きしている世界が生まれてきているのも現状でもある。しかし，マイクロやナノテクノロジーによる微細加工技術に代表されるマテリアルテクノロジーは，微粒子やDNAチップなどを生み出し，ヒトのDNA診断や徐放製剤などの医療の面や各種生物細胞の機能の解析など，DNA情報の応用や基礎研究への必須な支援テクノロジーとなってきている。なかでもDNAチップは，細胞の全転写産物である総メッセンジャーRNAの網羅的解析に用いられ，これまで，1つ1つの分子を逐一調べていた研究が一気に短時間に全分子を同時に網羅的に解析できるようになり，細胞の動的な挙動の理解に格段の進歩をもたらした。これにより，医療面では，遺伝病や疾患の迅速判定などにも用いられ，医療もゲノミックス時代に突入している。さらに，第2世代の微細加工技術としてマイクロリアクターやDNA配列分析用電気泳動チップなどのいわゆる流体系のキャピラリーやチップなどのデバイスも現れ始めた。流体系のキャピラリー微細加工チップは，多種類の類縁化学化合物を微少量作製して研究に供するコンビナトリアル・ケミストリーの隆盛が生み出してきた産物とも言えよう。これは，マイクロリアクターとして，省エネルギーと溶媒の少量化による環境にも優しい一種のマイクロ化学工場として，大いに発展していくことが期待されている。このテクノロジーは，DNAの塩基配列を高速に分析決定できる電気泳動チップなどへと展開しており，バイオテクノロジーにおける配列分析の超高度化，超高速化に拍車がかかっている。したがって，DNAの配列解析とその活用に焦点をおくゲノミックス時代は，マテリアルテクノロジーとバイオテクノロジーの融合の始まりでもある。

さらに，プロテオームやメタボローム解析への未来型トータルアナリシスシステムとして第3世代型のチップなどへの開発が進んでいる。こういう展開をみせるナノバイオテクノロジーを背景に，ヒトの全ゲノムデータを用いて，これまでにない新規な医薬を創り出す「ゲノム創薬」という言葉も生み出され，生命情報というものを基盤にしたニューバイオテクノロジーが着実に新しいサイエンスの分野と産業を形づくっていくものと考えられる。

こういった新しい時代を迎えつつある現在，これまでの培養工学を基にした旧来のマクロなバイオテクノロジーをバックボーンにもち，細胞一個一個をマニピュレートしたり，それぞれの活性を基にしたマイクロスクリーニング手法が可能になり，さらに，網羅的なタンパク質の創成も可能になり，ハイスループットに網羅的に個々のタンパク質や細胞の活性や機能を検出・評価していく点で，異分野である「ナノテクノロジー」は，バイオテクノロジーに融合していき，これまでの産業やサイエンスに新風を巻き起こし，「ナノ」をキーワードに，新しいプロセスやデバイスの開発が進みつつあり，ナノ分子デザイン，ナノ医療などの新しい「ナノバイオテクノロジー」の分野を開拓しながら，新しいライフサイエンスの世界が広がりつつある。

3　生命体を基盤とするナノバイオテクノロジー

生物細胞の細胞を構成する生体高分子や細胞内小器官など細胞の生命たる構成物はそのほとんどがナノメートルの世界である。従って，これらの基礎的な面はすべてナノバイオロジーと呼んでも過言ではない。これらの活動や生合成の分子メカニズムを明らかにする分子生物学や生物構造化学もナノバイオロジーの世界の学問である。これらを解析してゆき，ゆくゆくはこれらと同等のものを制御して組織化したり，究極的には，細胞と等価なマイクロやナノマシンなどを構築していくプロセスには，上述したようなマテリアルに立脚したバイオテクノロジーが必須であることは周知のことであろう。従って，これまで述べてきているナノバイオテクノロジーは，まだ成熟状態に向かいつつある過渡期のバイオテクノロジーであり，マテリアルやITとともに，生命の基本的分子メカニズムの解析を取り込んだナノバイオロジーとの3者による融合により，生体高分子を自在に操り細胞を自由に形作れる真のナノバイオテクノロジーが開けてくるものと考えられる。そういう意味でも，現在のナノバイオテクノロジーの最新技術を結集した本成書が究極のナノバイオテクノロジーに向かう多くの研究や研究者の一助になることを願うものである。

第2章　ナノバイオテクノロジーの潮流

1　ナノバイオテクノロジーの基盤化と産業創生

渡邉英一*

1.1　はじめに

近年，世界各国におけるナノテクノロジーに対する科学技術の研究費への配分は拡大を続けており，得られた成果を技術移転して既存の産業を活性化させるだけではなく，新たな産業を創生する期待がますます高まっている。それは，ヒトゲノムの解読以後に高まった，ポストゲノムを中心とするバイオテクノロジーへの期待にまさるとも劣らない。しかしながら，ナノテクノロジーという名称は，サイズのスケールを示す「ナノ」と，技術を示す「テクノロジー」からなる言葉の組み合せから成り立つために，個々の学問領域名や具体的な技術の応用名を冠する新たなテクノロジー，例えばバイオテクノロジー，メカトロニクス，オプトエレクトロニクスなどにくらべて，理解が容易ではない。技術者や研究者でさえ，時として互いに理解が異なることがある。それは，名称が具体的ではないという理由だけではなく，あらゆるサイエンスの領域，産業技術の領域を横串に貫く基盤技術であるがゆえに理解を阻んでいると思われる。すなわち，近代科学が要素還元的な手法により目覚しく発展し，その結果として細分化，専門化が著しく進んだが，それら細分化された科学に立脚した個別の産業技術と方法論に私たちは慣れ親しんだために，領域を横断する方法論に不慣れであるためと考えられる。

人類は，産業革命以来，自然を征服し制御して有用な人工物を生み出し，近代工業社会を生み出してきた。筆者は，後述するようにナノバイオテクノロジーが含む本質を考えると，それはこれまでのように人間が自然を制御して人工物を作るのではなく，人間自体も自然界に包含することを前提にした，従来にはない製品を生み出し得るのではないかと考えている。ナノバイオテクノロジーは，現在その科学技術および応用の実体は，いまだ萌芽的な状況を出ていない。したがって，個々の事例を紹介してもすぐに陳腐化してしまうであろう。本稿では，ナノバイオテクノロジーの本質とそれにもとづく様々な応用の可能性を考え，その実用化のために私たちはどのようなことに取り組まなければならないのか，産業界への技術移転という立場にたって次世代産業創

---

*　Eiichi Watanabe　化学工学会　ナノマテリアルセンター　部長・ナノテクノロジープログラム（ナノマテリアルプロセス技術）材料技術の知識の構造化PJ　技術統括部長

生の可能性と期待について述べてみたい。

1.2　ナノバイオテクノロジーの各国の取り組み

1.2.1　ナノテクノロジー特許動向

ナノバイオテクノロジーについて述べる前に，ナノテクノロジーそのものの各国の産業への応用をみてみよう。ナノテクノロジーの実用化に焦点を当てた調査報告書や成書は数多く出版されているが，その内容は，各国の科学技術政策，研究開発動向やベンチャー企業創出など，主として技術移転，ベンチャー育成の課題などを比較，分析，議論している例がほとんどである。一方，産業界の動向，具体的には特許をとりあげ，定量的に調査，解析している例は少ない。最近，特許庁総務部技術調査課により，ボトムアップ型技術を中心とする特許出願技術動向調査が報告された[1)]。報告書は，ナノマテリアル（ナノ微粒子，ナノカプセル，ナノチューブ，巨大分子，フラーレン，量子効果マテリアルおよび分子細線）およびナノ構造関連（ナノ構造体，ナノ構造形成）を調査の対象とし，1991年から2000年までに出願された特許分析と各国の競争力の比較を行っている。中でも注目したい点は，応用分野の国別比較である。ここで明らかになったのは，ナノマテリアルおよびナノ構造体関連に対して，米国，欧州が，医療・バイオの領域に圧倒的な力を注いでいるのに対し，日本の出願がきわめて少ないことである。ナノマテリアル応用分野の具体例は，化粧品組成物，エアロゾル薬剤，バイオセンサー，ナノエマルジョン化粧品，生体適合性評価試薬，DNA分析，DDS，免疫検査薬，がん治療薬，X線増感剤，MR増感剤，生体磁場測定，生化学発光センサーなどであり，ナノ構造体関連では，ナノポーラス構造を利用するバイオリアクター，イムノセンサー，ナノ構造メンブレン，抗原センサー，バイオセンサー，バイオチップなどである。一方，医療，バイオ分野とは対照的に，エレクトロニクス応用分野では，ナノマテリアル，ナノ構造体関連ともに，日本単独で半数近くを占める。以上の事実は，日本がエレクトロニクス分野の製造業が強く，この分野におけるナノテクノロジーの応用に対する日本企業の熱心な取り組みを反映している。これは別の見方として，日本企業がボトムアップ型の研究開発よりも，既存の技術を用いて比較的短期間に応用できるトップダウン型の研究開発に集中しているとも見なしうる。一方，医療，バイオ分野は，製品を異分野技術領域間にまたがってかつ基礎から開発しなければならないために，その開発リスクはきわめて大きい。それにもかかわらず，欧米企業が，医療，バイオ分野こそがナノテクノロジーを応用して高い利益を生み出す分野であると見定めて，長期的な視野でこの分野に先行投資を行っているとするならば，日本の次世代産業創生を考える上で見過ごせない事実である。

1.2.2　ナノバイオテクノロジーの主要国の取り組み

以上に述べたナノテクノロジーの実用化に関する各国の動向を念頭において，ナノバイオテクノロジーに対する各国政府の科学技術研究に対する取り組みの動向を概観してみよう。なお，各国の科学技術予算がナノテクノロジーの研究プログラムに重点的に振り向けられており，その研究開発プログラムの中にはナノバイオテクノロジーの関連テーマが何がしか含まれるために，各国の厳密な比較は容易でない。ここではナノバイオテクノロジーを重点分野領域とみなし，ナノバイオテクノロジーに関する研究プログラムを設定して取り組んでいる，米国，英国，日本の三国を取り上げて紹介する[2)]。

表1，2，3に米英日各国の主要な研究機関と開発の対象となる科学技術，応用先を表にまとめた。わが国の府省「連携プロジェクト」をまとめた表3では，実施研究機関名は省き，省庁別に記載した。一見して分かるように，研究テーマおよびその応用先は各国の間で差はそれほど見られない。しかしながら，ナノバイオテクノロジー関連の国家プロジェクト設定の経緯や，取り組み体制は各国それぞれ事情が異なる。

周知のように米国はいち早く国家戦略としてNational Nanotechnology Initiative（NNI）を発足させたが，ナノバイオテクノロジー分野を当初から戦略的な分野として位置づけ，積極的に取り組んでいる。それは，ナノバイオテクノロジーの名を冠したコーネル大学の，「ナノバイオテクノロジーセンター」（NBTC）や，ナノテクノロジーに生物および環境の視点を組み入れたライス大学の「生物および環境ナノテクノロジーセンター」（CBEN）の設立に見られるように明らかである。ファンドの提供先は，NIH，NASA，NSFなどが中心である。また，米国では，MEMSの一分野であるBIOMEMSが以前から盛んに研究されていたことも見逃せない。それは，ナノテクノロジーを取り入れて，新たにBIONEMSという領域が生まれ，更なる展望を得ることになった。このことは，米国がすでに，バイオ，エレクトロニクス，マイクロマシンという領域横断型でかつ統合型の研究開発経験が十分あり，異分野を横断するナノバイオテクノロジーの研究開発を行うための素地がすでにあることを意味する。

英国ではナノテクノロジーの領域横断的な性格を意識して，インターディシプリナリー・リサーチ・コラボレーション（IRC）をタイトルとした二つのナノテクノロジープログラムが実施されている（表2）。中でもバイオナノテクノロジー・IRCは，研究対象が広いナノバイオテクノロジーではなく，バイオ分子の構造，機能を有効に使うバイオナノテクノロジーに焦点をあてている。これはおそらく，英国のアカデミアが持つ生物，物理，化学の伝統的な基礎学問研究の力を意識して，その強みを活かして果実を実らせようという戦略であろう。

以上の米英の取り組みに対し，これまでわが国は，ナノバイオテクノロジーを将来の産業社会を形作る鍵となる技術とみなして国家レベルでこの分野に戦略的に取り組んでいたとは言いがたい。しかしながら，近年内閣府・総合科学技術会議において，ナノテクノロジー・材料分野の産業発掘の推進について議論が重ねられ，10年後に世界市場を主導できるわが国発の企業群を，

表1　ナノバイオテクノロジー分野の米国の取り組み

研究機関例	研究開発テーマ，内容	応用
National Institutes of Health (NIH)	1) ナノマテリアル科学（生体とのインターフェーシング） 2) ナノイメージング技術（細胞活動動態観測） 3) セルバイオロジー（細胞内過程のナノスケール研究） 4) 分子センシング技術（生体シグナル，細胞内外単一分子検出） 5) ナノモーター技術（パワー供給の構造と機能，自己組織化の理解） 6) 機械的，化学的，細胞移植ナノテクノロジー 7) ナノ－バイオプロセッサー技術（代謝経路統合，生体プロセス修正） 8) ナノシステム設計と応用（健康・病の生体プロセス計測基本原理とツールおよびナノシステム集積方法論）	
NASA Ames Research Center	カーボンナノチューブ（CNT）を制御された長さで成長させる技術	医療診断用チップ（癌検査用）
University of Michigan	細胞膜および細胞間プロセスの直接，リアルタイムケミカル・イメージング技術	光学ナノセンサー
Indiana University	化合物半導体ナノ粒子（クォンタムドット）による遺伝子の大量迅速分析技術	遺伝子分析装置
Pennsylvania State Univ. Surromed, Inc.	ハイスループットDNAおよび蛋白アッセイ用メタリックバーコード	DNA，蛋白分析装置
Univ. of California Santa Cruz	単一鎖の核酸分子を膜のナノポアを通してイオン伝導度を制御する技術	単一分子DNAシーセンサー
Princeton University / Cornell University	シリコン上にナノ加工された構造にDNAをトラップさせる技術	DNA分析システム
Scripps Research Institute	新しい抗細菌環状ペプチドの開発（D-アミノ酸とL-アミノ酸を交互に有する環状ペプチドの自己組織化によるナノチューブ形成の利用）	抗細菌剤
Center for Biological and Environmental Nanotechnology (CBEN, Rice Univ.)	ウエット／ドライ　インターフェースの研究 (1) ナノ構造 1) バイオナノコンジュゲートの生物活性 2) 複合水媒体のシングルウォールナノチューブ 3) 蛋白ナノワイヤー (2) 生物エンジニアリング 1) 治療用途ナノシェル 2) 骨代替用ナノコンポジット 3) コントラスト・エージェント用ナノマテリアル (3) 環境エンジニアリング 1) ナノ構造を有するメンブレン 2) ナノスケールでのポリマー分子の流動シミュレーション 3) ナノマテリアルの環境問題	

（つづく）

表1 ナノバイオテクノロジー分野の米国の取り組み （つづき）

研究機関例	研究開発テーマ，内容	応用
the Nanobiotechnology Center (NBTC) Cornell University (NSF)	1）バイオ分子デバイスおよび分析（バイオ分子の機能と性質） 2）バイオ分子のダイナミクス（バイオ分子のモーションと細胞機能） 3）細胞ミクロダイナミクス（細胞機能と性質） 4）細胞／表面相互作用（細胞の環境に対する応答） 5）ナノスケール細胞生物学（細胞の刺激と応答メカニズム） 6）ナノスケール材料（生体における材料のナノスケールでの機能）	
University of Illinois at Urbana-Champaign, University of California at Berkely (NSF)	プロテインロジック： 細胞間ニューラルネットワーク化学プロセッサー用蛋白アレーの構築	Bio-MOSFET
University of Texas Austin (NSF)	生物学的原理に基づく電子材料のナノスケールでの集積（ペプチド，RNA テンプレートによる多層電子材料の正確な配列制御）	
Rice University, University of Wisconsin, Madison (NSF)	ナノスケール三次元構造構築材料としての蛋白結晶（蛋白クロスリンキング技術，金属挿入蛋白）	触媒，フォトニクスなど
University of California Davis (NSF)	新たなユーロピウムラベリング技術（アミノ基含有シランでコーティングされた酸化ユーロピウムナノ粒子）	高速度イムノアッセイ
New York University, California Institute of Technology (NSF)	DNA を利用するナノメカニカルデバイス（DNA ナノ構造の大規模シミュレーション結果に基づく設計。さらに，遺伝子制御模倣システムの検証）	

表2 ナノバイオテクノロジー分野の英国の取り組み

研究機関例	研究開発テーマ，内容	応用
The UK Bionanotechnology IRC Oxford University, Glasgow University, York University	1）分子機械（蛋白分子を統合して高性能な線形・回転運動を有するデバイスの構築） 2）機能性膜蛋白（イオンチャンネル，リセプターも含んだナノスイッチ，ナノトリガーの開発） 3）ナノエレクトロニクスおよびナノフォトニクス（電子的，光学的に活性なバイオ分子の活性デバイス，ネットワーク，バイオセンサーの開発）	センサー，ラボ・オン・チップ，マイクロナノシステム，光学ピンセット，分子モーター
The IRC in Nanotechnology University of Cambridge, University College London, University of Bristol	1）分子スケール精度での三次元構造の加工 2）パターン形成基質上での自己組織化によるソフトな層形成 3）ナノスケール界面の機械的，電子的性質の確定 4）バイオ医療および IT デバイス用アーキテクチャーの開発 現在動いているコアプロジェクト 1）ナノ加工 2）スマート　バイオマテリアル	（バイオナノテクノロジー関連のみ）バイオメディカル用材料 移植用材料

IRC : Interdisciplinary research collaboration

表3 日本の取り組み（府省「連携プロジェクト」: ナノバイオニック産業）

プロジェクト名	研究開発テーマ，内容	応用
府省「連携プロジェクト」（文部科学省，厚生労働省，農林水産省，経済産業省） ナノバイオニック産業	1) ナノ DDS 2) ナノ医療デバイス	転移がん治療用 DDS 生活習慣病，難治性疾患対象とする新投薬方法 局所 DDS 実用化 遺伝子治療用キャリア材料 DNA チップを用いた診断機器 新薬候補薬剤スクリーニング機器 バイオセンサー MEMS／NEMS を用いた非・侵襲医療機器 人工臓器・人工感覚器等，身体機能代替人工器官
生理機能発現キャリアを用いたナノ治療システムの開発（文部科学省）	1) 癌・糖尿病・遺伝病などに適した生理機能発現キャリアの開発。 2) デリバリー技術の確立。	ナノ粒子をベースとした難治疾患治療システム
ナノテクノロジーを活用した人工臓器・人工感覚器の開発－ヒューマン・ボディー・ビルディング－（文部科学省）	1) ナノレベルから構造と機能を制御した人工臓器・感覚器の開発 2) 人工知覚感覚システム及び生理応答システムの開発	ナノ・バイオ融合による生体適合材料・知覚デバイス・センサー（在宅診断・治療用バイオチップ，生理機能応答デバイス，知覚電子素子）
ナノメディシン（厚生労働省）	1) 超微細画像（ナノイメージング） 2) 微小医療機器・操作技術開発（ナノ・デバイス） 3) 薬物送達システム（DDS） 4) 基盤データベース，技術研究評価	生体機能，構造代替デバイス 微細かん子・カテーテル 半導体ナノ粒子DDS，遺伝子導入キャリア
生物機能の革新的利用のためのナノテクノロジー・材料技術の開発（農林水産省）	1) 画期的新機能素材の開発と利用 2) ナノレベルでの生物機能活用技術の開発 3) マイクロバイオリアクターの構築	ナノ構造を持つ細胞培養プレート，DDS，新機能バイオ素材 昆虫等生物の持つ生体分子を利用したナノセンサー チップ内培養細胞機能利用マイクロバイオリアクター 生体内極微量有用物質大量製造用マイクロバイオリアクター

（つづく）

「5つの産業」で創出する方針が提案された[3]。その産業とは，①ネットワーク・ナノデバイス産業，②ナノバイオニック産業，③ナノ環境エネルギー産業，④革新的材料産業，⑤ナノ計測・加工産業の5つである。このなかで，ナノバイオテクノロジーに関連する産業として，ナノバイオニック産業が新たに取り上げられた。さらにそれは，ナノ DDS およびナノ医療デバイスの二つの領域に分類される。この二つの領域に対応して，各省庁ごとに府省「連携プロジェクト」テー

表3　日本の取り組み（府省「連携プロジェクト」：ナノバイオニック産業）　（つづき）

プロジェクト名	研究開発テーマ，内容	応用
ナノバイオテクノロジー（経済産業省）	1）ナノ微粒子利用スクリーニング（高速スクリーニング技術，ロボット化）	新薬開発，診断・治療用有用物質高性能スクリーニングデバイス
	2）先進ナノデバイス（ナノ材料開発，ナノ微細加工技術，ナノ流動エンジニアリング技術）	超小型マルチセンサー，1分子DNA計測システム
	3）ナノバイオチップ	
	4）ナノカプセル型人工酸素運搬体（人工赤血球）（製造技術開発，安全性評価，治療法有効性評価）	人工赤血球
	5）細胞組織工学	

マが採択されて，平成15年度より開始されることになった（表3）。連携府省は，文部科学省，厚生労働省，農林水産省，経済産業省である。従来，わが国では省庁縦割り行政の弊害が言われてきた。ナノテクノロジーの研究開発を契機に，省庁をまたがる研究開発体制が始まったことは，これまでの殻を破る第一歩として意義あることといえよう。

以上，米英日のナノバイオテクノロジーに対する取り組みについて，研究開発テーマを中心に比較した。最後に，個々の研究開発テーマの背後で目立たないために見逃しがちだが，長期的には非常に重要な国家政策があることを指摘しておきたい。第一は，人材育成への取り組みである。米国および英国では，ナノテクノロジーの研究開発に適した人材育成の制度設立のための予算を当初から確保し，各大学が研究者の養成制度を設立するのをサポートして，今後企業が必要とする人材供給に備えている。それに対し，わが国の場合，領域横断型の研究開発人材を養成する教育支援に対して意識が希薄である。第二は，米英共に，ナノテクノロジーのプラスの部分だけでなくマイナスの部分に目を向けている点である。すなわちナノテクノロジーを用いた製品には間違いなく伴う新たな安全性，危険性の課題に対して政府レベルで今から対処している。わが国の場合は，ナノテクノロジーのすばらしい将来性に対する期待が大きいために，製品の早期実用化に目が向きがちであるが，一般にナノテクノロジーの負の側面に注意が向けられていない。将来実用化が進んでから社会的に大きな問題となる前に，リスクアセスメントや一般社会に対する広報など，わが国でも長期的視点で早急に取り組むべき課題と考える[4]。

1.2.3　わが国のアカデミア，学術団体，民間業界団体の取り組み

アカデミアに関して言えば，古くは二分子膜やミセルの科学など，ナノバイオテクンロジーに関連する研究は長い歴史を持ち，その学術水準は高い。また，国立研究所，独立行政法人研究機関においても，ナノバイオテクノロジーに関する研究が広範に実施されている。近年では大学自

ら，ナノテクノロジー，ナノバイオテクノロジーを意識した，教育，研究体制に取り組む姿勢が顕著になっている。事実，21世紀COE（センター・オブ・エクセレンス）プログラムで採択された拠点プログラム名は，半数以上がナノテクノロジーにかかわる名称となっている[5]。その中には，北海道大学理学研究科生物学専攻の，「バイオとナノを融合する新生命化学拠点」や，東北大学工学研究科機械電子工学専攻の，「バイオナノテクノロジー基盤未来医工学」の名称があり，ナノバイオテクノロジーそのものを目指すケースを示す。

さらに学会レベルの活動においても，中堅，若手研究者を中心に，この分野への熱心な取り組みが始まっている。例えば，日本化学会では，ナノバイオテクノロジーの枠を超えて，生命を化学の視点で見直す「生命化学のニューセントラルドグマ」という概念を立てて，1998年3月に「生命化学研究会」が設立された。通常個々の研究者は，所属する既存の専門学会をベースに研究活動を行っているが，従来の専門領域に危機感を抱き，未来のあるべきサイエンスの姿を作りたいという使命感に基づく自発的，能動的な動きである[6]。また，化学工学会では，2002年にバイオナノテクノロジー委員会が発足した。すでに日本バイオイメージング学会と連携でシンポジウムを行うなど，幅広い活動を行っている[7]。従来の取り組みと異なるのは，生命分子の持つ均質性と分子レベルでの精巧な認識能力，自己集合能力の利用を目指し，エンジニアリング的概念にもとづく新たな設計思想をこの分野に持ち込んだことである。すなわち，多様なバイオ分子を「ナノバイオブロック」として捕らえ，それらを高度に構造化し，それによる高い機能を発現させる部材の作り込み（ファブリケーション）を目指す。

一方，民間産業団体においても，近年様々な角度から検討なされている。例えば，化学技術戦略推進機構，物質プロセス委員会のロードマップ作成[8]，新機能素子研究開発協会，バイオ・ナノテクノロジー融合サロンの活動[9, 10]や機械システム進行協会のナノバイオマシン調査研究報告書[11]などである。このような産業側の自主的な活動と内閣府・総合科学技術会議から提案される国の方針とあいまって，企業もこの分野に対する関心が強まってこよう。

1.3　産業基盤技術としてのナノバイオテクノロジー

上に述べた，ナノバイオテクノロジーの国家プロジェクト研究や，アカデミアにおける研究は，いずれもナノサイエンスあるいは基礎技術の研究段階であり，製造技術にまで踏み込んだ例は少ない。ナノサイエンス，ナノエンジニアリングで得られた知識の体系化すら不十分な状況で，学問としても未成熟である。一方，ナノサイエンスの発見や，新たな基礎技術の開発が毎日のように報道され，膨大な量の情報が蓄積されていく。このような状況で企業はいかにして製品を生み出していけばよいのか。産業創生を実現する上で，ナノバイオテクノロジーを産業基盤技術として社会にいかに定着させるか，さらにアカデミアにおける科学技術の成果を産業界へいかに効率的に技術移転させるかが社会的に要請されている。

1.3.1 ナノバイオテクノロジーとは

ナノバイオテクノロジーの産業創生について述べるまえに，ナノバイオテクノロジーとは何か，それが従来のテクノロジーと本質的にどこが違うのかを明らかにしておく必要がある。この分野は現在，ナノバイオテクノロジー，ナノ・バイオ，バイオナノテクノロジー，ナノバイオロジーなど様々な名称が使われており，ナノバイオテクノロジーに関する正式な定義は定まっていないのが実情である。一般には，バイオテクノロジーとナノテクノロジーの融合，あるいはナノテクノロジーのバイオ分野への応用，バイオ分子のナノテクノロジーへの応用という広い意味で用いられている。したがって，ナノバイオテクノロジーを理解するために，まずナノテクノロジーを産業技術の視点で眺めてその本質は何か，さらにバイオとナノテクノロジーとの関係は何を意味するのかを理解することからはじめたい。

1.3.2 産業技術としてのナノテクノロジー

ナノテクノロジーは，通常「分子，原子レベルでの物質操作：分子，原子レベルの精度で，ボトムアップからアーキテクチャーを組み上げる技術」，「1～100nm のスケール範囲で原子，分子，高分子システムを発展させる研究」，あるいは「物質，材料，デバイス，システムに関し，ナノスケールにおける構造と機能の制御とそのプロセスに関する科学技術」などと表現されている。しかし，なぜナノテクノロジーが産業のパラダイム変換を引き起こす革新的テクノロジーといわれるのか，企業の人間にとって以上は必ずしも理解しやすい表現ではない。このままでは単にこれまでの微細加工技術をさらナノスケールにまで延長した加工技術，あるいは医農薬開発での分子設計をナノ，メソスケールに拡張した技術と受け取られかねない。

企業の技術開発担当者が関心を向けて欲しいのは，ナノサイエンスの新発見や新たな技術に共通して貫く原理，すなわちナノスケールでの原子，分子集合体の物理化学的振る舞いである。図1に，物質，材料の視点によるナノテクノロジーと科学技術の関係をまとめた。ナノスケールの領域では原子・分子が強い相関で結ばれているために，非平衡・非線形ダイナミクスや複雑系科学がナノテクノロジーに共通する主な原理として働く。現代の産業は，近代科学技術の果実の上に多く成り立っている。ところが，図1から分かるように，非平衡，非線形現象や複雑系科学を応用技術に導くための理学，工学が，従来の単分子やマクロ領域を扱う科学技術にくらべてほとんど存在せず，空白地帯になっている。アカデミアにおいては，非平衡，非線形を扱うサイエンス，複雑系科学が立ち上がってすでに久しい。しかしこれらを産業へ応用するための工学や技術，製造へ取り組みが少ないことは，意外に知られていない。従って，ナノテクノロジーを製品作りに応用するためのエンジニアリングや製造（マニュファクチャリング）知識は，産業界自らゼロから身につけなければならず，これは従来の製品開発に例のない課題である。

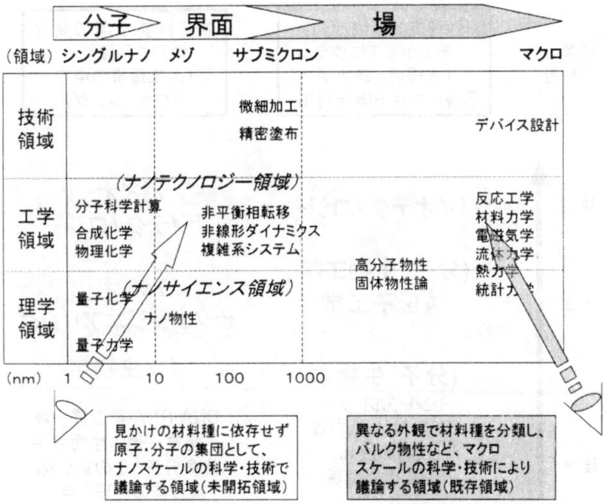

図1　ナノテクノロジーの領域と科学技術

さらに，ナノテクノロジーを用いた製品開発では，これまでと異なり以下の課題が生じる。すなわち，ナノスケールの特異機能をマクロの製品レベルに持ち上げて機能を発揮させようとする場合，マクロの製品機能要求にナノスケールでの構造・プロセス設計が直接結びつくので，ミクロ（ナノスケール）とマクロ（製品）をつなぐ知識を開発者全員が同時に共有する必要がある。したがって，製品開発者は，ナノスケールに関わる物理，化学およびそれらの応用科学，工学の知識だけではなく，デバイスを組み上げるための機械，電子および要素技術群，さらには採用するプロセス条件がナノレベルの構造・機能に及ぼす効果に関する製造知識を熟知しなければならない。領域横断的な取り組みが必要なデバイス開発では，従来もコンカレントエンジニアリングの手法が用いられてきた。ところが，物質科学に立脚する素材産業では，各材料種別の知識をもとに素材，材料製品を開発することが可能であることと，最終製品ではなく中間素材のサプライヤーとしての立場であったため，これまで必ずしもコンカレントエンジニアリングを必要としなかった。ナノテクノロジー利用においては，トップダウンアプローチであれ，ボトムアップアプローチであれ研究開発から製造段階までミクロ（ナノスケール）とマクロ(製品)を合理的につなぐことが開発の成否の鍵を握ることになる。

1.3.3　ナノバイオテクノロジーの産業技術としての課題

ナノバイオテクノロジーにおける産業技術としての課題は何か，それは物理，化学にもう一つ生物を加えればよいというほど事情は単純ではない。先にナノバイオテクノロジーは，バイオテ

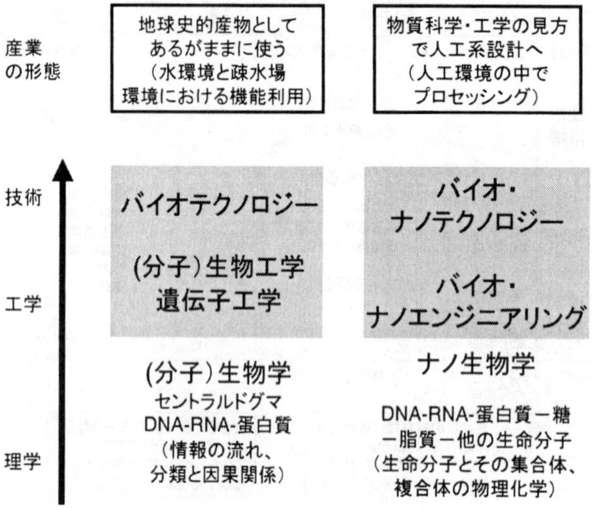

図2　バイオテクノロジー vs. バイオナノテクノロジー

クノロジーとナノテクノロジーの融合，あるいはナノテクノロジーのバイオ分野への応用，バイオ分子のナノテクノロジーへの応用という広い意味で用いられていると述べた。それでは，これまでのバイオ産業で用いられてきた技術と一体何が違うのであろうか。ナノバイオテクノロジーの一領域であるバイオナノテクノロジーをとりあげ，バイオテクノロジーと比較する（図2)。バイオ産業についていえば，古くは醸造や畜産に見られるように，これまでは地球の歴史で生まれた生物を，人類が生物学の知識を得る以前に，試行錯誤にもとづいて改良，変換し，生体そのものをあるがままに利用してきた歴史と言える。いわば，生体の持つ機能を「制御する」よりも「飼いならす」という表現に近い。それは，分子生物学の華々しい成果を利用する現代のバイオ産業になっても状況は変わらない。すなわち，人類はついにヒトゲノム解析の成功にまで至ったが，生体反応に関わる生体分子間の因果関係の知識を利用して，創薬，診断，治療を行う，あるいは生体分子，生体がもつ本来の機能を遺伝の知識に従って改変するなど，生体をそのまま利用している，あるいは対象にしていることに変わりがない。ところが，バイオナノテクノロジーでは，同じ生体分子を用いるにもかかわらず，産業技術としての考え方が根本的に異なる。それは，「あるがままに使う」，「飼いならす」のではなく，生命分子およびその集合体のナノスケールの物理化学をよく理解して新たな人工システムの設計を図ることである。この場合，生命分子そのものを活かす人工系を構築するだけでなく，生命分子ならではの特異な性質，例えば自己組織化

表4　生体分子と人工物の特性の対比

生体分子，生体が本来有する性質	人工物に求められる基本特性
構造は一義的ただし，リダンダンシーを有する	一義的ではない
自己組織構造形成能	人工制御による構造形成
自己複製，自己修復，自己補償	人工操作による複製，修復，補償
自己創出性	寿命
試行錯誤による進化	人工設計
不安定と同時に恒常性システム	長寿命，耐候性，耐衝撃性 etc.

による構造形成能を利用するためのビルディングブロックとして用い，人工構造物を構築することまでその利用の範囲は広い。

ナノテクノロジーの発展で，バイオテクノロジーとナノテクノロジーの融合が可能になり，新たな領域の展開が可能になった。しかしバイオと人工物の間に横たわる，質の異なる課題が生じることをここで指摘しておきたい，言い換えれば，バイオナノテクノロジーでは，「人工物」の設計と同じような設計ができるかという根本的な問いである。その問いに答えることは簡単ではない。ここであらためて，生命を特徴づける原理について振り返ってみよう。表4に生体分子と人工物の特性の対比をまとめた。あきらかに，生体分子（およびそのシステム）が本来持つ特徴と従来の人工物設計の考え方は根本的に異なる。すなわち，生物は「精緻なのにリダンダンシーを持つ」「構造が一義的に決まるのにあいまい性を持つ」「恒常性を有するのに変化する」「変化するのに安定である」「自己複製，自己修復，自己補償，自己創出性を有する」など，相互に矛盾する性質を併せもつ。ところが，これらは従来の人工物設計に求められる「効率性」「合理性」「信頼性」「安定性」「制御性」などとはまったく相容れない。したがって，古くは再生医療用材料の生体適合性や，最近ではBIOMEMS内の生体液閉塞問題など，典型的な生体／人工物質間（バイオインターフェイス）の問題が至る所で生じてくるのである。仮に研究開発段階で，この課題を克服できたとしても，必ずスケールアップ時や製造および実用段階で深刻な問題を引き起こすに違いない。残念ながら我々はこの問題を解決するための十分な知識をまだ手にしていない。

1.3.4　ナノバイオテクノロジーの産業への応用事例と今後の展望

以上，産業技術として考えなければならない課題を述べてきた。ここでは，ナノバイオテクノロジーの応用に関し，現在どのような応用研究がなされているのか，またどこまで実用レベルにあるのか，具体的に例をあげて紹介するとともに今後の展望を述べる。表5にわが国の研究例について，生体分子，生体材料と人工材料，モジュール，デバイス別に，その具体例と適用対象をまとめた。また製品には鍵となる要素技術が数多く用いられているが，その中でもナノテクノロジーに関する技術，ナノスケールならではの技術の特徴を抜き出して，あわせて記載した。マテ

表5　ナノバイオテクノロジーの応用実例とその特徴

分野	例	代表的な応用対象	ナノスケールならではの技術の特徴	実用レベル
バイオマテリアル	リン脂質，高分子ミセル A－シクロデキストリン・ポリロタキサン 糖含有デンドリマー	DDS 薬物標的ナノキャリア 遺伝子治療用ベクター	体内異物排除限界内のスケール（数十－数百nm）に設計が可能 固形がん組織血管透過スケール（100nm以下）に設計が可能 ナノスケール構造由来の物理化学特性の利用	短期 中期
	オリゴペプチド ポリペプチド	再生医療，細胞培養用スキャフォールド 光応答DDS	自己組織化による二次元，三次元構造構築とその機能（繊維，ゲル，ナノチューブ形成） ケージドペプチド構造の利用	中期，長期
	環状オリゴ糖	薬剤安定，徐放性用基材	ナノスケール構造由来の物理化学的特性の利用	短期，中期
	核酸，DNA，RNA	医療，診断 人工物への応用 バイオコンピュータ	ナノスケール構造ビルディングブロックとしての利用	中期 長期
	フェリチン	バイオナノプロセス ナノ粒子合成反応	ナノ反応場によるバイオミネラリゼーション 二次元結晶化ビルディングブロック	長期
	アパタイト・コラーゲン	人工骨	自己組織化の利用で生体適合に優れたナノ構造体構築可能	短期 中期
	酵素（酸化反応，還元反応）	ナノ生物燃料電池	ナノスケールでの最適配置技術	長期
	ミオシン，アクチン，キネシン	バイオ分子モーター	ナノメータスケールでの運動が可能	長期
細菌	磁性細菌粒子	生体関連物質計測	有機薄膜に覆われることによる機能	短期
マテリアル	有機・無機ミセル（PEG／リン酸カルシウム）	DDS		中期
	親水性ドメイン，疎水性ドメイン・ブロック共重合体	再生医療	キャスティングによるナノオーダー相分離ラメラ構造の制御，ナノティッシュエンジニアリング	長期
	ナノ粒子	DNAプローブ 癌マーカー	量子ドットによる特性利用	実用化 短期，中期，長期
	フラーレン カーボンナノチューブ	超音波利用がん治療 イメージング用チップ	フラーレンのソノルミネッセンス利用 CNTを用いることにより細胞膜に入ることができる。	中期 短期

（つづく）

表5　ナノバイオテクノロジーの応用実例とその特徴　（つづき）

分野	例	代表的な応用対象	ナノスケールならではの技術の特徴	実用レベル
マテリアル	有機／無機ハイブリッドナノ粒子（酸化チタン，シリコーン）	化粧品（白粉効果，日焼け防止）	粒子サイズがナノスケールで紫外線吸収能が増大。	実用化
モジュール	人工膜（微多孔膜）	血液透析，血漿交換 酵素固定用膜 分子分離，分別	透析膜の微細孔は蛋白が通過できないサイズに設計 酵素のサイズより少し大きい孔で固定，安定化 ナノサイズ細孔径の設計	実用化 短期 短期
デバイス	バイオセンサー 化学センサー バイオチップ	健康・医療分子診断 食品産業 環境モニター，バイオプロセスモニター	細胞補捉部精度（100nm）での加工	実用化 短期 中期
	次世代 DNA マイクロアレイ	研究用，診断		実用化
	超高性能ゲノム解析	研究用，医療	ナノストラクチャー設計による情報解析可能	中期
	プロテインマイクロアレイ	蛋白検査，病理診断		中期
	細胞表層ディスプレイ細胞利用マイクロアレイ	プロテオーム解析	コンビナトリアル・バイオエンジニアリングと分離用 HPLC のナノテクノロジーの融合	長期
	人工網膜チップ	視覚障害治療		長期
	超高感度センサー（薄膜チップ）	健康診断，宇宙開発，公害監視，設備安全診断，省エネルギー	ナノスケール人工積層化などによる高感度化	長期
	BIONEMS，ナノリアクター	健康，医療，診断，化学IC，バイオ工場 人工細胞		中期，長期
その他	近接レーザー	細胞診断，外科手術 光による生体操作	レーザーによる微細領域破壊，刺激応答誘発 レーザーとラッピング技術，遺伝子染色技術の利用	実用化 長期

リアルの応用は，生体であれ，人工系であれ現状では薬物輸送，薬物標的，再生医療用材料，診断など，医療・診断分野が主要なターゲットである。実用化は短期，中期を予想している例が多いが，中には実用化されたものもある。一方，モジュールやデバイスは，透析膜をのぞいて，実現は，中期，長期を予想している例が多い。すでに実用化がすすみ，一般に知られ始めた例では，

化粧品への応用がある。ナノ粒子の機能を巧妙に取り込んで製品を開発しており，各国でもこの分野への参入が盛んである。ただしナノならではの機能を利用するという点で全体をみわたすと，現状ではまだナノスケールレベルでの機能の優位性を生かしている例は少ない。特に，バイオチップやマイクロアレイなどでは，現状ではナノ加工というよりは，マイクロ加工の適用例が主で，ナノテクノロジーの利用のメリットは必ずしも明らかではない。しかしながら，今後ナノ加工の利用でだけではなく，生体反応やバイオ分子のナノテクノロジーによる利用を組み合わせることにより，次世代デバイスの開発が期待される。

さて，今後長期的にみると，ナノバイオテクノロジーはどのように展開がなされていくのであろうか。1.2.3 項で述べた，化学技術戦略推進機構，物質プロセス委員会の議論の中で，筆者は今後わが国の化学産業がとるべき戦略的技術として「化学設計」「位相化学」「微小領域界面化学」「ケミカル・バイオニクス」の 4 分野を提案し，その長期的なロードマップを示した[8)]。このうち，「化学設計」を除く三テーマは，ナノバイオテクノロジーという名称こそ用いていないが，同分野での「化学」技術の役割の重要性を示すために提案したものである。すなわち，「ケミカル・バイオニクス」は，「化学」と「機械」「電子」および「生物」「分子生物学」「医学」の融合領域を，「メカトロニクス」や「バイオニクス」を包含する技術概念である。それから生まれる商品群が，メカトロニクスやバイオニクスとどのような関係にあるのか，商品のサイズとの関係

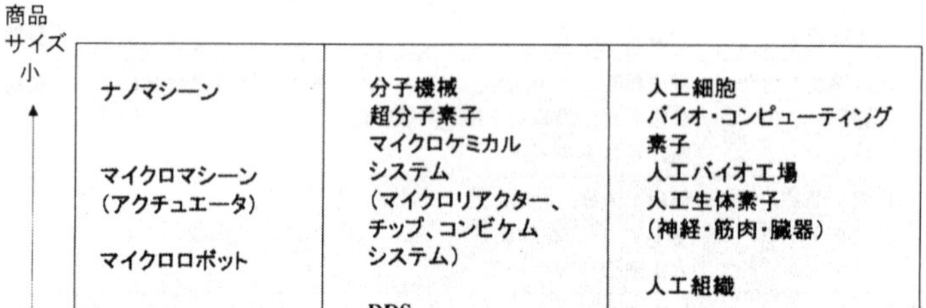
商品
サイズ
小
大
ナノマシーン
マイクロマシーン
（アクチュエータ）
マイクロロボット
IC
メカトロニクス商品
ロボティクス商品
分子機械
超分子素子
マイクロケミカル
システム
（マイクロリアクター、
チップ、コンビケム
システム）
DDS
化学センサー
化学ICデバイス
超分子・メカトロニクス
複合デバイス
人工細胞
バイオ・コンピューティング
素子
人工バイオ工場
人工生体素子
（神経・筋肉・臓器）
人工組織
人工組織モジュール
人工臓器
（神経・筋肉・臓器）
有機系ロボット
機械／電子
（メカトロニクス）
機械／電子／化学
（ケモニクス）
機械／電子／生物／化学
（ケミカル・バイオニクス）
ナノテクノロジー
ナノバイオテクノロジー

図 3　化学と異分野科学技術との融合商品

もあわせて図3に示した。ナノバイオテクノロジー応用の大きな期待は，人工物／生体の融合技術による疑似生体デバイスおよびウエアラブルデバイスであり，究極には，SF的な表現になるが，有機ロボット，サイボーグにつながる。サイボーグやロボットは，はるか先の話としても，比較的単純な人工生体システムの実現は，それほど遠い将来のことではない。例えば，現在の人工膜は，細孔のサイズ制御による単純な機能を利用しているに過ぎないが，今後イオンや電子が膜を通して行き来し，相互にダイナミックな化学情報がやり取りされることにより生体を刺激したり，系全体が一体化してあたかも生体システムのようにふるまうデバイスが生まれよう。事実，すでにある種のナノ構造をもつ界面は，細胞の増殖，分化を促進する例が知られている[12]。そのメカニズムはあきらかではないが，ナノ構造の界面を通じて，人工物と生体が何らかの物理化学的コミュニケーションを行っているに違いない。このような未知のバイオインタフェースに関する知識が今後蓄積されていくにつれ，より精巧な系が設計が可能になるであろう。いわば，人工子宮，人工培養工場の原型システムである。

人類は，これまで自らは自然の外に出て，自然を支配，制御することで有用な人工物を作り出してきた。ところが，ナノバイオテクノロジーの利用では，もはや人工物と生体の境がなくなり，人も自然の一部として設計せざるを得なくなる。このような設計思想の下に生まれる次世代の産業は，社会に与えるインパクトの大きさを想定すると，これまでのとはまったく性格が異なるも

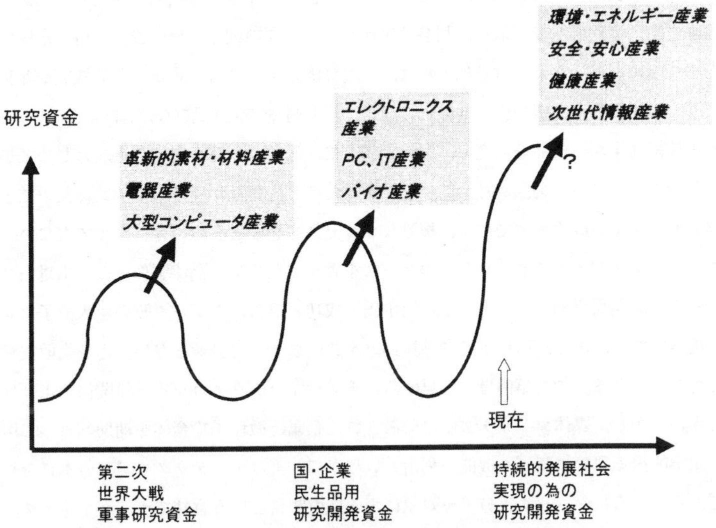

図4　科学技術への研究開発資金と新産業創成

のになるだろう。その意味で，ナノテクノロジー，ナノバイオテクノロジーはこれまでのテクノロジーとは次元が異なる。

1.4　ナノバイオテクノロジーの知識基盤構築と技術経営

すでに述べてきたように，ナノテクノロジーを中心とする世界各国の科学技術への研究資金は多額に上っている。また，ナノテクノロジーが持つ潜在的な能力を考えると，いまだ初歩レベルの応用であるが，企業の研究開発も徐々に成果が出始めている。

ここであらためて第二次大戦後の科学技術と産業の歴史を振り返ると，大きく二つの波があると思われる。一つは，第二次大戦および戦後の冷戦の，軍事技術開発成果の民生産業への移転による波であり，もう一つは，科学技術の急速な発展と企業の研究所から生み出された技術成果にもとづく波である（図4）。その結果，私たちは便利で快適な文明社会を生み出したが，一方では地球規模の公害，環境・エネルギー問題という負の側面を生み出した。

このような状況を受け，次世代の持続的発展社会の構築を目指し，巨額の研究資金が投じられているが，中でもナノテクノロジー，ナノバイオテクノロジーは，中心的な役割をはたすであろうと期待されている。それでは，このような国家規模の研究開発プロジェクトと個々の企業の努力のみに任せておいて，新たに産業を創成することが可能であろうか。

1.4.1　ナノバイオテクノロジーの基盤化のための知識の構造化

一般に企業（製造業）の目的は，社会に役立つ，社会が要請する商品を開発し，市場に出して，その価値に見合う対価を受け取り，利益を確保して，つぎの製品開発の資金を得，永続的に発展を目指すことにある。さらに付け加えれば，市場経済のもとでは，企業は公的機関や非営利機関と異なり，市場という土俵の中で他社との競合に打ち勝って生き延びなければならない。したがって，ある技術成果から製品を開発し，製造販売して，適切な利益を得てこそ，はじめて事業への第一歩が始まる。さらに製品が社会的に認知を得たのち，各社が競争の中で共存共栄できる大きな産業ドメインを形成するまでには，複雑なプロセスを必要とするのは言うまでもない。

ここでは，ナノバイオテクノロジーのケースを考えるために，島津製作所の田中耕一フェローの質量分析機器開発事例を取り上げる。田中氏の成功の鍵は，タンパク質の巨大分子にレーザー光を直接当てても，ある超微粒子を含む補助財を共存させると分解しないことを失敗実験により見出したことである。この事例は，一見するとナノバイオテクノロジーと無関係のように思われるだろう。しかし，媒体マトリクス中に分散された金属超微粒子集合体を補助剤として用い，その物理化学的振る舞いに基づく機能の利用という点で，実はナノテクノロジーの本質を利用したものである。さらにタンパク質分子を対象にする技術開発という意味でナノバイオテクノロジーの範疇にはいる。興味深いことに，この事例には，すでにナノバイオテクノロジーによる開発に関する主要な課題が出現していることがわかる。それは，以下のようにまとめられる。

① 生体分子（タンパク質）およびその集合体の不安定性の克服

② 人工物（補助剤，基盤）と生体（タンパク）のレーザー照射下でのナノスケールレベルでの物理化学的相互作用とメカニズム解明

③ 専門分野の常識にとらわれない考え方，異分野を横通しで見渡す力およびセレンディピティーを呼び込む力

成功の鍵は，③に対応する田中フェローの卓越した力によるところが大きいのはもちろんであるが，もし当時，タンパク質／基板／マトリクス／微粒子集合体の間の相互作用や，それらをデバイス設計につなげる基盤となる知識があったならば，探索研究および開発のリードタイムはさらに短縮できたのではないだろうか。残念ながら田中フェローが研究を開始した当時には，ナノスケールにおけるこのような知識は十分ではなかった。

また，ここではのべないが，この基礎研究レベルの課題解決から，その後の商品開発，実用化に至る道については，産業創成の必要条件を考える上でも興味深い。おそらく基礎研究段階とは別の，様々な商品開発，製造技術上の課題や新規事業化に伴う経営上の問題が数多く発生したことが推測される。

一般に，基礎研究レベルから，実用化にいたる企業における道のりは複雑な因子が絡み合い，成功に導くには多大の努力を要する。実際，素材，材料系企業が扱うケースで言えば，実験室レベルでは成功しても，スケールアップに伴うプロセス技術上の問題が多発する。それは現実系で

■ナノサイエンス：

○原子・分子の集団の、ナノ領域ならではの振る舞いを物質科学の視点で研究する

■ナノエンジニアリング：

○得られた科学方法論を、ナノからマクロスケールまでつないで工学的に体系化する

■ナノ製造：

○得られた工学手法を社会に役立てる方法論に変え、特定用途の商品プロトタイプの有効性を提示する

○ナノならではの機能を商品レベルで実現する設計、開発

・ナノ機能実現の「制限」、「トレードオフ」を克服する商品設計、品質と、生産工程の安定維持

・ミクロからマクロまでつなぐ生産技術

図5　ナノサイエンスからナノ製造へ

表6　ナノ製造に関する企業の取り組み（例示：新聞，公知情報より）

製造プロセス例	用途	企業／機関	ナノ製造技術ポイント
ナノ粒子（シリカ単分散粒子）の調製技術 大粒子の上に小粒子を配列させる 基盤の上に粒子を配列させる	様々な用途に商品化（10年かけて戦略商品化）	触媒化成	新たな機能発現のための製造技術 凝集分散，塗布，乾燥
独立分散銀ナノ粒子を室温付近では安定したペースト状態を保ち，200℃で急速に焼結現象を誘起させる方法	導電性ペースト	真空冶金 ハリマ化成	熱硬化条件設計（形状，バインダー選択，配合量，量産性）
ナノ粒子形状を自在に制御 （CVDの改良）		東芝	作りたい形状大きさのナノ粒子を大量合成する
複数のナノ粒子を配合する	化粧品	資生堂　他	ナノ複合化技術
水と油の皮膜を交互に積層した皮膜を形成させる	保湿性繊維 保湿性化粧品材料	カネボウ	ナノ加工技術
セラミクス結晶境界面にナノ単位の有機化合物導電体を挟み込む	次世代HD用高性能軸受け	阪大／ニッカトー	ナノ複合化技術
CVDでポリシリコン膜を形成し，フッ酸とエタノールの混合溶液中で電気化学処理をすることで薄膜をナノ粒子化する FEDパネル用基盤に既存のパネルを使う方法開発 光を照射しながら電気化学処理し，選択した位置に電極を形成する	FED電極	松下電工	ナノの機能をマクロまでつなぐ 既存の製造プロセスの転用 量産を見込んだ製法
ベンゼンを含む有機シラン原料と界面活性剤を100℃以下で混合させ，自己組織的にチューブ壁の中で規則配列し，その後界面活性剤を除去することによるメソポーラス物質形成	（従来のメソポーラス物質の利用の高度化，電気的・光学的機能を発現させたあとの新規応用）	豊田中央研究所／東北大	自己組織化現象を利用した応用範囲の広い手法 様々なメソポーラス物質の出現が期待

は，高濃度，不均一に代表される諸条件が多く見られることにも起因する。このような系では，学術が扱う理想的な条件からはるかにはずれているために，科学的，工学的アプローチのみでは限界があり，最後には匠の力で切り抜けているのが実情であろう。

1.4.2　知識の構造化による製造知識の基盤化

ナノテクノロジーにおける製造知識について考えてみたい。図5に示すように，ナノテクノロジーをその実用化の方向にそって必要となる知識を分類すると，①ナノサイエンス，②ナノエンジニアリング，③ナノ製造となる。近年新聞紙上を賑やかす記事は，多くの場合ナノサイエンスの発見や新たな基礎技術であり，企業のナノ製造知識の内容が報道されることは少ない。数は少ないけれども，最近の新聞に報道されたナノテク商品開発の例を表6にまとめた。そこではナノ製造に関する共通課題が見て取れる。例えば，ナノ粒子利用の分野を例にとると，基板への配列，大粒子上への小粒子の配列，原料ナノ粒子の安定分散と急速焼結条件の両立，形状を自在に制御しての大量合成，複数ナノ粒子の配合などが報告され，また他の商品開発分野では，交互に積層した被膜の形成，結晶境界面へのナノ単位構造の挟み込み，薄膜形成からのナノ粒子合成，既存製造設備の転用と量産方法など，アカデミアや国の研究機関のナノサイエンスの研究ではみられない多彩なナノ製造の課題とその解決法が報告されている。すなわち，企業においてはナノテクノロジー特有の課題解決のために，専門領域を越えた知識により原子・分子集合体の振る舞いを理解するだけではなく，品質保証，安定生産などマクロの製品レベルの知識につなげる必要があることを示している。以上のナノテクノロジーの製造知識に加え，ナノバイオテクノロジーの場合には，生物学由来の製造知識がさらに必要となる。

上に述べたナノテクノロジーとバイオナノテクノロジーに関する企業を取り巻く状況を，図6にまとめた。企業は，市場に対して，①何を作るか，②何の価値を，③誰に対して与え，④いかにつくるかが活動の基本原則になる。製造業では，通常，アカデミアにおける自然科学，工学の成果を，社会や市場が要請する機能および製品（価値）を生み出す製造知識への変換プロセスが必要となる。これが，いわゆる「技術移転」の問題であり，「デス・バレー」とも言われる。ナノテクノロジー，ナノバイオテクノロジーのように，いまだ萌芽的な科学技術の場合には，アカ

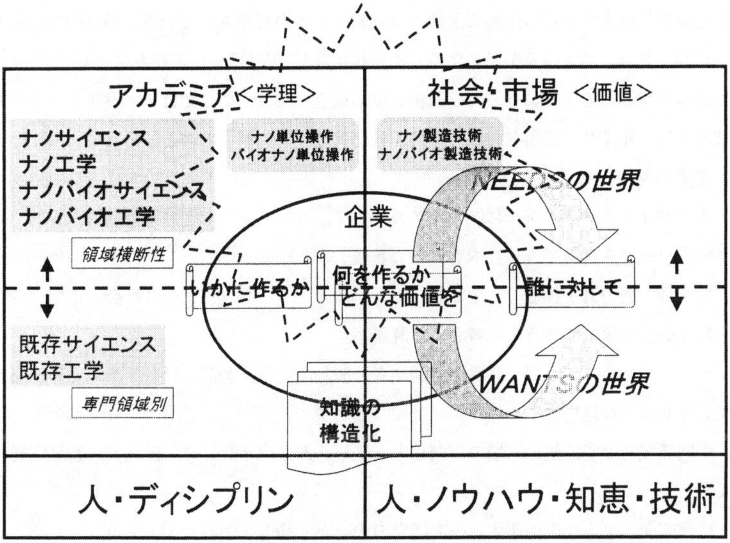

図6　新たな方法論の出現と企業

デミアと産業側ともに知識が不足している。そこで両者は早急に，以下の役割を果たす必要がある。すなわち，アカデミアは既存のサイエンス，工学に加えて，ナノサイエンス，基礎技術の知識をもとに，新たな工学的方法論を生み出すことであり，一方，産業界（企業）は，製品開発に必要な製造知識を地道に蓄えていくことである。これは，いわば産業創成のための知識基盤（プラットフォーム）づくりである。

さて，ナノテクノロジーおよびナノバイオテクノロジーの学際的，技術横断的性格を考えると，知識統合のためには，気の遠くなるほどの膨大な作業を行わなくてはならず，一大学，一企業ではとても実施できるものではない。産官学が力を結集して社会的な知識基盤の構築を図る必要がある。すでに現在，材料ナノテクノロジーの知識基盤については，経済産業省の「ナノテクノロジープログラム（ナノマテリアル・プロセス技術）材料技術の知識の構造化プロジェクト」において，その試みが始まっている。膨大な知識を領域横断的に取り扱う，ナノスケールで共通する原理を抽出し，設計レベルに持っていくために，最新のITおよびインフォマティクス技術を意識的に利用しており，それを「知識の構造化」と名づけている[13, 14]。ナノバイオテクノロジーについても，このような「知識の構造化」による基盤化が望まれる。

1.4.3　技術移転と技術経営，産業創成支援社会システム

最後に，ナノバイオテクノロジーの産業創成に関わる技術経営（MOT：Management of Technology）の課題について簡単に触れておきたい。アカデミアの基礎研究成果や企業の基礎探索，研究から最終製品へ至る道は複雑で，様々な経営モデルが提案されている。萌芽的な技術レベルから，市場の評価に耐え得る製品に至るための技術経営（MOT）のあり方について，最近わが国でも議論がなされるようになった。詳細は別の機会に譲り，ここではナノバイオテクノロジーへの技術移転，産業化に必要な主な経営的，社会的要件を列挙するにとどめたい。

(1)　企業の要件

① ナノバイオテクノロジーに関するアカデミア，ベンチャーなどの外部情報，人的，組織的ネットワークを構築できる社内専門家の養成。

② 異業種，異分野を横通しに俯瞰し，ナノバイオテクノロジーにより社会，市場に受け入れられる商品を夢想できる企画者および評価者。

③ ナノバイオテクノロジー基礎研究開発者と製品開発者，製品企画者，市場評価担当者とのコンカレントな連携体制。

④ 専門領域も深く，他の領域の専門化とも話し合えるマネジャー，研究者，製品開発者の養成。

⑤ 研究開発，事業化を加速する研究開発のOutsourcing，Shared-sourcing，Co-sourcing，異業種との事業アライアンス。

⑥　前例のない製品の安全，環境，社会的影響を考慮した事前アセスメントと設計。

(2)　社会の要件

①　ナノバイオテクノロジーの技術移転を促進するための政府，行政の政策立案，実行。

②　社会に対するナノバイオテクノジーと産業創成に関する広報，宣伝。

③　政府，行政，大学による事業化を志す若手研究者の育成，支援。

④　技術移転を促進する産官学ネットワーク組織，インフラの構築および技術移転支援専門人材の育成。

以上の要件は，ナノテクノロジー，ナノバイオテクノロジーのみに限ったものではない。しかし特にこれらの分野について言えば，筆者は，社会的要件の項目④が重要と考えている。一般に，技術移転の成功事例には，米国における大学のTLO機関や，ベンチャーキャピタル，自治体のインキュベーション支援組織などがしばしば引き合いに出される。日本ではそれほど注目されていないが，米国ではこのような専門組織以外に，異なる専門性，多様な価値観を有する人々が働く幅広い支援組織，機構が存在している。それは，企業体，NPOなど法人形態を問わず，産官学の組織を横断して活動している。その活動は，学術シンポジウム企画，開催から事業化イベントの企画，情報発信，共有，コンサルタントなど，間接的ではあるがきわめて幅広い。このように，産官学の組織を横断するだけではなく，異なる専門性，領域の人々がひとつの目的に沿って結集して一種のコミュニティーを作る仕組みは，学際性，異分野横断型のナノテクノロジー，ナノバイオテクノロジーの実用化にふさわしいものであり，社会の多くの人々が産業創成の活動に参画することができる。日本においても，このような産官学にまたがる幅広い支援の仕組みが今後生まれることを期待したい。

1.5　おわりに

以上，各国のナノバイオテクノロジーの動向とナノバイオテクノロジーによる産業創生に関し，知識基盤の必要性，さらに技術移転のための技術経営，社会の要件を述べた。ナノバイオテクノロジーの産業創成に対する課題は多く，また難度は高い。しかしながら，その潜在的な成長力と，新たな産業創成の可能性を考えると，企業の研究者にとって挑戦しがいのある分野といえよう。物質に関わる製造技術は，日本はこれまで伝統的に得意な分野としてきた。上に述べた条件を満足することができれば，日本がナノマニュファクチャリングを制することも夢ではない。若い人にとってはまたとないチャンスといえよう。この分野に一人でも多くの若者が関心を持ち，次世代産業社会の構築に積極的に参画することを望む。

文　献

1) 特許庁総務部技術調査課「ナノテクノロジー－ボトムアップ型技術を中心に－に関する特許出願技術動向調査報告　平成15年4月24日

2) 参考までに，APECでは，ナノテクノロジー・ポジション・ペーパーにおいてナノバイオシステムが取り上げられている：V. B. raach-Maksvytis, B. Raguse, APEC Nanotechnology Position Paper, Nanobiosystems, 2001.

3) ナノテクノロジー・材料研究開発推進プロジェクトチーム，「ナノテクノロジー・材料技術分野の産業発掘の推進について（案）－府省「連携プロジェクト」等による推進－（概要)」平成15年7月14日

4) 筆者は，「ナノ工学倫理」ともいうべき，工学倫理教育が必要と考えている。東京大学・工学部・化学システム工学，工学倫理科目「社会の化学技術」渡邉講義資料。

5) 日経先端技術　2002年11月25日　No26　37頁

6) http://www.pclab.ph.tokushima-u.ac.jp/FBC/FBC-home.html
杉本直樹編，「生命化学のニューセントラルドグマーテーラーメイド・バイオケミストリーのめざすもの」化学同人　2002年2月

7) バイオナノテクノロジー委員会，化学工学　Vol. 66, No9, 2002, 48頁

8) 和田啓輔，渡邉英一，活動報告書（物質プロセス委員会ロードマップ集)，財団法人化学技術戦略推進機構，平成12年6月，293頁

9) バイオ・ナノテクノロジー融合サロン（新機能素子研究開発協会)，「バイオ・ナノテクノロジー融合への期待と課題」中間とりまとめ，2002年5月24日
http://www.fed.or.jp/salon/bio/matome01.pdf

10) バイオ・ナノテクノロジー融合サロン（新機能素子研究開発協会)「バイオ・ナノテクノロジー融合がもたらす社会と人への恩恵」
http://www.fed.or.jp/salon/bio/matome03.pdf

11) ㈶機械システム振興協会，「ナノバイオマシン創製のための技術及び市場性に関する調査研究」報告書－要旨－　平成15年3月

12) S. Zhang, *materialstoday*, May 2003, 20.

13) Y. Yamaguchi *et al.*, *J. Nanoparticle Research* **3**, 105, (2001).

14) 渡邉英一　JCII　NEWS　63巻　2002年　No2　4頁，
同　71巻　2003年　No4　9頁

第3章　ナノバイオテクノロジーを支えるマテリアル

1　ナノ構造の構築

阿尻雅文*

1.1　はじめに

ナノテクノロジーとバイオテクノロジーは，次世代産業の両輪として位置づけられ，その融合領域での研究・技術開発も活発に進められている。一方で，近年，産業における製品開発の方向性が変化しつつあり，構造を制御した製品の開発は，時代の要請となりつつある。ここでは，まずこのような新しい技術の方向性を明確にしつつ，ナノバイオテクノロジーによる「ナノ構造構築」の重要性を指摘したい。次に，ナノバイオテクノロジーの応用分野に特に必要なナノ構造構築技術として，ナノ粒子の合成法とその「アドレッシング」技術について説明する。この「ナノ構造構築」と「アドレッシング」技術は，電子材料や健康医療分野のみならず，幅広いナノテク産業分野の製品開発に必要な基盤的技術になると考える。最後に，そのナノ構造構築技術を，次世代産業技術基盤としていくことの重要性を述べたい。

1.2　ナノ構造の構築とナノバイオテクノロジー

1.2.1　合成の時代から構造形成の時代へ

最近の10年間で，新材料の開発の方向性は急激に変わりつつある。20世紀は，コモディティケミカルズを大量に合成する時代であった。しかし，先進諸国では，すでに，製品の対象が，スペシャルティケミカルズ，構造化材料，そしてマイクロデバイスへと移り，応用分野も電子材料，環境材料，健康・医療分野と多岐に渡っている。

一方，最近のナノテクノロジー開発も，このような材料開発の変化に拍車を掛けている。従来，新しい機能を有する製品の開発は，新材料の創成に頼っていた。しかし，最近，ナノ材料のサイズ，形状，高次構造を制御することでも新たな物性が発現することがわかってきた。それにより，製品開発における構造制御の位置づけが極めて重要となりつつある。

すなわち，図1[1)]に示すように，20世紀が新物質創成の「合成」の時代であったのに対して，材料のサイズ，構造の制御が重要な「プロセッシング」「ファブリケーション」の時代に入ったということができる。そして，ナノ材料が幅広い産業分野に利用されていくことを考えれば，ナ

---

*　Tadafumi　Adschiri　東北大学　多元物質科学研究所　教授

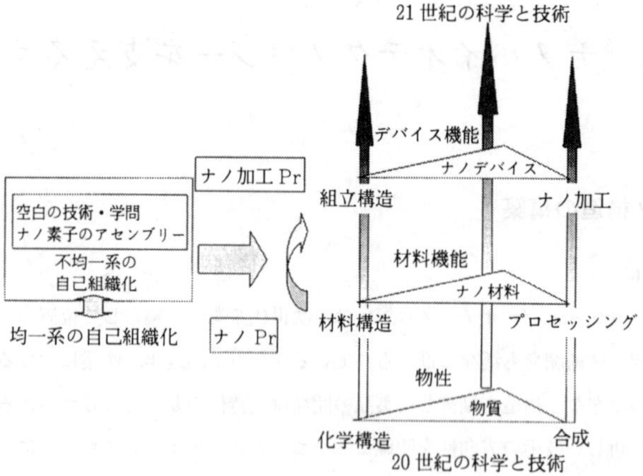

図1　合成の時代から構造制御の時代へ。ナノバイオテクノロジーの必要性[1)]

ノ材料を組み立てナノデバイスへと展開していく「アドレッシング（設計通りの配列）」技術が今後求められていくことは明らかである。

1.2.2　ナノ構造の形成の基盤技術

(1)　プロセッシングの視点とナノ構造形成の制御

現在，経済産業省で進められているナノテクノロジープログラムにおける，ナノ金属，ナノガラス，ナノ高分子，ナノ粒子合成，ナノカーボンに関する各プロジェクトは，対象とする材料が異なるだけで，いずれも核発生・成長，あるいはスピノーダル分解過程を経て形成される相分離構造を制御するという点では共通の課題をもっている。1次構造，2次構造，3次構造を制御する上で，これらの相分離現象の「科学」の重要性は言うまでもなく，実験とシミュレーションを通して，構造形成を予測する研究が進められている。しかし，このような構造を制御する技術の開発においてもう一つの重要な視点は，マクロなスケールでの伝熱や流動，物質移動の速度論であり，またその「制御プロセス」である。

上記のナノテクノロジープログラム「材料技術の知識の構造化プロジェクト」では，材料系によらずに，「プロセス」と「構造形成」の関係を明らかにする研究を進めている。以下に，そのアプローチの一例を紹介する[2)]。

ガラス，メタル，高分子を溶融状態から冷却操作によって相分離構造を発現させる場合について考える。図2において T_1 の温度では核発生が T_2 の温度ではスピノーダル分解が生じる。しかし，冷却速度は有限であるから，必ず核発生領域を経由してスピノーダル分解域に達することに

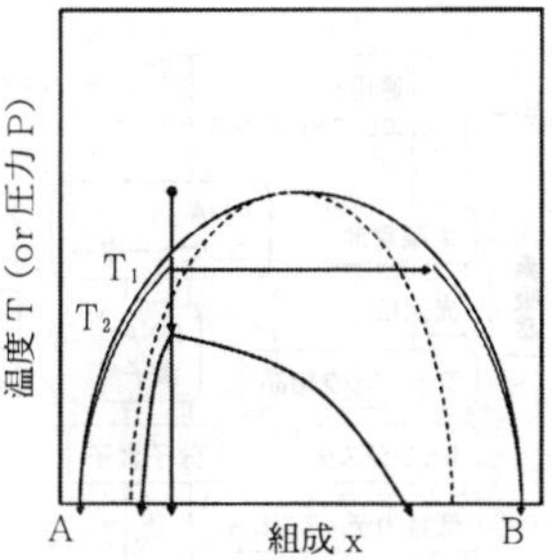

図2　ナノテクノロジーの応用技術
特許庁資料より応用技術について抽出。
HYPERLINK "http://www.jpo.go.jp/shiryou/toushin/chousa/pdf/nanotekunorozi_H14.5.pdf"

なる。この時，核発生（相分離）の速度と比較して冷却速度が速ければスピノーダル分解すると考えることができる。

相分離した異相界面は不安定であるため，時間とともに界面積を減らす方向，すなわちより大きな相分離構造へと発達していく。上記の材料系では，拡散係数が$10^{-20}m^2/s$前後のオーダーと小さいため，ナノメートルの相分離の時定数が秒以上のオーダーになる。そこで，冷却によるナノ構造のクエンチが可能になる。下記のナノ粒子合成の場合も，基本的に同様であるが，構造発達の時定数が短いため，構造のクエンチには別の手法を用いる必要がある。

この他，ミセルや逆ミセルの構造形成，散逸構造の形成など，ナノバイオ系に密接に関連した構造形成についても，材料系によらず，プロセッシングと構造形成の関係を記述する方法について研究が進められている。

(2)　ナノバイオに必要な構造形成技術

図3は，特許庁のホームページ（http://www.jpo.go.jp/shiryou/toushin/chousa/pdf/nanotekunorozi_H14.5.pdf）に掲載されている「ナノテクノロジー応用分野」の図から，主な応用技術を抜き出したものである。ナノバイオテクノロジー分野は，主に，健康医療，電子材料分野への応用技術として位置づけられ，DDS（ドラッグデリバリーシステム），バイオセンサー，DNA／タンパクチップ，DNA利用素子，DNAコンピューターなどがその応用分野として紹介されている。

これらの製品を作り上げるためにはナノメーターの精度で構造を制御する技術が重要である。ナノ構造を作り出す技術としては，半導体分野のリソグラフィーに代表されるトップダウン型の

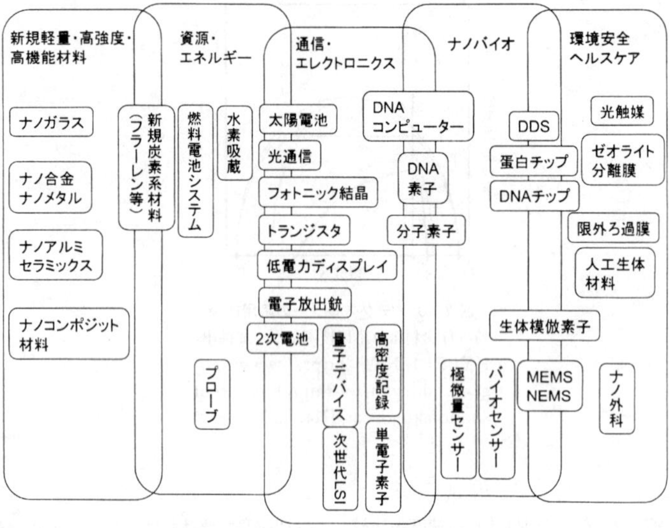

図3　ナノバイオ関連分野のナノ構造の構築のための基盤技術

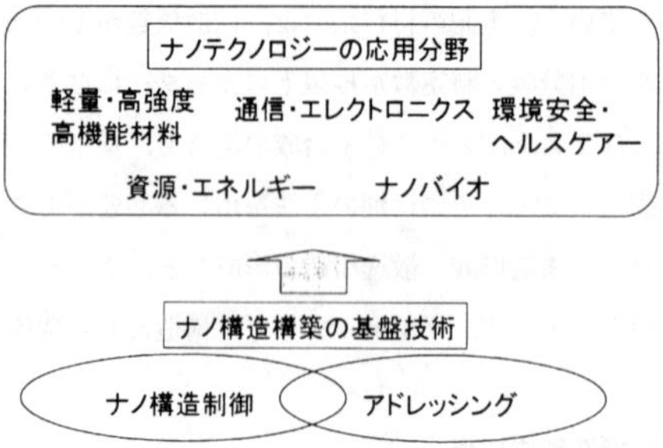

図4　ナノ構造形成におけるプロセスの視点の重要性

ナノ加工技術とナノサイズの材料を組み上げていくボトムアップ型の配列構造形成技術があるが，ナノバイオテクノロジー応用分野については，特に下記のボトムアップ型の構造形成技術が重要と考える（図4)。

a. ナノマテリアルの構造制御

- ナノ材料の合成・構造制御
- バイオ系（ミセル，リポソーム，タンパク質，DNA ネットワーク）の構造制御

b. アドレッシング：設計通りの配列

・バイオ系（DNA／タンパク質など）のナノ材料・基板への修飾，固定化

・基板への修飾ナノ材料のアドレッシング・配列

本稿では，1.3項において，これらの構造制御とアドレッシング技術について説明する。

(3) アドレッシングのプロセスとナノバイオテクノロジー

フラーレンやナノチューブ，あるいは他のナノ材料に，特異な電気特性が現れることが見出されているが，それをデバイスに組みこんでいくためには，それらのナノ材料をデバイスチップ上にアドレッシングし，アセンブルしていく技術が必要である。AFMやSTMを使って，ナノ材料を並べることができるが，それでは工業的な技術にはなりえない。より高速に大面積のデバイス上にアドレッシングする技術が必要である。

ナノ粒子の規則正しい整列については，経済産業省ナノ粒子プロジェクトにおいて，大量に高速に大面積で配列コーティングする（自己組織化）技術が開発されつつある。それが，同じナノ材料の均質な配列（ホモアセンブリー）であったのに対し，ここで求められる技術は，異なるナノ材料を基板上に「アドレッシング・設計通りに配列」（ヘテロアセンブリー）する技術である。このナノ構造の構築に，生体分子のもつアセンブリー技術は必須である。

このようなナノ構造構築の技術という視点に立つと，「ナノバイオテクノロジー」は，図3に示した応用分野の領域というだけでなく，図4に示すように，ナノ材料を「アドレッシング（設計通りに配列）するための基盤的技術」ととらえることもできる。

1.3　ナノ粒子合成の方法

ナノバイオテクノロジー分野で利用されるナノ構造材料としては，ナノ粒子がほとんどと考える。微粒子を合成する手法としては，CVD法，PVD法のような気相法や，ゾルゲル法や水熱合成法のような液相法があり，すでに数多くのハンドブックや成書がある[3, 4]。しかし，特にナノバイオ分野で利用されるナノ材料としては，粒子径が数～数10nmサイズの高機能半導体材料，蛍光体材料，磁性材料粒子，金属ナノ粒子，薬剤などであって，かつ粒子径が揃った（単分散）ものが求められる場合が多い。ここでは，これらの単分散ナノ粒子を高い結晶性で大量に合成できる手法に焦点を絞り説明を行なう。

1.3.1　噴霧熱分解法

噴霧熱分解法は，金属塩水溶液を高温場に噴霧することで，熱分解させ，金属酸化物ナノ粒子を合成する手法である。高温プロセスであるので，粒子の生成と同時に結晶化も進行する[5)]。しかし，生産性を上げようと原料濃度を高くすると，反応器内での粒子成長過程において，粒子の合体・凝集が生じてしまい，単分散のナノ粒子合を得ることができない。奥山らは，この凝集を

逆手にとり，金属塩水溶液にNaClなどの塩の添加を行ない，金属酸化物微粒子の生成とともに塩の析出を同時に行わせることで，積極的に塩と生成物を凝集させる手法（SASP法：Salt-Assisted Spray Pyrolysis）を提案した。凝集粒子は，回収後，水に分散させれば，塩は溶解するので，金属酸化物ナノ粒子だけを回収することができる[6]。

1.3.2 逆ミセル法・ホットソープ法[7]

逆ミセル法は，界面活性剤を用いることで油相中に微小な水相を形成させ，それを微小反応場として利用する手法である。この逆ミセルのサイズは油・水・界面活性剤の三相のバランスで決定され，平衡論的に均一サイズが実現される。更に界面活性剤は形成された粒子表面を安定化し，粒子同士の凝集も抑制する。しかし常圧で水相が存在する低温プロセスであり，結晶化にはアニール処理が必要となる。

ホットソープ法は，高温の界面活性剤中に原料水溶液を注射器で注入する方法で，液相の噴霧熱分解，あるいは逆ミセル〜油相を無くした手法と考えることもできる。マイクロエマルジョン中で熱分解あるいは加水分解反応を生じさせ，生成物に対して界面活性剤が配位するためナノサイズで安定化する。高温プロセスであるので，熱処理が*in-situ*で行われ，そのため得られる生成物の結晶性も高い。原料の注射器注入により，急速混合・急速昇温を行っているが，スケールアップを行う場合には，混合・伝熱を反応と比較して十分に速く保ちつつプロセスの設計を行うことが重要である。

1.3.3 ゲル・ゾル法[8]

水熱合成は，原料の金属塩水溶液を高圧下，100〜350℃に昇温させることで平衡をシフトさせ，生成する金属（水）酸化物を回収する方法である。回分式のオートクレーブ中で合成すると，溶質の取り込みによる粒子成長とともに，不安定な微粒子の再溶解・析出（オストワルド熟成），さらに粒子の合体も生じるため，一般に粒子径が大きくなる。

杉本ら[8]が提案しているゲル・ゾル法は，反応場にゲル相を形成させた後，反応条件を変えて，目的の生成物を生成させる手法である。ゲルを生成させることで核発生・成長過程における核の凝集を抑制させ，それにより粒子径分布を狭く保ちつつナノメーターサイズの粒子を合成することができる。最終的には，ゲル相は生成物へと転化していく。また，高温反応条件では，ホットソープ法と同様，生成物の結晶性は高くなる。

1.3.4 超臨界水熱合成法[9]

筆者は，水熱合成場として超臨界水（374℃，22.1MPa以上の非凝縮性の高密度水蒸気）を適用する新たな手法を提案し，開発を進めている。原料金属塩水溶液と超臨界水とをミクロ混合部で混合することで，原料水溶液を急速に昇温させ，水熱合成反応を生じさせる。超臨界状態では反応速度は飛躍的に速くなり，また生成物の溶解度は急激に減少する。そのため大きな過飽和度が得られる。すなわち，極めて高い核発生速度が得られ，ナノ粒子が生成する。超臨界場では，噴霧熱分解の場合とは異なり，液滴界面は形成されず，密度ゆらぎの中で加水分解・核発生・成長反応が進行する。高水密度中での粒子の拡散速度が遅いため，噴霧熱分解とは異なり，粒子の合体は生じにくい。酸素や水素ガスとも均一相を形成するので，金属や結晶構造の制御も可能である。また，核発生と同時に結晶化が生じるため，得られる生成物は単結晶のナノ粒子である。

1.3.5　プロセスの相似性と原理出し

「材料技術の知識の構造化プロジェクト」では，単分散高機能性ナノ粒子合成の成功例に共通する因子を以下のように整理している。

① 微小反応場

② 混合速度＞核発生速度＞粒子成長

③ 粒子凝集の抑制（界面活性剤による粒子安定化，犠牲相の導入，低拡散速度）

④ 高温結晶化

図5に示すように，それぞれのプロセスの共通原理を整理（原理出し）することができる。ここでは代表的な手法を紹介したが，その他にも，フェリチンの球状のタンパク質膜を反応場とした完全単分散ナノ粒子合成[10]，陽極酸化多孔質アルミニウムや多孔質ゼオライトを鋳型としたカー

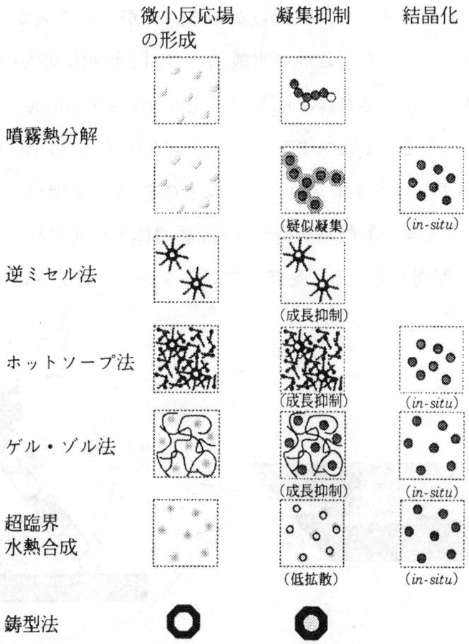

図5　ナノ粒子合成法とナノ構造構築の原理

ボンナノチューブの合成[11]などのナノ材料合成プロセスも同様の共通原理を使ってマッピングすることができる。

1.4 ナノ構造のアドレッシング：設計通りの配列

ナノ構造体を設計通りに配列（アドレッシング）し，デバイスに組み上げていくには，特異的親和性を有するバイオ機能の利用が必要である。ここでは，ナノ構造のバイオモディフィケーション，バイオ機能による配位手法，そして基板へのアドレッシングの方法について整理する。

1.4.1 ナノ構造のバイオモディフィケーション

ナノ構造をアドレッシングするためには，異種材料との特異的親和性をナノ構造の表面に呈示することが必要となる（図6）。そこで，生体分子の持つ相互認識能，特異的親和性を付与する「ナノ構造のバイオモディフィケーション」手法の開発が進められている。

金や銀のナノ粒子であれば，硫黄原子との親和性を利用し，SH基を有する分子を粒子表面に配位することができる。DNAに関しては，3′もしくは5′末端にSH基を導入することは容易にできるので，貴金属ナノ粒子との複合化が可能である。タンパク質の場合は，C末端もしくはN末端のアミノ酸をシステインにすれば，システインのSH基を介して，修飾することができる。

一方，酸化物ナノ粒子に対しては，酸化物表面に存在する水酸基との結合を利用する。よく用いられる反応に，$-SiCl_3$基によるシリル化処理がある。Siが入ることが問題となる場合には，アルコール，カルボン酸を用い，粒子表面の水酸基との間で脱水反応を行って官能基を導入する。粒子表面にカルボン酸基を呈示できれば，NHS（N-hydroxysuccimide）を用いてタンパク質のアミノ基との間にアミド結合を，またスクシネートリンカー（$-C(O)CH_2CH_2C(O)-$）を導入できればDCC（ジシクロヘキシルカルボジイミド）などの縮合剤を用いてDNAとも結合させることができる。また，ニトリロ三酢酸基を持つNTA誘導体を導入すれば，末端部分にHis-tag（ヒスチジンが6個連続に配列している）を持っているタンパク質を固定化できる。

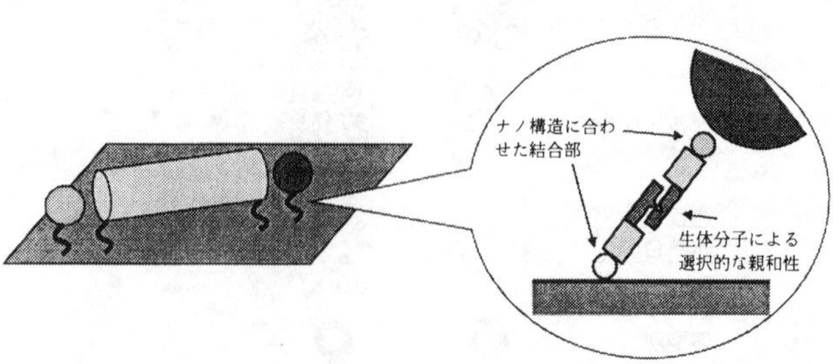

図6　ナノ粒子のバイオモディフィケーションによるアドレッシング

その他の方法として，興味深い方法として，半導体ナノ粒子を識別するペプチドの利用がある。これは，ファージディスプレイペプチドライブラリー法を用いて発見された[12]。最近この手法をさらに展開した研究も報告されている。まず，ライブラリー中から単結晶ZnSを認識する環状ペプチドを提示したファージを単離し，さらに，ZnSナノ粒子と結合させた後，ファージの自己組織化特性を利用してZnSナノ粒子を配列させる方法が報告されている[13]。

1.4.2　配位・アドレッシングのためのバイオアセンブリー

バイオ分子間に働く特異的な相互作用を利用すれば，ナノ粒子を基板にアドレッシングすることができる。ここでは，配位・アドレッシングのための生体分子のアセンブリー機能について整理する。

DNAは，4つの塩基のうち，グアニンとシトシン，チミンとアデニンの間で相補的結合を形成する。ナノ粒子にDNA単鎖を配位させておけば，相補的に結合するDNA単鎖と結合させることができる。この結合の形成と解離は，温度により，制御することができる。このDNA単鎖間の相補的結合を利用したナノ粒子の可逆的凝集[14,15]が報告されている。後述する金ナノ粒子配列（図9）もこのアドレッシング機能を用いたものである。

制限酵素は，DNA二重らせんの特定の塩基配列に結合・切断する酵素である。その中で酵素EcoR Iは，環境のMg濃度を低く制御すれば，塩基配列に結合はするが，切断はしない，という特性がある。この性質をナノ粒子の配位に利用することができる。Taylorなどはラテックス粒子に制限酵素EcoR Iを修飾し，DNA上の特定塩基配列上にナノ粒子を配置することに成功した[16]。

タンパク質が他の分子（タンパク質含）に働く特異的相互作用を利用することもできる。アビジンは，ニワトリ卵白中に含まれる糖タンパクで，4分子のビオチンと特異的に結合することが知られており，この結合もアドレッシングに利用できる。また，抗原・抗体結合は良く知られており，その抗原に対する高い特異性と親和性を利用したアドレッシングが可能である。

1.4.3　基板へのアドレッシング

上記のナノ粒子のアドレッシングの例は，DNAやタンパク質あるいは修飾基がすでに基板上に配位していることを前提としていた。ここでは，基板上にこれらをアドレッシングする方法について紹介する。

(1)　リソグラフィー

半導体リソグラフィーは，半導体合成の基盤的技術である。半導体のシリコンウエハ上に高分子の薄膜を形成させ，光や電子線を当てて感光させ，その部分のみ（あるいはその部分以外）を溶解させて，現れたシリコンをエッチング処理することで設計通りのパターンニングを行う。この手法で基板の表面処理を行うことができれば，ナノ粒子の表面修飾同様，官能基を配位するこ

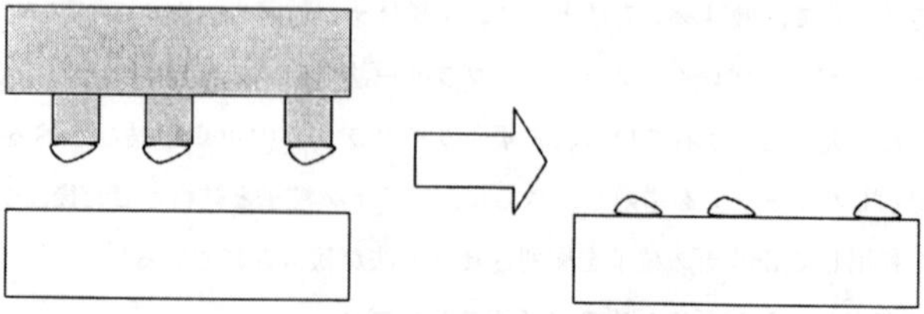

図7　スタンプによるアドレッシング

とができ，したがって，ナノ材料をアドレッシングすることができる。

現在，リソグラフィーではKrFエキシマレーザー（248nm）が用いられており，100nm程度の加工が限界であろうが，今後，極紫外線（EUV），電子線（50～70nm）を用いれば，10nmの精度でのナノ材料のアドレッシングのニーズにも対応できる可能性がある。

(2)　マイクロコンタクトプリンティング法

図7のように，スタンプを用いるアドレッシング法が提案されている[17]。上記のリソグラフィーの方法でパターンを作り，シリコンゴムのスタンプを作る。チオール化合物をインク替わりに使い，金表面にスタンプするとチオールと金の結合により，金表面に化合物が写し取られ，スタンプと同じパターンが形成される。形成されるチオール化合物パターン表面にカルボン酸基を修飾しておけば，アミンとの結合も可能である。チオール基を修飾しておけば，図7のように，金ナノ粒子をスタンプのパターン通りに配列することができる。この手法によれば，一度精密に作成したスタンプを何度でも使うことができ，高速・大面積でのアドレッシングへの道も切り開かれる。

(3)　DNAのパターンニング

DNA同士の相補的結合やDNAと制限酵素との結合を利用したナノ粒子の配位を行う場合，まずDNAを基板に配置しておく必要がある。5章9節で説明するように，桂ら[18]は，レーザーを利用すれば，DNAを自在にハンドリングでき，DNA分子を基板上に一筆書きのように任意の形に配置できると報告している。この方法を利用すれば，基板上にナノ粒子を任意にアドレッシングする方法となりうる。

予め，基板上にDNAが碁盤の目のように，整然と並んでいれば，それを使ったナノ粒子配列が可能である。最近，Seemanなど[19]は，真菌類での遺伝子変換時に4本のDNA鎖で形成される立体構造（ホリデイ連結構造）をたくみに使い，1辺が10nm程度の菱形格子を形成できること，さらにそれらを相補的結合により規則的に結合させ，碁盤の目のような平面構造をつくりだすことに成功している。

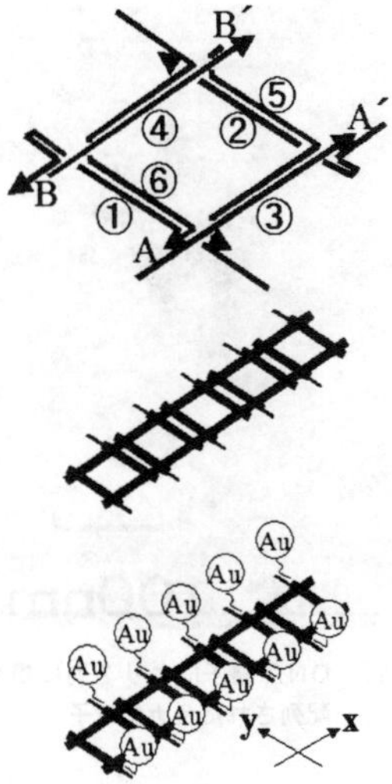

図8　ホリデイ連結によるDNA格子の構築と金ナノ粒子のアドレッシング

筆者らはSeemanらのDNA配列を参考にし，6本のDNA単鎖を用いて菱形格子を作成し，格子間の結合が一軸方向にのみに生長していくように設計した。そして，チオール基を介して金ナノ粒子を配位させたDNAを，その1次元格子列の横に結合させ，図8のような金粒子アセンブリーを目指した。その結果，電子顕微鏡で観察したところ，設計から予測される金ナノ粒子の二列配列が確認できた（図9）[20]。同様の方法を，既述のように，ペプチド・タンパク質を用い「設計通りのアドレッシング」を行うことも可能である。

1.5　おわりに－産業基盤化へ向けて－

現在進められている「材料技術の知識の構造化プロジェクト」では，ナノメタル，ナノガラス，ナノ高分子，ナノ粒子プロジェクトについて，共通の技術プラットフォーム作りが進められている。ナノバイオテクノロジーを，次世代産業の技術基盤としていくために，同様のスタンスでナノバイオ技術プラットフォームを構築していく必要と考えている。

まず，幅広い分野に分散するナノバイオに関する知識を「プロセスを設計する」という視点で構造化する必要がある。また，プラットフォームは，開発の各段階において，開発研究者のニーズに答える構造を持っている必要がある。例えば，新たな機能を発現するデバイスを開発する際，

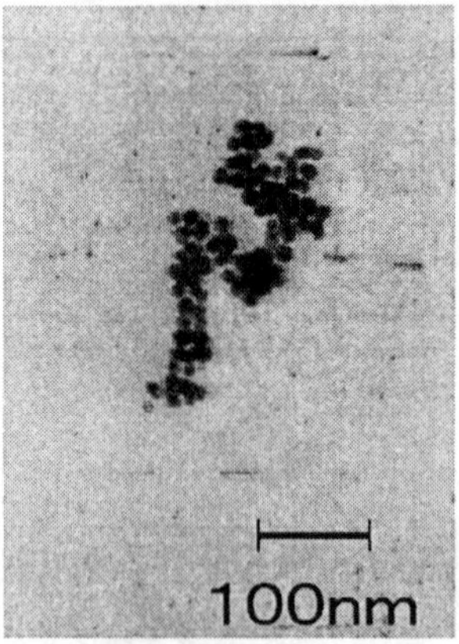

図9 DNA格子により2列に規則配列された金ナノ粒子

必要なナノ材料バイオブロックは何が良いか，そしてそれを組み上げ，デバイスとしていくためのプロセスとしてはどのようなものがよいかを推奨してくれるプラットフォームが求められる。また，構造や機能を設計し，またプロセスを設計するためのシミュレーターも備えている必要がある。さらに，新たな発見や発想を支援するために，「オントロジー」,「原理出し」そして「ナノバイオインフォーマティクス」を組み上げ発想支援ツールに仕上げていく必要がある。

文献

1) 化学工学会バイオナノテクノロジー委員会，化学工学，**66**，554（2002）.
2) 経済産業省「知識の構造化プロジェクト」平成14年度成果報告.
3) 小泉光恵ら編,「ナノ粒子の製造・評価・応用機器の最新技術」CMC出版（2002）.
4) 柳田博明監修「微粒子工学体系」フジテクノシステム（2002）.
5) Wuled Lenggoro,「ナノ粒子の製造・評価・応用機器の最新技術」CMC出版，140-143（2002）.
6) B. Xia *et al.*, *Adv. Mater.* **13**, 1579（2001）., 奥山喜久夫，ナノテクノロジー・プログラム，ナノ粒子の合成と機能化技術プロジェクト，公開用報告書PDF（公開用51102431-0.pdf）.
7) C. B. Murray *et al. J. Am. Chem. Soc.* **115**, 8706（1993）.

8) T. Sugimoto *et al.*, *J. Colloid Interface Sci.*, **152**, 587 (1992).
9) T. Adschiri *et al.*, Supercritical Fluid Technology in Materials, Science and Engineering : Synthesis, Properties, and Applications, edited by Ya-Ping Sun, Marcel Dekker, Inc. 311 (2003).
10) I. Yamashita, *Thin Solid Films*. **393**, 12 (2001).
11) T. Kyotani *et al.*, *Chem. Mater.* **8** 2109 (1996).
12) S. R. Whaley *et al.*, *Nature* **405**, 665 (2000).
13) S. W. Lee *et al.*, *Science* **296**, 892 (2002).
14) C. A. Mirkin *et al.*, *Nature* **382**, 607 (1996).
15) R. Elghanian *et al.*, *Science* **277**, 1078 (1997).
16) J. R. Taylor *et al.*, *Anal. Chem.* **72**, 1979 (2000).
17) L. Yan *et al.*, *J. Am. Chem. Soc.*, **120**, 6179 (1998).
18) S. Katsura *et al.*, *Nucleic Acids Res.*, **26**, 4943 (1998).
19) C. Mao *et al.*, *J. Am. Chem. Soc.* **121**, 5437.
20) 阿尻雅之ら, 粉砕, **42**, 2003印刷中.

2 ナノ有機・高分子マテリアル

2.1 DNA複合ナノマテリアルとバイオ応用

細川和生*1，前田瑞夫*2

ナノ粒子（nanoparticle）は直径が数ナノから数十ナノメートルの粒子であり，代表的なナノマテリアルとして盛んに研究が行われている。ナノ粒子は一般にバルクとは異なった光学特性を示す[1)]。特に金でできたナノ粒子が鮮やかな赤色を示すことは，Michael Faradayの古典的な論文以来[2)]，研究者の関心を集めてきた。より正確に言えば，直径が5-20nmの金ナノ粒子からなるコロイド溶液は，可視光に対する吸収極大が520nm付近にあり，赤色に見える。このピークは粒子の直径が大きくなるにしたがって長波長側にシフトし，溶液は紫色ないし青色に見えるようになる。溶液中の金ナノ粒子が何らかの原因で凝集を起こした場合も，直径が大きくなるのと同等の効果を生み，溶液の色は変化する。

金ナノ粒子のもう一つの特徴として，その表面にさまざまな分子を容易に固定化できるという性質がある。これは金表面とチオール基，ジスルフィド基などとの相互作用によるもので，ナノ粒子に特有のことではない。金ナノ粒子が遺伝子診断に応用できることを初めて示したのが，米ノースウエスタン大学のC. A. Mirkinらのグループである[3~5)]。彼らは2種類のプローブDNAを別々の金ナノ粒子に固定化し，それらと検体DNAとを混合した。検体DNAが双方の固定化

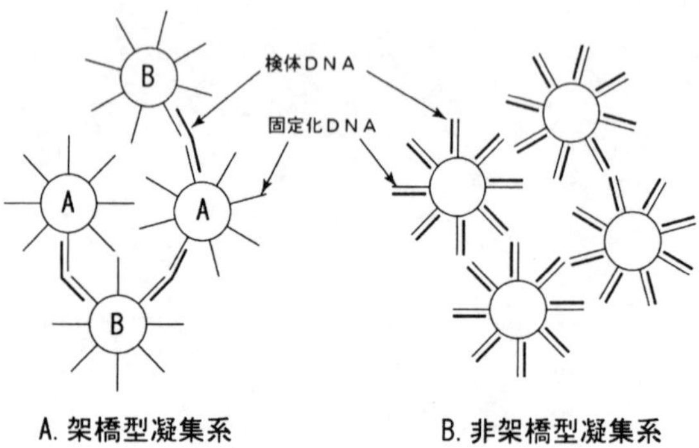

図1　二つのDNA－金ナノ粒子凝集系

*1　Kazuo Hosokawa　理化学研究所　バイオ工学研究室　先任研究員

*2　Mizuo Maeda　理化学研究所　バイオ工学研究室　主任研究員

DNAと相補する配列を含む場合，ハイブリダイゼーションによって2種類の金ナノ粒子が架橋され，交互に並んでネットワークを形成し，凝集体となる（図1A)。このとき，上に述べたような溶液の色変化が観察される。

Mirkinらの方法は検体への標識や特別な機器を必要とせず，目視によって遺伝子が診断できる画期的なものであり，筆者らを含め多くの研究者に影響を与えた。しかし，その根底にある原理は従来どおりハイブリダイゼーションの有無を観測するものであり，同じ原理に基づく，たとえばDNAチップなどの手法と共通した問題点を持つ。それは，検体DNAの一塩基変異を見分けたい場合，温度などの条件を精密に制御しなければならないことである[4]。

筆者らは，金ナノ粒子を用いる遺伝子診断が，全く異なる原理によっても可能であることを見出した[6]。第一の発見は，図1Bのように，検体DNAが金ナノ粒子を架橋しない配列であっても粒子の凝集が起きるということである。この実験では，直径15nmの金ナノ粒子の表面にただ一種類の15量体プローブDNAを固定化した。このコロイド溶液に，図2Aに示すような，固定化DNAと完全に相補する（かつ粒子間を架橋し得ない）配列のDNAを添加すると，NaCl濃度が0.5M以上の場合ただちにナノ粒子が凝集し，溶液が赤色から青色に変化した。凝集体の透過型電子顕微鏡写真を図3に，可視吸収スペクトルを図4に示す。凝集に要する時間は塩濃度に依存するが，長くとも3分であった。

第二の発見は，この系がDNA末端のミスマッチに著しく敏感なことである。図2Bに示すような，末端に一塩基変異を持つ検体DNAを加えた場合は，広範囲の塩濃度（0.1–2.5M NaCl）において金ナノ粒子は全く凝集しなかった。ここで強調すべきことは，図2ABの識別は特に温度を制御することなく，室温でできることである。いずれの場合も粒子表面でDNAが二本鎖を組んでいることは確かであり，また，ミスマッチがDNAの真ん中や，反対側の端にある場合は，図2Aの系と同様な凝集が見られた。すなわち，図2ABの識別はハイブリダイゼーションの有無に立脚するものではなく，二本鎖を形成した上での，何らかの性質の違いに基づくものである。なお，この特殊な挙動はミスマッチの位置だけに依存するものであり，組み合わせには依存しない。

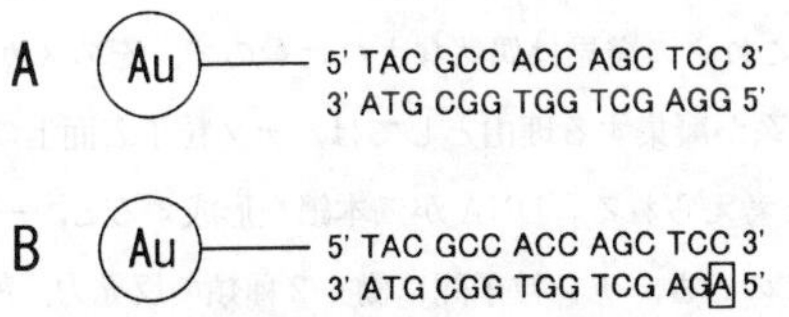

図2　非架橋系の実験に用いた塩基配列

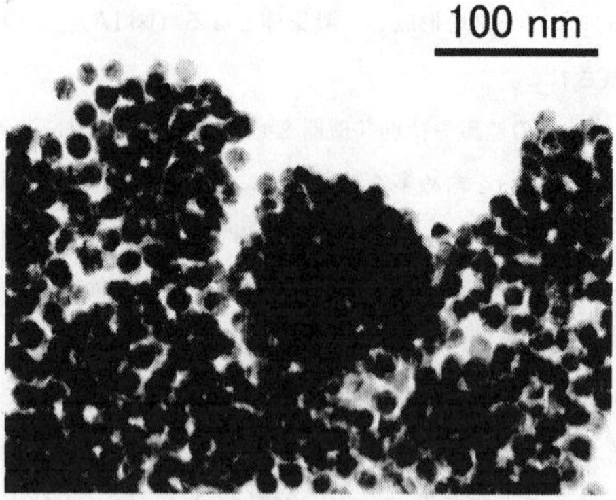

図3　凝集体の透過型電子顕微鏡写真

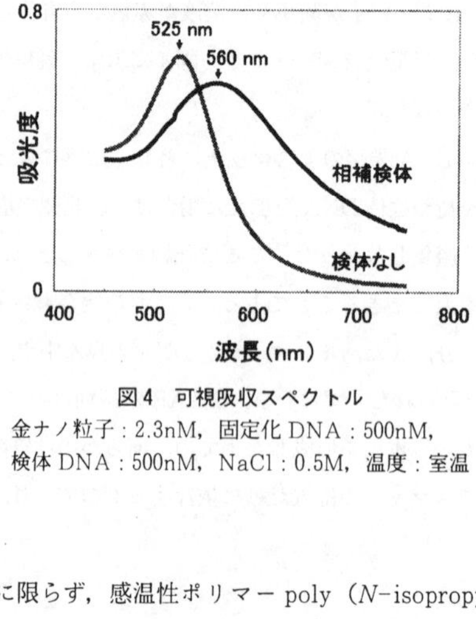

図4　可視吸収スペクトル
金ナノ粒子：2.3nM，固定化DNA：500nM，
検体DNA：500nM，NaCl：0.5M，温度：室温

核となるナノ粒子は金に限らず，感温性ポリマー poly（*N*-isopropylacrylamide）が40℃以上で形成するナノ粒子でも全く同様の現象が起きることが分かっている[7]。（時間的には後者の系が先に発見された。）これらの発見は偶然なされたもので，そのメカニズムはまだ明らかになっていない。まず図2Aの系が凝集する理由としては，ナノ粒子表面上のDNAの立体構造が変化することがひとつの鍵と考えられる。DNAが二本鎖を形成すると，一本鎖のときよりも堅く，密な立体構造をとる。このとき，ナノ粒子間に働く2種類の反発力，静電的反発力（electrostatic repulsion）と立体的反発力（steric repulsion）のどちらも減少することが考えられる。静電

的反発力はDNAの負電荷に由来するもので，これが二本鎖になることによって減少するというのは，一見すると逆説的である。しかし，対イオン（この場合はNa^{+}）の結合を加味してトータルで考えた場合，負電荷密度の大きい二本鎖の方が，見かけの電荷が小さくなるという理論があり[8]，決して不思議なことではない。一方，立体的反発力はDNAの柔軟性に起因するものなので，これが二本鎖形成によって減少することは容易に想像できる。しかし静電，立体どちらの効果が支配的であるかは，今後の研究課題である。また，なぜ図2Bの系が安定に分散するかというのは，さらに難しい問題であるが，二本鎖DNAのミスマッチ部分には水分子が結合しやすいという報告があり[9]，これが手がかりになるのではないかと考えている。

実用的な観点から見ると，非架橋系は架橋系に比べて明らかな利点が二つある。一つは結果が出るまでの時間が圧倒的に短いことで，前者は3分以内，後者は数十分から数時間である[5]。もう一つは，わずか一塩基のミスマッチが，末端に限っては非常に容易に検出できることである。この性質はプライマ伸長法[10]との組み合わせが有効であることを示唆している。まだ課題は多いものの，本稿で述べた非架橋型DNA－ナノ粒子凝集系は，簡易・迅速・確実な遺伝子診断法として，来るべきオーダーメイド医療時代のスタンダードな手法となる可能性を秘めている。

文　　献

1) C. F. Bohren *et al.*, *Absorption and Scattering of Light by Small Particles*, John Wiley & Sons, Inc., New York, (1983).
2) M. Faraday, *Philos. Trans.*, **147**, 145 (1857).
3) C. A. Mirkin *et al.*, *Nature*, **382**, 607 (1996).
4) R. Elghanian *et al.*, *Science*, **277**, 1078 (1997).
5) J. J. Storhoff *et al.*, *J. Am. Chem. Soc.*, **122**, 4640 (2000).
6) K. Sato *et al.*, *J. Am. Chem. Soc.*, **125**, 8102 (2003).
7) T. Mori *et al.*, *Polym. J.*, **34**, 624 (2002).
8) G. S. Manning, *Q. Rev. Biophys.*, **11**, 179 (1978).
9) M. Becker *et al.*, *Biochemistry*, **38**, 5603 (1999).
10) A. C. Syvanen, *Hum. Mutat.*, **13**, 1 (1999).

2.2 高分子ナノゲルの設計とバイオ機能

森本展行[*1]，秋吉一成[*2]

2.2.1 はじめに

高分子微粒子は，バイオテクノロジー，医学・薬学分野，さらには食品，塗料，化粧品産業など非常に幅広く利用されている。これまでに様々な構造を有する高分子微粒子が作り出されてきた。典型的な高分子重合で得られるコア微粒子をはじめ，微粒子表面上に荷電ポリマー鎖を順に堆積して作られる交互堆積化微粒子[1]，あるいはコロイドソームといわれる内部が空になっている中空微粒子[2]など特異な構造を有するものも報告されている。また，両親媒性高分子の水中での自己組織化を利用して微粒子が作られる。ブロック型の両親媒性高分子から形成されるコアーシェル微粒子（高分子ミセル）[3]，界面活性剤を連結した構造を有する両親媒性高分子（ポリーソープ）の1分子が折り畳まれた単一ポリマーミセル（ユニマーミセル）[4]，水溶性高分子に少量の疎水性分子を導入した疎水化高分子によるナノ微粒子などが報告されている[5]。

一方で，3次元架橋構造を有するゲルは，体積相転移現象などその物性の面白さもさることながら，実用面でも様々な用途に応用されている[6]。最近になってナノ微粒子とゲルの特性を併せ持つナノメーターサイズの高分子ゲル微粒子（ナノゲル）が，ドラッグデリバリーシステムでの利用など，生命科学，ナノテクノロジー分野で注目されるようになってきた。通常のマクロなゲルと比べて，ナノゲルは様々な特性が期待できる。例えば，ゲルの体積相転移はゲルサイズの平方根に比例して早くなり，マイクロメーターサイズのゲルでもミリ秒のオーダーまで早くなると予想されている。また，ランダムコイルの高分子と比べて特異なレオロジー挙動や，分解に対する抵抗性，ゲルマトリクス内への物質の取り込み能など興味ある特性を有していることから，化粧品，ペイント・コーティングおよび製薬業界での利用が期待されている。本稿では，ナノゲルの設計とそのバイオナノテクノロジーでの利用について紹介する。

2.2.2 ナノゲルの設計

マクロなゲルを形成させる様々な手法が報告されている。一般的には3次元架橋を形成させるための架橋剤存在下で重合を行う手法や，低分子のゲル化剤を添加することでマクロゲルが得られている。一方で，現在数多くの高分子微粒子の合成法が報告されているが，多くはミクロスフェアーと呼ばれる，いわゆる内部の詰まった堅い構造を有する微粒子がほとんどであり，ナノメーターサイズでゲル構造を有するナノ微粒子（図1）の合成例はそれほど多くはない。以下，ナノゲルの合成法についてまとめた。

＊1　Nobuyuki　Morimoto　東京医科歯科大学　生体材料工学研究所　助手
＊2　Kazunari　Akiyoshi　東京医科歯科大学　生体材料工学研究所　教授

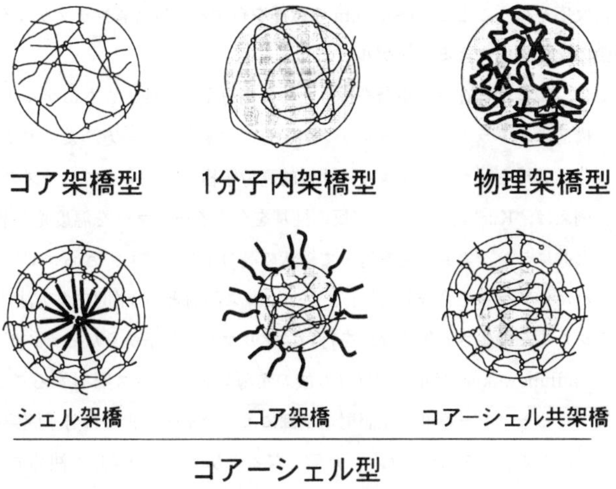

図1　種々のナノゲル断面図

(1)　重合法による化学架橋ナノゲル

ナノゲルの合成方法として最も多く用いられているのは，マイクロエマルションをまず形成させ，その微少空間で重合を行うものである。エマルションの安定化のために界面活性剤を用いる場合も多い。Ogawa らはN-イソプロピルアクリルアミド（NIPAM）をベースとした正，または負の電荷を有したモノマーを用い，これらと架橋剤と界面活性剤を含む水溶液中に分散してエマルションとした後，過硫酸アンモニウムを重合開始剤として温度応答性の荷電ナノゲルを合成した[7]。比較的容易にナノゲルを調整できる手法であるが，その組成は一般にモノマーの種類や組成に起因して不均一なものとなるため，界面活性剤の選択を含めた合成条件の設定が必要となる。また，通常のO/W エマルションの他に油相に水を添加するインバースマイクロエマルション（W/O エマルション）重合法も行なわれている。McAllister らは10%の界面活性剤と50%のモノマーを含む水溶液をヘプタンに対して0.4%の割合で加えW/O エマルションを形成させ，疎水性の開始剤を加えて重合を行って直径約50〜60nm の種々のカチオン性を有したナノゲルを合成した[8]。また，多層構造を有するナノゲルがシード重合法により合成されている。まずNIPAM のみを架橋剤と共に水中で界面活性剤存在下にて重合して，核（コア）を合成しその後疎水性のブチルメタクリレートとNIPAM からなる第2のゲル相（シェル）を同様の手法にて重合することでコアーシェル型ナノゲルが合成された[9]。粒径を制御する方法としてリポソーム内水相をナノリアクターとする方法も検討されている。Kazakov らはサイズをそろえたリポソーム存在下，アンカーとして長鎖アルキル基を有する両親媒性のモノマーを，光重合開始剤を用いたラジカル重合反応を行うことで30〜300nmの粒径を有する温度応答性ナノゲルを合成した[10]。

(2) 高分子鎖の化学架橋によるナノゲル

(1)の重合法では，架橋剤存在下に重合を行うために高分子の生成とともにゲル化が進行するので，高分子鎖の構造のキャラクタリゼーションが十分に出来ない。一方，まずポリマーを設計，合成し，その後化学架橋を行う手法により，比較的高分子組成が明らかでサイズの揃ったナノゲルが得られる。例えば，Kuckling らは，光反応性基を有するモノマーを温度応答性モノマー，親水性モノマーと共にランダム共重合を行って線状の高分子を合成し，さらにUV照射することで分子内架橋されたナノゲルを合成した[11]。また，パルス照射という物理的な方法によりポリマー中の局所的にラジカルを発生させ架橋反応を行い，ポリマー1分子からなるナノゲルが得られている。例えば，Kadlubowski らはポリアクリル酸の希薄溶液にパルス照射することでラジカルを発生させ，架橋するモノマー濃度や光照射量制御により分子内，または分子間架橋することで直径100〜180nmのナノゲルを合成した[12]。基盤となるポリマーの分子量を決めておけば，比較的単分散なサイズの制御されたナノゲルが得られる利点がある。サイズの揃ったナノゲルを合成するために両親媒性高分子の自己組織化を利用した方法もある。Huang らはポリスチレンとポリアクリル酸からなるブロックコポリマーを合成し，THF中にてサイズの揃った高分子ミセルを形成させた後，ポリアクリル酸からなるシェル部分をカルボジイミドで活性化してジアミノオリゴ（エチレングリコール）にて架橋することで20〜40nmの直径を有するナノゲルをえた[13]。

(3) 自己組織化法による物理架橋ナノゲル

これまで述べた化学的架橋法によるミクロゲルやナノゲルの合成に比べて，物理架橋によるナノサイズのゲルの報告は非常に少ない。我々は，水溶性高分子にコレステロール基などの比較的

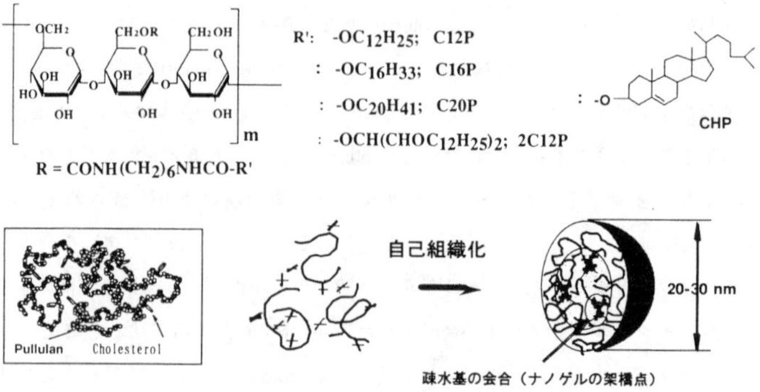

図2　疎水化多糖の構造と自己組織化ナノゲル形成

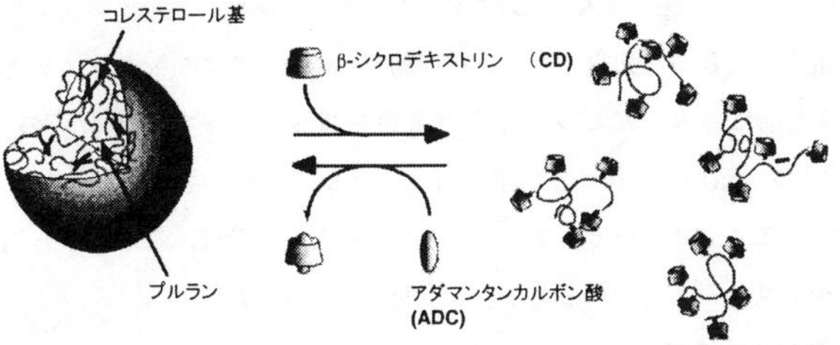

図3　シクロデキストリンのホスト-ゲスト相互作用を利用したナノゲルの会合制御

疎水性の高い分子をわずかに導入した（5wt%）疎水化高分子が，希薄水溶液中で自己組織的に会合して，粒径20～30nmのサイズの揃った微粒子が形成することを見いだした[5)]。種々の検討により疎水基の会合領域を架橋点とする物理架橋ゲル構造を有するナノゲルであることが明らかになった（図2）[14)]。また，ナノゲルを調整後，高濃度の条件にすると，このナノゲルのネットワーク化によりマクロなゲルが形成することを明らかにし，階層的なゲル化法を開発した[15)]。様々な水溶性多糖類[16~18)]，ポリアミノ酸[19)]，および合成高分子[20)]からも同様なナノ組織体の形成の報告がなされており，新しい自己組織化ナノゲル法が一般性のある手法として確立されてきた。

物理架橋ナノゲルの興味深い点は，動的な会合制御が可能である点であろう。疎水基の会合領域を架橋点とするナノゲルは，シクロデキストリンとのホスト-ゲスト相互作用を利用することで，ゲル構造の崩壊と再構築を制御できる。つまり，ナノゲルにシクロデキストリンを添加すると，疎水基がシクロデキストリンにより包接されて疎水基の会合が解け，架橋点が崩壊してナノゲルは解離する。ここに，シクロデキストリンと強く相互作用する他の疎水性ゲストを添加すると疎水化多糖と相互作用していたシクロデキストリンが取り除かれて，ナノゲルが再構築される（図3）[21)]。

会合性因子として疎水基に基づく疎水的な会合力以外に，静電的相互作用，配位結合を利用したシステムや，熱や光の刺激により動的に構造を変化しえるような動的ナノゲル創製へと展開可能である。例えば，光および熱に応答して極性を変化しえるスピロピラン残基を従来の疎水基のかわりに多糖に導入したスピロピラン置換プルランは，水中で自発的に会合し，粒径約150nmのナノ微粒子を形成した。光刺激により架橋点の極性やナノゲルの会合特性が制御しえる光応答性ナノゲルが得られた。

異なる高分子鎖を有する疎水化高分子を任意に混合することで，ナノスケールで2種の高分子が会合したハイブリッドナノゲルの調製が可能となる。疎水基が2種の高分子を混合させる“のり”の役割を果たす。例えば，室温付近に曇点を有する熱応答性のポリイソプロピルアクリルアミド（PNIPAM）に疎水基を導入した疎水化PNIPAMと疎水化プルラン（コレステロール置換プルラン）を混合して超音波処理を行うと粒径約40nmのハイブリッドナノゲルが形成した。PNIPAM鎖の疎水基に導入したピレンの蛍光挙動を調べることで，疎水基の会合を通じてPNIPAM鎖とプルラン鎖が入り組んだ構造を有していることが示唆された。また，PNIPAM鎖の熱応答性を利用することで，温度によってナノゲルの会合と解離，そしてゲル内での高分子鎖の相分離構造をナノスケールで制御しえることが明らかになった[22]。

2.2.3 ナノゲルのバイオ機能

ナノゲルはドラッグデリバリーシステム（DDS）における薬物運搬体のサイズとして適している。例えば，水に難溶性の抗がん剤であるアドレアマイシン[23]や抗ステロイド薬[24]を担持したナノゲルの有用性が示されている。従来のナノ微粒子とナノゲルの大きな違いは3次元架橋構造による耐生分解性挙動やそのゲル内にタンパク質などの高分子を取り込める点であろう。ここでは，疎水化多糖ナノゲルとタンパク質および核酸との相互作用，その特性を利用したDDS，人工分子シャペロン機能について紹介する。

(1) タンパク質との複合体形成とDDS

疎水化多糖を用いた自己組織化ナノゲルは，タンパク質の高分子ホストとして機能しえる[25, 26]。例えば，コレステロール置換プルラン（CHP）からなるナノゲルの濃度を一定として，タンパ

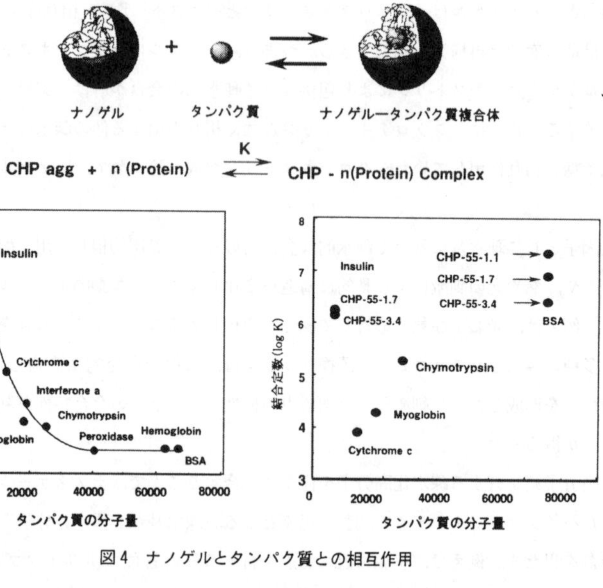

図4 ナノゲルとタンパク質との相互作用

ク質濃度を増加させてその最大結合量をプロットするといずれのタンパク質系でも飽和挙動を示し，タンパク質との最大結合数および結合定数が求められた。CHP ナノゲルは，タンパク質のサイズ（分子量）に応じて決まった数のタンパク質と結合し，タンパク質の種類によりかなり選択性があることがわかった。結合したタンパク質は，他のタンパク質との交換反応によりバルク水相に放出可能である（図4）。このような挙動は，高分子におけるホスト-ゲスト系といえるもので，異種高分子間の会合をナノスケールで制御しえたことになる。複合化されたタンパク質は，コロイド的にも熱的にも安定化されるが，活性を失う酵素も多い[27]。しかし，他のタンパク質との交換反応やシクロデキストリンの添加によるナノゲルの崩壊とともに，複合化したタンパク質を効率よく活性を保持した形で放出しえることがわかった[28]。このような酵素の捕捉と安定化，および変性酵素の取り出しによる酵素の巻き戻りと活性回復の機構は，後述する天然のヒートショックタンパク質である分子シャペロンが行っている機構と同様である。この熱変性タンパク質の捕捉による凝集抑制と放出による巻き戻りという高分子間会合の制御を利用することで，新しい酵素の熱安定化システムを構築することができた[29]。さらに，インスリンなどのタンパク質のキャリアーとしても優れていることも明らかになった[30]。

疎水化多糖ナノゲルはアジュバントとしても優れた機能を有している。がん遺伝子産物である erbB2 抗原タンパク質はナノゲルと効率よく結合した。この複合ナノゲルを用いて免疫を行うと抗体産生のみならず，抗腫瘍性のキラーT細胞が効率よく誘導され，人工がんワクチンとして有効に作用することがわかった[31~33]。抗原タンパク質のみでの免疫では大きな効果は得られないことから，ナノゲルがキャリアーとして有効に寄与していることは明らかである。さらに，がん治療としても有益であることから臨床応用も検討されている[34]。

(2)　核酸との複合体形成と DDS

カチオン性高分子がアニオン性高分子である核酸とポリイオンコンプレックスを形成して複合体を形成することはよく知られている。このシステムは，非ウイルスベクター系として遺伝子デリバリー分野で活発に研究されている。しかし，発現効率においてウイルスにはまだ遠くおよばない。複合体のサイズやその特性により遺伝子発現効率が大きく変わることが知られている。従来の線状のカチオン性高分子のかわりにカチオン性ナノゲルと DNA との相互作用とその利用に関する研究が報告されている。ナノゲルのサイズはクロマチン構造のヒストンタンパク質複合体の大きさと類似しており，生体系のモデル系としても興味深い。Vinogradov らは架橋ポリエチレンオキサイドとポリエチレンイミンからなるナノゲルが，DNA やオリゴヌクレオチドとコンプレックスを形成し，そのキャリアーとして有効であることを報告している[35]。また，McAllister らも正電荷量とサイズが制御されたナノゲルをインバースミクロエマルジョン法により調整し，DNA とコンプレックス形成や遺伝子発現効率が制御しえることを報告している[8]。

(3) ナノゲルの分子シャペロン機能

近年，さまざまな生理活性タンパク質が遺伝子操作により作りだされている。今後もその数は益々増大するであろう。その際，細胞内で多量に発現させたタンパク質は正しく折り畳まれずに凝集してしまう場合（インクリュージョンボディー）が多い。目的のタンパク質を得るために，凝集体を一度，尿素や塩酸グアニジンなどの変性剤で可溶化し，その後希釈することにより巻き戻りを行わせるが，その際の収率は決して満足のいくものではない。また，ポストゲノム時代を迎えた現在，新たに見つかった遺伝子から発現する新規なタンパク質の機能解析が行われようとしているが，この場合もタンパク質の折り畳みと凝集の問題は避けては通れない。このようにタンパク質を効率的にリフォールディングさせる技術は，ポストゲノム研究のタンパク質工学において必要不可欠である。生体系には，タンパク質のフォールディングを助ける分子シャペロンとよばれるタンパク質が存在している[36]。分子シャペロンは，ATPの加水分解反応と共役してその構造を動的に変化させることで，非天然のタンパク質の選択的捕捉と解離を制御して，その高次構造形成を助けている巧妙な生体ナノマシンである。具体的には，タンパク質の折り畳みや会合の調節，熱ストレスなどによる変性タンパク質の凝集の抑制と酵素分解系への送達および膜透過の補助など，タンパク質の一生に関与している。このナノマシンを自在に操ることやその機能を再構築して人工的に創り出すことで，幅広い分野での利用が可能となる[37]。我々は，ナノゲルを用いた人工分子シャペロン系を開発した。疎水化多糖からなるナノゲルは，分子シャペロンと同様に天然状態タンパク質よりも熱変性タンパク質やリフォールディング中間体とより強く相互作用しえた。分子シャペロンはATPの結合と加水分解により，ホストのコンフォメーションを

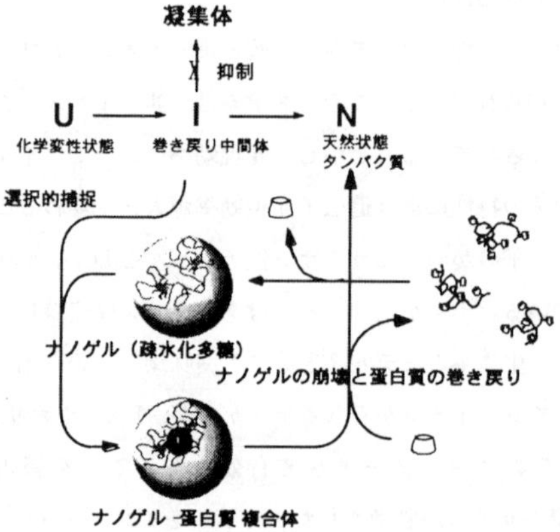

図5　人工分子シャペロンの作用機構

周期的に変化させ，基質タンパク質の結合と解離を制御している。人工分子シャペロン系では，シクロデキストリン（CD）をナノゲルの構造変化のモデュレーターとして用いる方法を考案した。先に述べたように，CDはナノゲル中の疎水基と包接錯体を形成し架橋点を破壊することで，ナノゲルを崩壊させる。ナノゲルとタンパク質との複合体にCDを添加すると，タンパク質が放出されるとともに自発的に巻き戻り，その活性が回復してくることがわかった。

先に，人工シャペロンのヒートショックプロテイン機能について述べたが[29]，同様な概念で，インクリュージョンボディーの再生にも人工シャペロンは有効である。例えば，塩酸グアニジン（GuHCl）で化学変性させたCABのリフォールディングの効率も向上しえた。CAB（7.2mg/ml）を，5M GuHClにより変性し，200倍希釈することでリフォールディングを行うとほとんどのタンパク質が凝集，沈殿した。疎水化多糖ナノゲルの水溶液（7.5mg/ml）を用いて同様に希釈するとタンパク質の凝集が抑制された。この複合体にCDを添加すると，複合体の崩壊とともにタンパク質のリフォールディングがおこり，80%以上酵素活性が回復した（図5）。このシステムを用いて実際に大腸菌由来のインクリュージョンボディーからのタンパク質の再生にも成功している[38]。疎水化多糖－シクロデキシトリン系は，疎水基の構造やシクロデキストリンの種類を変えることで種々のタンパク質に対応できる点が特色である。

自己組織化ナノゲル法をさらに発展させ，様々な因子を組み込んだ動的ナノゲルを設計し，高機能性人工分子シャペロンへの進化を図っている。例えば，光応答性のスピロピラン基を架橋点とするナノゲルは，光刺激により化学変性タンパク質のリフォールディングを制御しえる光応答性分子シャペロンとして機能することも明らかになった。

文　献

1) F. Caruso, *Adv. Mater.*, **13**, 11 (2001).
2) A. D. Dinsmore, *Science*, **298**, 1006 (2002).
3) G. S. Kwon *et al.*, *Crit. Rev. Ther. Drug.*, **15**, 481 (1998).
4) Y. Morishima *et al.*, *Macromolecules*, **28**, 2874 (1995).
5) K. Akiyoshi *et al.*, *Macromolecules*, **26**, 3062 (1993).
6) 長田義仁ほか，ゲルハンドブック，エヌティーエス（1997）.
7) K. Ogawa *et al.*, *Langmuir*. **19**, 3178 (2003).
8) K. McAllister *et al.*, *J. Am. Chem. Soc.*, **124**, 15198 (2002).
9) D. Gan and L.A. Lyon, *J. Am. Chem. Soc.*, **123**, 7511, (2001).
10) S. Kazakov *et al.*, *Macromolecules* **35**, 1911 (2002).

11) D. Kuckling *et al.*, *Langmuir*, **18**, 4263 (2002).
12) S. Kadlubowski *et al.*, *Macromolecules*, **36**, 2484 (2003).
13) Haung *et al.*, *J. Am. Chem. Soc.*, **119**, 11653 (1997).
14) K. Akiyoshi *et al.*, *Macromolecules*, **30**, 857 (1997).
15) K. Kuroda *et al.*, *Langmuir*, **10**, 3780 (2002).
16) K. Y. Lee *et al.*, *Langmuir*, **14**, 2329 (1998).
17) K. Y. Lee *et al.*, *Macromolecules*, **31**, 378 (1998).
18) M. Nichifor *et al.*, *Macromolecules*, **32**, 7078 (1999).
19) K. Akiyoshi *et al.*, *Macromolecules*, **33**, 6752 (2000).
20) M. Mizusaki *et al.*, *Polymer*, **43**, 5865(2002).
21) K. Akiyoshi *et al.*, *Chem. Lett.*, **93** (1998).
22) K. Akiyoshi *et al.*, *Macromolecules*, **33**, 3244(2000).
23) K. Akiyoshi *et al.*, *Eur. J. Pharm.Biopharm.*, **42**, 286 (1996).
24) A. K. Gupta *et al.*, *Int. J. Pharm.*, **209**, 1, (2000).
25) T. Nishikawa *et al.*, *J. Am. Chem. Soc.*, **118**, 6110 (1996).
26) K. Akiyoshi *et al.*, *Supramolecular Sci.*, **3**, 157 (1996).
27) 秋吉一成，日本油化学会誌 **49**, 31 (2000).
28) T. Nishikawa *et al.*, *Macromolecules*, **27**, 7654 (1994).
29) K. Akiyoshi *et al.*, *Bioconjugate Chem.*, **10**, 321 (1999).
30) K. Akiyoshi *et al.*, *J. Control Rel.*, **54**, 313 (1998).
31) X. G. Gu *et al.*, *Cancer Res.*, **58**, 3385 (1998).
32) H. Shiku *et al.*, *Cancer Chemoth. Pharm.*, **46**, S77 (2000).
33) Y. Ikuta *et al.*, *Blood*, **99**, 3717 (2002).
34) 秋吉一成ほか，日本 DDS 学会誌，**17**, 486 (2002).
35) S. V. Vinogradov *et al.*, *Adv. Drug Deliver. Rev.*, **54**, 135 (2002).
36) R. H. Pain 編，後藤祐児ほか訳，タンパク質のフォールディング，シュプリンガー・フェアラーク東京 (1995).
37) 秋吉一成，生命化学のニューセントラルドグマ，化学同人，p.160 (2002).
38) Y. Nomura *et al.*, *FEBS Lett.*, in press.

2.3 ナノ機能性分子の利用に適した反応場の構築とその安定化

東　雅之*

2.3.1 はじめに

ポストゲノム研究としてタンパク質の構造解析，糖鎖工学に関する研究が精力的に進められ，分子レベルでの生命現象の理解が急速に深まりつつある。またその利用範囲も広がり，今後はナノテクノロジーとの融合によりさらなる発展が期待されている。生命現象の複雑な連続反応を担っているのはタンパク質で，タンパク質を中心にナノ機能性分子の利用が検討されている。タンパク質は周囲の環境，例えば温度・pH・塩濃度などによってその構造や活性が変化し，それによって生物は外界の環境変化などにも適応している。この変化は一定の形状を保ち安定した働きをする機械の歯車には見られない点で，タンパク質の機械的な利用を難しくしている点でもある。生体内の連続反応では，さらにグルコース抑制や生産物阻害など複雑な制御系が加わり，その理解も一筋縄でない。生物は自ら作ったものを自らこわし再び新しい材料を作り非常に短期間に子孫を残す。その中にはタンパク質が正しいフォールディングをとれない場合を想定したタンパク質の品質管理の仕組みも組み込まれている。ここではタンパク質によって生体内で繰り広げられる巧みな連続反応をどのように安定に利用するか？　特にタンパク質の反応の場をいかに構築するか？　に焦点をしぼりその現状と将来展望について解説する。

マイクロ工場である細胞は原料を外界から取り込み，酵素および基質濃度を局部的に高めた状況で効率的に反応を行い，生じた生産物を分泌もしくは細胞内に蓄積する。また生産活動だけでなく自らその工場を作り出す能力を持つ。細胞を直接利用し物質生産を行う場合，生産に適した生物を決定し，培養条件の検討や育種により，生産の効率化が進められる。細胞内の代謝を理解し，突然変異の誘発や遺伝子工学的手法により，生産に関与する酵素の発現量や生産抑制あるいは細胞外への分泌能などさまざまな因子を改良することで優れた個体が育種される。一方細胞抽出成分では，基質に対して高い選択性を持つ酵素や抗体がバイオセンサーや生産プロセスに利用されている。しかし，抽出成分は自己増殖できないため，その成分の安定性や反応条件の効率化が重要となる。酵素の固定化法や安定かつ反応性の良い温度・緩衝液の種類・pH などの条件が検討されるが，利用する酵素が複数になると話はさらに難しくなる。先にも述べたように生命現象の得意とするところは機能性分子が巧みに連携し化学合成ではできないようなことを短期間で終えることにある。細胞内の連続反応をいかに利用するか？　この問題を解決できれば生物の利用価値はさらに高くなる。細胞，細胞内器官，脂質2重膜を反応場としたナノ機能性分子の利用とその反応系の安定化について以下に説明する。

---

*　Masayuki　Azuma　大阪市立大学大学院　工学研究科　化学生物系専攻　助教授

2.3.2　細胞を利用したナノバイオ

細胞を用いその一部を機能性分子の反応場として利用する場合，細胞内の決まった位置に目的の分子を運ぶ必要がある。真核生物では細胞内の各器官に選択的にタンパク質を輸送する機構があり，その輸送方向はタンパク質のアミノ酸配列（シグナルペプチド）によって決定される。例えば目的タンパク質にシグナルを付加することで核，小胞体，ミトコンドリアなどへ選択的に輸送することが可能である。このようなシグナルは細胞外への分泌シグナル以外はあまり利用されなかったが，最近酵母で細胞表層に目的タンパク質を提示する技術が確立され，その利用が検討されている[1,2]。これはGPI（グリコシルフォスファチジルイノシトール）型細胞壁タンパク質の細胞壁への局在を示すシグナル部分と目的タンパク質の融合によって，細胞表層への目的タンパク質の提示を可能にした技術で，酵母にはなかった新たな触媒機能もしくは有害重金属に対する吸着能を細胞表層に持つ有用酵母の育種ができ，その利用範囲は広い。このような細胞表層へのタンパク質提示によってこれまで細胞の形態維持，外的からの防御が主な機能であった細胞壁が触媒反応の場として注目されるようになった。酵母の細胞壁についてもう少し詳しく述べると，細胞壁は主としてマンナンタンパク質，β-1,3-グルカン，β-1,6-グルカン，キチンの4種の構成成分からなり，これらが互いにクロスリンクすることで動物細胞にはない頑強な細胞壁構造を構築している（図1）。β-1,3-グルカンは細胞膜に存在する合成酵素により，細胞内のUDP-グルコースを基質とし，膜を介して合成され細胞表層に局在する。また遺伝情報に基づいて合成されたGPI型タンパク質は，小胞体内でGPIアンカーと呼ばれる脂質による修飾を受け，ゴルジ体内でマンノースを主体とする糖鎖の修飾を受ける。細胞内でタンパク質に結合したGPIアンカー

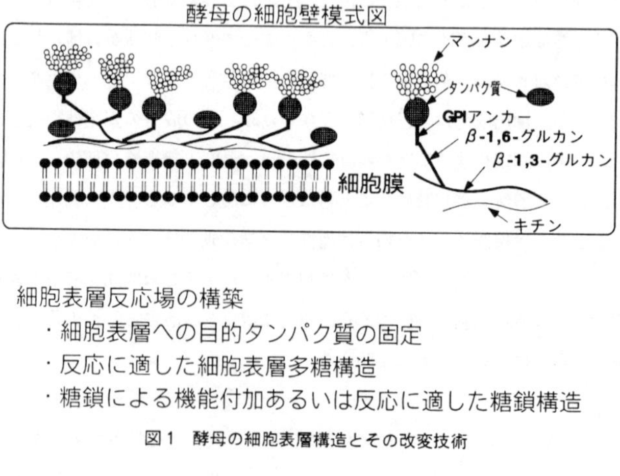

図1　酵母の細胞表層構造とその改変技術

にβ-1,6-グルカンが結合すると考えられている。このような修飾を受けた後，糖・タンパク質複合体は分泌経路に沿って細胞表層に運ばれ，β-1,6-グルカンとβ-1,3-グルカンの結合あるいは修飾されたマンナン同士の相互作用によって細胞壁に固定される[3,4]。また最近GPI型タンパク質とは異なる機構で細胞壁に局在するタンパク質Pir1が見いだされ，それとの融合により細胞壁に目的タンパク質を局在化させる方法も開発された[5]。細胞壁は抗真菌剤のターゲットになることからその構造と生合成機構に関する研究が進められてきたが，細胞壁構造の形成メカニズムの全容はまだ明らかでない。最近酵母の6000個の遺伝子を個々に破壊した遺伝子破壊株が作製され[6]，すでにそれらが市販されている。これらの遺伝子破壊株を用いた網羅的な細胞壁変異の解析が行われ，細胞壁形成に関与する遺伝子が明らかにされている[7,8]。それらの情報を駆使することで遺伝子操作による細胞壁構造すなわち反応場となる細胞表層構造の改変が徐々に可能になりつつある。我々のグループも，細胞壁β-1,6-グルカンをターゲットとして遺伝子破壊と細胞壁構造の変化について解析を進めており，β-1,6-グルカンをほとんど欠損した株では野生株とは細胞壁構造が全く異なり非常に粗い構造となった。このような細胞壁は高分子化合物を基質とする反応には適した反応場になることが予想される[9,10]。細胞壁へのタンパク質提示技術と細胞壁構造の改変により，優れた反応場が構築されると考えられる。

翻訳されたタンパク質は細胞内でリン酸化，メチル化，硫酸化，糖鎖などの修飾を受けその機能はさらに多様化する。翻訳後の修飾の半分近くが糖鎖による修飾であり，糖鎖はこれまでに細胞の増殖や分化，細胞同士の認識，ウイルスの感染，タンパク質の品質管理などに関与することが知られている[11]。今後も糖転移酵素遺伝子などの糖鎖合成に関わる遺伝子を破壊あるいは導入することで，細胞内で新たな糖鎖の合成が可能となる。その構造と生理機能の解析が進むことで糖鎖の理解が深まり，それと並行してナノバイオ分野での糖鎖利用も進むと考えられる。具体的に応用が期待される例としては，酵母によるヒト型糖鎖の生合成が行われている[12]。タンパク質への糖鎖結合様式の一つである*N*-結合型の糖鎖は酵母とヒトでその構造は異なる。酵母に特異的な糖転移酵素遺伝子を破壊し，そこにヒト型の糖転移酵素遺伝子を導入することで，ヒト型糖鎖を持つタンパク質の合成が期待される。今後細胞表層の糖鎖構造を改変する技術も加わり，3種の細胞表層構造の改変技術を用いることで細胞表層を反応場としたナノバイオ領域はますます発展すると考えられる（図1）。

また細胞を利用する系では，生産に必要な機能やそれを安定化する機能および自己増殖に必要な機能以外に不要な機能も存在する。細菌の中で現在知られている最小の生物は動物の体内で増殖するマイコプラズマで，1000キロベース弱のゲノムサイズで生命を維持している。4種類のマイコプラズマ間の遺伝子の比較から300強の遺伝子の存在で細胞として生きていくことが可能と予想されている[13]。生産環境をスリム化・単純化するという意味において，不要な機能を除いて利用するすなわち自己増殖能を維持したまま生物のゲノムを最小化することが今後重要で，そのような試みが動き始めている。

2.3.3 細胞器官の利用

真核生物には原核生物にはない細胞内器官が存在し，そのサイズは小さいもので数百ナノメートルで，そこには非常にまとまった巧みな機能が集積している。しかし，器官自身には自己増殖能がなく，細胞を破砕し機能を保持したままそれらの器官を分画することはできても，安定に維持することは難しい。ミトコンドリアや葉緑体は元来自己増殖能を持つ生物から進化し，長い進化の過程で自己増殖能を失った器官であり，将来このような器官に再び自己増殖能を持たせることも可能かもしれない。これまでに細胞内器官を物質生産に利用した例はないが，ここでは細胞内器官利用の可能性について述べていく。

細胞内器官にはそれぞれ独特の機能がある。例えばミトコンドリアではATPを合成し，ゴルジ体ではタンパク質の糖鎖修飾が行われ，リポソームでは不要な高分子化合物の分解が行われる。またこれらの機能以外にも各々の器官独特のタンパク質取り込み機能がある。細胞内器官の利用例として，例えばタンパク質の選択的取り込み機能の利用が考えられる。核へのタンパク質の輸送は合成されたタンパク質のシグナルを輸送タンパク質が認識し，それが結合した状態で核膜孔に誘導され，高次構造を保ったまま核内に輸送される。その後輸送タンパク質は遊離し再び細胞質で再利用される。このような輸送ではタンパク質は高次構造を保持したまま輸送される。しかし，ミトコンドリアへの輸送の場合その機構は異なり，タンパク質の高次構造がほどかれた状態で輸送される（図2)。この機構を利用すればミトコンドリアへのタンパク質輸送系を変性タンパク質の再生に応用できるかもしれない。ミトコンドリアタンパク質は細胞質でミトコンドリア行きのシグナル（塩基性残基と疎水性残基に富む）を持つ前駆体タンパク質として合成され，細胞質で凝集することなくミトコンドリア外膜へ輸送される，外膜上には前駆体タンパク質を認識する装置（レセプター）と膜透過のための透過孔（直径2nm）が存在し，前駆体タンパク質は認識装置を介して透過孔に誘導され，透過孔を高次構造がほどけた状態で輸送される。さらにミトコンドリア内部への輸送される場合，シグナルペプチド領域は内膜輸送装置に運ばれ，シグナルペプチドが内膜の透過孔に接触すると透過孔が開き，正電荷を帯びたシグナル部分は内膜の膜電位によって引き込まれ，成熟体部分はミトコンドリア内のタンパク質Hsp70の働きによりミトコンドリア内部に取り込まれる。さらにペプチダーゼによりシグナルペプチドを切断し，ミトコンドリア内のシャペロニンの働きで高次構造をとり，機能を有する成熟タンパク質となる[14)]。このような複雑な機構を人為的に再構成するのは困難であるが，例えばミトコンドリア自身を用いて，高次構造がほどかれた変性タンパク質を再生するような実験は可能かもしれない。実際の利用にはミトコンドリアをいかに安定維持するかなどいくつかの大きな問題が残されるが，高度

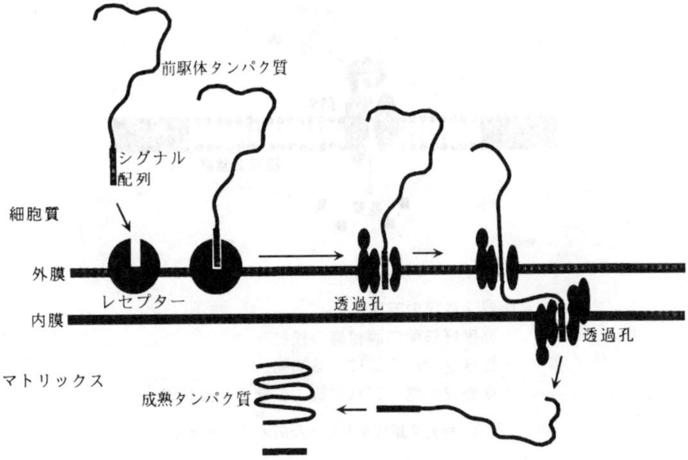

図2　ミトコンドリア膜を介したタンパク質輸送

な輸送装置から学ぶ点は多い。

2.3.4　膜を介した反応の利用とその安定化

生体反応の多くは脂質2重膜にタンパク質が埋め込まれた生体膜上で行われる。しかしこの膜上で行われている連続反応を人工的に再現するのは難しく，効率よく膜タンパク質を脂質2重膜に配向でき，それを安定に利用する技術が開発されれば生命現象の応用範囲も大きく広がる。リン脂質平面膜にF型ATP合成酵素を埋め込み，ATPの加水分解エネルギーを利用したプロトン輸送の解析は古くから行われていた[15]。平面膜上のタンパク質の利用により膜を介した反応と同時に原料と生産物の分離も可能となりナノファクトリーの基礎が築かれる（図3）。しかし現状ではタンパク質の膜への組み込みに熟練した技術が必要で，しかも安定な膜の維持が難しいため，実験レベルでは可能でもその利用までは至っていない。最近ATP合成酵素は分子モーターとして注目されている。膜を介したプロトンの電気化学的ポテンシャルを利用しADPと無機リン酸からATPの合成およびその逆反応も可能なATP合成酵素は，反応に伴い分子内部が回転することが証明されている[16,17]。ATP合成酵素を含む2重膜を電極上に固定して膜電位を発生させ分子モーターを回転させるなど，利用に向けた基盤技術の確立へと進んでいる。すでに構築された細胞器官を利用するのとは逆に，脂質2重膜にタンパク質を組み込み，いくつかのタンパク質の機能を組み合わせた連続反応を行うことで，細胞内器官で行われている機能に近づけていく技術も今後必要とされる。膜タンパク質には膜内在性タンパク質と表在性タンパク質があり，表在性タンパク質の膜への固定も重要な課題の一つである。表在性タンパク質の膜固定法の一つに脂

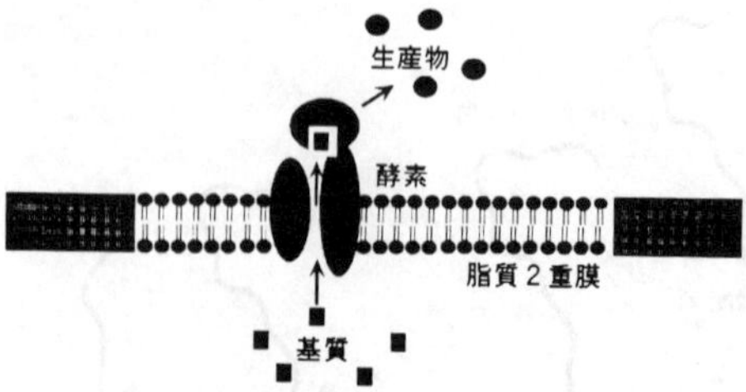

脂質２重膜の安定化
・高度好熱菌の膜組織の模倣
・繊維タンパク質による補強
・糖脂質、糖タンパク質、多糖による保護

図３　脂質２重膜を介した反応とその安定化

質修飾反応がある。脂質修飾にはミリスチル化，パルミチル化，ファルネシル化などが知られ，このような反応にはCoA，ATPなどのエネルギー化合物が必要とされる。我々は簡便なタンパク質の膜固定化法を開発するため，タンパク質のＮ末端へのミリストイル化反応に焦点をあて，*in vitro* でエネルギー化合物を用いずに修飾反応が可能な反応系を見いだし，その利用に向けて検討を進めている[18]。また今後生体膜の構造を安定に維持する技術も重要で，その方法として安定な細胞膜を持つ高度好熱菌の膜組成を模倣する，アクチンや中間系フィラメントのような繊維タンパク質を張りめぐらせることで生体膜を強化する，糖脂質，糖タンパク質，あるいは細胞壁のような多糖体により生体膜を保護するなどが考えられる。

2.3.5　おわりに

これまでに細胞，細胞内器官，生体膜を反応の場とし，そこに有機・高分子材料であるタンパク質を配向し，いかに有用な生物あるいはナノバイオ反応系を構築するかを中心に述べてきた。タンパク質は柔軟性を持ちそれによって生物は非常に巧みな反応を行っている。その柔軟性を保持しながら安定に利用する技術を生物から学ぶことによってより高度な利用へと向かうことが期待される。

文　献

1) 植田充美ら, *BIO INDUSTRY*, **6**, 49 (2001).
2) 藤田靖也ら, *BIO INDUSTRY*, **6**, 56 (2001).
3) P., Orlean. Cold Spring Harbor Laboratory Press, 229 (1997).
4) S., Shahinian *et al.*, Mol. Microbiol. **35**, 477 (2000).
5) 地神芳文ら, 平成13年度日本生物工学会大会講演要旨集, p18 (2001).
6) E. A., Winzeler, *et al.*, *Science* **285**, 901 (1999).
7) N., Page, *et al.*, *Genetics* **163**, 875 (2003).
8) A., Lagorce, *et al.*, J. Biol. Chem. **278** 20345 (2003).
9) M., Azuma, *et al.*, *Yeast* **19**, 783 (2002).
10) 町一希ら, 2003年度日本農芸化学会大会講演要旨集, p. 200 (2003).
11) 谷口直之ら,「ポストゲノム時代の糖鎖生物学がわかる」p. 12 (2002年) 羊土社.
12) 新間陽一ら, *BIO INDUSTRY*, **1**, 33 (2003).
13) 小笠原直毅, 遺伝, 別冊15号, p11 (2002).
14) 矢野正人ら, 生化学 **75**, 465 (2003).
15) 平田肇, 生体膜生命の基本を形づくるもの, p. 81 (1996).
16) Noji, H., *et al.*, *Nature* **386**, 299 (1997).
17) Omote, H., *et al.*, *Natl. Acad. Sci. U.S.A.*, **96**, 7780 (1999).
18) 東雅之ら, 平成14年度日本生物工学会大会講演要旨集, p. 92, (2002).

2.4 刺激応答性磁性ナノ粒子の開発とバイオテクノロジーへの展開

近藤昭彦*1，大西徳幸*2

2.4.1 はじめに

微粒子材料は，バイオテクノロジーにおいて幅広い利用が期待されている[1)]。特に近年，ナノテクノロジーの進展によって生み出されたナノ微粒子材料をバイオテクノロジーや医療に応用することが活発に検討され，研究成果も数多く報告されるようになってきている。例えば，金のナノ粒子（10-15nm 程度）に短いDNA鎖（オリゴヌクレオチド）を結合させせると，相補的に結合するDNA鎖の存在により金粒子が凝集して溶液の色調が変化するため，目視で目的DNA鎖の存在を分析できる[2)]。バイオ分離においては，薬剤を固定化した粒子径100nm程度のナノ粒子が，レセプターなどの生体分子のアフィニティー分離に極めて有効であることが報告されている[3)]。ナノ粒子の特徴として，粒径をナノサイズにすることにより，単位体積あたりの表面積（吸着や反応の場として利用できる）が著しく増大する点が上げられる。したがってナノ粒子を診断薬へ応用する場合，より短時間に高感度で診断が可能なシステムの構築が可能であり，さらにプロテオーム解析に代表される多品種，多品目のタンパク質のハイスループットスクリーニングシステム（HTS）を構築する上でも有効な材料である。

一方，DDS分野では，早くからナノ粒子への期待が強い[4)]。薬剤や遺伝子の運搬体（キャリアー）としてナノ粒子が極めて有望である。生体内に微粒子を注入した場合，通常は主に肝臓のマクロファージによる取り込みという生体防御機構によって排除されてしまう。このマクロファージによる取り込みを回避して，ターゲット臓器に微粒子医薬を送り込むには，粒子をナノサイズにして，その表面をポリエチレングリコールなどの各種親水性高分子で被服あるいはグラフトすることが有効であると言われている。標的組織特異的なリガンドを固定化した微粒子に薬剤を包み込むことで，生体防御機構をくぐりぬけて，通常の薬剤では到達できない患部に特異的に薬剤や遺伝子を送り込むことができると期待されている。

この様にナノ粒子材料を，ナノサイズだからできる（あるいは有効な）バイオテクノロジー領域に活用することが，活発に検討されている。

2.4.2 期待される磁性ナノ粒子材料

(1) 革新的な磁性ナノ粒子－刺激応答性磁性ナノ粒子－の開発

微粒子材料の中でも，磁性微粒子材料は，バイオ領域において幅広く利用されてきている[5~7)]。

＊1　Akihiko　Kondo　神戸大学　工学部　応用化学科　教授

＊2　Noriyuki　Ohnishi　チッソ㈱　横浜研究所　主任研究員

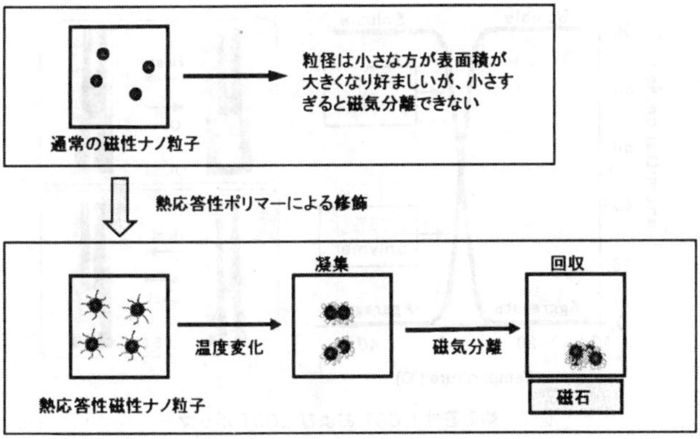

図1　熱応答性磁性ナノ粒子

例えば，抗体などが固定化されている磁性微粒子は免疫診断に利用されてきている。一般的な合成法としては磁性体として通常マグネタイトあるいはフェライトの微粒子が使用され，その磁性体の表面に官能基（アミノ基，カルボキシル基，エポキシ基など）を有する高分子を固定化し，その官能基を利用して抗体が固定化されている。従来の磁性微粒子は，磁気応答性をよくするために粒子径が比較的大きく（数μm程度）[5, 7]，目的物質の吸着量や分析感度は十分ではなかった。ただ，粒子径を小さくした場合，磁気分離が困難になるため，粒子径の大きなものが仕方なく利用されてきたとも言える。有効な磁性ナノ粒子の開発が切望されていた。ナノ粒子材料を合成する上で，微粒子に外部刺激（温度，光，電場，pHなど）応答性を付与できれば，粒子径を小さくして，かつ磁気応答性をよくすることができるため，極めて有用な材料となる。例えば，図1には磁性ナノ粒子材料を熱応答性高分子で被服した熱応答性磁性ナノ粒子を示すが，温度変化によって，高分子が脱水和する，あるいはポリマー間の相互作用が変化することにより，凝集・分散状態が刺激によって変化する（詳細は後述）。したがって，磁性ナノ粒子を温度変化で凝集させることにより，磁石で迅速に集めることが可能となる。すなわちナノサイズの磁性粒子でありながら，極めて迅速な磁気分離が可能な革新的な材料となる[6, 8~10]。

(2)　熱応答性高分子とは

近年，外部刺激に応答して機能や物理的性質が変化する刺激応答性高分子は，感知，判断，運動，認識といった高度機能を兼ね備えたインテリジェント材料として数多く研究されている。また材料自身がソフトで，かつ柔軟な動きを示すため，生体機能模倣材料としても期待されている。中でも熱応答性高分子とは，水溶液中で温度変化によりその高分子の溶解性が不連続かつ可逆的

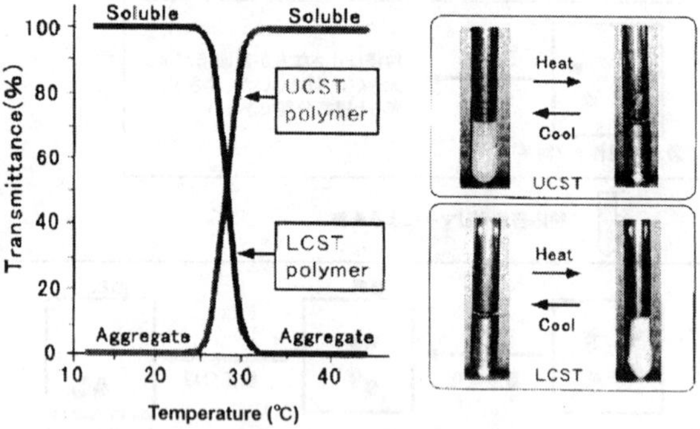

図2　熱応答性 UCST および LCST ポリマー

に変化する高分子を言う。熱応答性高分子を架橋剤などによりゲルにした場合は，その体積も温度変化で不連続かつ可逆的に変化することになる。

熱応答性高分子として以前から下限臨界溶液温度（LCST）を示すものが知られていた。これらの高分子は，LCST 以上の温度では水に不溶化し，以下では溶解する（図2)。代表的な高分子としては，*N*-イソプロピルアクリルアミド（NIPAM）のラジカル重合により容易に得られるポリ-*N*-イソプロピルアクリルアミド[11]がある。この高分子の LCST は 32℃であり，分子量に依存しない。NIPAM は他の機能性モノマーと共重合することも容易である。共重合ポリマーは，温度変化による応答の他，光，電場，pH，有機溶媒等を認識する部位を共重合等により固定化することにより，それぞれの刺激に対しても応答する。例えば，NIPAM をアクリル酸やビニルピリジン誘導体といったイオニックなモノマーと共重合反応を行った高分子は，熱応答に加えて pH 変化によりその高分子の水和状態が変化し，LCST が大きく変化する。すなわち pH 応答性も示す。また，色素（銅クロロフィリン三ナトリウム塩）と NIPAM との共重合ゲルは，可視光により相転移を起こして可逆的に膨潤-収縮を繰り返す[12]。

一方，上限臨界溶液温度（UCST）を示す高分子は，上述した LCST を示す高分子とはまったく逆に，水溶液の温度が UCST 以上では水に対して溶解し，以下では不溶化する。緩衝液中で UCST を示す高分子は特定タンパク質を認識する抗体などのリガンドを固定化することにより，タンパク質などの熱に対して不安定な化合物を分離する際，低温下で不溶化して分離精製を行う事が可能なため待望視されていた材料であった。筆者らは緩衝液中で UCST を有する熱応答性高分子の開発に成功した[13]。これはノニオニックなアクリルアミド（あるいは *N*-アクリロイルグリシンアミド）と *N*-アセチルアクリルアミド（あるいはビオチン誘導体）との共重合体を主

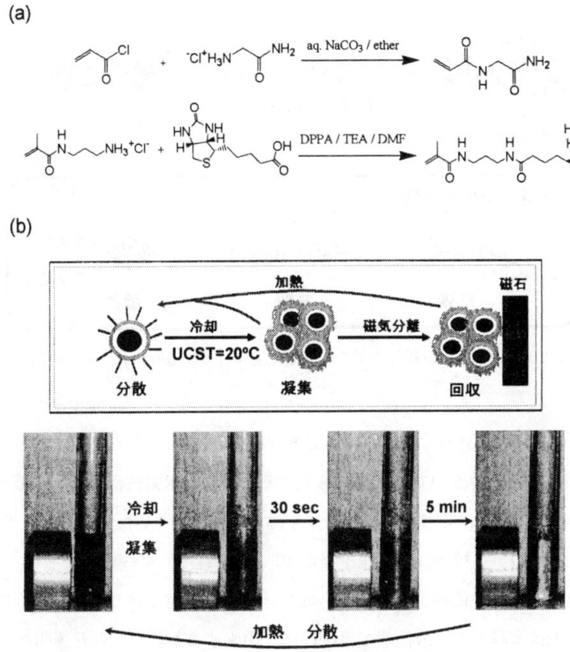

図3　N-アクリロイルグリシンアミドとビオチン誘導体の合成（a）および熱応答性磁性ナノ粒子の磁気分離（b）

成分とした高分子（詳細は後述）であり，低温側で高分子鎖間の水素結合により不溶化し，高温側で水素結合の解離により溶解する（図2）。それぞれのモノマーの共重合比率を変えることにより，様々な転移温度を有するUCST高分子が合成可能である。

(3)　熱応答性磁性ナノ粒子

上述した様に，多彩なLCSTやUCSTを示す高分子材料が開発されたため，これを用いて磁性ナノ粒子材料をコートすることで，図1に示した様に，熱により凝集・分散の制御が可能な磁性ナノ粒子（Therma-Max®）の合成が可能になった。特にUCSTを示すTherma-Max® は，熱に不安定なタンパク質などを短時間かつ高収率で分離するのに有効である。

Therma-Max®の一例として，*N*-アクリロイルグリシンアミド（NAGAm）とビオチン誘導体によるUCSTを有する熱応答性磁性ナノ粒子の合成法について具体的に述べる。ビオチンは高い水素結合性を有する化合物である。NAGAmとビオチン誘導体（*N*-メタクロイル-*N'*-ビオチニルプロピレンジアミン：MBPDA）は，図3（a）に示す合成法により一段で収率よく合

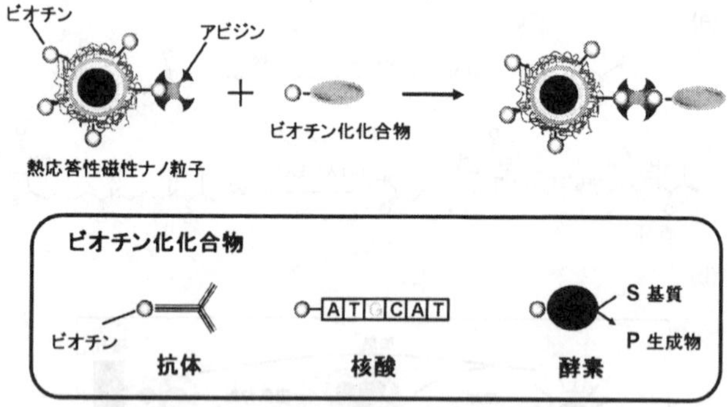

図4　ビオチン―アビジン相互作用を利用した生体分子の磁性ナノ粒子への固定化

成できる。このNAGAmとMBPDAを10：1程度で共重合して得られるポリマー（NAGAm/MBPDA共重合体）は，水溶液中では，温度を下げると強まる水素結合によって凝集をおこし，UCSTを示す。このNAGAm/MBPDA共重合体を，オレイン酸と界面活性剤の二層で被服・分散させたマグネタイトのナノ粒子（平均粒子径が10-20nm程度）に固定化する事により，水溶液中でUCSTを持つ熱応答性磁性ナノ粒子が合成できる（平均粒子径50-100nm程度）。この熱応答性磁性ナノ粒子は室温下の分散状態では磁性体に由来する茶色がかった透明な溶液のようであり，かなり強力な磁石でも全く磁気分離できない。これを氷浴に入れると瞬時に凝集を起こして容易に磁石分離ができる（図3（b））。

ビオチンはアビジン（分子量66000の4量体の糖タンパク質でビオチンに対する結合部位が4箇所ある）と特異的かつ非常に強い親和性で結合する（$Ka=1.3\times10^{-15}$）リガンドである。NAGAm/MBPDA共重合体は，ビオチンを含むため，熱応答性磁性ナノ粒子は，この粒子表層ビオチンを介して種々のビオチン化タンパク質やDNAなどの生体分子を特異的に結合できる（図4）。また，凝集した粒子は温度を上げることで，元通り完全に分散させることが可能である。この様に保存中は，完全に均一溶液状で，かつ熱応答により迅速に凝集・磁気分離可能な温度応答性磁性ナノ粒子Therma-Max®は，各種迅速自動化分析にも適した材料である。以下に，Therma-Max®のバイオ領域への応用の具体例をいくつか紹介する。

2.4.3　熱応答性磁性ナノ粒子のバイオ領域への展開例

(1)　バイオ分離への応用

タンパク質の様な生体分子の分離においては，ナノサイズを持つ微粒子が必須である。磁性ナノ粒子は，表面積を大きく取れることから有効である。また，微粒子表面で吸着が起こるために，極めて早く平衡に達し，5分程度以内で吸着操作を完了できる。一例として，熱応答性磁性ナノ

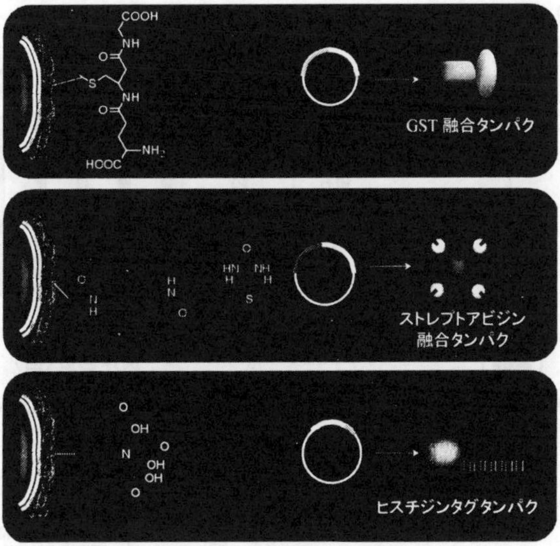

図5　各種アフィニティ分離用の熱応答性磁性ナノ粒子

粒子で卵白溶液中からアビジンを精製したところ，特異的に卵白溶液からアビジンのアフィニティ分離が行えることが明らかとなった。この際，粒子1mg当たり約0.5mgのアビジンが吸着されたことから，その吸着容量は非常に大きいと言える[10]。さらに，各種のアフィニティ分利剤として，グルタチオンやイミノジ酢酸などを固定化した熱応答性磁性ナノ粒子が開発されており，各種の組換えタンパク質の精製に利用できる。すなわち，目的タンパク質をグルタチオン-S-トランスフェラーゼ（GST），アビジン，6残基ヒスチジン（各々グルタチオン，ビオチン，メタルキレートとアフィニティ結合する）といったアフィニティタグ（特定のリガンドと選択的にに結合するタンパク質やペプチド）と融合して生産することで，熱応答性磁性ナノ粒子を汎用的な融合タンパク質の分離剤として利用することができる（図5)。

(2)　酵素固定化への応用

酵素の固定化は反応後の酵素の回収・再利用を可能とする。熱応答性磁性ナノ粒子は酵素固定化担体として極めて有効である。すなわち，熱応答性磁性ナノ粒子に固定化された酵素は均一系とみなせる状態で酵素反応が行え，酵素反応終了後は温度変化により凝集させることで，磁気分離により容易に回収できる。ビオチン化ペルオキシダーゼを，アビジンを介して固定化した熱応答性磁性ナノ粒子を一例に挙げて説明する。室温下，ペルオキシダーゼ固定化熱応答性磁性ナノ粒子は過酸化物の添加により速やかに反応し発色した。この酵素反応液を冷却してペルオキシダー

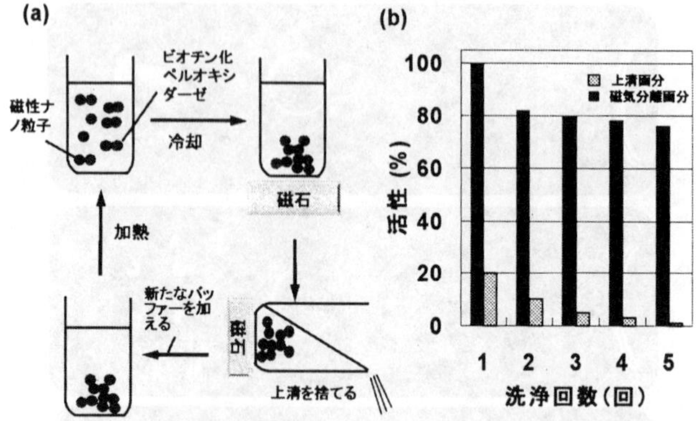

図6　熱応答性磁性ナノ粒子に固定化した酵素（ペルオキシダーゼ）の繰り返し利用

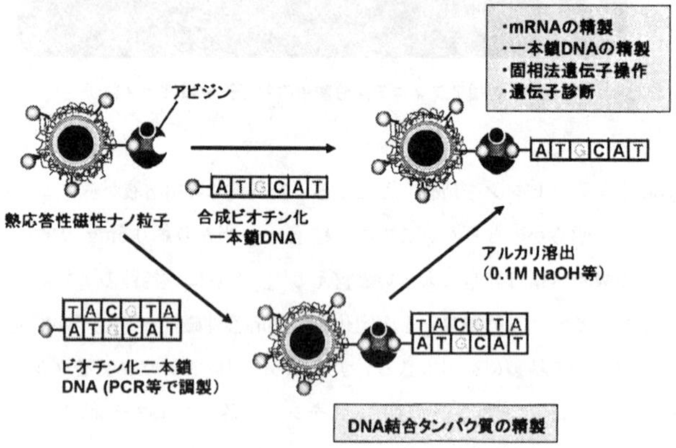

図7　磁性ナノ粒子の遺伝子工学分野への応用

ゼ固定化熱応答性磁性ナノ粒子を凝集させ，速やかに磁石により回収した（図6（a））。再度室温で緩衝液により分散させ酵素活性の測定を行ったところ，酵素活性は低下することなく繰り返し使用することができることが明らかとなった。(図6（b）)

⑶　遺伝子工学からゲノム・プロテオーム解析への応用

遺伝子工学分野は，磁性微粒子の利用が進みつつある領域の一つと言える（図7）。すなわち磁性微粒子表面にDNAを固定化して，mRNAや一本鎖DNAの分離，DNA結合タンパク質の分離等，遺伝子工学の広範な領域に活用するものである[14]。ここでも　磁性ナノ粒子の利用が分

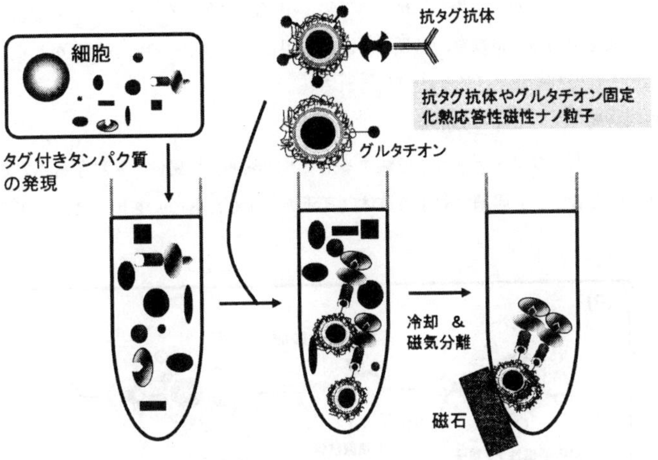

図8 熱応答性磁性ナノ微粒子を用いたプルダウン法

離精度の向上に極めて有効である。また，ビオチン化DNAの調製はルーチン的に行われていることから，ビオチンを持つ熱応答性磁性ナノ粒子にアビジンを介して簡便に固定化できる。トランスクリプトーム解析において，mRNAのような発現量が少なく不安定な分子を，多検体から迅速に単離する場合，熱応答性磁性ナノ粒子は有効であると考えられる。筆者らは，熱応答性磁性ナノ粒子を用いたmRNAの迅速分離を行っている。具体的には，アビジンを介してオリゴ(dT) 25を固定化したUCST型熱応答性磁性ナノ粒子 を調製し，グリーンモンキー由来の不死化細胞（COS-1）から得られたトータルRNAからmRNAの分離を試みた。COS-1細胞から得られたmRNAは，RT-PCRにより効率よく増幅可能であった。しかも分離したmRNAは，磁性ナノ粒子に固定化した状態でRT-PCR増幅が可能（粒子が完全に分散しているため）であった。

また，磁性ナノ粒子はプロテオーム解析においても，その重要な柱の一つであるタンパク質相互作用解析において極めて有効である。その代表的な方法がプルダウン法と呼ばれるものである。簡単に言うと，図8に示す様にアフィニティタグを融合させたタンパク質を細胞に発現させ，対応するアフィニティ磁性ナノ粒子で分離する。この時に，発現したタンパク質と相互作用する細胞内の分子は，結合した状態で同時に分離されるために，これを一つ一つ同定するといった手法である。磁性ナノ粒子は，従来の粒子に比べて，極めて迅速に吸着が完了（数分以内）し，吸着容量も大きいことから，極めて有効な材料であると言える。

このような基礎的な研究成果が集積されていく中で，トランスクリプトームやプロテオームと病態などの関連が明らかになり，各種の診断に利用されていくと考えられるが，ここでも磁性ナノ粒子は大きな役割をはたすものと期待される。

(4) 細胞分離・アッセイへの応用

細胞のような大きなターゲットを分離する上でも，熱応答性磁性ナノ粒子は極めて有効である。ここでは一例として，大腸菌に対する抗体（ビオチン化したもの）を用いて，大腸菌の分離を行

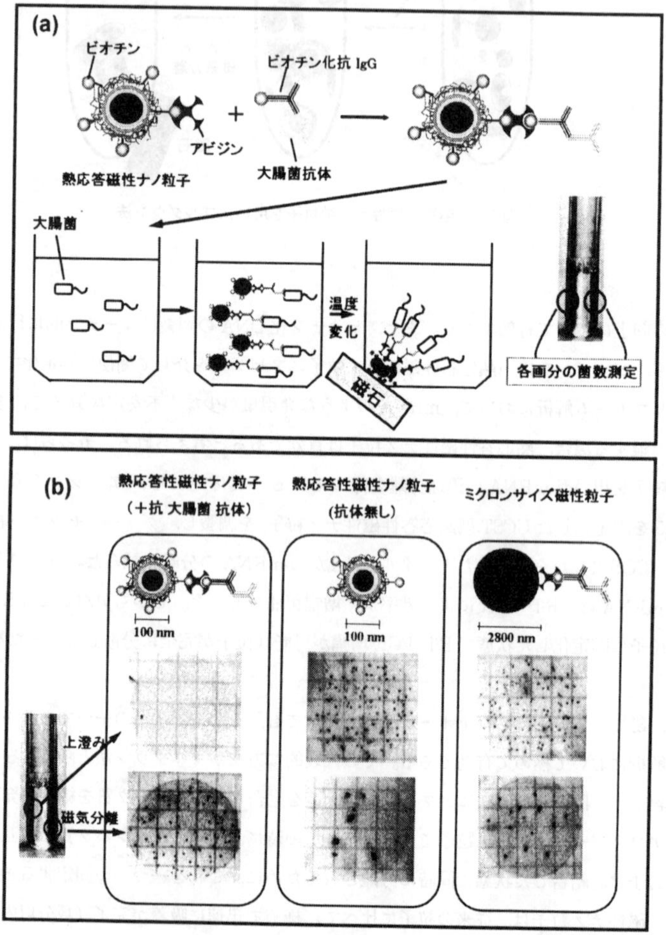

図9 熱応答性磁性ナノ粒子による大腸菌の分離（ミクロンサイズ粒子との比較）

なう方法（図9（a））および 結果（図9（b））を示す。粒子径数μmの市販の磁性微粒子を用いて行った結果も比較して示す。磁気分離を行った後の上澄み中の大腸菌と磁性微粒子に結合した大腸菌数をプレート法で測定した。ミクロンサイズの磁性微粒子の場合，分離後の上澄みに多数の大腸菌が残って回収率は低かったが，熱応答性磁性ナノ粒子を用いた場合には，大腸菌をほぼ完全に磁気分離できた。また，より大きな細胞である酵母や動物細胞分離においてもその有効性が示されている。この様に，細胞分離やアッセイにおいても，ナノサイズの磁性微粒子が極めて有効であると言える。

2.4.4　将来展望

温度応答性磁性ナノ粒子Therma-Max®はその粒径がナノサイズと小さいため，従来使用されているミクロンサイズの磁性微粒子やラテックスビーズに比べて，水溶液中での分散性および分子認識性が格段に向上する。さらにわずかな温度変化で素早く凝集するため磁石による回収も容易に行うことが可能である。その結果，従来の分析法で使用されている磁性微粒子やラテックス担体などをTherma-Max®に置き換えるだけで大幅な感度アップと測定時間の短縮（ハイスループット化）が期待される。さらにTherma-Max®はポストゲノムの課題であるSNPs解析やプロテオーム解析，あるいは極微量の環境ホルモンの分析など，21世紀のキーワードとなる分析法において大きく貢献出来る材料であると期待される。また，医療診断やDDS分野においても，MRI診断などの造影剤として[15]，あるいはガンの温熱療法（ハイパーサーミア）[16]などその有効性が示され，今後の展開が期待されている。また，ドラッグデリバリーシステムへの展開も期待されている。

文　　献

1）近藤昭彦：静電気学会誌，**23**，16（1999）.
2）R. Elghanian *et al.*, *Science*, **277**, 1078（1997）.
3）N. Shimizu *et al.*, *Nature Biotechnol.*, **18**, 877（2000）.
4）S. S. Davis, *Trends Biotechnol.*, **15**, 217（1997）.
5）近藤昭彦，ケミカルエンジニアリング，80（1994）.
6）近藤昭彦ら：未来材料，**2**，19（2002）.
7）T. Lea *et al.*, *J. Mol. Recognit.*, **1**, 9（1988）.
8）A. Kondo *et al.*, *Appl. Microbiol. Biotechnol.*, **41**, 99（1994）.
9）A. Kondo *et al.*, *J. Ferment. Bioeng.*, **84**, 337（1997）.
10）H. Furukawa *et al.*, *Appl. Microbiol. Biotechnol.*, in press（2003）.

11） M. Heskins *et al.*, *J. Macromol. Sci. Chem.* **A2**, 1441 (1968).
12） A. Suzuki *et al.*, *Nature*, **346**, 345 (1990).
13） 大西徳幸ら, *Polym. Prepr. Jpn.*, **47**, 2359 (1998).
14） M. Uhlen, *Nature*, **340**, 733 (1989).
15） 廣橋伸治ら, 日本医学放射線学会雑誌, **54**, 776 (1994).
16） M. Mitsumori *et al.*, *Int J Hyperthermia*, **10**, 785 (1994).

2.5 リポソーム含有複合微粒子

松村英夫*

2.5.1 はじめに

リポソームは脂質2分子膜の微粒子であり，その内部の空胞（液胞）や膜中に種々の生体機能性分子を保持できることから，薬物等を配達するキャリヤーとして研究されている。我々はこのように分子を輸送する機能をもつリポソームと他の機能をもつ微粒子を複合化することで，より高機能をもち医学・医療に貢献できると期待される複合微粒子の研究開発を進めている。ここでは，研究の基盤となるリポソームといくつかの固体微粒子から構成される複合微粒子の作製例について紹介する。

2.5.2 微粒子複合化の基礎

液中で微粒子を複合化させるときの基本的考え方を述べる。多くの微粒子は疎水コロイド粒子であり，粒子間に何らかの反発力が働かない限り集合し塊を形成する（凝集）。一つの粒子の周囲に異種の粒子を順次接合して行くことを考えるとき，中心の核となる粒子も周囲に接着する粒子も単一粒子として液中に存在しなければならない。すなわち，同種粒子間には反発力，異種粒子間には引力が働くような条件を設定する必要がある。粒子間に働く力には，静電反発力・引力，疎水性相互作用引力，水和反発力，粒子表面分子系の熱運動による反発力（低分子炭素鎖，高分子鎖，膜など），架橋分子の利用による引力等，種々のものがあるが，最も一般的なものは静電反発力・引力の利用であろう。また，これは他の力と共存することが多いので一応考慮しておいたほうが良い。粒子間の静電的相互作用を考えるとき注意すべきことは，この相互作用は実際にはそれぞれの粒子表面に形成されている電気二重層間の相互作用であることである。すなわち，粒子そのものの帯電の符号のみで相互作用が決るわけではない。それぞれが，正，負に帯電していても相互作用が引力になるとはかぎらず，反発力になることもある。これは，それぞれの表面電荷（電位）の大きさと電気二重層の特性（粒子間接近にともなうエネルギー緩和機構）に依存する。これらの詳細はコロイド科学の専門書に譲るが，複合粒子を作製する上では，中心粒子の表面電荷（電位）と周辺粒子の表面電荷（電位）は異符号で，しかもある程度大きく同等の大きさを持っていることが望ましい。これら成分微粒子の表面電荷（電位）の確認や形成された複合粒子のそれについては電気泳動度測定（ゼータ電位測定）で行う。きれいな構造の複合粒子を作製するための，その他の因子として混合比，粒子径比などの問題がある。周辺粒子が過剰であること（少なくとも凝集塊が出来ない領域にまで），周辺粒子径がある程度中心粒子に比べ小さい

---

* Hideo Matsumura ㈱産業技術総合研究所 光技術研究部門&ライフエレクトロニクス研究ラボ 主任研究員

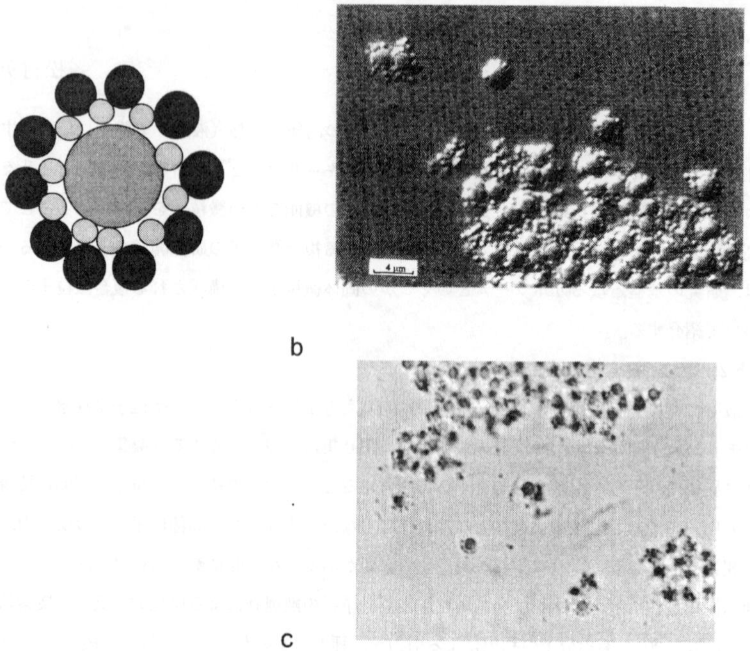

図1　金平糖型複合微粒子（シリカ/リポソーム/シリカ）

ことなどが必要である（粒径比1：3-4が必要という報告もある）。また，架橋やバインダー分子を用いる場合には中心粒子にバインダーを反応（付着）させ，それに周辺粒子を付着させるように逐次的反応操作が必要であり，処理過程でそれぞれの成分の分離操作が必要となる。分離操作には遠心分離，ろ過，透析操作などが用いられる。

中心に粒子径1.5μmのシリカ微粒子，その周りに多くの卵黄ホスファチジルコリンで形成されるリポソーム微粒子（粒子径0.2μm）を，さらにその周りに粒子径0.5μmのシリカ微粒子もつ金平糖型複合微粒子の模式図と光学顕微鏡写真を図1a，b，cに示す。それぞれの微粒子表面の電荷が反対になる溶液条件下（図1b，$LaCl_3$ 10^{-4}M）[1]やリポソームにカチオン性の脂質を加えて（図1c），ヘテロコアグレーションが起こる条件で作製したものである。シリカ上でこのリポソームが粒子状で吸着していることは実験的に検証された[2]。

2.5.3　マグネト・リポソーム

磁性をもち外部磁場によりその存在場所がコントロールできる磁気微粒子と機能性分子を運ぶことのできるリポソームとの複合化は興味ある系である。任意の場所で任意の時間に試薬（薬物やプローブ分子）を放出，供給するツール開発の可能性がある。すなわち，試薬のターゲティング輸送と制御リリースの両特性を持つ微粒子開発である。金平糖型複合微粒子「マグネト・リポソーム」の作製は，中心の磁気微粒子と周囲のリポソーム微粒子の接続にタンパク質を仲立ちとするブリッジング法を用いる。

磁気微粒子（ヘマタイト微粒子）の作製は以下のようである。各種濃度の$FeCl_3$水溶液を密栓瓶中で100℃で各時間処理する。粒子サイズは濃度と反応時間で決る。粒子サイズを揃えるために沈降分離処理を数回繰り返す。ヘマタイトは超常磁性微粒子であるため磁気的相互作用による自己凝集が少なく，外的磁場がかからない限り単粒子として水中に分散する傾向にある。ヘマタイトの数百nm-1μmが得られているが，観察の容易さから0.7μmの粒子で検討した。この磁気微粒子は勾配磁場下では磁場強度の大きい所へ泳動しその磁気泳動速度係数として約0.01(cm/s)(T/cm）程度のものであることが判った。ここで，Tは磁場強度テスラを表す。さらに，ヘマタイト粒子の水中での単粒子としての分散性を上げるために，表面にシリカ層を合成した。シリカ層の合成はテトラエトキシシランを加水分解することで行った。ヘマタイト表面にシリカ層を合成すれば，粒子表面電荷密度を高め静電的反発力を増すと同時に水和反発力により非常によい単粒子状態で水中に分散させることが出来る。透析をくりかえしたシリカ層を持つヘマタイトはシリカ粒子とほぼ同じ等電点を示し，シリカコーティングが完成されていることがわかった。pH中性領域では充分な負電荷をもち粒子間反発力をもつことが確認された。さらに，この粒子は光学顕微鏡観察により非常によい単粒子状態で水中に分散することも確認された（図2a)。また，X線顕微鏡や透過型電子顕微鏡により，シリカ層が滑らかにヘマタイト粒子表面に形成されていることについても確認された。さらに，数百ガウスの外部磁場で容易に会合し（図2b)，磁場を外せば容易に単粒子に再分離，再分散する。

一方，リポソームは細胞のモデルとして利用されたりドラックデリバリー用のカプセルとして

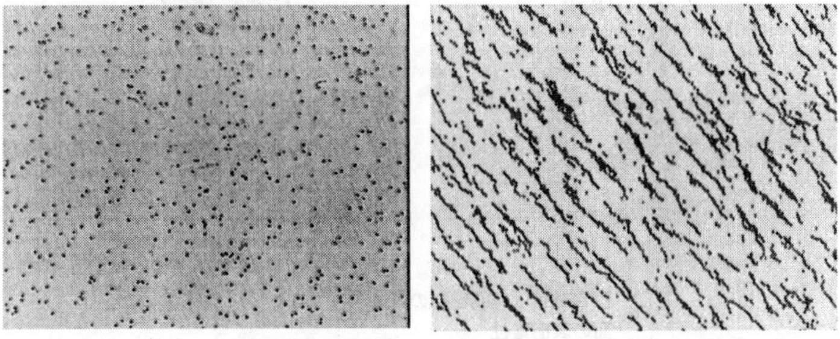

図2　シリカをコートしたヘマタイト
a：磁場がかかっていないとき。b：数百ガウス程度の磁場による磁気微粒子の集積と配向。

研究されているもので，脂質2分子膜（厚さ約5nm）の殻中に種々の分子を閉じ込めておける構造をもつ。シリカ層コーティングされた磁気微粒子表面上にリポソーム粒子を付着させる方法としてヘテロ凝集法やタンパク質を架橋分子としたブリッジング法を使う。タンパク質は種々の表面に物理吸着しその過程は多くの場合不可逆吸着であることが知られている。これは安定な複合粒子作製やまた生体適合性の観点からも有用である。タンパク質 Cytochrom C や Lysozyme の濃度 1mg/ml の水溶液とシリカコーティング磁気微粒子を混合し，タンパク吸着を施す。その後，沈降分離を繰り返し上澄みをそのつど除去しタンパク吸着微粒子試料とする。これとリポソーム分散液と混合し複合微粒子マグネト・リポソームを作製する。これらの塩基性タンパク質は正味電荷が正でありまた疎水性残基による疎水性相互作用と静電的相互作用の両引力によりバインダーとしての役割をはたす。作製プロセスを確認するため，各ステップで形成される微粒子表面の電荷符合の測定を電気泳動測定法でしらべると，表面に付く分子や粒子の種類に対応して表面電荷（および表面電位）の正負が変わることが示され，目的のものが出来たことが確認される（図3）[3~5]。光学顕微鏡観察を容易にするためにさらに0.4ミクロン程度のシリカ粒子を外側に付着させたものの像を図4に示す。リポソームは水溶液中に分散した状態でのみ構造安定なものであるため，出来上がったマグネト・リポソームも水中に分散状態で保存される。

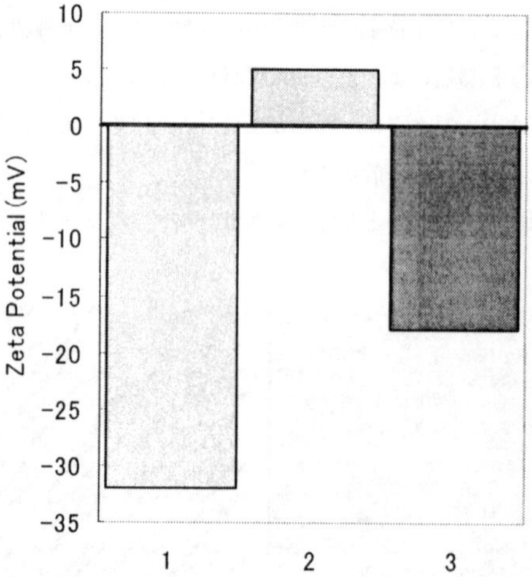

図3　複合微粒子作製過程の各ステップにおける粒子表面の表面電位

1：シリカコートされたヘマタイト，2：タンパク吸着後，
3：リポソーム吸着後。

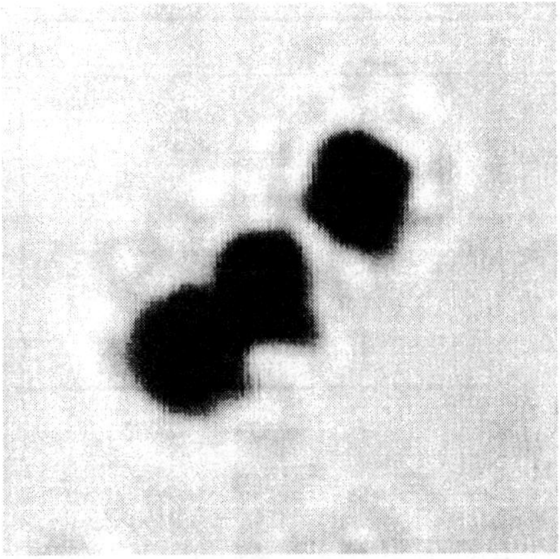

図4　ヘマタイト粒子・リポソーム・シリカの3層構造のマグネト・リポソームの光学顕微鏡像
中心のヘマタイトは0.7ミクロンの場合。

2.5.4　リポソームのエレクトロ・パーミエーション

マグネト・リポソームの医療応用の一つとして，エレクトロケモセラピーへの適用が考えられる。電場印加の際，薬剤を内包するマグネト・リポソームを用いれば磁性針による勾配磁場により薬物投与の場所限定ができ，電場誘導によりリポソームから放出される薬物をその場でエレクトロポレーション機構により細胞へ導入することが出来ると考えられる。これにより薬物投与効率の改善や副作用の低減をはたせられると思われる。

電場印加によるリポソーム内包試薬の放出特性をしらべた。電場は矩形波交流の 10-100kHz を用い，電場強度はピーク間電圧最大 140V を 1mm 間隔の白金電極に加えた。電場印加されるリポソーム分散サンプル量は約 3ml でマグネッチクスターラーで常時攪拌すると共に，水浴にて温度コントロール（7℃）を施された。この実験に用いたリポソーム試料は，リポソーム内相に Ca イオンと結合して蛍光強度が増大する蛍光分子 Quin 2 を封入し，外相溶液に Ca イオンを含む水溶液を用いた[6)]。また，この逆の組み合わせの試料系も実験に用いた。内相に封入した分子が電場印加によりリポソーム膜を透過し外相に流出した結果生じる Quin 2-Ca イオンコンプレックスの量は増大する蛍光強度の測定にて行った。この測定は通常の蛍光分光光度計を用いた。電場印加によるリポソーム内包の Ca イオンの放出特性をしらべると，明らかな周波数依存性が見られた（図5）。1kHz に極小をもち両サイドで蛍光強度の増加量は大きくなっている。より低周波，より高周波において膜透過性が大きいことを示した。膜透過能の周波数依存性は低周波で

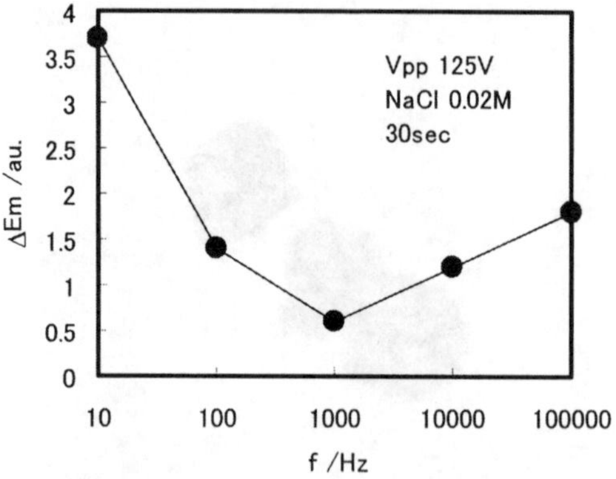

図5 電場印加後の試料溶液の蛍光強度増加量の電場周波数依存性
印加電圧 125Vp-p，外液の NaCl 濃度 0.02M，印加時間 30 秒。

の増加が電極による電気分解効果の結果起こるサンプル溶液の実効電気伝導度の増加によるもの，また，高周波側での増加は微粒子の表面に形成されている電気二重層による表面電気伝導が大きな役割をはたすコロイド分散系の実効電気伝導度の周波数依存性によると解釈することができる[7]。すなわち，膜のエレクトロ・ポレーション（膜穴の開閉）の確率的平衡反応が電場エネルギーの消費の結果として温度上昇が起こり開側へシフトした結果であると解釈できる。これは，局所領域でのジュール熱の発生が主な原因になっている可能性を意味していて，電場強度そのものが必ずしも大きいことが必要でないことを示唆している。

2.5.5 おわりに

分子キャリヤーとしての機能をはたすリポソームを含む複合微粒子の作製は，リポソーム粒子が粒子状（ベシクル状）で他の微粒子表面に固定されることが必要である。これは脂質種類や固体粒子の種類に依存する可能性があり今後幅広い組み合わせについての研究開発が必要である。

文　献

1) Bo Yang *et al.*, *Langmuir*, **17** 2283 (2001).
2) Bo Yang *et al.*, *Langmuir*, in press.
3) K. Furusawa *et al.*, *J. Colloid Interface Sci.*, 264 (2003) 95.
4) 松村英夫ら，厚生労働省科学研究費補助金報告書 H14-ナノ-018, 73 (2003).

5) 松村英夫ら，機能的に配置された磁気粒子・リポソーム粒子複合体，（特許第3200704号），(2001).
6) V. Neytchev *et al.*, *Histol Histopathol*, **17** 649 (2002).
7) H. Matsumura *et al.*, in *Interfacial Electrokinetics and Electrophoresis*, 971 (2002).

2.6 ナノマテリアルとしてのDNA

伊藤嘉浩*

キーワード：DNAワイヤー，DNAコンピューター，アプタマー，DNAzyme，DNAナノデバイス

2.6.1 はじめに

2003年はDNAの二重らせん構造の発見から50周年ということで，それにまつわる記事やその特集号などが多く出版されている。そして，それを記念してヒトゲノムの完全解読が発表され，いよいよポストゲノムシークエンス時代の到来となった。このようにDNAといえば，生物の設計図，遺伝子であり，既にバイオテクノロジーとしてのDNA（遺伝子組み換え，アンチセンス，アンチジーン，DNAワクチンなど）の研究は行われてきたが，最近，ナノマテリアルとしてのDNAがクローズアップされてきている[1)]（図1）。ノーベル化学賞受賞者のロナルド・ホフマンは1994年の雑誌Scientific Americanで“地球上の生命を司ってきた核酸「システム」は，（進化を通して）最適化された化学の具現化である。なぜ，これを使わないのか…人類が何か新しく，美しく，有用で，きっと非天然のものを形づくるために”と述べている。ここでは，DNAのナノマテリアルとしての様々な機能を引き出そうとする研究を紹介する。

2.6.2 DNAが電気を通す

DNAが電気を通すか否かについては，1993年にBartonとTurroによって報告された論文か

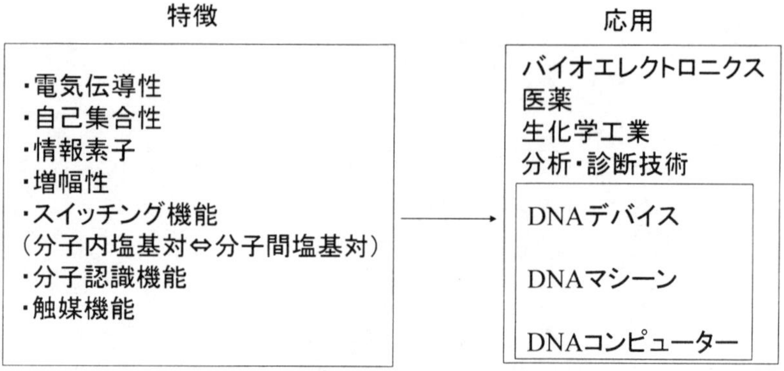

図1 ナノマテリアルとしてのDNAの特徴と応用分野

* Yoshihiro Ito ㈶神奈川科学技術アカデミー 伊藤「再生医療バイオリアクター」プロジェクト プロジェクトリーダー

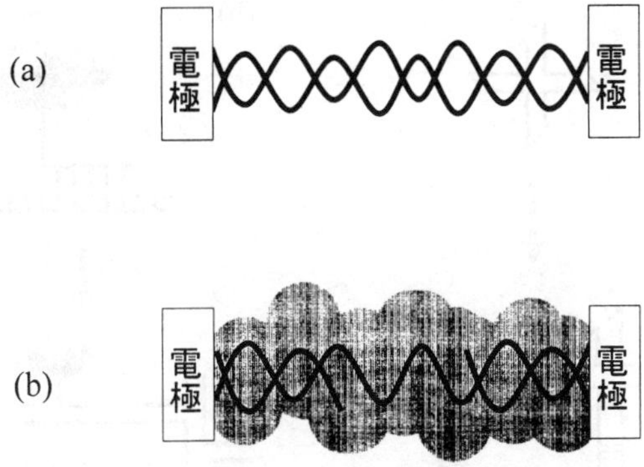

図2　DNAに電気を通す
(a) DNAだけに電気を通す[2,3]。(b) DNAに金属を結合させて電気を流す[4,5]。

ら特に注目を集めるようになった[2]。彼らは，電子供与性と受容性の金属錯体をDNAの各々の末端に導入し，光励起をすることにより，DNAが分子ワイヤー“π-way”になることを示唆した。しかし，一方で，DNAは絶縁体に近いことを示す対照的なデータも多く報告され，様々な議論が続いている。結局のところ，その配列や，測定条件に依存してDNAは絶縁化したり，効率的な導体になったり，バンドギャップの大きい半導体になったりする[3]。そのため，効率的なDNA媒介ホール移動のための人工核酸塩基が設計され研究されている[3]。また，DNAだけでなく，金属を配位させたり，ヨウ素をドーピングすることによって導電性を得る試みも多く行われている。Braunらは2つのマイクロ電極間に二種類の異なるDNAで修飾し，これらと相補的な配列のDNA鎖で別々のDNA鎖を結び，銀イオンを配位させて触媒金属を沈着させ，導電性のナノワイヤーを報告している（図2b）[4,5]。最近では，一本鎖DNAに結合するRecAタンパク質をレジストとして用いる分子リソグラフィーにも成功している[6]。また，電気伝導性だけではなく，光電変換素子としての研究も行われている[7]。

そのようななか，DNAの電気伝導性は，一塩基多型（SNP）検出をはじめとするバイオセンサーの原理として既に使われ始めている。BartonらはDNAのミスマッチ検出のための電気化学的バイオセンサーが開発している[8]。これは，DNAミスマッチが塩基のスタッキングを構造的に乱して電荷移動効率が減少する原理を利用したものである。竹中ら[9]は，ミスマッチ部位付近へのインターカレーターの結合個数が減少する原理から，Nanogen社[10]は電位によってミスマッチDNAの方が引き離されやすいという原理から，SNPの検出できることを示している。さらに，分析対象はDNAに限らず，分子認識領域をDNA二重鎖領域内に導入し，特定の分子が

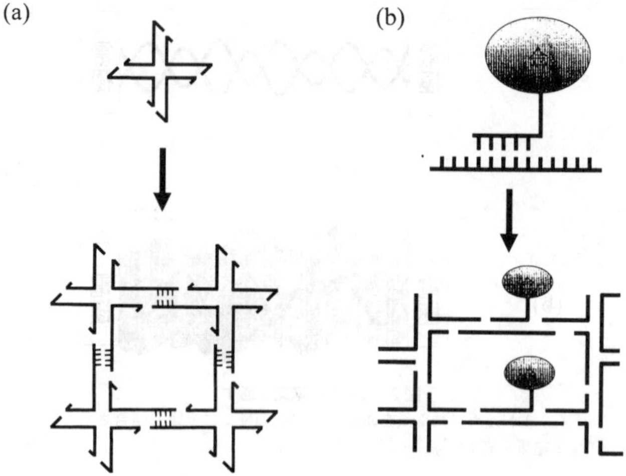

図3　DNAを用いたナノ構造形成の例
(a) SeemanらのDNAナノ構造体[1]，(b) 田畑らによる金粒子の配置制御[16]。

入り込むことにより導電性が変化することを利用するセンサーも報告されている[11]。

2.6.3　DNAでナノ構造を創る

ナノテクノロジーには，2つのアプローチがある。一つは「トップダウン」型で原子や分子を微視的に操作するもので，もう一つが「ボトムアップ」型で自己集積化をもとにする。DNAは自らがプログラムされた情報・アドレスをもつ分子であり，集積密度が0.34nm間隔（塩基配列に対応）のアドレスをもつ究極の情報材料で，自己組織化によりcmレベルの構造体形成も可能であることが特徴となる。したがって，「ボトムアップ」アプローチで重要な役割を演じている。Seemanは，DNAの相補対で形成する「のりしろ」と分岐構造を使って様々な構造体を作成することに成功している（図3)[1]。Bataliaらは，DNAによって「ほぐれた」ワイヤー構造を報告している[12]。

ナノ粒子を構造化する際の鋳型としてDNAは数多く用いられている。Sotoら[13]は，DNAを微粒子の分子架橋剤として用い，フォトニック結晶内への光学バンドギャップ形成を目指している。DNA認識タンパク質とDNAから，様々なナノ構造の形成も行われている[14, 15]。田畑ら[16]は，金粒子の位置をDNAを用いて精密に制御することに，WarnerとHutchison[17]は，カチオン性を付与した金ナノ粒子とDNAで線状やリボン状構造を形成させることに成功している。銅ナノワイアー作成や白金クラスター凝集も，DNAを鋳型として行われている[18, 19]。また，ナノテクノロジーの象徴，カーボンナノチューブとDNAの相互作用やDNA修飾カーボンナノチューブの合成なども盛んに行われている[20~22]。

そして，金ナノ粒子－DNA複合体はMirkinら[23~26]によってDNA配列検出のために用いられている。その他にも配列決定法として，量子ドット[27]やバーコード化ナノロッド[28]との複合体に加え，様々な微粒子複合体を使った電気化学的手法も開発されてきている[29~31]。また通常の酵素にDNAをスペーサーとして介して阻害剤を結合しておき，相補的DNAを添加しないときは，柔軟性の一本鎖で阻害剤が働き，相補DNAを加えると，二重らせんを形成して阻害剤が酵素の活性ポケットから離れるという機構で酵素活性のオンオフをスイッチングするシステムが考案されている。この方法を用いれば，PCRを用いずにDNA配列を決定できるという[32]。

二次元表面上へのナノパターニングとして，Mirkinら[23]がDNAのナノリソグラフィを可能とした。Huら[33]は，DNA鎖を固体基板上に並べた後，AFMで切断するという組み合わせで，様々な人工的DNAパターンを作成し，Liuら[34]は，AFMで金表面に形成した自己集積化レジスト分子をはがしてから一本鎖DNAを硫黄原子を介して吸着させる方法で10nmレベルのナノ構造の作成に成功している。

最近，塩谷ら[35]は，DNAの二重らせんの水素結合の代わりに，金属イオンを使って塩基を結合させた人工DNAのデザイン・合成を行っている。金属には，さまざまな種類や構造がある上，電子のやりとりができるなどの特性を持つ。金属イオンをDNAの二重らせんの内部に組み込めば，天然のDNAとは全く異なる機能を持つ分子ができ，使用する金属イオンを変えることで，DNAのほどけ方をコントロールできると考えられる。すべての塩基ペアを金属イオンでつなげば，二重らせんの中に一本の金属線が通ることになり，分子レベルの電線ができる可能性もある。天然のDNAには2種類のペアしかないが，新しいペアも人工的に合成されつつある[36]。金属イオン結合による第三，第四のペアを作り出すことで，情報の量を増やすことも可能となり，新しい鋳型としても期待される。

2.6.4　DNAで計算する

1994年にAdlemanが初めてDNAコンピューティングと呼ばれる計算手法を提案した[37]。その中で「計算」は化学反応に基づく分子化学的操作に置き換えられた。その手法は，有向ハミルトン経路問題（directed Hamiltonian Path Problem）と呼ばれる組合せ問題の一例をDNAの塩基配列として表現し，それらを分子化学的操作のみによって変化させ（計算し），問題の解答を得るものである[38~40]。DNAコンピューティングは，大量の分子が並列的に化学反応を起こすその超並列性に最大の特徴がある。DNA複製速度が速いといわれる細菌は，一秒間に500程度の塩基対を複製することができるが，これをコンピューターと比較しやすくするために言いかえると，1000bits/sec程度となる。DNAコンピューターは，従来のコンピューターと同じ視点から比較している限りは役に立たない。しかし，一つのDNAの処理速度は遅いながらも，一つの

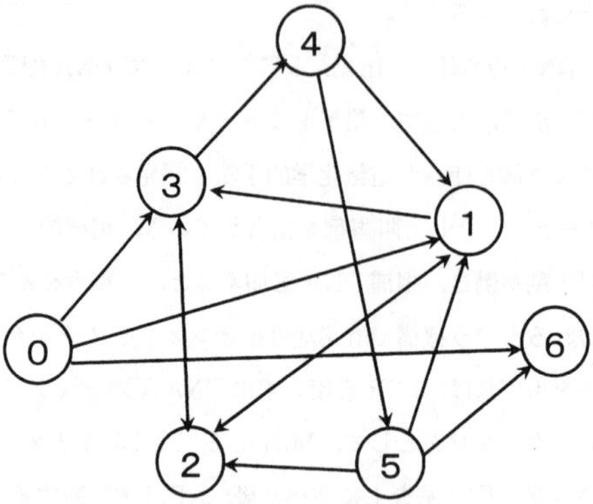

図4　有向ハミルトン問題の例

n 個の都市があり，それらのすべての都市の間に列車が運行しているかどうかが決められているとする。このとき，ある決められた都市 Vin から都市 $Vout$ へ移動するのに，すべての都市をちょうど一度だけ通るような列車の乗り継ぎが存在するかどうか，という問題を考える。この問題は，図のように七つの都市に対応する頂点とその間の列車の運行を表す有向辺（二つの都市間で列車が行き来している場合は両矢印）からなる有向グラフを用いて一般化できる。今，$Vin=0$，$Vout=6$ とすると，0から6へ移動するのに，各都市をちょうど一度だけ通るような乗り継ぎ0 →1 →2 →3 →4 →5 →6が存在する。この乗り継ぎのことをハミルトン経路と呼び，図のような任意の有向グラフ上にハミルトン経路が存在するかどうかを決定する問題を有向ハミルトン経路問題（directed Hamiltonian Path Problem（HPP））と呼ぶ。有向ハミルトン経路問題は，頂点の数が増えるにつれて，その問題を解くために必要とする計算時間（従来のノイマン型コンピューターにおける計算時間）が指数関数的に増加することが予測されている情報工学の分野における難しい問題の一つである。Adleman の解いた問題は，図の7頂点の有向ハミルトン経路問題であり，そのサイズは非常に小さいが，DNA コンピューティングが実際に難しいクラスの問題の一例に適用されたという意味で，その意義は大きい[38]。

DNA が複製を完了すれば，DNA が二つになり2000bits/sec となる。次は4つ，8つ…。つまりn回目には2のn乗となり，30回複製したあとでは1000Gbits/sec にまでなっている。まさにこれこそ DNA コンピューターの最も優れている点で，従来のコンピューターと違って，並列していくつもの処理を行えるというところに利点がある。また，化学反応のみで計算が行われることや DNA 分子が微小であることから，省エネルギー性や超小型記憶装置としての可能性など様々な議論がなされてきている。

たとえば丸いテーブルに五人が座る時の席順[41]。特定の二人は仲が悪いので隣り合わせはだめとする。考え得る並び方は計120通り。パソコンは，その並び方を端から順番に，条件に合っているかどうかしらみつぶしに調べる。一つの並び方ごとに調べる場所は五か所。答えを出すのに，5×120回の計算がいる。DNA 計算は，一人一人にまず「AAA」「AAC」「AAG」のような三文字コードを割りふり，120通りに対応した DNA の鎖の断片を作る。「AAC」と「AAG」の隣り合わせがだめとすると，だめな並び方に結合する「TTGTTC」の条件鎖を作り，全部を試験管の中で混ぜる。すると，だめな席順のDNAには条件鎖が結合，これを化学反応で取り除けば正解の鎖だけが残る。“計算”にあたる処理は事実上，一回となる。だが，難しい問題を解くのには膨大なDNA断片を用意しなくてはならず，期待通りの化学反応が起こらないこともある。また，処理速度で電子コンピューターと競うのは現実的ではない。しかも，これまでにできたDNAコンピューターは，個々の問題を処理するだけで応用がきかない。そこで，陶山ら[42]は，特定の病気に関係する遺伝子の有無を調べる場合，原因と疑われる遺伝子にだけ結合するDNAを合成，DNA計算の手法で，問題の遺伝子が体の中で実際にどう働いているかを解明する手法を開発し，マウスを使って確かめたところ三時間でできたと報告している。ヒトの遺伝情報の微妙な個人差（SNP）を調べる研究への応用も目指している。一方，Stojanovicらは，DNAzyme（詳しくは後述）を用いた論理回路を提案している。NOT，AND，そしてXORゲートを，ハンマーヘッド型DNAzymeに分子ビーコン（詳しくは後述）を導入して作成した[43]。

最近では，イスラエルの研究チームが，DNA分子と酵素を使って出入力，ソフトウエア，ハードウエア，エネルギー源のそろった「DNAコンピューターデバイス」を作ることに成功したと発表した[44]。スプーン一杯の溶液中のDNAコンピューターで世界最速パソコンの10万倍の計算ができるという。このデバイスは，計算するデータを組み込んだ「インプット分子」，プログラムルールを組み込んだ「ソフトウエア分子」，両分子からの指示を受け取って計算を実行する「ハードウエア分子」の3つのコンポーネントで構成される。インプット分子は同時に，酵素の反応で計算に必要なエネルギーを供給し，これまでのように外部からの供給は必要ないのが特徴である。スプーン一杯分の溶液に「1.5×10^{16}」のDNAコンピューターデバイスが含まれ，毎秒3.3×10^{14}回相当の演算が可能と報告されている。

2.6.5　DNAで分子認識する

分子認識する抗体のような機能を，DNAに付与することもできる。これは，十数年ほど前から興った進化分子工学あるいはコンビナトリアル・バイオエンジニアリングと呼ばれる方法の一つで得ることができる[45~53]。そこでは，ダーウィン進化論の「突然変異」，「自然淘汰」，「増殖」のサイクルを対応させたプロセスを繰り返す（図5）。「突然変異」に相当する分子ライブラリー構築のために，ランダム配列のDNAを用いる。ランダム配列のDNAは固相法で，4種類の塩基を混合した反応容器内でカップリングを繰り返すことによって得られる。DNAの分子ライブラリーは，DNAポリメラーゼを用いた非対称PCRにより調製され，一本鎖になる。ライブラリーの一本鎖DNAは，分子内の水素結合や疎水性相互作用で，各々独自の立体構造を形成する。「自然淘汰」の過程では，これらの分子ライブラリーの中から，ターゲット分子に結合する分子がアフィニティ選別される。ターゲット分子を分子認識するDNAだけが結合する。結合しなかっ

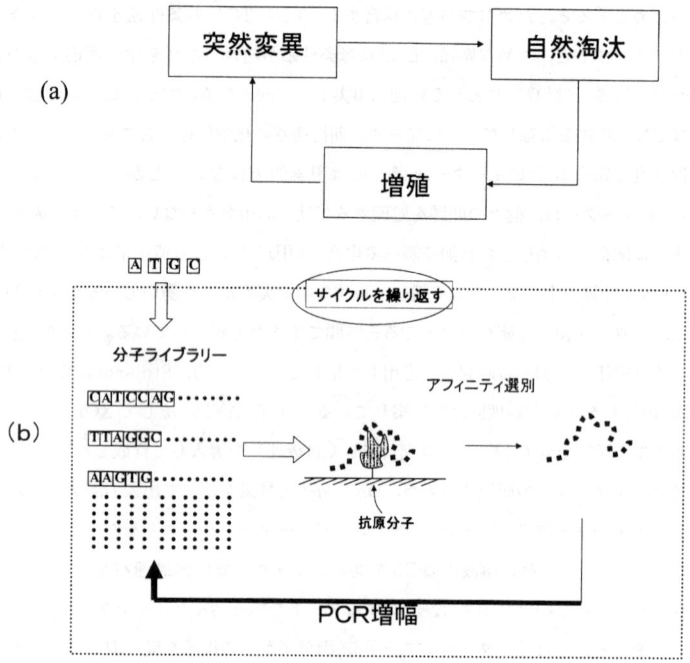

図5　ダーウィン進化論（a）と進化分子工学の原理（b）

た分子は洗い流され，結合した分子は，pH や塩濃度の変化で摂動を与えるか，ターゲット分子添加により競争的に溶出させ回収する。次の「増殖」過程では，PCR 法により増殖される。これら「突然変異」,「自然淘汰」,「増殖」の3過程を繰り返すことにより，ターゲット分子により結合性の高い DNA を選び出してくることができる。最終的に選び出された分子は，クローニングされ配列が決定される。このような方法は，試験管内進化法（in vitro selection 或いは Systematic Evolution of Ligands by EXponential Enrichment の下線部をとって SELEX）とも呼ばれる。

この方法により作られる抗体のように分子認識機能を有する高分子は，ラテン語で「to fit」を意味する aptus から，aptamer（アプタマー）と呼ばれている。現在までに様々な分子に結合するアプタマーが得られている。アプタマーを抗体の代わりに利用しようとする研究は，アプタマーが抗体と比較して，①動物を用いる必要がない，②一旦配列を決定できれば固相法で容易にしかも精密に合成できる，③部位特異的に化学修飾を施しやすい，などの特徴から既に多く行われている。抗体の場合，動物の免疫反応を利用して作成されるが，アプタマー作成では，通常上

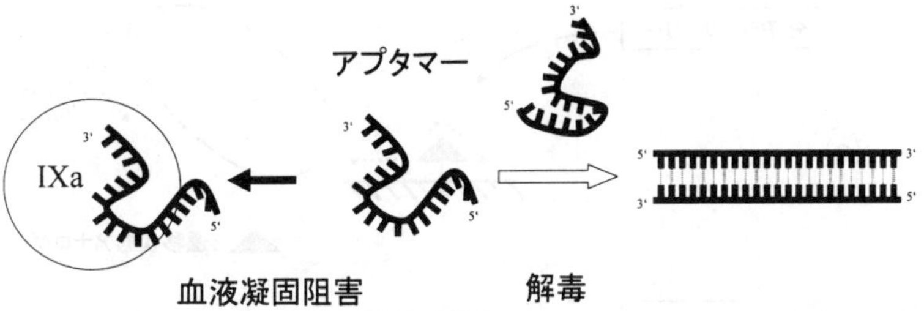

図6　アプタマー医薬の例

分子内相互作用で特定の構造を形成している時は，血液凝固因子 IXa の阻害剤として働き，相補鎖を解毒剤として加えると阻害剤としての効果が消失する。

述の3過程1サイクルを2日ほどで行い，8～15サイクルの後にアプタマーが得られ，最近は自動化装置も開発されるようになってきている。

アプタマーは，抗体の代わりの分子センサーとしてや抗体医薬として幅広く研究されている[53, 54]。最近，新しいタイプの血液凝固因子 IXa に結合性抗血栓性剤としての発表が行われた[55]。これは，必要な時に抗血栓性剤として働き，不要になって解毒させたい時には，その配列に相補的なオリゴヌクレオチドを加えることでコンフォメーションが崩れ，不活性化するというものである（図6）。DNA のアプタマーとしての性質と本来の二重鎖形成の性質を巧妙に利用したものである。

また，Gold らは，PhotoSELEX という方法を用いてフォトアプタマーを選別してプロテオーム解析用のマイクロアレイ・チップの開発している[53]。通常，抗体を用いてプロテオーム解析チップが作成されているが，DNA を用いることで，上述の利点の他に，結合するタンパク質を染色する方法では，染色されないなどの特徴もあり，今後の発展が期待できる。

2.6.6　DNA を触媒にする

抗体触媒の例から容易に類推できるように，抗体機能を付与できれば触媒（catalytic aptamer）を得ることができる。既に天然にはリボザイムの存在は知られていたが，進化分子工学の手法でデオキシリボザイム（DNAzyme）も得られるようになった。最近では，オリゴヌクレオチドの結合・切断触媒として，これまでの DNA ライゲーション，RNA 切断に加えて，RNA ライゲーションを触媒できる DNAzyme も報告されるようになりバリエーションが広がっている[56]。触媒機能を有するオリゴ核酸を探索する方法には二つの方法がある（図7）。

一つは，間接法と呼ばれ，抗体触媒調製と同じように，遷移状態アナログをターゲット分子として，これに結合する DNA を得る方法である。例えば，抗体触媒でも試された，平面状のポルフィリンが少し歪んだ構造をとるメチルメソポルフィリンを遷移状態アナログとして，これと結

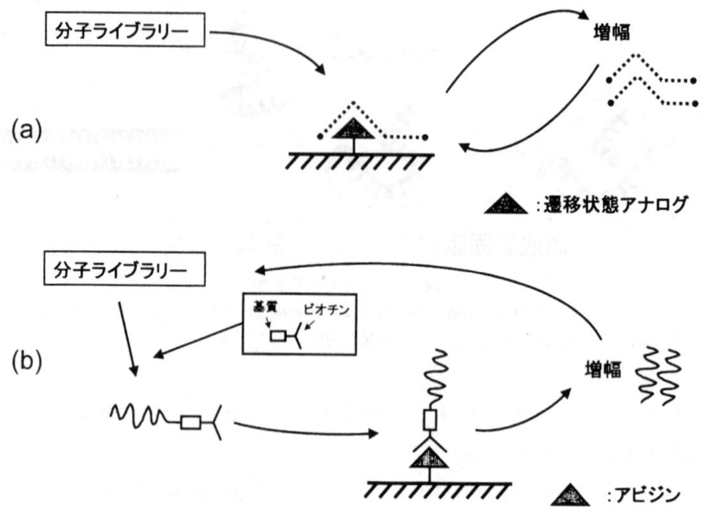

図7　触媒探索のための間接法（a）と直接法（b）

合するRNAやDNAが得られた。これらのメチルポルフィリン結合性核酸にポルフィリンを混合し，銅イオンを加えると，ポルフィリン中心に銅イオンが挿入されるメタレーション反応が触媒された[51)]。尚，このDNAzymeはヘミンと錯体を形成させるとペルオキシダーゼ活性を有することもわかっている。

もう一つの方法は，直接法と呼ばれる。例えば，基質をビオチンでラベル化をしてランダム配列の核酸分子ライブラリーと反応させる。ライブラリーの中で基質と自己触媒反応により結合する核酸は，ビオチンでラベル化されることになる。このビオチン化核酸をアビジン結合担体で回収する。この方法では，天然のリボザイムが触媒しないアミド結合やエステル結合の形成反応，さらにDiels-Alder反応を触媒するオリゴ核酸（後述）などが得られている。例えば，アミド結合形成触媒を探索する場合には，基質側にカルボキシル基を導入し，ライブラリーの分子側にも基質の相手としてアミノ基を形成させた後，反応させ，結合した核酸分子を探す。原理的には自己触媒作用で，自分自身に基質を結合させる反応を触媒する分子を探すことになるが，最近では，この方法で探索した核酸が，遊離状態の基質同士の反応も触媒できることが明らかになってきた[57)]。

生体触媒は温和な条件で基質特異性が高いことが特徴であるが，弱点として環境変化に弱く，失活しやすいことが挙げられる。進化分子工学では，極限環境で働く生体触媒を調製することもできる。例えば，上述の直接法で，中性環境下でのみ活性のあるリガーゼ（核酸同士の連結形成を触媒）リボザイムを酸性条件下で活性をもつように調製することができた[58)]。まず，中性で活性のあるリボザイムを突然変異を加えながらPCRで増幅してライブラリーを調製する。このリボザイム・ライブラリーと，ビオチンでラベル化した基質を酸性条件下で反応させた。基質と反応して結合するオリゴ核酸は，ビオチンでラベル化されることになる。このビオチン化核酸をアビジン結合担体で回収した。この選別を6回繰り返すと，酸性条件下での活性が，選別前の2000倍になった。これにより適合させたい環境下で選別を行うことで，自由自在に生体触媒を調製できることが示された。

2.6.7　DNAナノデバイス

図8にはこれまでに開発されてきたアプタマー・ビーコンの例を示す。これらは，蛍光分子と消光分子の距離が変化することにより蛍光強度が変化する蛍光共鳴エネルギー移動（Fluorescence Resonance Energy Transfer, FRET）を利用している[53]。最近では可視光で分析できるナノデバイスも考案されている[59]。また，DNAがPCRで増幅できるという性質と，アプタマー機能を複合化した例も報告されている[60]。

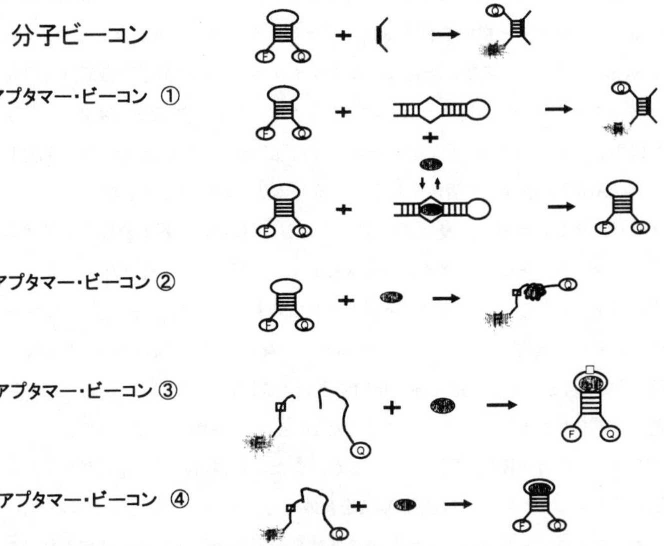

図8　特定のDNA配列を認識して蛍光を発する分子ビーコンとアプタマー・ビーコン
①では，抗原不在下においてアプタマーは，分子ビーコンと相補鎖になっており蛍光を発するが，抗原が存在すると分子ビーコンとは相互作用せず，蛍光は発しないままとなる。②では，抗原があるとアプタマーの二次構造が変化して蛍光が発せられる。③では，2分子のアプタマーが自己集合して抗原を認識する。④では，抗原が存在すると蛍光が消光される。

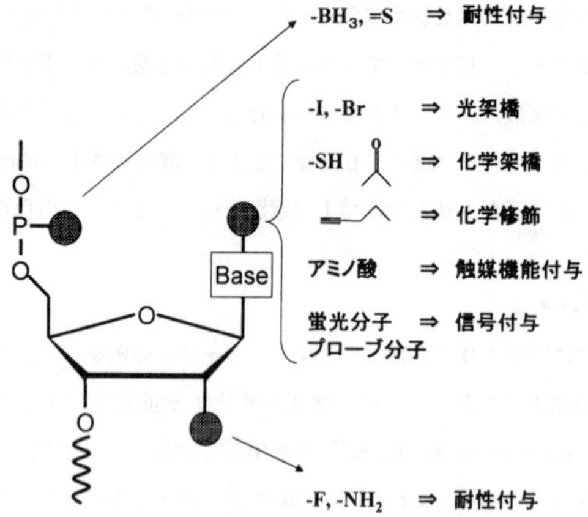

図9　機能性オリゴ核酸のために組み込まれた非天然オリゴヌクレオチド

さらに，分子認識機能や触媒機能を複合化したナノデバイスが最近多く報告されるようになってきている[61~64]。スイッチ機能を有するアロステリックリボザイムが合成され，Ellington はこれを aptazyme と呼んでいる[61]。当初は，リボザイムに部分的に分子認識部位を挿入して数十倍から数百倍のスイッチ効果が得られただけであったが，新しい探索法の開発で，1万倍のスイッチ効果も観測されるようになった。Breaker らは，「allosteric selection」法を開発し，これにより cGMP や cAMP に依存して活性を変化させるリボザイムの合成に成功した[62]。そして，プロトタイプのバイオセンサーを発表している[63]。これは，種々の分析対象物を分子認識すると活性化されるハンマーヘッド型リボザイムを金基板の上に集積・アレイ化したもので，マルチセンサーとしての応用を目指している。他にも金属イオン依存性の DNAzyme を得，これを用いて鉛イオン検知センサーが報告されている[65]。鉛イオンが存在すると DNAzyme が DNA と蛍光標識 RNA 基質間の結合を切断し，蛍光強度が増すという原理による。最近では，Mei らが，触媒作用と蛍光シグナリングをシンクロナイズさせた DNAzyme を報告している[66]。

天然ヌクレオチドは4種類に限られているが，新たに有機合成した非天然ヌクレオチドを用いて，進化分子工学により新しい機能性DNAを合成することができる[67]。すなわち，有機合成化学とバイオテクノロジーを融合した新しい機能性高分子創成法としても期待され，これまでにも様々な目的に，様々な誘導体が核酸配列の中に組み込まれ，用いられてきた（図9）。

我々は，ビオチン化核酸を用いたATP認識アプタマーの合成に成功した。通常，オリゴ核酸の末端にビオチン基を導入して分析プローブとして用いることが多いが，この方法で得たビオチン化オリゴ核酸は側鎖に複数のビオチン基を有し，高感度検出が可能となった[68]。一方，

Ellington らは，蛍光基を導入したヌクレオチドを用いて類似の選別を行い，分析対象物を分子認識すると蛍光強度が変化するような分析系を構築するのに成功した[69]。

非天然ヌクレオチドを導入した核酸触媒の最初の例としては，イミダゾール基を導入したヌクレオチドを用いた試験管内進化法で，Diels–Alder 反応を触媒するリボザイムが調製された。これは，非天然ヌクレオチドを用いた進化分子工学の最初の例で，大きなインパクトを与えた[70]。また，同様にイミダゾール修飾デオキシウリジンを用いて亜鉛イオン依存性のリボヌクレアーゼ活性のあるリボザイムの選別も報告されている[71]。一方，Perrin らは，イミダゾール基に加えてアミノ基も導入した DNA ライブラリーからの DNAzyme の選別に成功し，この DNAzyme が二価イオンの不在下でも活性であることを発見した[72]。我々は，2′ 位に水酸基の代わりにアミノ基をもつポルフィリン・メタレーションを触媒するリボザイムを RNA や DNA の代わりに得，これがヘミンと錯体を形成し，過酸化水素の還元反応を触媒するペルオキシダーゼとしても働くことを示した[73, 74]。最近，Vester らは DNAzyme 骨格を彼らが開発した LNA（Locked Nucleic Acid）構造に置換し，安定性の高い LNAzyme を考案している[75]。今後，様々な非天然ヌクレオチドを含む DNA ライブラリーが調製され，そこからの選別が行われるようになれば，これまで考えられなかった新しい機能性触媒も種々生まれてくる可能性がある。

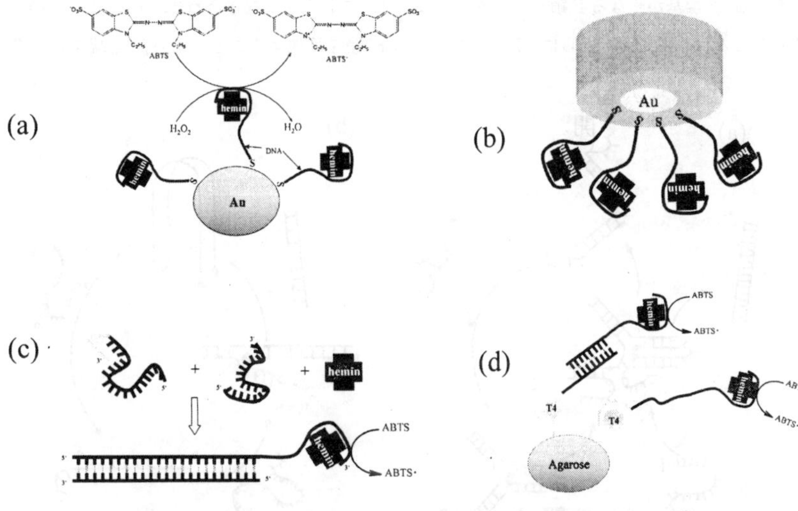

図10　ペルオキシダーゼ活性をもつ DNAzyme を用いた分子デバイスの例
（a）は，固定化 DNAzyme，（b）は，DNAzyme 固定化金電極，（c）は，DNA 配列を認識して DNAzyme の活性が変わることによるセンサー，（d）は，サイロキン（T4）を認識するアプタマー機能と DNAzyme 機能を併せ持つ酵素免疫アッセイ・デバイス。

現在，我々はペルオキダーゼ活性を有するDNAzymeを金粒子上に固定化して新しい固定化酵素の可能性を探るとともに，金電極の上に自己集積化して，新しいバイオセンサーへの応用を図っている（図10）。DNAは精密に化学修飾しやすく，金上に集積化するためのチオール化も容易で，酵素であるペルオキシダーゼを固定化するような煩雑な操作は不要であった。ただし，DNAzymeそのものの活性が低いため，この向上が今後の重要な課題となっている。

また，機能性DNA領域を一筆書きで連ねて新しい分子ナノデバイスとしての展開を検討している。例えば，特定のDNA配列と相補鎖を形成して活性を示すDNAzymeや，酵素免疫アッセイ（EIA）で用いられる抗体―酵素複合体をDNA一筆書きで代替しようとするものである。後者は，抗体を代替するアプタマー領域と，酵素を代替する触媒領域をDNAに入れ，両領域が相互作用してコンフォメーション変化が誘起されないようにスペーサー領域を挿入してDNAを調製することができた。まだ感度は十分ではないものの分析ツール分子としての可能性が示された。

2.6.8 DNAマシーン

DNA燃料で動くDNAマシーンとして，Yurkeらは，18塩基からなるドメインを両端にもつA鎖（40塩基）と，それぞれのドメインに相補的に結合する配列を含む42塩基からなるB鎖およびC鎖の3本の一本鎖DNAを組み合わせてピンセット形とした（図11A）[76]。ピンセットの先端部分からは，それぞれ24塩基のB鎖およびC鎖が飛び出しており，両者に相補的な塩基配列を含む56塩基からなるF鎖を加えることにより，これらをつなぎ合わせ，ピンセットの先を閉じることに成功した。さらに，F鎖に相補的なF′鎖を添加することにより，先端を再び開く

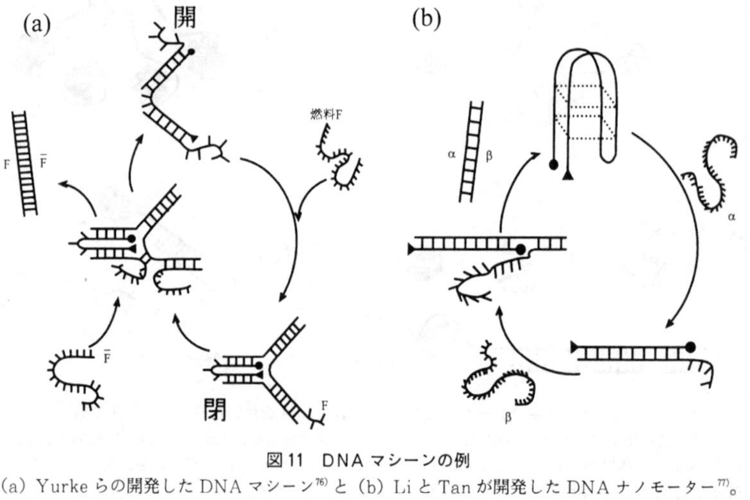

図11　DNAマシーンの例
(a) Yurkeらの開発したDNAマシーン[76]と (b) LiとTanが開発したDNAナノモーター[77]。

ことができた。開閉を1サイクル行うごとに，添加した燃料DNAが二本鎖（FF′）となって排出された。分子内蛍光ラベルによる分析の結果，ピンセット先端の距離は焼く6nmで開閉時間は13秒であった。

LiとTanは，DNAナノモーターを報告している（図11B)。DNAナノモーターは，分子内四本鎖構造と，分子間二重鎖の二つの別々のコンフォメーションをとることができ，相補鎖とのハイブリダイゼーションによってスイッチングできる[77]。尺取虫のように伸縮することが，やはり分子内蛍光標識により観察されている。また，Seemanらのグループは，2つの平行二重螺旋を組み合わせた4本鎖を用いて，そのトポロジーを短鎖DNAを加えることにより制御するDNAデバイスを報告している[78]。

2.6.9　DNAで認証する

DNAはまた様々な物質のタグ（荷札）や最近では個人の認証のためにも使われる。分子タグとして用いた例として，コンビナトリアル・ケミストリーでの例が挙げられる[79]。プール・アンド・スプリット法でのビーズ上への分子ライブラリー構築時に，ビーズの処理履歴に対応してDNAをビーズ上に結合させておき，アッセイで釣り上げた際に，そのDNAをPCRで増幅してから読み取ることで，ビーズ上の化合物がわかるというシステムである。また，セキュリティ・ビジネスを展開する会社が，契約書や遺言状の偽造をDNAを活用して見破る事業に乗り出している。使うのはDNAを微量配合した特殊インクで，契約書や証明書の発行者本人のDNA入りのインクで文書にサインしてもらう。署名が偽造されても「インクの遺伝子」を調べれば見破ることができるというものである。

2.6.10　おわりに

ここで紹介したようにDNAは構造的に特徴があるとともに複数の機能をもたせることが容易にでき，それらを同時に，あるいはスイッチングして使えることがわかる。これらの特性を利用してDNAは様々な方面で研究・実用化されようとしている。しかしまだ，ここで述べた前半部分と後半部分をつなぐようなアプローチはない（例えば，触媒作用のあるナノ構造体)。今後のナノバイオテクノロジーの展開のおもしろみはこの辺りにあるのではないだろうか。新しいアイデアが生まれるのが楽しみである。

文　　献

1)　N. C. Seeman, *Nature*, **421**, 427 (2003).

2) C. J. Murphy *et al.*, *Science*, **262**, 1025 (1993).
3) 岡本晃充ら,「ゲノムケミストリー」講談社, p. 143 (2003).
4) E. Braun *et al.*, *Nature*, **391**, 775 (1998).
5) I. Willner, *Science*, **298**, 2407 (2002).
6) K. Keren *et al.*, *Science*, **297**, 72 (2002).
7) 川崎剛美, 高分子, **52**, 143 (2003).
8) E. M. Boon *et al.*, *Nat. Biotechnol.*, **18**, 1096 (2000).
9) 竹中繁織, 高分子, **52**, 123 (2003).
10) http://www.nanogen.com/
11) R. P. Fahlman *et al.*, *J. Am. Chem. Soc.*, **124**, 4610 (2002).
12) M. A. Batalia *et al.*, *Nano Lett.*, **2**, 269 (2002).
13) C. M. Soto *et al.*, *J. Am. Chem. Soc.*, **124**, 8508 (2002).
14) S. S. Smith, *Nano Lett.*, **1**, 51 (2000).
15) C. S. Yun *et al.*, *J. Am. Chem. Soc.*, **124**, 7644 (2002).
16) 田畑　仁, 高分子, **52**, 126 (2003).
17) M. G. Warner *et al.*, *Nature Mater.*, **2**, 272 (2003).
18) C. F. Monson *et al.*, *Nano Lett.*, **3**, 359 (2003).
19) M. Mertig *et al.*, *Nano Lett.*, **2**, 841 (2002).
20) H. Gao *et al.*, *Nano Lett.*, **3**, 471 (2003).
21) C. V. Nguyen *et al.*, *Nano Lett.*, **2**, 1079 (2003).
22) S. E. Baker *et al.*, *Nano Lett.*, **2**, 1413 (2002).
23) C. A. Mirkin, *MRS Bull.*, 43 (2000).
24) O. Harnack *et al.*, *Nano Lett.*, **2**, 919 (2002).
25) Y. C. Cao *et al.*, *Science*, **297**, 1536 (2002).
26) R. Jin *et al.*, *J. Am. Chem. Soc.*, **125**, 1643 (2003).
27) M. Han *et al.*, *Nature Biotechnol.*, **19**, 631 (2001).
28) B. Reiss *et al.*, *Science*, **294**, 137 (2001).
29) J. Wang *et al.*, *J. Am. Chem. Soc.*, **124**, 4208 (2002).
30) J. Wang *et al.*, *Langmuir*, **19**, 989 (2003).
31) J. Wang *et al.*, *J. Am. Chem. Soc.*, **125**, 3214 (2003).
32) A. Saghatelian *et al.*, *J. Am. Chem. Soc.*, **125**, 344 (2003).
33) J. Hu *et al.*, *Nano Lett.*, **2**, 55 (2002).
34) M. Liu *et al.*, *J. Am. Chem. Soc.*, **2**, 863 (2002).
35) K. Tanaka *et al.*, *Science*, **299**, 1212 (2003).
36) N. Zimmermann *et al.*, *J. Am. Chem. Soc.*, **124**, 13684 (2002).
37) L. M. Adleman, *Science*, **226**, 1021 (1994).
38) 山本雅人ら, バイオサイエンスとインダストリー, 57 (1999).
39) G. パウンら,「DNA コンピューティング」シュプリンガー・フェラーク東京 (1999).
40) 萩谷昌巳ら,「DNA コンピュータ」培風館 (2001).
41) http://www.techno-forum21.jp/study/st011121.htm

42) DNA コンピューターはなぜ動く，日経バイオビジネス，2003年2月号 p. 96.
43) M. N. Stojanovic *et al.*, *J. Am. Chem. Soc.*, **124**, 3555 (2002).
44) Y. Benenson *et al.*, *Pro. Natl. Acad. Sci.*, U. S. A., **1001**, 2191 (2003).
45) 川添直輝ら，高分子加工，**49**, 57 (2000).
46) 今野博行ら，化学工業，**51**, 904 (2000).
47) 寺本直純ら，「遺伝子機能破壊実験法」多比良和誠編集，羊土社，p. 137 (2001).
48) 伊藤嘉浩，実験医学，**19**, 1875 (2001).
49) 福崎英一郎ら，現代化学，No.372, 38 (2002).
50) 伊藤嘉浩，有機合成化学協会誌，**60**, 479 (2002).
51) 伊藤嘉浩，化学工業，**53**, 26 (2002).
52) 伊藤嘉浩，「化学のフロンティア 9–コンビナトリアル・バイオエンジニアリング」，化学同人，p. 93 (2003).
53) 伊藤嘉浩ら，バイオインダストリー，**20**, 68 (2003).
54) 平尾一郎ら，バイオマテリアル，**21**, 270 (2003).
55) C. P. Rusconi *et al.*, *Nature*, **419**, 90 (2002).
56) A. Flynn–Charlebois *et al.*, *J. Am. Chem. Soc.*, **125**, 2444 (2003).
57) 野川誠之ら，化学，**56**, 64 (2001).
58) Y. Miyamoto *et al.*, *Biotechnol. Bioeng.*, **75**, 590 (2001).
59) M. N. Stojanovic *et al.*, *J. Am. Chem. Soc.*, **124**, 9678 (2002).
60) S. Fredriksson *et al.*, *Nature Biotechnol.*, **20**, 473 (2002).
61) M. P. Robertson. *et al.*, *Nature Biotechnol.*, **17**, 62 (1999).
62) M. Koizumi *et al.*, *Nature Struct. Biol.*, **6**, 1062 (1999).
63) N. Piganeau *et al.*, *Angew. Chem. Int. Ed.*, **39**, 4369 (2000).
64) Seetharaman *et al.*, *Nature Biotechnol.*, **19**, 336 (2001).
65) J. Li *et al.*, *J. Am. Chem. Soc.*, **122**, 10466 (2000).
66) S. H. J. Mei *et al.*, Y. Li, *J. Am. Chem. Soc.*, **125**, 412 (2003).
67) 伊藤嘉浩，化学，**53**, 66 (1998).
68) Y. Ito *et al.*, *Bioconj. Chem.*, **12**, 850 (2001).
69) S. Jhaveri *et al.*, *Nature Biotechnol.*, **18**, 1293 (2000).
70) T. W. Tarasow *et al.*, *Nature*, **389**, 54 (1997).
71) S. W. Santoro *et al.*, *J. Am. Chem. Soc.*, **122**, 2433 (2000).
72) D. M. Perrin *et al.*, *J. Am Chem. Soc.*, **123**, 1556 (2001).
73) N. Kawazoe *et al.*, *Biomacromolecules*, **2**, 681 (2001).
74) N. Teramoto *et al.*, *Biotechnol. Bioeng.*, **75**, 463 (2001).
75) B. Vester *et al.*, *J. Am. Chem. Soc.*, **124**, 13682 (2002).
76) B. Yurke *et al.*, *Nature*, **406**, 605 (2000).
77) J. J. Li *et al.*, *Nano Lett.*, **2**, 315 (2002).
78) H. Yan *et al.*, *Nature*, **415**, 62 (2002).
79) コンビナトリアルケミストリー研究会「コンビナトリアルケミストリー」化学同人，(1997).

3　ナノ無機マテリアル

3.1　シリカ系モノリス型HPLCカラムによる超高速・高性能分析

石塚紀生[*1]，水口博義[*2]

3.1.1　はじめに

高速液体クロマトグラフィー（HPLC）は，有機化合物，生体関連物質，医薬品，食品などの分析のほか，臨床化学，環境科学，法化学などにおいて主要な分離・分析手段として汎用されている。HPLC用分離媒体として用いられる粒子充填剤は，この30年間，微粒子化による高性能化，表面化学修飾による選択性の向上によって，ポンプや検出器の進化とともに非常に多くの分離・分析において発展してすでに成熟期にあるが，今後，クロマトグラフィー分離媒体に対する目標として，さらなる高性能化，高速化，ミクロ化などが挙げられる。近年，種々の生物のゲノム配列とその機能が明らかにされつつあるが，ゲノム解析につづくタンパク質群の総合的な機能解析であるプロテオームやメタボロームなどの網羅的な研究において，多種多様な生体試料分析に対して従来以上の高速高性能化（ハイスループット）が要求されるのは必至である。ここではポストゲノム時代のバイオサイエンスにおける，新しい発想の次世代分離媒体として注目されつつあるシリカ系モノリスカラムの構造と性能について紹介する。

3.1.2　従来のHPLC用充填カラム

HPLCのカラムには，主にシリカゲルをはじめとする酸化物微粒子が充填剤として用いられてきた。HPLCの性能は，1970年代に，使用される充填粒子が数十μmの破砕状から数μmの単分散真球状へと変化したことで，理論段数において1桁増加してHPLCの汎用化をもたらし，現在では5μm径全多孔性粒子が最も多く用いられているが，高性能化のための充填剤の微粒子化にもかかわらず，カラムの性能はこの20年間ほとんど変化していない[1]。粒子径を小さくすると分離能は高くなるが，粒子間空隙も並行して小さくなる。カラム圧力は粒子径の2乗に反比例するので，現在の市販ポンプの圧力限界（約400kg/cm^2）が性能の限界をもたらしている。現在のところ1μm以下の充填剤は実用的ではない[2]。粒子充填剤を圧力送液による分離に用いている限りこの制約から逃れることができないので，高速・高性能分離を達成するには，粒子の小径化に伴う圧力の増加を避ける工夫が必要となる。これを克服するいくつかの解決法のひとつとして，1990年代になって高理論段数を獲得するのに注目されてきたのがキャピラリー電気クロマトグラフィー（Capillary electrochromatography，CEC）である[3]。電場の下で充填剤表面の電

＊1　Norio　Ishizuka　㈱京都モノテック　研究開発部　主任研究員

＊2　Hiroyoshi　Minakuchi　㈱京都モノテック　代表取締役

荷に基づいて発生する電気浸透流は，約1μmの微粒子充塡カラムの利用を可能として，HPLCの理論段数を1桁以上増加することができる。しかし，CECを使用した多数の研究報告があるにもかかわらず，フリット（充塡剤を固定するためのキャピラリー内の栓）の安定性と気泡の発生，カラム間における分析の再現性など多くの課題が残されている。そのほか，1000～4000気圧の高圧ポンプにより，約1μmのシリカ微粒子を充塡したカラムを用いて高理論段数を発生する超高圧液体クロマトグラフィー（UHPLC）も開発されているが，高圧下における試料注入法や安全面において課題が残されている。

3.1.3　シリカ系モノリス型カラム

高速・高性能分離を両立するためには，低圧力で溶媒が流れることのできる比較的大きな流路と，充塡剤の粒子径に相当する小さな骨格が共存した担体が必要である。1990年代に入り，有機高分子系の連続多孔体を分離媒体として用いる技術が現れた[4)]。これに続いて曽我，中西，筆者らは，流路と骨格が共連続構造をとったシリカ連続体（モノリス型シリカ）の調製に成功した[5, 6)]。このモノリス型シリカは，アルコキシシランの加水分解・重縮合によって引き起こされる相分離によって生じる共連続構造を，ほぼ同時に起こるゾルーゲル転移によってゲルのモルフォロジーとして凍結することにより形成される。スチレンージビニルベンゼン，メタクリレート系などから得られる有機高分子系モノリスゲルに比べて，シリカ系モノリスゲルはよりシャープな細孔径分布をもち，機械的に強く，化学的安定性も高い。図1はモノリス型シリカの走査型電子顕微鏡写真であるが，マイクロメートルサイズの大きさの揃ったマクロ孔（流路，～2μm）と比較的細いメソポーラスな骨格（～1.5μm）が周期的に形成されている。このモノリス型シリカについては，調製条件において骨格と流路のサイズ，骨格内のメソポアサイズをそれぞれ独立して制御することができるので，試料や分析条件に応じて自由に構造をデザインすることができる。また，粒子充塡カラムにおいては，粒子間空隙の大きさと粒子径との比，（流路径／粒子径）比＝

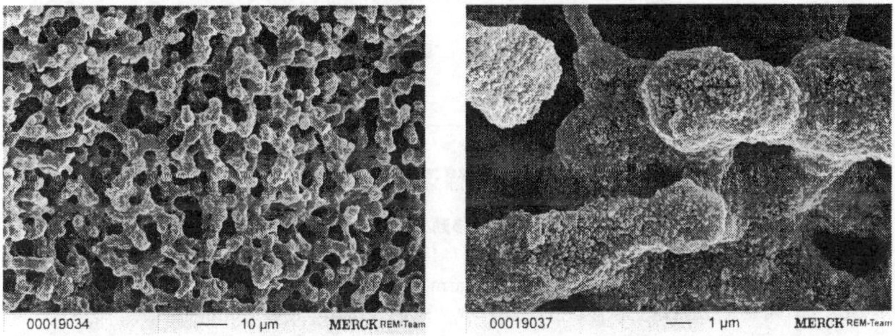

図1　シリカ系モノリス型カラムの走査型電子顕微鏡写真

0.25〜0.40であり，微粒子は小さな空隙，高い圧力をもたらすが，モノリス型カラムにおいては（流路径／骨格径）比を3〜5まで大きくすることができ，後述するように大きな流路径に基づく低いカラム圧と小さな骨格に基づく高性能分離を両立することができる。さらにメソポアを含むアモルファスなシリカ骨格の表面化学は，従来のシリカ充塡粒子と同じであるので，オクタデシル基（C_{18}）をはじめとする従来の様々な表面修飾技術を適用することが可能である。

3.1.4 クロマトグラフィー特性

現在実用化されているシリカ系モノリス型カラムは，モノリス型シリカをPEEK樹脂で覆ったHPLCカラム（Chromolith™（ドイツ・メルク社），4.6mmID×5，10cm）で，ドイツのメルク社から市販されている。流路径を2μm，骨格径を1.5μmとすることにより，5μm粒子充塡カラムの半分以下の低い圧力で，3μm粒子充塡カラムを上回る高い理論段数を発生し，高流速において高性能を維持することが可能である。図2は，逆相クロマトグラフィーにおいて得られた理論段高さ（H：1理論段を得るのに必要なカラム長さ）の線速度（u）依存性（van Deemterプロット）を表している。Hの値が小さいことは高性能を意味するが，粒子充塡型カラムにおいてHは低流速域に極小を示し流速と共に増加する。これは粒子内部での溶質拡散が，粒子間空隙中の移動相流速に追いつかないことに起因して溶出ピーク幅が拡がるからで，粒子径を小さくすれば理論段高さの線速度依存性は小さくなり高い流速域で性能は向上するが，上述したようにカラム圧が非常に高くなる。一方，図2に見られるように，モノリス型シリカカラムは，5μm

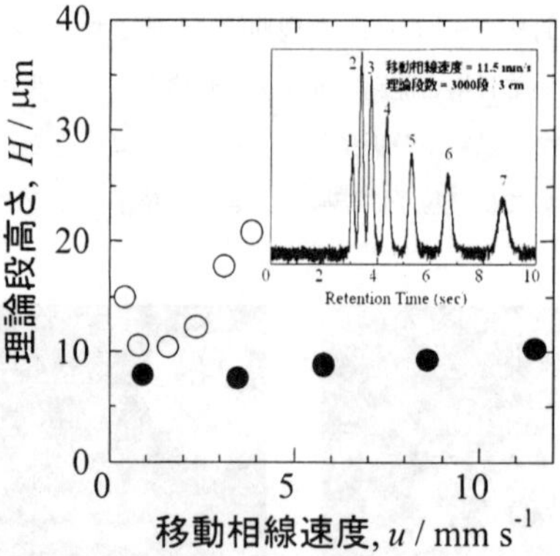

図2　理論段高（H）と移動相線速度（u）の関係
○：市販5μmシリカ粒子充塡カラム（Mightysil™，4.6mmφ×30mm），●：モノリス型カラム（4.6mmφ×30mm），溶質：アルキルベンゼン（$C_6H_5(CH_2)_nH$，n=0–6），移動相：80%メタノール，検出器：UV 254nm，温度：室温　枠内は，流速10ml/min，カラム圧61kg/cm^{2}で得られたクロマトグラム

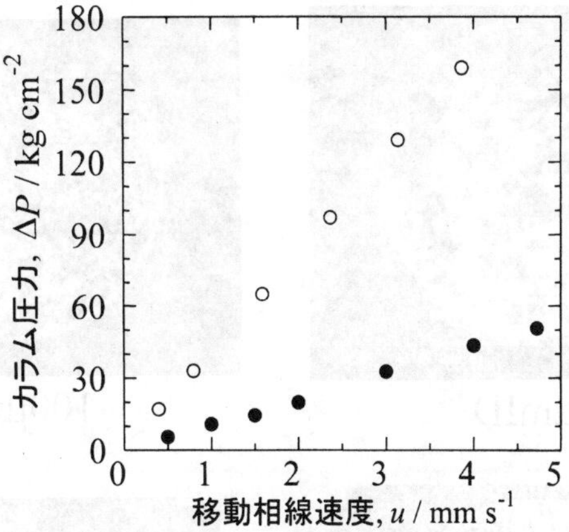

図3　カラム負荷圧と移動相線速度の関係
○：5μm シリカ市販粒子充塡カラム，●：シリカ系モノリス型カラム，移動相：80%メタノール，カラム負荷圧の値は全てカラム長さ 15cm に規格化

粒子市販充塡カラムと比較して高流速においても高性能を維持している。ただし，モノリス型カラムがもっている潜在能力を最大限に引き出すには，ハードウェア側の最適化が必要であり，特に検出系のレスポンスとデータプロセッサーにおけるサンプリングの高速化が不可欠といえる。モノリス型カラムは，粒子充塡カラムより低圧力を示すので，長いモノリス型カラム（カラムの連結が可能）を用いて高い理論段数を発生することが可能である。図3のように，同じ長さのカラムで比べた場合，同じカラム圧で駆動してもモノリス型カラムは充塡型カラムの2～3倍の流速が得られ，しかも分離効率がほとんど低下しないので，実質的にカラム圧の低下分だけ速い分離が可能となる。広い範囲の保持時間をもつ溶質の分離時間を短縮するために，通常，移動相の有機溶媒濃度を連続的に変化させる溶媒グラジエント法が利用されるが，低圧力を特徴とするモノリス型カラムにおいては，流速を連続的に変化させて保持時間を調整する流速グラジエント法も可能となる[7]。

図4に示すように，モノリス型シリカゲルを様々な内径のフューズドシリカキャピラリー中に作製すれば，マイクロHPLC用カラムに適用することが可能になる。図5は，製品化されているモノリス型キャピラリーカラム（MonoCap™，GLサイエンス㈱）を使用して得られた，一連のタンパク質の分析例を示しており，溶質の拡散が速い小さな骨格をもつモノリス型キャピラリーカラムは短時間で良好な分離性能を示している。モノリス型シリカゲルの作製はゾル－ゲル法による溶液プロセスを用いるため充塡は不要で，微小制限空間内であっても反応溶液を導入す

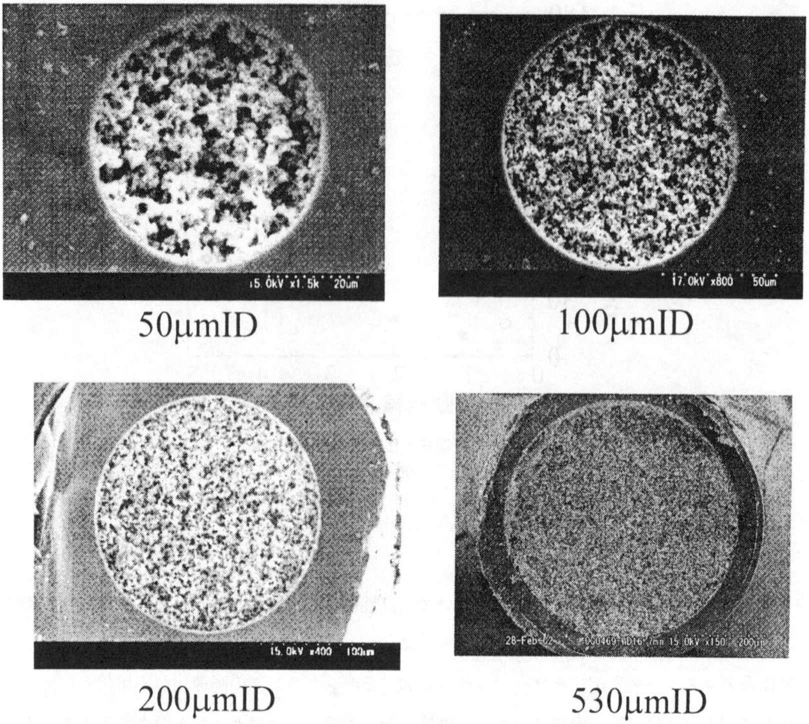

図4　様々な内径のキャピラリー中に作製されたシリカ系モノリス型カラム

れば，均質なゲルを再現性よく調製することが可能であり，長いカラムでも比較的容易に作製でき，高理論段数を発現することができる[8]。しかし，内径200μm以下のキャピラリーカラムの使用に対する既存装置においては，微小流量を正確に制御できるポンプやカラム外体積の影響を考慮した検出系の最適化が必要である。

3.1.5　ナノバイオへの展望

上述のような高速分離媒体は，バイオ生産物やキラル化合物の分離，高純度精製，コンビナトリアルケミストリーが求める迅速精製・分析において非常に有力となる。分離系を小さくすることで高速分離が可能となるが，カラムのダウンサイジングにより，分析感度の向上や溶媒消費量の大幅な低減が実現されるだけでなく，化学平衡の達成が速くなり，電気泳動によるジュール熱の発散やカラムの耐圧性が向上する。マイクロチップにおいては，多数の試料を高速で自動分析するために分離系の縮小と自動化が試みられ，石英，ガラス，樹脂などでできたチップ上の数

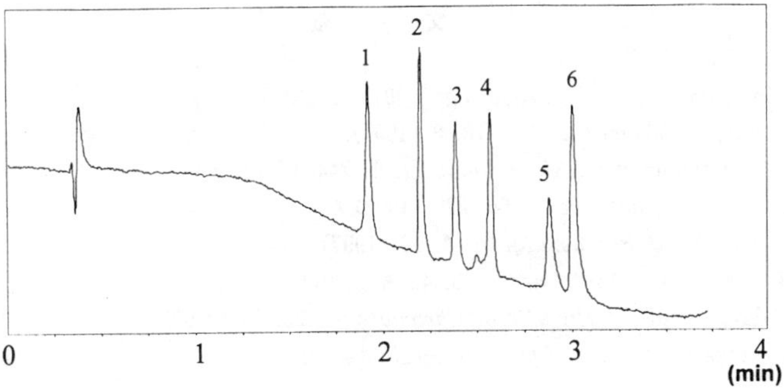

図5　タンパク質の高速分離

1. リボヌクレアーゼA，2. インシュリン，3. チトクロムC，4. リゾチーム，5. BSA，6. カタラーゼ，カラム：200μmID×100mm，流速：10μl/min，移動相：A アセトニトリル（0.1%TFA），B 水（0.1%TFA），A/B＝20/80→60/40（3分間），検出器：UV 210nm，温度：室温

十μm以下の小さなチャネル（流路）を利用する分析系が開発されている。これまでは，電気泳動に基づく分離法によって，DNA関連の分析を目的としたシステムが実用化されているが，チャネル中にモノリス型分離媒体を調製することは粒子を充填する場合と比べて明らかな利点をもち，現実的なアプローチであると考えられる。チップ上のクロマトグラフィーの多くは電気泳動による分離を利用しているが，高速化を図る場合にはカラム径を0.2～1.0mmとした，圧力送液による分離も可能である。しかし，このようにミクロ化された高速・高性能分離システムを汎用とするためには，試料の導入と検出法における改良，データ処理の高速化など実用的な機器の開発が不可欠となる。マイクロチップを用いる分析は，μ-TASとして，化合物の合成や解析の対象となる細胞の培養を行う部分をも含む総合的化学反応・精製・解析システムへと展開が図られている。

3.1.6　おわりに

現在，ポストゲノム解析では二次元電気泳動や質量分析が主流となっているが，自動化が困難，活性のあるタンパク質とその活性を扱えないなどといった欠陥をかかえている現状において，分離対象の多様性を考慮すると，固定相が多様でかつ高い識別能力をもつHPLCは非常に有望な分析手法になると期待されている。また，未知，新規物質の探索において，分離・精製の必要性が高くなるにつれて，分離媒体に対して一層の高性能化が重要視されているなか，マイクロチップのようなミニチュア化技術とモノリス型カラムの開発は，二次元HPLCシステムをも含む機器開発とともに，生命科学や創薬の展開に大きな貢献をするものと思われる。

文　献

1) H. Moriyama *et al.*, *J. Chromatogr.*, **691**, 81 (1995).
2) H. Poppe, *J. Chromatogr. A*, **778**, 3 (1997).
3) M. M. Dittmann *et al.*, *J. Chromatogr. A*, **744**, 63 (1996).
4) F. Svec *et al.*, *Anal. Chem.*, **64**, 820 (1992).
5) K. Nakanishi, *J. Porous. Mater.*, **4**, 67 (1997).
6) N. Tanaka *et al.*, *Anal. Chem.*, **73**, 420A (2001).
7) K. Cabrera *et al.*, *J. High Resol. Chromatogr.*, **23**, 93 (2000).
8) N. Ishizuka *et al.*, *Anal. Chem.*, **72**, 1275 (2000).

3.2 ナノバイオ分析デバイスの微細加工技術

一木隆範*

3.2.1 はじめに

微細加工技術を用いて数cm角のガラスチップ上にマイクロ流体デバイス（microfluidic device）を形成し，このチップを用いて微量の試料を操作，分析する「マイクロ化学分析システム（micro total analysis system: μTAS)」の研究，開発が1990年代末から急速に進んでいる（この呼称は欧州の研究者らが主に用いており，米国では同等の技術がLab-on-a-chip，バイオMEMS（micro electromechanical system）と称されることが多い）[1~3]。このμTAS技術はバイオ分析および化学分析の効率を飛躍的に向上させることができる。しかも，これらの分析は21世紀の重要産業となるバイオテクノロジー，創薬，医療，環境分析などの多くの分野において有用な基盤技術であるため，近い将来の社会，産業に大きな波及効果をもたらすことが期待されている。1990年代末に当時のヒトゲノム解析フィーバーに誘導された形で一躍脚光を浴びたマイクロキャピラリー電気泳動チップは数十～百μm幅の微小流路を形成したガラスチップであり，フォトリソグラフィーや湿式エッチングを用いて製造が可能であった[4,5]。ポストゲノム時代に入った現在は一塩基多型（SNP）解析に加えて，プロテオーム解析，さらには細胞分析へとμTASの扱う分析対象はさらに拡大し続けている。また，分析作業の自動化や高スループット化のために，試料の前処理も含めた複数の分析作業の同一チップ上への集積化が進められつつある。このように分析チップに高度なシステム機能が要求され，複雑化してくると，チップ上の要素デバイスであるマイクロ流体デバイスやセンサーの設計も多様化し，高精度で自由度の高い作製プロセスが必要になってくる。そこで，USLI製造技術として発展してきた極微細加工技術の本格的導入が要請されるが，用途が変わればUSLI用に開発されたプロセス技術をそのまま転用することは必ずしも最善ではない。本項ではマイクロ流体デバイス，ナノ流体デバイスを中心としたμTAS，バイオMEMS製造のために開発された最新の微細加工技術について，これらの技術により作製された高機能バイオ分析デバイスの例を交えながら紹介する。

3.2.2 μTAS，バイオMEMSの基板材料と微細加工技術

マイクロマシンでは，種々のウエットおよびドライプロセスによる微細加工技術が確立されたシリコン基板がよく用いられている。一方，バイオ分析においては蛍光検出や顕微鏡観察など光学手法によりチップ内部を計測することが多いため，μTASではガラス，プラスチックなどの透明材料が多く用いられる。ガラス材料は化学的安定性や耐熱性，機械的強度，光学的特性に優れており，μTASチップの試作では従来より広く用いられてきた。一方，医療計測用チップなど

---

* Takanori Ichiki 東洋大学 工学部 科学技術振興機構PRESTO 助教授

使い捨てが好ましい用途では，射出成型などによる量産と焼却廃棄の可能なプラスチックが望ましいと考えられる。しかし，数10μm以下の微細形状を高精度に形成しようとすると通常の射出成型技術では困難になり，また，光学的ひずみの問題を克服するためには高価な特殊材料を用いざるをえないなど技術的な課題が残っている。また，最近は鋳型に流し込むだけで微細流路を転写でき，接着性にも優れたPDMS（polydimethyl siloxane）と呼ばれる透明エラストマー材料がプロトタイプチップの試作によく用いられている[6)]。それぞれの基板材料に一長一短があるが，ガラス基板の場合には先端半導体微細加工技術を応用して高精度な微細加工が可能なため，高機能マイクロ流体デバイス用の基板材料として有利であると考えられる。

次に微細加工技術の動向について概説する。従来，国内外の多くの研究グループがガラス基板で作製してきたマイクロ流体デバイスの微細流路幅は数十〜百μm程度であったため，微細流路の加工はフォトリソグラフィー技術とフッ酸やフッ硝酸混合液を用いた等方性ウエットエッチングにより行われてきた。しかし，近年，より高度なシステム機能実現のためにμTASの微細加工技術に対する要求はますます高度化する傾向にあり，ドライエッチングの導入が徐々に進んでいる。例えば，マイクロメートル以下の微細構造を形成した流路内にDNAを流してDNAのサイズ分離を可能にするナノ流体デバイスが報告されている。また，細胞計測などのように光学像の精密観察が必要なバイオ分析デバイスでは光学デバイス並みの精度も求められるようになってきている。バイオ分析デバイスが対象とするモノの寸法は，DNA（螺旋径2nm）からタンパク質やウイルス（数十〜数百nm），細胞（数μm）まで4桁程度にわたっている。従って，マイクロバイオ分析デバイスでは，LSIのような微細化＝性能向上といった図式は必ずしも成り立たず，今後，対象に応じたスケールをもつ構造を形成する要請が出てくるであろう。つまり，100μmスケールからナノスケールまでの精密微細加工技術が必要になると考えられる。また，加工スケールだけでなく，加工すべき材料もLSIとバイオ分析デバイスではおのずと異なる。例えば電極には化学的に安定な金や白金，あるいは透明なITO薄膜が使われるなど被加工材料も多種におよぶ。従って，半導体微細加工技術はトップダウンナノテクノロジーと呼ばれているように既に10nmレベルの超精密加工も可能なほどに発展した成熟技術であるが，μTASのような異分野への展開を図る際には従来のLSIやMEMS作製技術を基盤としながらもプロセスの適用範囲を大きく広げるための新たなプロセス開発が必要となる[7)]。

(1) 石英ガラスエッチング

SiO_2を99.9%以上含む高純度石英ガラスはガラス材料の中でも特に化学的安定性に優れ，また，紫外域での光透過性が高いためにUV吸光による微量物質の高感度検出が利用できるなど最も優れたμTASチップ用基板材料の一つといえる[8)]。SiO_2エッチングはULSI多層配線における絶縁層の微細溝／孔加工に必要であるため長年にわたる膨大な量の研究成果の蓄積があるが，

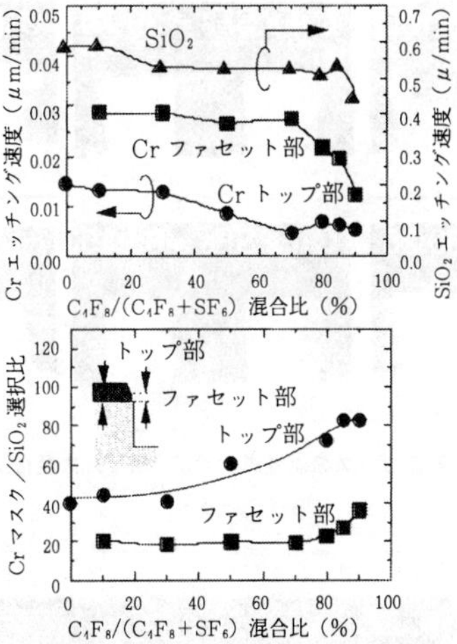

図1　石英ガラス，Crエッチング速度および対マスク選択比のC_4F_8/SF_6ガス混合比依存性

この場合のエッチ深さは高々2μm程度である。光導波路などのマイクロ光学デバイスの作製では10μm程度の深さが要求され，プラズマエッチングも適用されているが[9, 10]，マイクロ流体デバイスの作製ではさらに深い10～100μmの加工も必要となる。従って，より速いエッチング速度とより高いマスクとの選択比を実現していくことが要求されるため，メタルマスクと高密度プラズマを用いた石英の深堀加工技術が検討された[11]。

高速高選択比を達成するためにフッ素量の多いSF_6をベースにした誘導結合型（ICP）プラズマを用い，フォトリソグラフィーとウエットエッチングにより良好なマスクパターンを形成できるCr膜をメタルマスクとして用い，石英のエッチング特性が調べられた。エッチング条件はICP電力500W，基板電力密度4W/cm^2，圧力10mTorrである。図1は石英ガラスとCrのエッチレートおよびCrに対する石英ガラスの選択比のガス組成比依存性を示す。Crのエッチング速度は平らなマスク上部とファセット部について測定してある。石英とCrのエッチング速度は，C_4F_8添加率が増加しても70%まではほとんど減少せず，80，90%でそれぞれ減少した。フロロカーボンプラズマによるシリコン酸化膜のエッチングではSiF_4とCO_2が生成することがよく知られており，ともすれば炭素による還元反応が酸化膜エッチングでは不可欠と勘違いしがちであるが，C_4F_8の添加による還元反応がなくても，高速エッチングは可能である。SF_6のみを用いる条件では基板上に斜めに入射するイオンの存在により，逆テーパー形状になってしまうため垂直

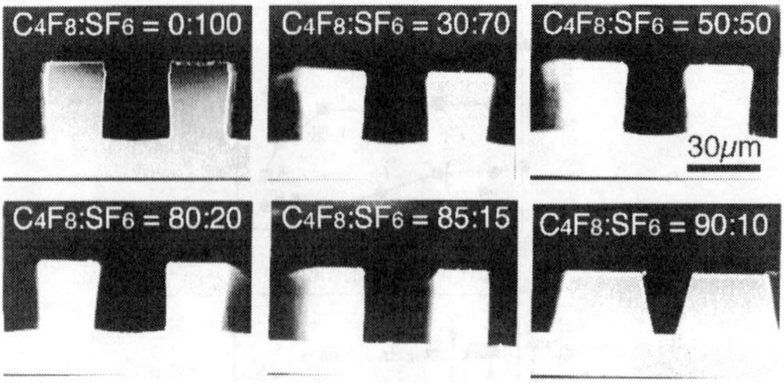

図2　石英ガラスの側壁形状 C_4F_8/SF_6 ガス混合比依存性

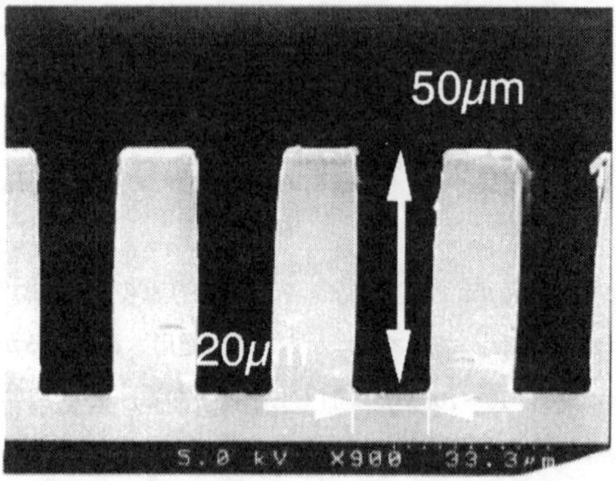

図3　石英ガラス高アスペクト比エッチング断面 SEM 写真

性エッチングが達成できず，C_4F_8 の添加による側壁保護が必要であった。図2はガス組成比を変化させてエッチングしたトレンチパターンの SEM 写真を示す。C_4F_8 85%以下では斜め入射イオンにより側壁がエッチングされており，85%で垂直形状が得られた。このように側壁デポ膜によって斜め入射イオンの側壁のエッチングが抑えられるが，過剰な添加はテーパー形状をもたらす。まとめると，C_4F_8 85%，SF_6 15%のときに選択比 80（マスク肩口の選択比 25）で石英のエッチング速度 530nm/min が得られた。この条件で 1.6μm の厚さの Cr マスクを用いて図3の断面 SEM 写真に示すように深さ 50μm，幅 20μm，アスペクト比 2.5 の垂直ディープエッチングが達成された。垂直エッチングで加工したマイクロ流路は長方形断面を持ち，ウエットエッチングで加工した半楕円形断面の流路で起こるような流路内での速度分布や光学像の歪がない。このような特徴を活かして細胞の電気泳動速度評価への応用が報告されている[12]。

⑵　**ホウ珪酸ガラスエッチング**

ホウ珪酸ガラスのなかでもコーニング7740はシリコンと熱膨張係数が等しく，陽極接合が可能なためマイクロマシン材料としてしばしば用いられる。ホウ珪酸ガラスは，成分中に含まれるAlやNaなどの金属元素のフッ化物が不揮発性であるために，SF_6プラズマでエッチングするとエッチング表面にマイクロマスクを生じ，芝生（grass）のように細く尖った無数の突起形状が形成されやすい[13, 14]。この残留フッ化物は高エネルギーイオン衝撃により物理的に除去できるが，高エネルギーイオン衝撃下のエッチングではマスク選択比の低下が問題になる。そこで，SF_6にArを添加しエッチングを行ったところ，Arイオンによるフッ化物のスパッタ除去が効果的におこるため，比較的低エネルギーのイオン衝撃下でもエッチング表面が平坦になり，高マスク選択

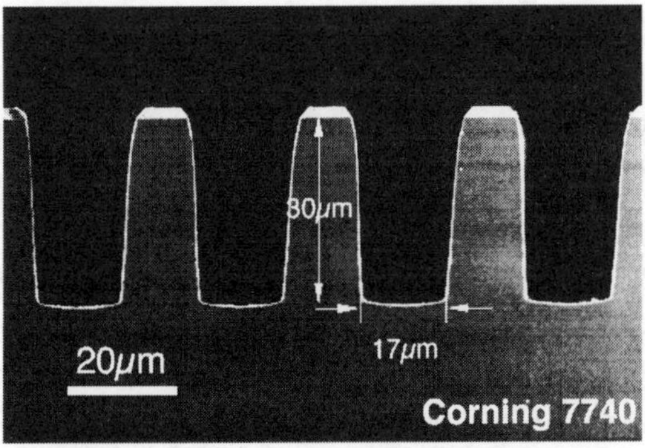

図4　Corning 7740ディープトレンチエッチング

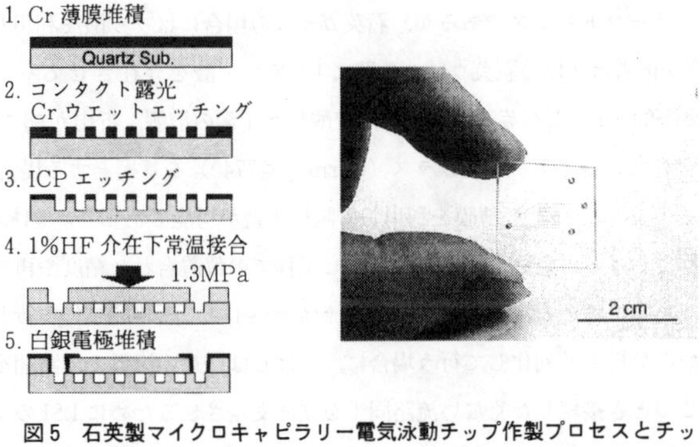

図5　石英製マイクロキャピラリー電気泳動チップ作製プロセスとチップ写真

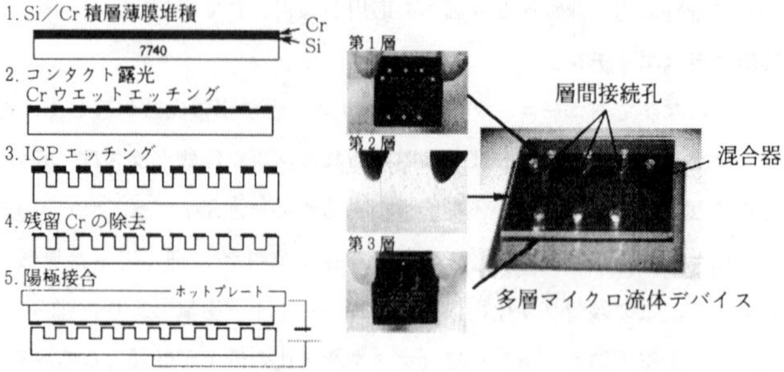

図6　ホウ珪酸ガラス製マイクロ流体デバイス作製プロセス（左）と多層マイクロ流体デバイス（右）

比を得ることができた。Ar50%，基板バイアス電力 18W においてマスク選択比 37 が得られ，図 4 のような幅 17μm，深さ 30μm のディープドライエッチングが達成された[15]。

3.2.3　ナノバイオ分析デバイス

(1)　基本的なマイクロ流体デバイス作製プロセス

最も基本的なガラス基板を用いたマイクロ流体デバイスの作製例として，マイクロキャピラリー電気泳動チップの作製プロセスとチップ写真を図5に示す。まず，ガラスウエファ上に Cr メタルマスクと高密度プラズマを用いたディープドライエッチング技術によりキャピラリー溝を形成し，残留マスクをウエットエッチングにより除去する。最後に，超音波加工によって緩衝液や試料の注入，排出孔となる 2mm 径の貫通孔を設けた同じ大きさのガラスウエファを別に用意し，キャピラリー溝を形成したガラスウエファと重ね合わせて接合し，流路を密閉する。接合はマイクロ流体デバイスを作製する上で，流路の微細加工と並んで重要な要素技術であり，高温炉中で融着させる方法がオーソドックスであるが，石英ガラスの場合にはフッ酸を利用した室温接合も開発されている[8]。後者は 2 枚の石英ウエファ間に 1%のフッ酸を介在させて室温で 1.3MPa の荷重下で 24 時間密着させると石英ウエファ表面で酸化ケイ素の溶解，析出が起こる結果，接合が起こると考えられている。ホウ珪酸ガラス（Corning #7740）を基板とする場合には熱膨張係数がほぼ一致するアモルファス Si 薄膜を利用して陽極接合が可能である[16]。陽極接合は，ガラスチップ製造工程でしばしば難題とされる貼合わせ工程での位置合わせ精度や再現性の向上に著しく有利であり，実際にこの方法で多層マイクロ流体デバイスの短時間試作が行われた[17, 18]。同一チップ上で複数の分析を並列化して行う場合に，しばしば任意の複数の流路間を相互に接続する必要が生じ，このとき接続したくない流路同士を立体交差させるために LSI のように流路を多層化する技術が必要となる。図6には 3 枚の 7740 ガラスをスパッタリングにより成膜した厚さ

10nmのSi薄膜を利用して陽極接合し，高精度アセンブルした3次元積層マイクロ流体チップを示す。

(2) マイクロミキサーデバイス

ドライエッチングによる高アスペクト比加工の利点を用いたマイクロ流体デバイスの作製例としてマイクロミキサーデバイスを紹介する[19]。我々の日常世界での溶液の混合は，攪拌による異なる液相間の境界面の増大と異相間での溶質の拡散の2段階の過程で進行する。ところが，数10～100μmスケールのマイクロ流路内では溶液のレイノルズ数が小さいため乱流による攪拌が事実上困難になる。一方，拡散に要する時間は拡散距離の2乗に比例するため，マイクロ空間での拡散は短時間で済む。これらの事実から微小空間内で試薬を迅速に混合するためには，強制的に異なる液相間の境界面の増大を促す要素デバイス，即ちマイクロミキサーが必要になる。図7はガラスの高アスペクト比エッチング技術を利用して作製した簡易構造の高効率ミキサーである。上図は顕微鏡明視野像，下図は蛍光像であり，蛍光試薬が迅速に混合されている様子が分かる。2枚のガラス上に150μm幅の流路の一部を15本に分枝した箇所を形成しておき，位置合わせして貼り合わせると交差部に225個の10μm角のマイクロノズルアレイが形成される。分枝流路を高アスペクト比形状で形成することでこのマイクロノズルアレイからの試液の噴出が均一化され，優れた混合効率が得られる。

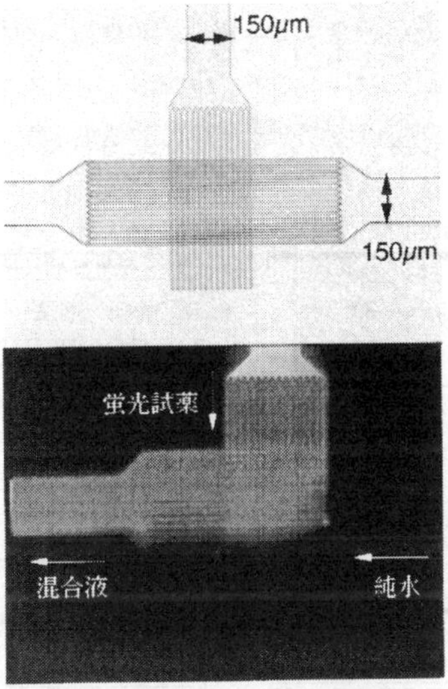

図7　マイクロミキサーの顕微鏡写真（上）と蛍光試薬の混合例（下）

(3) マイクロ流体デバイスへの埋め込み電極形成

ULSI配線技術を応用してマイクロ流路内に微小電極を組み込むことができればマイクロ流路を単に試料輸送あるいはキャピラリー分離器として用いるだけでなく，誘電泳動などの非接触外力による細胞・微粒子の操作や，電気化学計測や細胞インピーダンス計測などの機能を付与することも可能になる[20, 21]。図8は半導体微細配線作製技術を応用して開発した電極埋め込み型のマイクロ流体チップ作製プロセスである。まず，合成石英ウエファにCr薄膜を0.1μm堆積させた後，EB露光により櫛形電極パターンを形成する。次に，塩素負イオンプラズマを用いたCrの高精度ドライエッチング[22]により電子ビーム露光した電極パターンをCrマスクに転写し，さらにSF_6プラズマを用いて電極パターンを石英ガラス基板に0.2μmの深さだけエッチングする。残ったCrマスクを除去した後，石英ガラスと白金の接着層としてCrをスパッタリングにより再度0.1μm成膜する。続いて，フォトレジストをスピンコート後，電極パターン外部に堆積した不要なCrを除去するためにレジストをO_2プラズマによりエッチバックしてパターン外部のCrのみを露出させ，ウエットエッチングで除去した。その後，パターン底部のレジストを除去してEB蒸着により白金膜を成膜するとCr接着層上に堆積した白金のみが基板に強固に付着する。パターン外部の白金をリフトオフすると埋込まれた白金電極が残る。最後に異方性ディープエッチング技術により作製したキャピラリー流路（幅60μm，深さ15μm，全長10mm）と超音波加工機により開口したサンプル注入口，電極のターミナルを設けた同寸法の石英ガラスと接合した。このようにして内壁に電極を完全に埋め込むように作製したマイクロ流路内には電極による凹凸が存在せず，流れの擾乱がない。このマイクロ流体デバイスに細胞や微粒子を分散させた溶液を流し，電極に交流電圧を印加すると細胞や微粒子に誘電泳動力が作用し，これらを静止さ

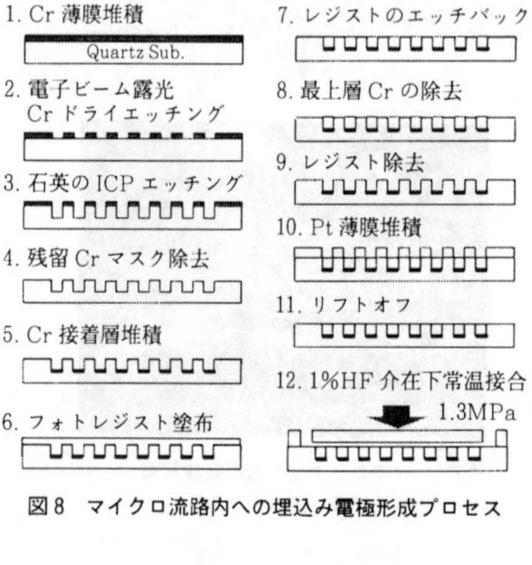

図8　マイクロ流路内への埋込み電極形成プロセス

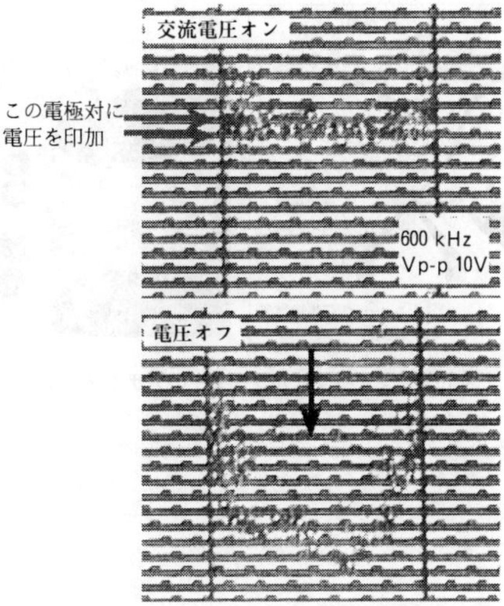

図9　誘電泳動によるマイクロ流路内での細胞の濃縮，解放

せたり，サイズ分離したりすることが可能である。一例として，図9に示すように2本の電極間のみに周波数600kHzの交番電界を印加したところ，上流から流れ込んでくる3μm径スチレン球が電圧を印加した電極対部で次々に捕捉され，一直線上に並ぶ様子が確認された。印加電圧をオフすれば，再びスチレン球は自由流れに乗って下流に移動する。この動作はチップ上での細胞の濃縮作業に利用できる。

(4)　高機能バイオ分析デバイス作製への応用

最後に個々の細胞の直接的操作による新たな分離，分析法創製の可能性を示す一例として高精度マイクロ流体デバイス作製技術を駆使して開発した任意細胞の個別分取を可能にするセルソーターチップを紹介する[21]。セルソーターチップは図10に示すように細胞導入用流路とシースフロー形成用流路，その下流に位置する一対の電極で挟まれた細胞収集用流路とその両側に位置する廃棄用流路からなる。シースフローを形成することにより細胞を効率よく収集用流路口に送り込み，電極に交番電界を印加して生じる反発性誘電泳動力により，不必要な細胞のみを廃棄する原理である。セルソーターチップは顕微鏡下で動作できるため既存のセルソーターでは不可能であった高解像観察情報を判定基準に利用できる。位相差顕微鏡や蛍光顕微鏡など特別な光学系を併用すれば細胞内微小器官や細胞内の特定分子の空間分布など生物学的に非常に有用な情報に基づく分取も可能になり，応用上のインパクトは非常に大きいが，これまで論文などで数例報告さ

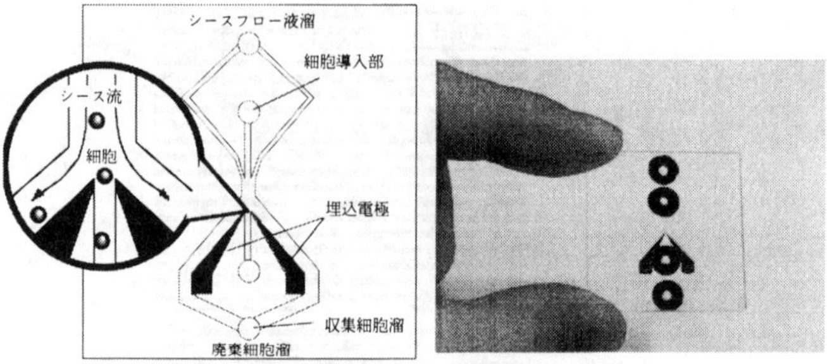

図 10　オンチップセルソーターのデザインと写真

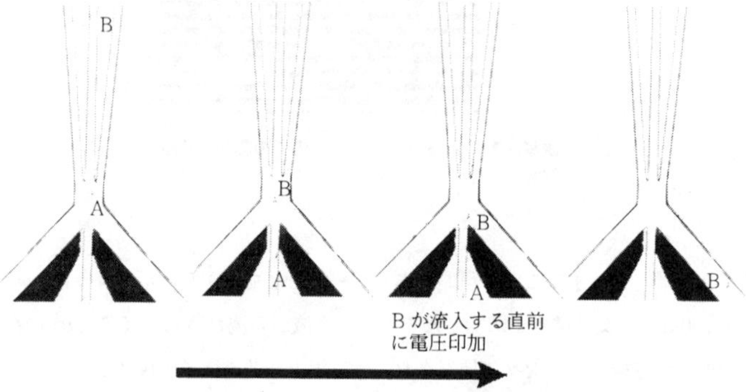

図 11　オンチップセルソーターによる細胞の選択収集

れたセルソーターチップは未だ実用化システムを念頭においた開発には達していない。一木らの方式は個々の細胞に対して確実に取捨選択が可能であり，細胞は層流中で扱われ，電界が印加されないマイルドな条件で採取されるなどの実用上有効な特徴をもつ。羊の赤血球を試料とし，赤血球の流路壁への付着を防ぐために内壁を被覆処理した後，試作チップの動作を確認した。電極に電圧を印加しない場合には細胞は収集用流路へと流れ込む。一方，細胞が収集口付近に達する瞬間に同期して，V_{P-P}=20V，1200kHz の交番電圧を印加すると細胞が反発し，収集用流路の両脇にある流路へと選択的に廃棄できた。図 11 にはまず細胞 A を収集し，その後から流れてきた細胞 B を廃棄した例を示す。このように反発性の誘電泳動力を利用したセルソーターチップを試作し，実際に生体細胞のソーティングが可能であることを確認した。現在，このチップを中核技術として従来のセルソーターチップでは不可能であった多元的な細胞の状態に関する情報に基づいた細胞分取システムの開発を進めており，ナノバイオロジー研究に不可欠な基本ツールとして普及することが期待される。

3.2.4　おわりに

半導体微細加工技術のバイオ分析デバイスへの応用と，ガラスディープエッチングなどの新たな材料加工技術の開発によりガラス基板上に数十nmから百μmまでの幅広いスケールにわたる微細形状の加工が可能になってきた。これらの技術を組み合わせて用いることにより，単に試料を移動させる流路ではなく様々な高い機能をもつ流体デバイスの作製が可能になり，単一細胞計測から細胞内微小器官，さらにはタンパク質や核酸などの分子レベルまでの計測を統合的に行う新しいバイオ分析デバイスの実現に繋がることが期待される。

文　　献

1)　"Microsystem Technology in Chemistry and Life Science", eds. A. Manz and H. Becker, Springer-Verlag, Berlin, 1998.（この分野の初期の研究トピックスがまとめられている.）
2)　D. R. Reyes *et al.*, *Anal. Chem.* **74** 2623 (2002).
3)　P.-A. Auroux *et al.*, *Anal. Chem.* **74** 2637 (2002).
4)　A. T. Woolley *et al.*, Anal. Chem. **69**, 2181 (1997).
5)　Y. N. Shi *et al.*, *Anal. Chem.* **71**, 5354 (1999).
6)　D. C. Duffy *et al.*, *Anal. Chem.* **70**, 4974 (1998).
7)　一木隆範,「マイクロマシン」(江刺正喜監修, 産業技術サービスセンター)"第10章第2節マイクロ分析チップ技術による細胞分離・分析システム", pp. 470 (2002).
8)　H. Nakanishi *et al.*, *Bunseki Kagaku*, **47** 361 (1998).
9)　M. V. Bazylenko *et al.*, *J. Vac. Sci. Technol.* **A 14**, 2994 (1996).
10)　K. J. An *et al.*, *J. Vac. Sci. Technol.* **A 17**, 1483 (1999).
11)　T. Uiie *et al.*, *Jpn. J. Appl. Phys.* **39**, pp. 3677 (2000).
12)　T. Ichiki *et al.*, *Electrophoresis* **23**, 2029 (2002).
13)　X. Li *et al.*, Proceedings of Micro Electro Mechanical Systems 2000, Miyazaki, Japan p. 271 (2000).
14)　Y. Sugiyama *et al.*, Proceedings of Plasma Science Symposium 2001/18th Symposium on Plasma Processing, Kyoto, Japan p. 459 (2001).
15)　T. Ichiki *et al.*, "Control of Etching Residue in Deep Borosilicate Glass Etching for MEMS Fabrication", Proc. 23rd Int. Symp. on Dry Process (2001)../ T. Ichiki *et al.*, *J. Vac. Sci. Technol.* **B 21** to be published.
16)　G. Wallis, *J. Appl. Phys.* **40**, 3946 (1969).
17)　T. Ichiki *et al.*, *J. Photopolymer, Sci. Technol.* **15** pp. 311 (2002).
18)　T. Ichiki *et al.*, *Thin Solid Films* **435**, pp. 62 (2003).

19) T. Ichiki *et al.*, Abstr. Microprocesses and Nanotechnology 2002, Tokyo, Nov. 6-8 pp. 292 (2002).
20) T. Ichiki *et al.*, *Sci. Technol.* **15** (3) pp. 487 (2002).
21) T. Ichiki *et al.*, Micro Total Analysis Systems 2001, (eds. A.van den Berg *et al.*, Kluwer Academic Publishers, Netherland) pp. 119 (2001).
22) T. Ichiki *et al.*, *J. Electrochem. Soc.* **147**, 4289 (2000).

3.3　ナノ制御されたメソ多孔体のバイオ領域への展開

高橋治雄*

3.3.1　はじめに

近年，ナノサイズに制御された2-30nm程度の均一の細孔を有するシリカを基本骨格としたメソポラスシリカ（メソ多孔体）が合成可能となったが[1~5]，その細孔直径はタンパク質などのバイオ分子の直径とよく一致する（図1）。また最近ではエチレン基やフェニル基などの有機基を細孔壁に有する無機・有機ハイブリッドタイプのメソ多孔体の合成も豊田中研が世界に先駆けて合成に成功しており[6,7]，新しいタイプの触媒として期待されている。このような背景から酵素

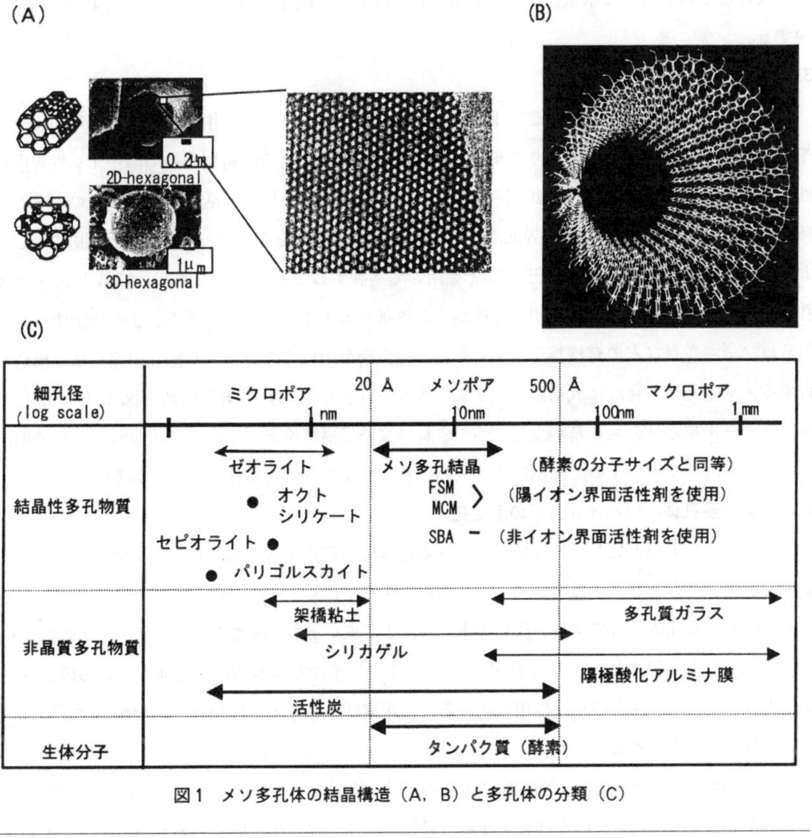

図1　メソ多孔体の結晶構造（A，B）と多孔体の分類（C）

*　Haruo　Takahashi　㈱豊田中央研究所　第37研究領域リサーチリーダ（主任研究員）

やクロロフィルなどのバイオ分子をこの細孔内に固定化しようとする試みが盛んに行われるようになった[8~15]。

本稿ではメソ多孔体によるバイオ分子の固定化技術について，メソ多孔体の表面の性質や平均細孔径などの因子がバイオ分子の吸着固定化に及ぼす影響に関して述べるとともに固定化されたバイオ分子の熱や光などに対する安定化効果に関して考察する。またその応用例として安定性が低いため実用上有効な利用技術の確立には至っていないマンガンペルオキシダーゼ（MnP）の安定化技術を紹介する。Mnp をタンパク質工学的手法により活性中心付近を安定化するとともにメソ多孔体に固定化することで従来では達成できなかった産業応用が可能なレベルの安定化を行い，塩素を全く用いないバイオパルプ漂白技術を開発した。さらにメソ多孔体へのクロロフィルの吸着とそれを用いた水素発生の例を紹介し本技術の可能性について筆者らの結果を交えて解説する。

3.3.2　メソ多孔体の種類と合成

典型的なメソ多孔体の合成例を以下に示す。シリルアルコキシドを用いて界面活性剤のミセルを鋳型として混合し，鋳型の周りに集積したシリカを縮合させる。鋳型として陽イオン性界面活性剤を用いるのが FSM-16 や MCM-41 などであり，非イオン性海面活性剤を用いるのが SBA-15 などである。細孔のサイズは界面活性剤のアルキル側鎖長を変化させると共に膨張材としてトリイソプロピルベンゼン（TIPB）などを用いて制御することが可能である。合成したメソ多孔体の表面のシラノール基を利用して後から有機基を導入することもできる。また豊田中研の稲垣らはフェニル基などの有機基を有するシリカ化合物を用いることにより細孔内部も結晶構造を有するメソ多孔体の合成に成功した。フェニル基を有するメソ多孔体の構造を図 1-B に示したがシラノール基とフェニル基が交互に並ぶきれいな結晶構造をとっており新規な触媒として期待されると共にバイオ分子の配向制御や選択的吸着に展開できる可能性が考えられる[6, 7]。

3.3.3　メソ多孔体へのバイオ分子の固定化

タンパク質を中心としたバイオ分子をメソ多孔体に固定化する一般的な手法を図 2 に示した。まず安定化したいタンパク質のサイズと等電点を明らかにし，その分子直径に合致したオーダーメイドのメソ多孔体を合成する。次に等電点より少し低い pH 領域でできるだけイオン強度を低く（10mM 以下が望ましい）して 4℃で一晩ゆるやかに攪拌しながら固定化する。この際にメソ多孔体のシラノール基との相互作用により新たに水素結合やイオン性相互作用が生じてより高い安定性が得られると考えられる。

メソ多孔体へのタンパク質の固定化法を他の担体結合法などと比較した場合，固定化の際にカップリング反応などの化学反応を伴わず非常に温和な条件で固定化可能であるため，タンパク質そのもののダメージはほとんどないと考えられる。タンパク質の固定化担体への結合率も重量比で

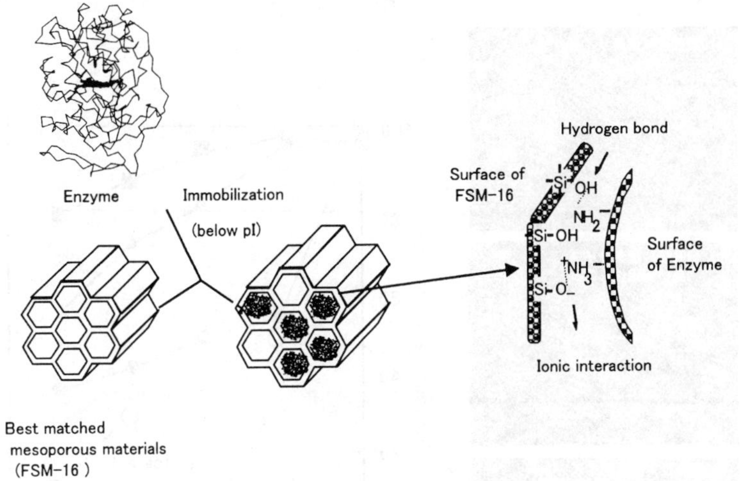

図2　メソ多孔体への酵素の固定化手順

最大20%に達し，従来の固定化担体と遜色ない。

サイズが合致した細孔内へ固定化されたタンパク質はその後の通常の使用条件ではほとんど担体からの遊離は観測されない。タンパク質分子同士は細孔によって区切られているために熱などが加わっても分子内間でアグリゲーションを起こすのを阻害する働きもあるものと考えられる。さらに本固定化法で有機溶媒中での安定性向上が確認されており，幅広い産業応用が期待される。しかしながら問題点としては分子サイズに合致した形で固定化されているために低分子の基質では大きな問題ないがタンパク質などの高分子を基質とする酵素反応では立体障害を起こして反応が十分進まない可能性があることに加え材料がシリカをベースとしているためアルカリ性の水熱反応では構造が容易に破壊されてしまう点があげられる。

3.3.4　酵素のメソ多孔体への吸着メカニズムの解析

(1)　サイズの影響

各種細孔径を有するメソ多孔体（FSM-16）に固定化したタンパク質の例として西洋わさびペルオキシダーゼ（HRP，分子直径4-6nm）をpH4の緩衝液中で70℃処理したときの残存活性を図3（B）に示す。HRPの場合，未処理の酵素は60分で活性が完全に失われるのに対して，メソ多孔体で固定化したものではいずれも熱に対する安定化効果が認められた。安定化効果は酵素直径と同等の6nmの平均細孔径を有するFSM-16に固定化したときがもっとも高く120分処理後も80%以上の活性を有していた。以下安定化効果は9nm，3nmの順であり，従来酵素の固定

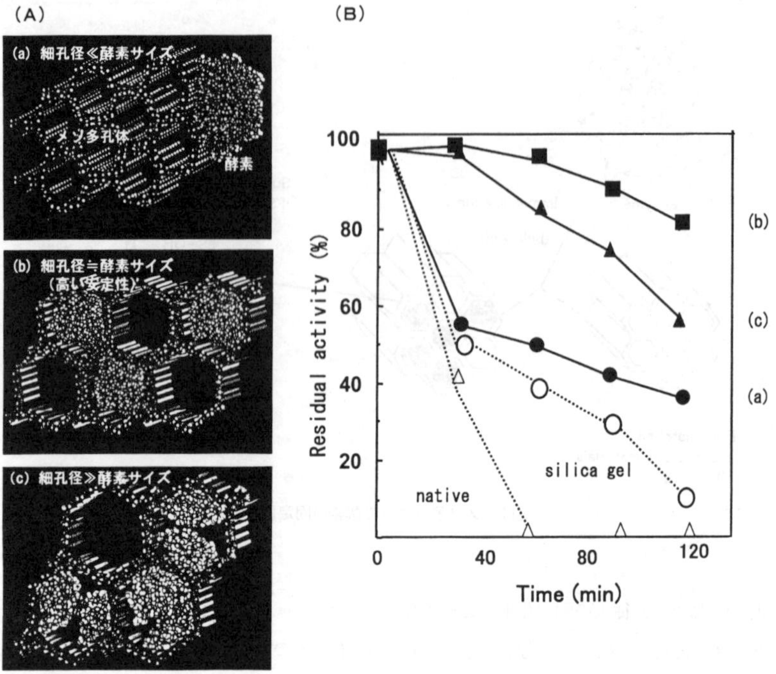

図3　各種サイズの細孔を有するメソ多孔体に固定化した酵素のイメージ図（A）と熱安定性（B）

化によく用いられているシリカゲルは3nmのものと同等以下の安定化効果を示すのみであった。他のサチライシンなどのタンパク質分解酵素を用いた試験においても分子サイズに合致したメソ多孔体に固定化した場合が最も安定化効果はすぐれていた。HRPの吸着量とHRPの吸着前後における細孔への窒素吸着のパターンをもとにしてコンピュータで各種サイズのFSM-16へのHRPの吸着の様子をモデルで示したのが図3（A）である。細孔径3nm（a）では酵素分子は細孔内に入ることができず粒子の外側のみにわずかに吸着する。また6nm（b）ではHRPのサイズに丁度合致した形で細孔内部に取り込まれ固定化される。9nm（c）においてはHRPのサイズより大きいために細孔内への吸着量は大きいが安定化効果は従来の固定化法と比して特に大きな改善はなかった。

⑵　細孔内のイオン的性質の影響

合成法の異なるメソ多孔体に対するHRPの吸着固定化量を調べた。酵素の分子サイズより細孔径が大きい場合（5nm以上）においては陽イオン性界面活性剤を鋳型として用いて合成した

FSM-16またはMCM-41では酵素の吸着量は100mg/g担体（メソ多孔体）以上の値を示した。

一方非イオン性の界面活性剤を鋳型としたSBA-15ではその1/5以下であった。またシリカゲルへの吸着量は約40mg/g担体であった。

この吸着量の違いが何に起因するかを明らかにする目的でイオン性色素の各種メソ多孔体への吸着実験を行った。陽イオン性色素であるMB（Methylene blue）を用いた場合には陽イオン性の界面活性剤を鋳型としたFSM-16やMCM-41への吸着量は非イオン性の界面活性剤シリカゲルに比して1.5-2倍程度であったのに対して陰イオン性の色素であるASS（Anthraquinone-2-sulfonic acid sodium）の吸着量は各種のメソ多孔体間でほとんど差は認められなかった。この様に陽イオン性界面活性剤を鋳型として合成したメソ多孔体であるFSM-16やMCN-41は陽イオン性の物質を選択的に吸着できる能力を有していることがわかった。そこでHRPを用いてFMS-16とSBA-15に対する吸着量のpHプロファイルを作成したところFSM-16では酵素分子の電荷が陽イオン性となる等電点以下のpH領域では吸着量が大幅に増大するのに対してSBA-15ではそのような特性は認められなかった。従って吸着のメカニズムの一つとしてイオン性相互作用によって細孔内へ酵素分子が取り込まれ，さらにメソ多孔体のシラノール基と酵素表面のアミノ酸の間で水素結合等が形成されて安定化されるものと考えられる。

また非イオン性色素を鋳型として造られたSBA-15はそのままではタンパク質分子の吸着安定化能は不十分であることが多いが表面修飾を施すことで改善が試みられている。Humphreyらは-SH，$-NH_2$，-COOH基等でシリカ表面を修飾することによりタンパク質分子の遊離や繰り返し反応効率において大幅な改善が認められることを報告している[16]。

(3) チャンネル構造の影響

メソ多孔の結晶構造においては細孔のチャンネルが一方向に伸びているものと3次元的にランダムな方向に伸びているものがある（図1-A）。これらのタンパク質の固定・安定化に対する影響を確認する目的で比較的低分子のタンパク質であるチトクロムCやトリプシンを用いて一次元のチャンネルを有するMCM-41と3次元のチャンネルを有するMCM-48に固定化して両者の単位重量当たりの触媒活性に関して比較した。その結果，固定化量，触媒活性共に3次元構造を有するMCM-48へ固定化した方が優れていることが判明した[15]。これは単位表面積当たりのタンパク質の固定化量が多く細孔へ固定化されたタンパク質分子へ全方角から基質等が接触可能であるためではないかと推測される。

3.3.5 固定化されたバイオ分子の特性

(1) タンパク質の安定化

分子サイズに合致したメソ多孔体によるタンパク質の安定化技術は前述のHRP以外にも難分解性物質の分解活性のあるマンガンペルオキシダーゼ（MnP）や食品分野や医薬分野で光学異

性体の合成に用いられたりするリパーゼなどでも同様に高い安定化効果が得られることが判明した[8~12]。特にこれまで従来の固定化法ではタンパク質分子表面のアミノ基が少ないなどの理由から安定化が困難であったMnPをその分子サイズに合致したメソ多孔体に固定化した場合にはこれまでにない高い安定性を示すことが明らかとなった。またHRPではメソ多孔体での固定化により有機溶媒中での安定性が上昇することも見いだした。

(2) タンパク質工学との組み合わせによる相乗効果

分子サイズに合致したメソ多孔体によるタンパク質（酵素）の安定化技術は非常に有用であるが酵素を産業応用するためには酵素そのものを目的とする反応場でよく作用できるように分子レベルで改変する必要がある。

この取り組みの一環として活性中心付近の不安定なアミノ酸をコンピュータで予測し，活性中心の立体構造には影響を与えない別の安定なアミノ酸に変換し，より安定な酵素を設計する手法を用いて目的に合致した変異体を得ることを試みた。MnPは自身の酵素活性発現に至適な過酸化水素濃度は0.1mM程度であるのに対して僅か0.5mM程度で失活が認められる。これが実用化の大きな障害となっていたが，この手法をMnPに適応して過酸化水素に対する耐性を向上させることに成功した[13]。

MnPは図4（A）に示すように活性中心に過酸化水素の結合ポケットをもっておりこの付近を中心にコンピュータで立体構造解析を行い候補のアミノ酸を絞り込んだ。この中で過酸化水素結合ポケットに近く構造変化を起しやすいアミノ酸として67位，207位及び273位のMet残基を安定なLeuに変換した。これらの中では最もポケットに近い273位をLeuに変換することで約4倍の過酸化水素耐性を達成することができた。さらに無細胞系のプロテインアレイを用いてポケット周辺の79位のAla，81位Asn及び83位のIleを進化させることにより10倍近い過酸化水素耐性を付与することができた[17]。

次に分子サイズに合致したメソ多孔体による酵素の安定化技術にタンパク質工学により高機能化した酵素を組み合わせることで実際の産業応用可能な性能を有する酵素の創製を試みた。

まずメソ多孔体による安定化を実現するためには酵素の分子サイズに合致したFSM-16を選択することが重要である。MnPの分子直径は約6.5nmであることから細孔径が3，5，7，9nmのものを合成し，それぞれの安定化効果を評価した。熱安定について評価した結果，酵素サイズに最も合致した7nmのFSM-16へ固定した場合が最も安定化効果が高く，以下5，9，3nmの順であった。

次に天然のMnPと改変したMnP（IMnP）でメソ多孔体への固定化による安定化効果の違いに関して検討した。図4（B）は天然酵素（MnP）と改変酵素の過酸化水素耐性を対数スケールで示したものであり，改変だけ（IMnP）では目標の5mMの耐性を付与する事はできなかった。

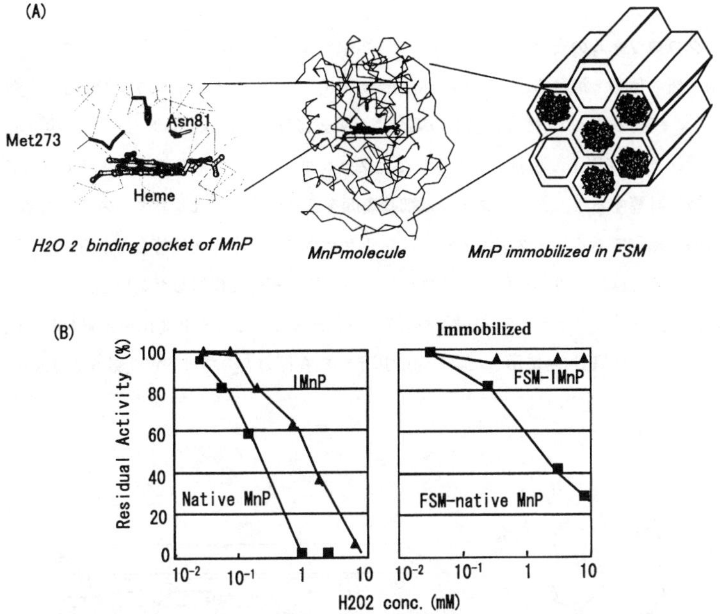

図4　MnP 全体と活性中心付近の構造および FSM への固定化のイメージ図（A）とメソ多孔体で固定化した改変 MnP（IMnP）の過酸化水素耐性（B）

さらに図4（B）で示す様に，これを最も安定化効果の高かった細孔径 7nm のメソ多孔体に固定化することにより改変した酵素では 10mM でも 90%以上の活性を保持することができた。一方，天然酵素をそのまま用いたものでは目標の性能を出すことはできなかった。このように酵素の改変とメソ多孔体での安定化技術の融合により実用化可能な安定性を有する酵素の創製が可能となった。両技術の融合が有効であった理由として一部推測の域を抜けないが，次の点が考えられる。

① 酵素表面はメソ多孔体により，水素結合などで保護されると共に，酵素分子が1分子毎にカプセル化されることで物理的な力による立体構造が崩れたり，酵素分子同士がアグリゲーションを起こすのを阻害することで安定性が確保されている。

② 活性中心のポケットはメソ多孔体による直接保護がないため，MnP 等のペルオキシダーゼではヘムブリーチングまでは至らない低濃度であっても過酸化水素の直接的な影響を受けやすい。従って，ポケット部位は構成アミノ酸を改変してあらかじめ耐性の優れたものを設計することが有効である。

この考え方は酵素のような活性中心を有するタンパク質に広く適応でき幅広い応用展開が考え

られる。

(3) クロロフィルの安定化

豊田中研の伊藤・福島らはメソ多孔体（FSM-16）へのクロロフィルの吸着と安定化効果を検討した[17]。細孔のサイズが2nm以下の場合には吸着はほとんど認められなかったが2.4nm以上では重量比で20%以上の吸着が認められた。クロロフィルが25%吸着したときのFSM中での占有面積を計算すると，クロロフィルは細孔表面をほぼ覆う様に吸着している事になる。一方，層状の粘土鉱物であるスメクタイトまたはシリカゲルではほとんど吸着しなかった。

次にメソ多孔体に吸着固定化したクロロフィルの光安定性を検討した結果を図5（B）に示す。横軸は光の照射時間（min）を，縦軸は溶液の吸収極大波長の吸光度変化を光照射前の吸光度を100%としたときの相対%で示した。2.4nm以下の細孔径のものでは安定化効果が低いのに対し

（A）

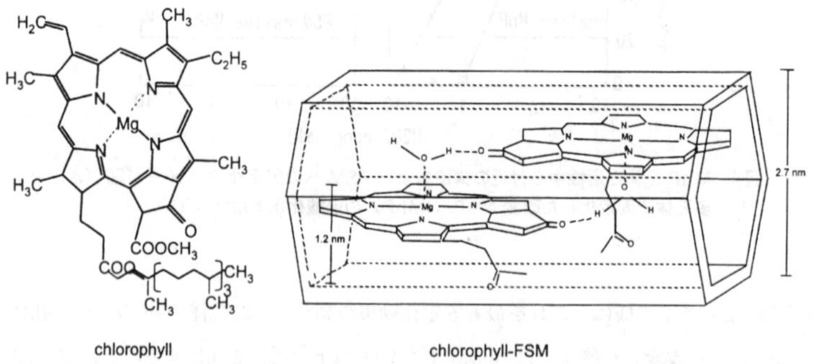

（B）

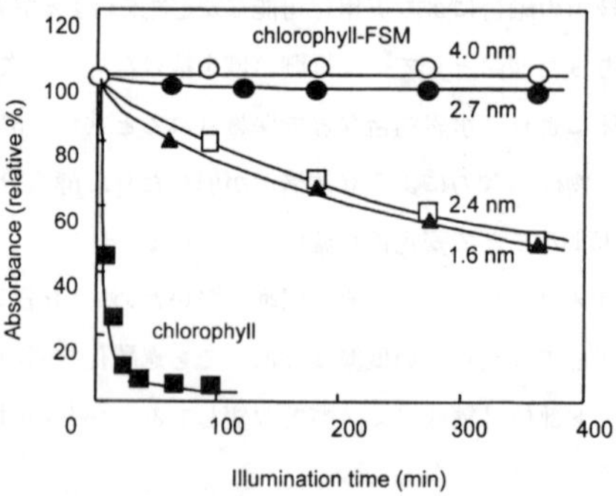

図5　クロロフィルの構造とFSMに固定化されたクロロフィルのイメージ図（A）と光安定性（B）

て2.7nm以上では急激に安定性が向上していることがわかった。これは吸着されたクロロフィルがモノマーからダイマーになったためではないかと考えられる（図5（A））。

さらにFSMに対しクロロフィルの吸着量の異なる複合体ついての光安定性を調べた。

ベンゼン中のクロロフィルは665nmに吸収極大を持ち，光照射に対し著しい退色がみられる。クロロフィルのFSMへの吸着量の増加に伴って吸収極大波長が長波長側に移行し，それに伴って光安定性が増大するという興味深い結果を得た。さらに吸着量が25%に達した場合は，吸収極大波長は675nmを示し，退色がほとんど起こらないことがわかった。緑葉中のクロロフィルの吸収極大波長が678nmであることからクロロフィル分子がメソ多孔体に吸着することにより，生体内のクロロフィルの状態に近づき，光照射に対し安定になると考えられる。

3.3.6　応用展開

(1)　パルプ漂白への応用

古くから製紙産業においては，塩素を用いた効率的で安価なパルプ漂白技術が確立され，実用化されている。パルプ漂白工程では木材パルプに含まれる黒色物質のリグニンを塩素の酸化力により分解除去することが行われるが，多量に使用される塩素により漂白廃液に有機塩素系の化合物などの有害物質が排出されることが環境問題となっている。この問題に対処するため，塩素の使用量を低減する技術や有害性の低い塩素化合物（二酸化塩素など）による漂白技術の開発が積極的に行われているが，コスト面や効率面での課題が残るほか，何より塩素系化合物を使用する限り排水中への有機塩素化合物の混入は避けられない。特に，環境問題に厳しい欧米諸国では塩素を全く使用しないパルプ漂白技術の開発が行われており，過酸化水素法，オゾン法，酵素法等が報告されている。酵素法は最も環境負荷の少ない漂白法として期待されるが，漂白工程においてリグニンを分解除去できるリグニン分解酵素は熱やpHなどの環境条件に不安定であり，コスト的にも天然の酵素をそのままパルプ漂白工程に使用するのは困難である。リグニンを分解できる酵素として注目されるマンガンペルオキシダーゼ（MnP）をメソ多孔体に固定化し，これを用いて塩素を全く用いない環境に優しいバイオパルプ漂白法を開発した[8]。

現在製紙メーカで行われているパルプ漂白は，多種類の漂白処理を組み合わせた多段漂白法である。そこで，MnPによるパルプ漂白の実用性を評価するため，メソ多孔体に固定化したMnP処理とアルカリ抽出とを組み合わせた多段処理によるパルプ漂白を試みた。即ち，2価のマンガンとコハク酸などの有機酸を含む液をメソ多孔体に固定化したMnPカラムに通すことにより3価のマンガンとラジカルコンプレックスを形成させ，パルプ漂白槽に導入してリグニン分解反応を行う新規な二槽システム処理（図6（B））を構築した。これにより酵素反応は至適条件の38-40℃で反応を行い，パルプの漂白は実施の工場での反応温度の60-70℃で行うことにより酵素カラムの安定性を維持しつつ，効率的な漂白反応を行うことが可能である。酵素カラム反応を55

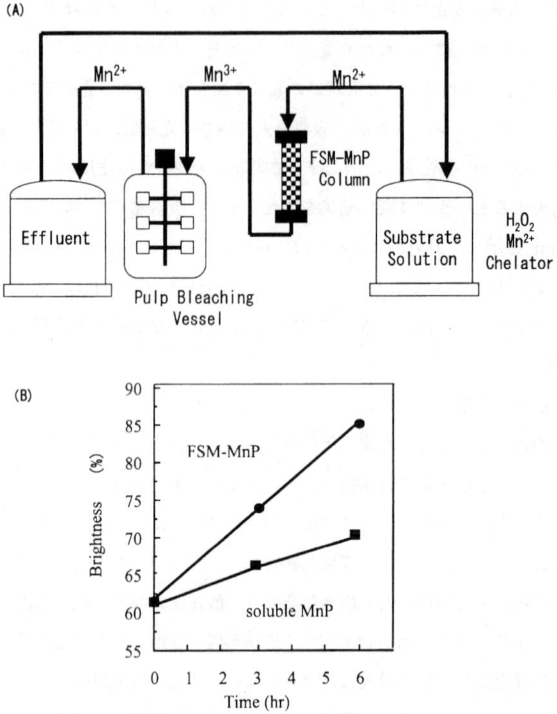

図6　メソ多孔体へ固定化したMnPを用いた2槽式漂白システム（A）
と FSM固定化MnP法と従来法の漂白能力（B）

分間行った後，アルカリ抽出を5分間行う漂白シーケンスを6回繰り返すことにより，現行法と同等の処理時間（6時間）で目標の白色度（85%）を達成し（図6（B））実用化可能なレベルのパルプ酵素漂白技術を確立した。長期安定性試験においてはFSMに固定化したMnPにより生成される3価のマンガン量は反応時間の経過と共に徐々に減少するが，サイズの合致したメソ多孔体に固定化することにより50日間の連続反応後でも80%以上の活性を維持していた。従って本システムと他の過酸化水素などの比較的環境に優しい漂白法を組み合わせて実用的な無塩素パルプ漂白が可能であると考える。

(2) 水素発生

図7は30℃で60W白熱球（光強度1500W/m^2）照射下（490nm以下カット）においてクロロフィル-FSM複合体によるメチルビオローゲンの光還元を示している。横軸は光の照射時間を，縦軸はメチルビオローゲンが還元されて生じる還元体の吸収である605nmの吸光度変化を示す。

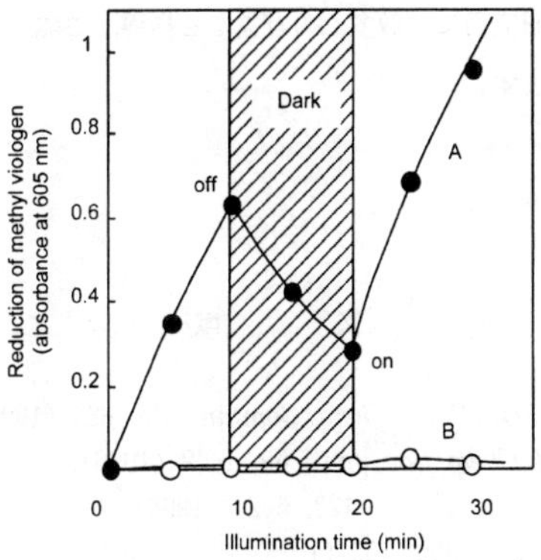

図7　クロロフィルの固定化されたFSMによる光反応性

クロロフィル–FSM複合体に可視光を照射すると還元型メチルビオローゲンの605nmの吸光度が増加し還元型メチルビオローゲンが生成する。10分後いったん光を止めると吸光度が下がる，この原因は溶液中の溶存酸素によって酸化が起こることによるものと考えられる。再び光照射すると還元型メチルビオローゲンが生成する（曲線A)。一方FSMに光を照射しても反応は，ほとんど進行しない（曲線B)。この系に，白金コロイドを水素発生触媒として用いることで，メチルビオローゲンを媒介として実際に光照射により水溶液から水素が発生することを確認することができた[18]。

3.3.7　おわりに

本稿では，ナノサイズの均一の細孔を有する種々のメソ多孔体の最新の合成技術の紹介に加え，酵素やクロロフィルの様なバイオ分子をメソ多孔体に吸着安定化する手法およびそのメカニズムについて述べてきた。即ち，メソ多孔体を酵素などのバイオ分子の安定化担体として用いる場合にはそのサイズに合致したメソ多孔体を選択し，バイオ分子をメソ多孔体の表面特性を利用して固定化することにより，優れた安定性の付与が可能である。実際，メソ多孔体で固定化したマンガンペルオキシダーゼ（MnP）を用いた新規で実用的なバイオ漂白装置やクロロフィルを固定化したメソ多孔体を用いた光応答性の水素発生装置を試作することができた。

さらにタンパク質の進化工学技術との組み合わせでより高い安定化効果が得られることも見出し，近年着目されているコンビバイオ技術との融合で，今後さらに発展が期待される。

＜謝辞＞

本稿をまとめるにあたり，㈱豊田中央研究所の福嶋喜章博士，稲垣伸二博士，伊藤徹二博士，梶野勉博士および今村千絵研究員には数多くの有益なご指導，ご協力を頂いており，この場をお借りして深くお礼申し上げます。

文　献

1) S. Inagaki *et al.*, *J. Chem. Soc.*, *Chem. Commn.*, **36**, 680 (1993).
2) S. Inagaki *et al.*, *Bull. Chem. Soc. Jpn.*, **69**, 1449 (1996).
3) D. Zhao *et al.*, *J. Am. Chem. Soc.*, **120**, 6024 (1998).
4) P-D. Yang *et al.*, *Nature*, **396**, 152 (1998).
5) K. P. Scott. *Science*, **221**, 259 (1983).
6) S. Inagaki *et al.*, *J. Am. Chem. Soc.*, **121**, 9611 (1999).
7) S. Inagaki *et al.*, *Nature*, **416**, 304 (2002).
8) T. Sasaki *et al.*, *Appl. Environ. Microbiol.*, **67**, 2208 (2001).
9) H. Takahashi *et al.*, *Chem. Mater.*, **12**, 3301 (2000).
10) H. Takahashi et al., *Microporous Mesoporous Mater.*, **44-45**, 755 (2001).
11) K. Kato *et al.*, *Biochem. Biosci. Biotechnol.*, **67**, 203 (2003).
12) H. Takahashi *et al.*, *Biotechnol. Lett.*, **22**, 1953 (2000).
13) C. Miyazaki *et al.*, *FEBS Letters*, **59**, 111 (2001).
14) L. Washmon-Krel *et al.*, *J. Mol. Catal.* : *Enzymatic*, **10**, 453 (2000).
15) AX. Yan *et al.*, *Biochem. Biotechnol.*, **11**, 113 (2002).
16) H. P. Humphrey *et al.*, *J. Mol. Catl. B : Enzymatic.*, **15**, 81 (2001).
17) C. Miyazaki-Imamura *et al.*, *Protein Engng.*, **16**, 423 (2003).
18) T. Itoh *et al.*, *J. Am. Chem. Soc.*, **124**, 13437 (2002).

3.4 無機マテリアルに働きかけるタンパク質

芝　清隆*

3.4.1 はじめに

本項では，金属結晶やその酸化物・塩化物の結晶，あるいはナノ炭素化合物といった無機マテリアルに働きかけるタンパク質の研究動向について，筆者の仕事も交えながら紹介したい。このような無機マテリアルに働きかけるタンパク質は，有機・無機ハイブリッド材料の開発に加え無機結晶のナノスケールでの成形加工の分野などでの活躍が期待されており，世界的に激しい開発競争が繰り広げられている。

3.4.2 タンパク質の働きによる分類

「無機マテリアルに働きかけるタンパク質」の「働きかける」の内容は，おもに（1）無機マテリアルを認識して結合する，（2）無機結晶の成長を制御する，の2つを考えればよいであろう（図1）。さらに，タンパク質がどの段階で働きかけるのかによって，2つのケースを考えることができる。1つは，（a）最終産物の中にタンパク質が含まれ，しかもその最終産物がもつ機能のある部分がそのタンパク質に依存している場合である。いわゆる無機マテリアル・タンパク質ハイブリッド素材である。単純に無機物がもつ機能Aとタンパク質がもつ機能Bの足し算であるA+Bの機能がハイブリッド素材のもつ機能になる場合もあるであろうし，あるいはハイブリッド化することにより，それぞれ単独では発揮しえなかったような新しい機能が相乗的に生み出されるA×Bタイプの融合化も考えられるであろう。筆者の研究室では，後に紹介するようにカーボンナノホーンのドラッグデリバリーシステム（DDS）への応用の可能性を追究している。この場合，タンパク質にカーボンナノホーン認識活性と臓器特異的な送達活性を賦与することにより，「カーボンナノホーンの低分子化合物貯蔵能力」+「臓器特異的な送達活性」といった複合活性をもつ，A+Bのタイプのハイブリッド素材の開発がめざされていることになる。

これに対して，（b）最終産物にはタンパク質が含まれない，あるいは含まれていてももはや重要な機能を担っていないタンパク質の利用法がある。これは特に，働きかけの種類の（2）に相当するタンパク質を用いた無機物結晶の成長制御，すなわち結晶核の形成頻度や晶相・晶癖などの制御，結晶系の決定の制御などで考えられる。本書の第5章6節[1)]で岩堀・村岡・山下らによって紹介されている「バイオナノプロセス」がこのようなタンパク質による無機物結晶の成長制御を活用した典型的な研究である。岩堀・村岡・山下らは，フェリチンタンパク質やその改変体がある条件下で自己集合的に整列する性質を利用し，内部に金属ナノ粒子を含んだフェリチン

---

*　Kiyotaka　Shiba　㈶癌研究会癌研究所　蛋白創製研究部　部長・CREST／科学技術振興事業団

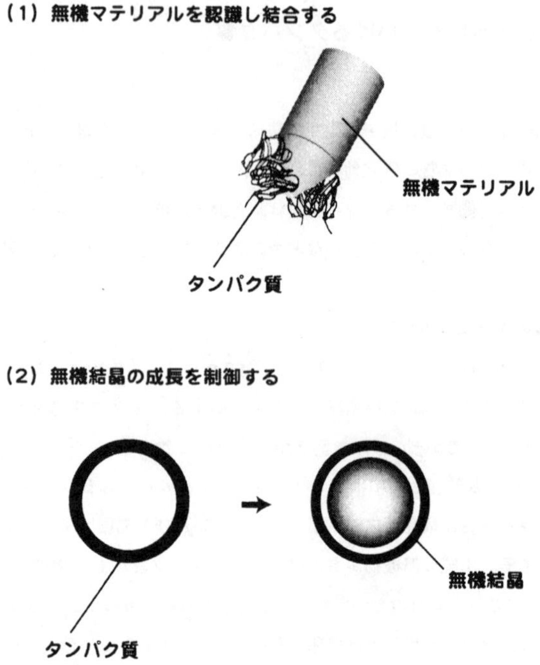

図1　無機マテリアルに働きかけるタンパク質：働きかたと働く段階

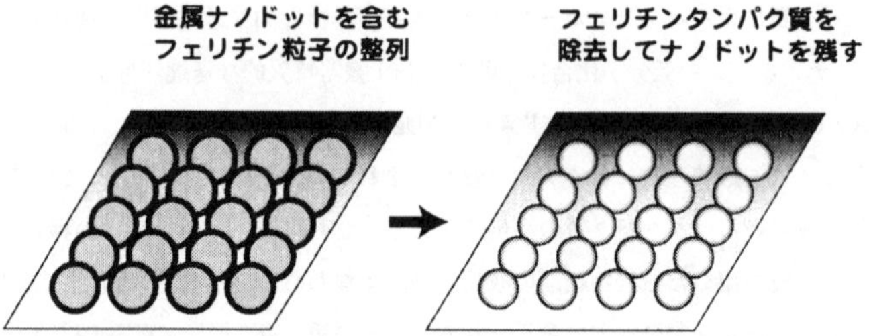

図2　バイオナノプロセスによるナノ金属粒子の整列

タンパク質をナノスケールで整列させ，量子コンピューターなどの開発に利用しようとしている。ここでは，金属ナノ粒子の形成や整列に重要な役割を果たしたフェリチンタンパク質は，最終的には熱処理過程で消失してしまい，最終産物には残らないことになる（図2）。

同じような生体高分子を用いた無機物のナノ成形加工に，珪藻のもつシラフィン-1A[2]と呼ば

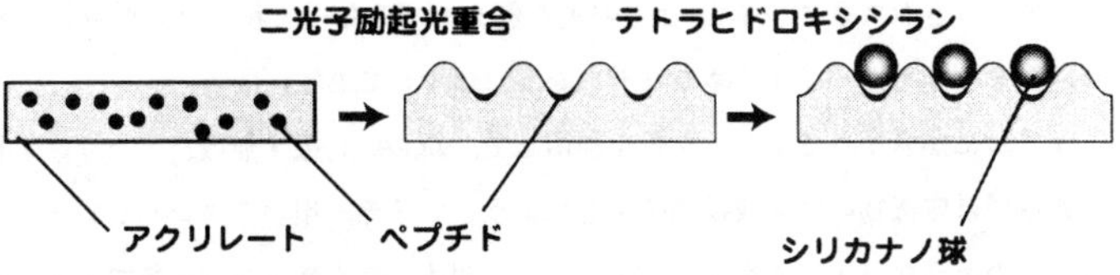

図3　珪藻由来のペプチドを用いたナノシリカ球のホログラム上への整列

れるペプチドを用いたポリマーホログラム上でのシリカナノ球の整列が報告されている[3]。正確に述べると，天然のシラフィン-1A ペプチドそのものではなく（天然のシラフィン-1A は特殊な修飾をもつ[4]），そこからデザインした19残基の合成ペプチドを用いているのではあるが，このペプチドは，天然のシラフィン-1A と同じく，常温・常圧でテトラヒドロキシシラン前駆体からシリカの非晶質重合体を短時間に形成する能力をもつ。そこで，ホログラムを作製する多官能アクリレートの二光子励起光による重合反応時にこの合成ペプチドを共存させておき，重合後に谷間にペプチドが溶液として濃縮されることを利用し，ここにテトラヒドロキシシラン前駆体を加えることにより，非晶質シリカナノ球の整列に成功している（図3)。このようなシリカナノ球の整列したホログラムは，回折効率が50倍にも上昇することから，高機能光デバイスとしての利用が期待されている。このようにして得られたシリカナノ球を含むホログラムは，その成分としてシラフィン-1A ペプチドを含んだままではある。しかしながら，このペプチドは，シリカ非晶質重合体の形成過程には必要ではあるが，形成後には特別の機能をもっているわけではなく，これもやはり図1の（b）のカテゴリーに相当する「最終産物にはタンパク質が含まれない，あるいは含まれていてももはや重要な機能を担っていない」タンパク質の利用法である。

3.4.3　バイオミネラリゼーションに関わるタンパク質

そもそもフェリチンタンパク質は，われわれの血漿に含まれる鉄の体内動態制御に関わる天然タンパク質であり，その内部の直径8nm の空洞内に鉄分子を取り込み鉄貯蔵分子として働いている[5]。内部への鉄の貯蔵に際しては，活性型の Fe^{2+} を酸化して Fe^{3+} の含水酸化非晶質結晶にするといった金属の酸化反応がおこるが，これはフェリチンタンパク質により触媒されると考えられている。また，シラフィン-1A も，珪藻のシリカかなる骨格形成に関わる研究から見つかってきた遺伝子産物であり，工業的には極端な酸性条件かアルカリ性条件，あるいはアルコールなどの溶媒が必要であるシリカ形成能力を，常温，常圧，生理的pH 条件で進める活性をもつ。

フェリチンやシラフィン-1A にとどまらず，いろいろな生物のいろいろな側面で，タンパク質と無機物結晶との密接な関係があること，すなわち，生物が遺伝的に（遺伝子産物の働きにより）無機物結晶を巧みに利用していることは古くから知られており，「バイオミネラリゼーション」現象として研究されてきている[5)]。より身近な例をあげるなら，我々の骨や歯も，リン酸カルシウムの結晶を利用したバイオミネラリゼーションの1つである。

無機マテリアルに働きかけるタンパク質を利用して，新しい有機・無機ハイブリッド材料を開発したり，あるいは無機物の結晶成長制御を進めようとする際，用いるタンパク質としてまず考えられるのはこのようなバイオミネラリゼーションに関連した天然タンパク質である[6)]。バイオミネラリゼーション現象は古くから研究されてきたが，それに関わるタンパク質の遺伝子同定は，最近ようやくその途についたばかりである。骨，歯，真珠貝（アコヤ貝），円石藻，珪藻，カイメン，磁性細菌などで特によく研究されてきているが，今後，いろいろな生物からバイオミネラリゼーションに関連した天然タンパク質がどんどんと同定されていくであろうし，ゲノム生物学研究から得られる豊富な配列情報資源と照らし合わせることによって，バイオナノテクノロジー分野に活用できるバイオミネラリゼーションに関連した天然タンパク質の情報は加速度的に増加していくものと考えてよい。

このようにバイオミネラリゼーションに関連した天然タンパク質の同定は加速度的に進みつつある。しかしながら，これと同じペースで，これらのタンパク質が結晶成長のどの側面を，どのような分子機序で制御しているのかについての解析が進んでいるかというと，なかなかそうともいえない。これらのタンパク質は，図1で示した「働きかけ」の分類でいくと（2）の無機結晶の成長を制御するタンパク質に属するわけだが，前述した珪藻のシラフィン-1A の場合にも，どのようにシリカ形成を促進するかについての分子機構そのものは，ようやくモデルが提出されているレベルにすぎない[4)]。アコヤ貝の真珠層形成についても，粗分画を用いた再構成実験[7)]はあるものの，組み換え体を利用した厳密に再構成された実験はまだなく，いくつか同定されているタンパク質のそれぞれが，真珠層形成にどのような役割をになっているのかについてのコンセンサスが得られていないのが現状である[8)]。しかしながら，結晶成長制御の機構の詳細はともかく，表現型と遺伝型の関係がしっかりとおさえられているならば，すぐに応用展開できるのが遺伝学的なバイオナノテクノロジーの強みである[6)]。すなわち，ある遺伝子産物（遺伝型）により，特定の生物機能（表現型）がもたらされることがはっきりしているならば，例えその分子機構が明らかにされていなくとも，その遺伝子を利用できるわけである。

このように，無機結晶の成長制御活性をもつタンパク質をバイオナノテクノロジーで利用することを考える場合，それはバイオミネラリゼーション研究と密接な関係を持ってくる。バイオミネラリゼーション研究そのものが現在進行形の分野であることを考えると，今後，バイオナノテクノロジーとバイオミネラリゼーションが互いに刺激しながら新しい展開をもたらしていくものと考えられる。

3.4.4　合理的なタンパク工学と選択を重視する進化分子工学

天然のバイオミネラリゼーションに関係したタンパク質を無機物のナノ形成加工に利用する研究が始まっていることを紹介した。また，必ずしも，その天然タンパク質のもつ生物活性についても詳細な機構がわかっていない段階でも，活性そのものとの対応付けがはっきりしている場合，分子機構を不問にして利用できることも述べた。もちろん，結晶成長制御の詳細な分子機構が明らかになるにつれ，今度はその知識をベースに，より機能の特化した改変体を作製し利用することができる。山下らも天然フェリチンを合理的に改変した変異体を用いることにより，いろいろな金属ナノ粒子の整列にフェリチンを利用する研究を進めている。

生物がバイオミネラリゼーションで利用している無機物結晶は限られていることを考えると，天然タンパク質のみに頼っていては対象の幅が広がらない。したがって，そのタンパク質の作用機構の深い理解の上にたった合理的な改変により，制御できる無機結晶の幅が広がることが期待される。例えば，カイメンから同定されたシリカ形成に関わるタンパク質シリカテイン[9]は，シリカのみならず酸化チタン，酸化ガリウム，酸化亜鉛などのナノ結晶の形成も促進する能力をもつことが報告されている[10]。まだ，その活性は十分に強いものでないものの，シリカテインによるシリカ形成の分子機構が比較的よくわかっていること[11]を考えると，今後このシリカテインを合理的に改変することにより半導体系ナノ結晶の成長を効率よく制御するような人工タンパク質がつくられていくかもしれない。

このように，バイオミネラリゼーションに関係する天然タンパク質がどのように無機結晶の成長を制御するのかについての分子機構がわかってくるにつれて，その知識をベースに機能の特化された新しい改変タンパク質を合理的にデザイン・作製することが可能となってくる。それでは，われわれのバイオミネラリゼーションに関する知識が深まるにつれて，最終的には自由自在に欲しい活性をもった無機結晶に働きかけるような人工的なタンパク質をデザイン・創製することが可能となるのであろうか？

実は，同じような「合理的な人工タンパク質設計」への期待が20年前のタンパク工学（プロテインエンジニアリング）の勃興時にも高まっていた[12]。当時は，X線結晶構造解析によるタンパク質立体構造解析の本格化や，DNAの化学合成による自由な遺伝子改変技術の確立，さらに，計算機の飛躍的な性能向上といった背景にささえられ，このままの調子でタンパク質の構造と機能に関する知識が加速度的に蓄積していくと，近い将来に，自由に，必要とする機能をもった人工タンパク質をデザイン・合成する時代がやってくるものと期待された。

タンパク工学の勃興時には，おそらく今ごろには，自由自在に人工タンパク質を設計することが可能となっているものと期待されていたのであろうが，実際には現状はそのようなレベルには達していない。それほどまでにもタンパク質の構造と機能を解明する，といった目標は難しいものなのであろう。同じように，バイオミネラリゼーションに関する知識がどんどんと深まっていきつつある現在，10年，20年後には合理的に，特定の結晶成長制御活性をもった人工タンパク質を自由にデザインできる時代が来るのではないかと期待してしまうが，あるいは，そのような時代が来るのはもっと先のことなのかもしれない。

タンパク工学とは別の流れで90年代前後に勃興したのが「進化分子工学」(分子進化工学，進化工学と呼ばれたりもする) である[12]。進化分子工学では，合理的にタンパク質を設計するかわりに，あらかじめ手当り次第に変異体をたくさん準備しておき，その中から目的の活性をもつものを選択によって探し出そうとする，選択を重視した戦略が採られている。例えば，ある天然酵素の耐熱性を増したいとしよう。タンパク工学的に耐熱性のよくなった酵素をデザインする場合，まずはこの酵素の精度の高い立体構造情報が不可欠であり，それに加え，タンパク質の熱安定性に関する深い理解なくしては合理的な設計は不可能である。一方，進化分子工学的に酵素の耐熱性をあげようとする場合，酵素をコードする遺伝子のあちこちに変異導入をおこない，いろいろな位置のアミノ酸が置換した変異体ライブラリをまず調製し，その中から耐熱性の上がった変異体を選択する，といったアプローチをとる。進化分子工学的戦略の成功の鍵は，できるだけ大きな分子多様性をもつライブラリを調製することと，効率良く目的の活性をもった変異体を選んでくるスクリーニング系が存在することであろう。

以上の例は，天然タンパク質を出発材料とし，その一部の構造を変換することから機能が特定方向に変化した人工タンパク質を作製するケースであった。このように天然タンパク質の改変とは別に，ゼロから出発して *de novo* に人工タンパク質を創製しようとする進化分子工学研究も存在する。ここでは，ある親株から出発してその変異体子孫集団をつくるのではなく，ランダムな配列をもった集団から出発し，その中から目的とする活性をもったものを選択してくる。ランダムな配列をもった集団を十分大きくしてやれば，必ずどんなタンパク質でも人工進化できそうな錯覚におちいるが，実際には実験室の中で調製できるランダム配列集団は，せいぜい 10^9～10^{13} の多様性をもつ程度である。一方，100アミノ酸残基長のタンパク質の可能な配列の総数は $20^{100}=10^{130}$ であり，このギャップは理論的にも埋めようがない。現状では，ランダム配列からの人工タンパク質の *de novo* 創製は，Szostak らの報告した80残基長さのATP結合タンパク質が最長例である[13]。

3.4.5 無機マテリアルに働きかける人工タンパク質の研究

人工タンパク質の創製実験には合理性を重視する「タンパク工学」的戦略と，選択を重視する「進化分子工学」的戦略があることを述べてきた。また，天然にあるタンパク質から出発してその改変体としての人工タンパク質を作る場合と，あるいは，既存のタンパク質に依存することなく，ゼロから全く新しい人工タンパク質を創製するアプローチがあることも紹介した。縦軸に合

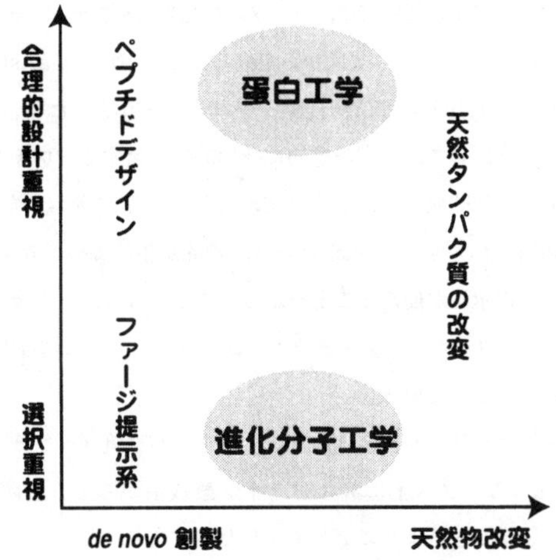

図4　人工タンパク質研究

理性と選択の重視度を，横軸に天然のタンパク質改変か *de novo* 創製かをとって現在までの人工タンパク質研究を眺めてみたのが図4である。このマップの中で，これまで順調に人工タンパク質が創製されているのは，(1) 天然タンパク質の機能をある程度合理的に，しかも進化分子工学手法を取り入れながら改変する研究，(2) 複数の互いに似た天然タンパク質遺伝子のシャッフリング（ファミリーシャッフリング[14, 15]）から機能の特化した変異体を進化分子工学的に得る研究，(3) ランダムなペプチド配列集団から特定の結合能力をもったペプチドを選択する[16]，といった分野であろう。(4) として合理的に *de novo* に新しいタンパク質を設計・創製する研究もいくつがあるが[17]，汎用性に乏しい感がある。

図4で示した人工タンパク質研究の分類を，「無機マテリアルに働きかける人工タンパク質」研究にあてはめて考えてみよう。天然タンパク質の改変は，バイオミネラリゼーションに関わるタンパク質の改変として進められている。前述したように，フェリチンタンパク質を遺伝子レベルで改変し，鉄以外の金属をも効率良く取り込ませようとする研究が進められているし，あるいはウイルス粒子の内部環境を合理的に改変することにより，タングステンなどの金属を内部に取り込ませる研究[18]も進んでいる。現在のところ無機マテリアルに働きかける人工タンパク質をシャッフリング技術を利用して作製したという報告はまだないが，やがてその種の研究も増えるものと思われる。

ランダムなペプチド配列集団から，無機マテリアルを認識して結合するペプチドを選択する研究も現在盛んに進められている。代表例はA. M. Belcherらによる半導体無機結晶に結合するペプチド配列の単離実験[19]である。ここでは，ランダムな配列のペプチドをその粒子表面に提示したファージ（大腸菌に感染するウイルス）集団から出発し，その中からGaAs(100)，GaAs(111)A，GaAs(111)B，InP(100)，Si(100)などに結合するペプチドを単離した報告である。ランダムな配列を提示したファージを用いて，特定の標的に特異的に結合するペプチド配列を選択する方法は，進化分子工学研究の中で開発された手法[16]で，これまで主に受容体などのタンパク質を標的とした生物分野で利用されてきた。Belcherらは，標的が生体高分子でなく，無機マテリアルであってもこのファージ提示法が使えることを示したことになり，その後，硫化亜鉛[20]，銀[21]，カーボンナノチューブ[22]，カーボンナノホーン[23, 24]，チタン[25]などに結合するペプチドが，ファージ提示法を用いて単離されてきている。

最後に，合理的に無機マテリアルに働きかける人工タンパク質（ペプチド）を設計した例を2つ紹介する。1つは，αヘリックス上にアスパラギン酸残基がちょうど炭酸カルシウム結晶の(110)面をその側鎖で認識できるようにデザインしたペプチド，CBP1である[26]。炭酸カルシウム結晶の3層分に相当する17.2Åに近い，16.5Åの周期でアスパラギン酸の側鎖が位置するようにデザインされている。このような無機物結晶のもつ周期的構造を，周期性の高い人工タンパク質で認識しようとする戦略である。実際，天然のタンパク質の1つであり，氷の結晶成長を抑制する活性をもつ抗凍結タンパク質の仲間のいくつかは，周期的に配置されたスレオニン残基の側鎖で氷の表面に結合し，氷結晶の成長を抑制するのではないかと考えられており[27, 28]，「繰り返し性」は，合理的に結晶成長制御を活性をもった人工タンパク質を設計する際の1つの大きな指針となるであろう[29]。

カーボンナノチューブ[30]は，半導体分野，材料工学分野，バイオ分野でその活躍が期待されている[31]発見されてからまだ日の浅い新しいタイプの炭素化合物である。疎水性が非常に強いために，バイオ分野での利用を考える場合には，何らかの方法で水系溶媒との相性をよくする必要がある。化学的な修飾や界面活性剤を利用する方法などいろいろな方法でカーボンナノチューブの水系溶媒での分散性を高める手法が考えられている。人工タンパク質（ペプチド）を用いる方法としても，1つには前述のファージ提示系を用いて取得したカーボンナノチューブ結合ペプチドを用いる報告がある[22]。合理的な設計によるアプローチとしても，両親媒性ペプチドを用いて分散性を高めた報告がある[32]。

3.4.6　**MolCraft**を用いた人工タンパク質創製

最後に，現在癌研究所で進められている新しいタイプの人工タンパク質創製手法，**MolCraft**[33]を用いた無機物に働きかける人工タンパク質の創製研究について紹介する。

これまでの人工タンパク質創製研究は，天然に存在する人工タンパク質を改変するか，あるいは小さな機能性ペプチドを*de novo*に創製するかであった。それぞれの短所をあげるならば，天然タンパク質の改変の場合，どうしても保守的な改変にとどまってしまうことであり，*de novo* 創製の場合には複雑な機能をもった大きなタンパク質が創製できないことである。

ファージ提示法などの進化分子工学的手法では，アミノ酸をブロック単位として用い，そのコンビナトリアルな重合体の中から目的のクローンを選ぶといった戦略がとられている。原始遺伝子の誕生も，このようなランダムなアミノ酸の重合体の中からの選択，といったプロセスで進んだのかもしれないが，少なくとも進化がある程度進んだ段階では，アミノ酸単位ではなく，ある程度の大きさと活性をもった小さな原始遺伝子（マイクロ遺伝子）がブロック単位となり，そのいろいろな組み合わせの中からより複雑で大きな遺伝子が進化してきたといった考え方が一般的である[34]。

MolCraft は，このような階層的な遺伝子進化を模した人工タンパク質創製手法である。すなわち，第1段階のマイクロ遺伝子の誕生を計算機を用いた合理的な *in silico* での進化で進め，次に，このマイクロ遺伝子をウェットな実験系で大きな遺伝子へと重合させ，複雑な活性をもった人工タンパク質を作製する手法である。**MolCraft** のもう1つの重要な特徴は，ブロック単位として用いるマイクロ遺伝子を1つに絞り，その重合体から得られる「周期性」から，タンパク質の構造を創発させようとする点にある。複数のマイクロ遺伝子を重合させてタンパク質を創製した場合，ほとんどの場合は，得られたタンパク質は凝集体となってしまい利用できない。ところが，周期性の高い人工タンパク質は，比較的天然タンパク質に近い扱いやすい性質を示すことが多い[35, 36]。そこで，**MolCraft** では，あえてブロック単位を1つに絞り，全体の周期性を高めることにより性質のよいタンパク質を得ることに成功している。天然のタンパク質の中にも意外と周期性の高い構造が多いこと[37]にヒントを得ている。この「周期性」は構造創発に寄与するのみならず，前述したように周期性の高い無機マテリアルに働きかける際にも有利な条件となるのではないかと考えている[29]。

MolCraft ではたった1つのマイクロ遺伝子をブロック単位として用いるのであるが，DNA 配列が，読み枠をずらすことにより3種のペプチドをコードすることができる性質を利用し，実質上は3種のペプチドを組み合わせ的に重合したライブラリが作製されることになる[38]。したがって，マイクロ遺伝子のデザインの際には，3つの読み枠にそれぞれ異なる機能や構造を潜源化する作業が進められる[39]。どの読み枠が，どのような割合で，どのような順番で連結されるのがもっともよいのかについては，予測不可能な部分が多いので，いろいろな順番で重合したライブラリの中から，もっとも適したクローンを選択する，といった進化分子工学的なプロセスも含まれる。

マイクロ遺伝子に潜源化する機能は，天然タンパク質がもついろいろな機能モチーフを用いることができる。また，ファージ提示法で得られた人工ペプチドを用いることもできる。現在，癌

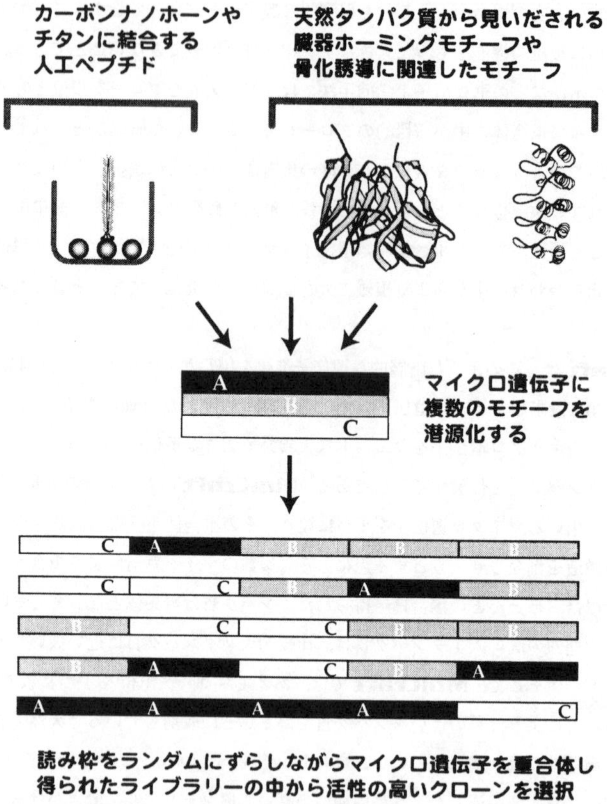
カーボンナノホーンや
チタンに結合する
人工ペプチド
天然タンパク質から見いだされる
臓器ホーミングモチーフや
骨化誘導に関連したモチーフ
A
B
C
マイクロ遺伝子に
複数のモチーフを
潜源化する
読み枠をランダムにずらしながらマイクロ遺伝子を重合体し
得られたライブラリーの中から活性の高いクローンを選択

図5 **MolCraft**を用いた無機マテリアルに働きかける人工タンパク質の創製

研究所では,「カーボンナノホーンのDDS分野での利用[40]」と「チタンインプラント素材の生体親和性の向上」をめざした人工タンパク質の創製研究が進められている。カーボンナノホーンはカーボンナノチューブと同じく炭素のみからなるカーボンナノ化合物の1種であり[41],内部に低分子化合物を吸蔵できるのが特徴である[42]。この性質を利用し,ドラッグなどを送達するケージとして利用する可能性が考えられ[40],これを可能にするために,カーボンナノホーンを認識し,特異的な臓器に送達する人工タンパク質の創製が求められている。

チタンは既に歯科領域での人工歯根や,あるいは人工関節などで広く使われている金属であるが,その生体親和性を高めるために,チタンに結合し,骨化形成を促進する活性をもった人工タンパク質の創製が求められている[43]。カーボンナノホーンの場合も,チタンの場合もこれらの無機マテリアルを利用する天然タンパク質は存在しない。したがって，ファージ提示法を用いてこれら無機マテリアルを認識する人工ペプチド配列が選択された[24, 25]。現在，次の段階として，単一マイクロ遺伝子に，「カーボンナノホーン結合モチーフと臓器ホーミングモチーフ」，あるいは「チタン結合モチーフと骨化誘導モチーフ」といった人工ペプチドモチーフと天然モチーフを同時に潜源化し，その重合体の中からより高次の活性をもった人工タンパク質を創製する研究を進めている（図5)。

3.4.7　おわりに

人工タンパク質研究においては，いかに天然には存在しないような活性を創製するかが重要なポイントである。その意味では，生物がこれまで利用したことない金属や，半導体，カーボンナノ化合物に働きかける人工タンパク質の創製が大きな意味をもってくる。今後，生物学，材料工学，化学，固体物理学などの幅広い分野の研究者がアイデアを交換することにより，無機マテリアルに働きかける非凡な人工タンパク質が次々と創製されてくるものと思われる。

文　献

1）岩堀健治ら，ナノバイオテクノロジーの最前線（植田充美編），シーエムシー出版，(2003).
2）N. Kröger *et al.*, *Science*, **286**, 1129 (1999).
3）L. L. Brott *et al.*, *Nature*, **413**, 291 (2001).
4）N. Kroger *et al.*, Science, **298**, 584 (2002).
5）S. Mann, "Biomineralization", Oxford University Press, Oxford (2001).
6）芝　清隆，現代化学，No390, 12 (2003).
7）A. M. Belcher *et al.*, *Nature*, **381**, 56 (1996).
8）松代愛三，現代化学，No383, 32 (2003).
9）K. Shimizu *et al.*, *Proc. Natl. Acad. Sci. USA*, **95**, 6234 (1998).
10）D. E. Morse, *ICBN 2003 Abstract*, 10 (2003).
11）J. N. Cha *et al.*, *Proc. Natl. Acad. Sci. USA*, **96**, 361 (1999).
12）芝　清隆，科学，**67**, 938 (1997).
13）A. D. Keefe & J. W. Szostak, *Nature*, **410**, 715 (2001).
14）W. P. C. Stemmer, *Nature*, **370**, 389 (1994).
15）A. Crameri *et al.*, *Nature*, **391**, 288 (1998).
16）J. K. Scott *et al.*, *Science*, **249**, 386 (1990).
17）中村春木，生体ナノマシンの分子設計（城所俊一編），共立出版，p15 (2001).
18）T. Douglas *et al.*, *Nature*, **393**, 152 (1998).
19）S. R. Whaley *et al.*, *Nature*, **405**, 665 (2000).

20） S. W. Lee *et al.*, *Science*, **296**, 892 (2002).
21） R. R. Naik *et al.*, *Nat. Mater.*, **1**, 169 (2002).
22） S. Wang *et al.*, *Nat. Mater.*, **2**, 196 (2003).
23） J. Zhu *et al.*, *Nano Lett.*, **3**, 1033 (2003).
24） 加瀬大介ほか，特願2002-292951 (2002).
25） K. Sano *et al.*, *in submission.*
26） D. B. DeOliveira *et al.*, *J. Am. Chem. Soc.*, **119**, 10627 (1997).
27） Y. C. Liou *et al.*, *Nature*, **406**, 322 (2000).
28） S. P. Graether *et al.*, *Nature*, **406**, 325 (2000).
29） K. Shiba *et al.*, *EMBO Rep.*, **4**, 148 (2003).
30） S. Iijima, *Nature* **354**, 56 (1991).
31） 飯島澄男，工業材料，**51** (1), 18 (2003).
32） G. R. Dieckmann *et al.*, *J. Am. Chem. Soc.*, **125**, 1770 (2003).
33） 芝　清隆，タンパク質核酸酵素，**48**, 1503 (2003).
34） 芝　清隆，生命の起源と進化の物理学（伏見譲編）共立出版，p142 (2003).
35） K. Shiba *et al.*, *J. Mol. Biol.* **320**, 833 (2002).
36） K. Shiba *et al.*, *Prot. Engn.* **16**, 57 (2003).
37） 芝　清隆，タンパク質核酸酵素，**46**, 16 (2001).
38） K. Shiba *et al.*, *Proc. Natl. Acad. Sci. USA*, **94**, 3805 (1997).
39） 芝　清隆，コンビナトリアル・バイオエンジニアリング（植田充美，近藤昭彦編）化学同人，p67 (2003).
40） 芝　清隆，工業材料，**51** (1), 47 (2003).
41） S. Iijima *et al.*, *Chem. Phys. Lett.*, **309**, 165 (1999).
42） E. Bekyarova *et al.*, *Physica B*, **323**, 143 (2002).
43） N. Sykaras *et al.*, *Int. J. Oral. Maxillofac. Implants*, **8**, 225 (2000).

3.5 生物が造るナノプールとナノ粒子との協奏

神谷秀博*

3.5.1 ナノ粒子合成とその配列制御

粒子径数～数十nm，100nm未満のいわゆるナノ粒子は，近年，様々な方法で製造が可能となった。その製法は，気相法，液相法，さらには固相合成後，粉砕など物理的操作でも得ることが可能となっている。また，得られるナノ粒子の構造設計についても，形状など幾何的特性からゼオライトやナノポーラス多孔体，組成も数種の元素を含む化合物粒子，有機・無機・金属複合体などが製造可能となっている。こうしたナノ粒子の応用は，磁性ナノ粒子の基板上への高密度充填による記憶素子の高密度化（ナノドット化），電子部品の一層の薄肉化・小型化，電子的，光学的機能などもナノサイズ化により量子効果でバルク材料とは異なる機能が期待される。

しかし，実用化が進んでいるサブミクロン以上の粒子に比べ，付着・凝集性が著しく増大するため，これらの期待される機能を有効に利用するために必要な無欠陥で高密度な充填，配列制御は極めて困難である。実際に，電子顕微鏡観察レベルで観察されるナノ粒子数十個分程度の視野では均一に並んでいても，実用上必要な比較的大きな面積での均一高密度配列は極めて困難である。また，ナノ粒子の粒子径などの均一化もなかなか困難なテーマである。比較的粒子径制御が容易なゾルゲル法など液相合成法を用いても，粒子合成の最初の段階である核生成は，溶液などの瞬時の均一混合が困難なため，ある程度の時間分布が発生する。その結果，最初に生成した核と後で生成した核では，前者の方が大きくなる。粒子径をサブミクロン程度まで成長させれば，核生成段階でのバラツキは，無視できる程度に均一化が可能となるが，ナノ粒子では，生成した核と最終的な粒子径に差が少ないため，粒子径の均一化は困難となる。

こうしたナノ粒子自身とその配列の均質化は，人工物を使った従来の工業的手法では限界に近づきつつある。生物のもつ自己組織化，均一化機能がここで威力を発揮する。特に，フェリチンなどある種のタンパク質，酵素などが代謝する界面活性物質などは，人工物では達成できない均質なナノプール構造を作り，その内部でナノ粒子を作る機能を有する。ここでは，こうしたナノプール機能を有する生物由来の物質を使用したナノ粒子合成とその粒子径や凝集現象の制御性を概観し，ナノテクとバイオの融合した新たなナノ粒子を原料とした材料設計を概観する。

3.5.2 フェリチンを用いた粒子合成

生物，生体関連物質を利用したナノ粒子合成で最も代表的なものに，フェリチンを利用した方法がある。このタンパク質は，二量体または図1に示した球形の24量体を作り[1]，この球体は，内部に鉄のイオンを取り込む機能を持ち，内部に最大4500個の鉄原子を集め[2]，直径6nmの均

---

* Hidehiro Kamiya 東京農工大学大学院 生物システム応用科学研究科 教授

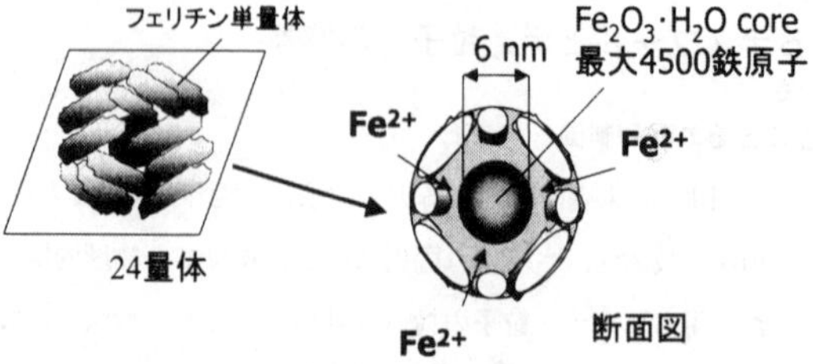

図1　フェリチンの構造と内部に鉄粒子を内容した構造

一な鉄ナノ粒子を作る。この24量体の内部に貯蔵できる鉄原子の最大量が限られているため，自然に粒子径を揃えることが可能である。このフェリチン24量体の特異な表面構造によるためか，大きさはナノサイズであるが，人工的に合成された粒子のように凝集をすることなく，比較的密にパッキングすること，磁性材料としての利用の可能性が報告されている[3]。

フェリチンの鉄原子の蓄積量は，他にも鉄結合性タンパクは存在するが，その蓄積可能量は，極めて多い。その蓄積機構の解明も進み，新たな応用展開の可能性が拡がっている。水中の二価の鉄イオンが，フェリチンの内部に取り込まれると，フェリチンタンパク単量体のただ一箇所のアミノ酸[4]が鉄原子と直接結合し，貯蔵に関与する結合部位となることが解明されている。このアミノ酸と結合した鉄イオンは，リン酸，リン酸鉄，三価の酸化鉄水和物との結晶あるいはアモルファスの形態で蓄積，成長する。酸化鉄の状態で存在するため，磁性材料などへの応用には，鉄への還元などの操作が必要である。

また，ある種のフェリチンは，このアミノ酸組成を変化させないままで，操作を加えることで，鉄以外の元素を取り込むことも可能である[5]。実際にCd，Znなどの重金属を取り込む機能をもつフェリチンが得られており，重金属などの汚染土壌に散布してヨシなどフェリチンの吸収能力の高い植物により重金属を回収し土壌復元を行う試みも検討されている[6]。また，アミノ酸基の置換により多種多様な重金属元素の蓄積も可能であることも報告[7]されており，機能性ナノ粒子の合成方法としての可能性も含んでいる。

以上のフェリチンの構造解析，様々な機能やその機構，応用事例は吉原らの総説[6,8]が詳しく述べているので参照されたい。フェリチンは極めて多様な機能を有したナノ粒子合成タンパクであり，今後の発展が期待される。

3.5.3　生物由来の界面活性物質を用いた分散性ナノ粒子の合成

フェリチンのようなタンパク質以外でも，フェリチンほどの規則性，均一性はないものの，界面活性効果やナノプール構造を形成する機能を有する生体由来物質がある。その一例として，あ

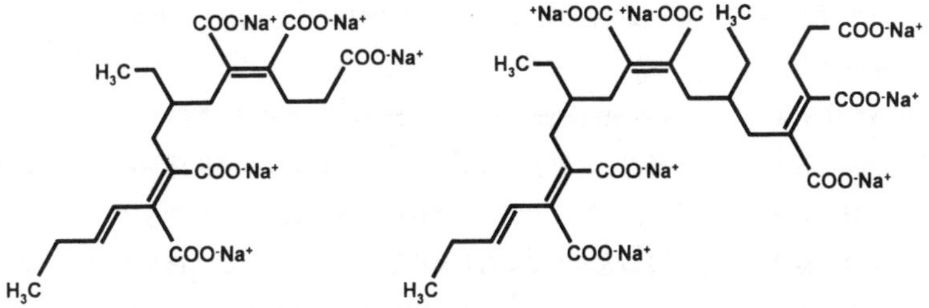

図2　微生物由来の界面活性物質の分子構造

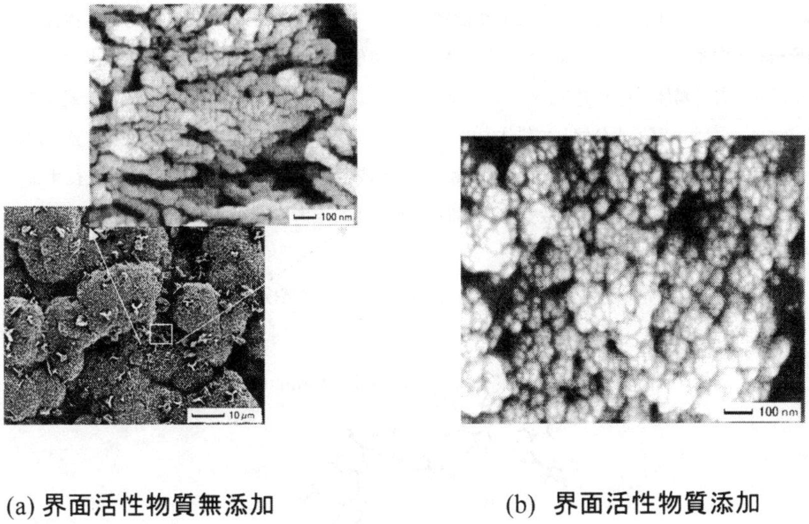

図3　界面活性物質の添加の有無によるチタン酸バリウムナノ粒子の凝集構造の変化

る種の微生物の代謝物を抽出・精製して得られた図2に示した界面活性物質[9]を用いたナノ粒子の合成法がある。この物質は，一般に用いられる高分子分散剤に比べれば低分子量で，親水基密度が高く，特異なシス構造を持つため屈曲している。この界面活性物質を比較的大量に添加した水酸化バリウム水溶液にチタンのアルコキシドのプロパノール溶液を80℃で混合して粒子径3〜40nmのチタン酸バリウムナノ粒子を合成した。粒子径が数十nm以下のナノ粒子になると，一般に激しい凝集現象が発生する。このチタン酸バリウムナノ粒子も，図2の界面活性物質無添加の場合には，合成粒子が急速に沈殿する。界面活性剤が存在した状態で合成を行うと，ある添加量までは生成する粒子の結晶構造を変えることなく長時間分散安定性を示すチタン酸バリウムナノ粒子を得た[10]。

この生成粒子サスペンジョンを凍結乾燥してFE-SEM観察した結果を図3に示した[10]。無添加条件では図3（a）のように繊維状に粒子が凝集し，数十μm以上の凝集体がみとめられた。一方，図3（b）に示した界面活性物質を添加して合成した場合は，粒子はサッカーボールのように最密充填状態で100nm程度の大きさで集合した構造に変化した。この微生物由来の界面活性物質の作用機構を考察するため，水酸化バリウム水溶液中にこの界面活性物質を混合後，乾燥し，水溶液に混合する前の界面活性物質のFT-IR観察結果と比較した。その結果，もとの界面活性物質の1623cm^{-1}で観察されたCOO^-の吸収が，$Ba(OH)_2$水溶液に混合，乾燥した後には，1589cm^{-1}と低波数側にシフトすることが観察された[11]。この結果から，この界面活性物質の作用機構を推定すると，図4に示したように最初に水酸化バリウム水溶液中のBa^{2+}イオンとこの界面活性物質は錯体を形成する。次に，チタンのアルコキシドのアルコール溶液と混合過程で，Tiのアルコキシドが加水分解して錯体中のBaイオンと反応して粒子が核生成・成長する。錯体を形成したBaイオンを起点に，界面活性物質間に形成されるナノプール中で粒子が成長するため，大きな凝集体を形成せず分散安定性が維持されるものと考えられる。

3.5.4　おわりに

ここで紹介した事例以外にも，生体中では，様々なタンパクや界面活性を有する物質が関与し

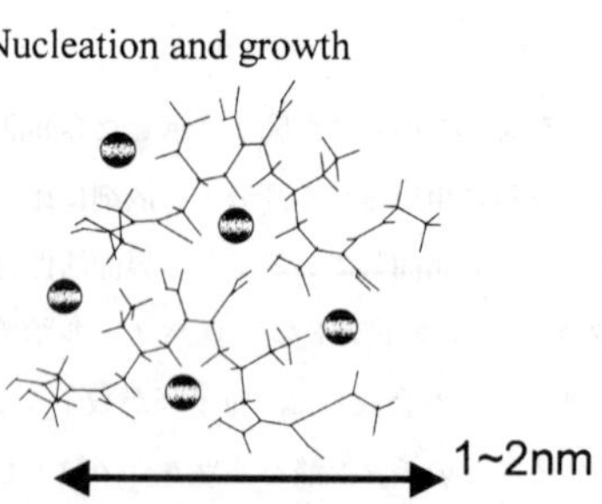

図4　界面活性物質の分散性ナノ粒子生成機構

て人工物にない均一で高い機能を有する物質を生成，分解，再合成を行っていると考えられる。生体が作る特異な構造と機能を有する物質を模倣した人工物，生体模倣材料もひとつの試みであるが，バイオとナノテクの融合により，生体の物質生成機能をそのまま利用，あるいは若干の操作を加えることで新たな構造と機能を付与した物質創生のアプローチは今後の展開が期待される。

文　献

1) P. M. Harrison *et al.*, *Biochim. Biophys. Acta.*, **1275**, 161 (1996).
2) J. F. Briat *et al.*, Kluwer Academic Publishing, p. 265 (1995).
3) I. Yamashita, *Thin Solid Films*, **393**, 12 (2001).
4) D. M. Lawson *et al.*, *Nature*, **349**, 541 (1991).
5) S. R. Sczekan *et al.*, *Biochim. Biophys. Acta.*, **990**, 8 (1989).
6) T. Yoshihara *et al.*, *Recent Res. Devel. Plant Biol.*, **1**, 163 (2001).
7) J. G. Wardeska *et al.*, *J. Biol. Chem.*, **261**, 6677 (1986).
8) F. Goto *et al.*, *Plant Biotechnology*, **18**, 7 (2001).
9) R. Yamanishi *et al.*, *Bull. Chem. Soc. Jpn.*, **73**, 2087 (2000).
10) H. Kamiya *et al.*, *J. Am. Ceram. Soc.*, in press.
11) 神谷秀博ら，粉体工学会第38回夏季シンポジウム要旨集，p. 6 (2002).

第4章　ナノバイオテクノロジーを支える インフォーマティクス

1　ナノバイオテクノロジーを支えるインフォーマティクス

本多裕之[*1]，加藤竜司[*2]

1.1　はじめに

バイオインフォマティクス（生物情報科学）はbiologyとinformaticsを合成した造語であり，生物学と情報科学の境界領域，あるいは両者が融合する研究領域を言い表している。30億塩基対のDNAからなる我々の遺伝情報，そこから翻訳される3万個以上のタンパク質，個々の人間同士はゲノム上で0.1%の違いがあり，タンパク質の機能変化を伴って個性となって表現される。我々はそういった概括的な情報を入手することに成功したが，個々のタンパク質のどのアミノ酸残基がどう変化すると，どういう機能変化が生じ，表現系がどうなるのかといった根源的な情報はいまだ効率的に整理できてはいない。それは，タンパク質の形成するアミノ酸が20種類あり，平均のタンパク質の長さが300アミノ酸残基あるためであり，タンパク質は300の20乗という天文学的数字を持つ多様性分子であるためである。まさにその天文学的な多様性を整理し，生命の神秘そのものに踏み込もうという学問がバイオインフォマティクスであり，情報科学を駆使することで，生物学的意味を，もっと早く，かつ正確に理解したいと，生物学を研究しているすべての研究者が切望している。

1.1.1　ナノバイオテクノロジーにおける生物情報科学

ナノテクノロジーはナノ材料の特異な新規の特性を利用して，新産業が創成できると思われている。しかし，この本の別の章でも議論されるように実際には，ナノサイズの材料をどのようにアセンブリーし，機能を発揮させるかがいまだに解決されていない。タンパク質に代表される生物材料は，生体内数万分子あるといわれている類似の分子の混合物の中にありながら，瞬時にパートナーを見つけ出すことができる非常に高い分子認識能力を備えている。また，同一分子は構造・機能ともにまったく同一であり，そこに分子間の偏差はまったく存在しない。この特異な性質を駆使することにより，ナノ分子の集合体である私たちの細胞は，構造形成し，特異性を発揮して

＊1　Hiroyuki　Honda　名古屋大学大学院　工学研究科　生物機能工学専攻　助教授
＊2　Ryuji　Kato　名古屋大学大学院　工学研究科　生物機能工学専攻・21世紀COEプログラム「自然に学ぶ材料プロセッシングの創製」COEドクター

機能発現に至っている。この性質をナノ材料に担わせることができれば，ナノ分子もまた特異な構造形成が可能になり，マクロ・メソレベルにスケールアップし機能発現する構造体が形成できると思われている。このナノテクノロジーとバイオテクノロジーの融合領域がナノバイオテクノロジーであり，ナノテクノロジーによる産業創出を実現する最終手段ではないかと信じられている。

しかし，ナノバイオテクノロジーにおいてすら，アセンブリー機能の理解はまだまだ不足しており，産業化のためには，解決すべき課題が山積している。これは，これまでに収集されてきた生体分子の情報は配列情報と分子認識情報のみであり，「Aというタンパク質はこういう一次配列を持っており，Bというタンパク質と結合する」といういわば入り口と出口のみを与えられているに過ぎず，途中の構造と機能の相関という最も重要な情報が欠落しているためである。出口情報だけを使ってナノ材料のアセンブリーに利用しようとするアプローチはもちろんあるが，生体内で機能している生物材料を電子材料のアーキテクチャーに利用しようとすると必ずしも最適であるとはいえない。たとえばナノ微粒子表面に分子認識素子としてのタンパク質を結合させるとき分子容積（大きさ），表面の疎水度や電荷密度は重要な因子になろう。これらを最適化し，ナノバイオテクノロジーに利用可能な分子を創製するためには，認識機能そのものは保ったまま，表面構造を改変する必要がある。これは機能構造相関の理解なくしては解決できない。この目的のために，生物材料，特にタンパク質やペプチドのバイオインフォマティクスがナノバイオテクノロジーを支える技術として重要である。

1.1.2　生物学におけるデータベースとその利用

データベースとしては塩基配列のデータベースが充実している。米国 National Center for Biotechnology Information（NCBI）の GenBank，欧州 European Bioinformatics Institute（EBI）の EMBL，そして日本の国立遺伝学研究所の DNA Data Bank of Japan（DDBJ）が構築・提供する国際塩基配列データベース（International Nucleotide Sequence Database (INSD)）の規模は2002年初頭に1,500万件，160億塩基対を越え，現在なおさらに膨張し続けている。タンパク質など生体高分子の立体構造が保存されているデータベースとしては Protein Data Bank（PDB）が有名である。このデータベースは入り口と出口のデータベース（後述）ではあるが，バイオテクノロジーの研究分野では非常に重要なデータベースであり，2003年3月の段階で登録構造数が20,000件を越えた。塩基配列や立体構造などの生体基礎データの他にも，転写調整やタンパク間相互作用などの生体機能的なデータベースも数多く存在している[1]が構造機能相関に関してまとまったデータベースや解析ソフトはいまだ利用できる状況にない。

バイオインフォマティクス分野においては他にも，生体反応のシミュレーションや，生物をシステムとして理解しようとする研究も近年注目されるところである。また，マイクロアレイなど

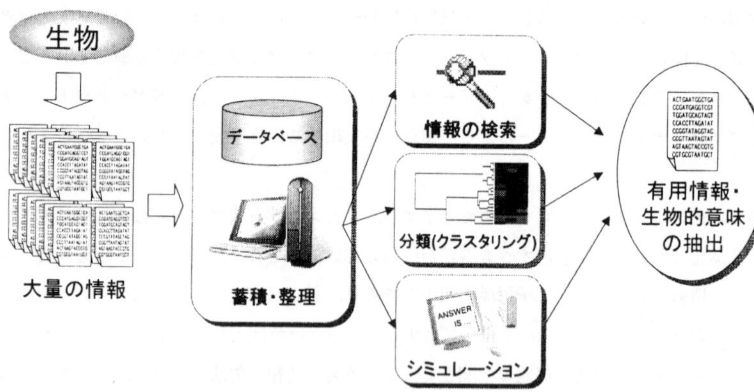

図1　生物学におけるデータベースとその利用

の最新技術から得られる大量データの分類法（クラスタリング）や，データからの有用情報（遺伝子）抽出の研究が非常に盛んに行われている（図1）。

1.1.3　新機能分子創製のための探索型データベース

タンパク質の機能構造相関の推定は非常に困難である。構造の特定のためには結晶構造解析が必要であるが結晶化に成功したタンパク質は限られており，一次構造から立体構造を満足に予測できるソフトウェアは未だにない。アミノ酸残基のバリエーションの広さから決定すべき原子種が莫大で，予測が困難なためである。このため構造機能相関は満足できるレベルで達成できたタンパク質は限られている。実際に存在する分子ですら満足に構造機能相関が得られない以上，さらに，新規機能分子を発生させ創製することはできないであろう。タンパク質のような複雑な分子ではなく，ヘリックスやターンなどの二次構造をとっていない比較的単純なペプチドのレベルであれば，入り口（配列）と出口（分子認識などの機能）の情報から推定できるかもしれない。アミノ酸3残基からなるRGDペプチドは特殊なケースであろうが生体内では機能を持つ短いペプチドも確かに存在している。新機能を持つペプチド分子のデザインは，ナノバイオテクノロジーに利用可能な新規生物分子として機能することが期待できる。

筆者らは，これまでにバイオテクノロジーの分野で知識情報処理を駆使し，微生物などの生物材料を取り巻く環境が，生物材料にどのような影響を及ぼすかを推定する研究を行ってきた。環境を入り口，生物材料の応答（その環境での生物現象）を出口と考えたとき，入り口と出口の因果関係を推定するツールの研究開発である。因果関係が精度高く推定できれば，未知の環境条件に対して生物材料がどう応答するかを推論できる。これを「学習」によるモデリングという。逆に，モデリングの精度が高ければ，ある生物現象が期待できる環境条件を探索することも可能に

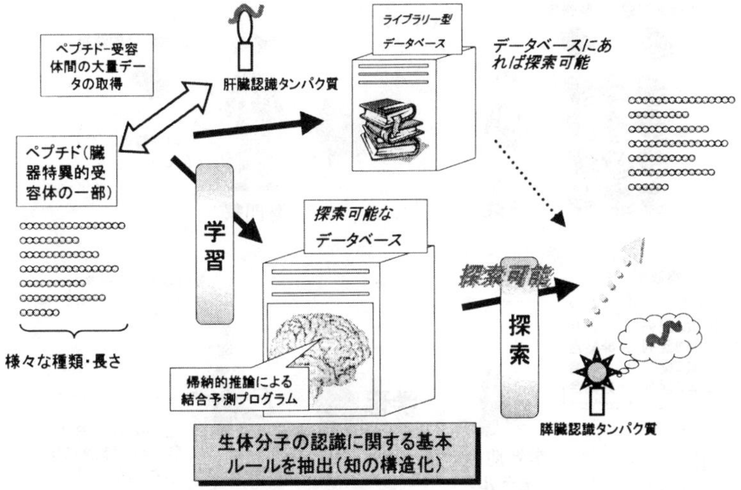

図2　探索可能なデータベース

なる。つまり，単なるデータベースではなく，目的の出口（ペプチドであれば分子認識などの機能）を導くための入り口（ペプチドであれば配列情報）が決定できるツールである。

本稿では，単なる百科事典や辞書としてのデータベース（ライブラリー型データベース）にとどまるのではなく，蓄積された研究データを最大限に生かすことで，新規なペプチドデザインのための指針を与えてくれるような探索可能なデータベースについて解説する（図2）。従来のデータベースはライブラリー型であり，実験で得られた生理活性の情報（あるペプチドとあるレセプターが結合するかどうか）は，そこに収められているだけである。生体材料では無数の類縁体があるため，それらの情報を一つのデータベースに収めることだけでも重要である。しかし，ライブラリー型である以上，収納されているペプチドといかに似ていても，そこに収められていないペプチドに関しては結合するかどうか不明である。一方，配列情報を入り口に，結合するか否かを出口にとって，膨大なデータベースを生かした学習を行えば，それらのデータベースの収納されている膨大な情報から，普遍的な原理を導き出すことができる。すなわち，このモデルを使えば収納されていない未知のペプチドに対しても，結合しそうかどうかという指針を得ることができよう。これが，探索可能なデータベースの基本的な考え方である。

1.2　学習するコンピュータ

本稿で取り上げる情報処理手法におけるキーワードは，「学習」という言葉である。「学習」と

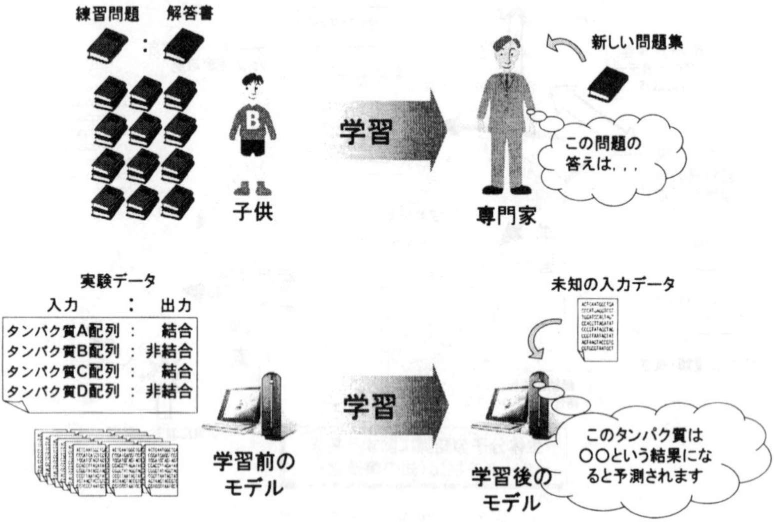

図3 「学習」を用いた情報処理のイメージ図

は，簡単に言えば「蓄積されたデータを生かす」技術である。

情報処理で「学習」を行う場合，コンピュータは「幼い子供」に例えることができる。「学習」の最終目的は，幼い子供（コンピュータ）をいろいろな練習問題（研究データ）に取り組ませることで，未知の結果を予測できるような専門家（予測システム）に育て上げることである（図3)。

「学習」には，現実の子供を教育する場合と，同じことを当てはめることができる。質の良い練習問題を，よりたくさん子供に与えれば，その子供は賢くなり，答えを間違えることのほとんど無い専門家へと成長する。練習問題が少なかったり，問題の解答が適当な場合が多いと，その子供はあまり良い専門家にはなれない。子供の脳の中に，何か特別な回路が出来たようなものだと考えることもできよう。この回路に相当するものを情報処理では「モデル」と呼び，上記からその予測精度は研究データの質と量に深く関わることがイメージして頂けると思う。

以上の話を，タンパク質の配列と細胞の結合に関する研究に当てはめよう。

タンパク質Aの配列　→　細胞に結合
タンパク質Bの配列　→　細胞に結合しない
タンパク質Cの配列　→　細胞に結合
タンパク質Dの配列　→　細胞に結合しない

というタンパク質の配列（入力データ）と，結合結果（出力データ）をセット（学習データセット）としてコンピュータに「学習」させると，我々はタンパク質が細胞に結合するか，しないかを予測してくれるモデルを手に入れることができる。このモデルは，「学習」を通じてタンパク質の配列と細胞への結合という現象に隠された結合の法則を学びとっている。この法則に基づき，モデルは未知の配列（未知の入力データ）を投入すると，予測結果を出力するシミュレータとして機能する。

次項から，筆者らが現在取り組んでいる「MHC（Major Histocompatibility Complex）クラスⅡに結合するペプチドの予測」を例に挙げ，実際に自らデータを取った手持ちの研究データやweb上に公開されている他の研究者の情報を利用しながら創薬への指針を与えてくれる2つの情報処理手法について解説する。

1.3　探索可能なデータベースを用いたMHCクラスⅡ分子へ結合するペプチドの予測

MHC分子は，細胞性免疫反応の中枢を担う抗原提示分子である。MHC分子は非自己の抗原ペプチドと結合し，これを細胞表面において提示することでT細胞による細胞性免疫系を活性化する。このため，MHC分子とペプチドとの結合を解析することは，アレルギーや自己免疫疾患，ひいては癌の免疫療法の開発に重要である。

しかしながら，MHC分子上のペプチド結合部位の特定や，逆に結合部位に結合しやすいペプチド配列（これを特にエピトープと呼ぶ）を実験的に解析することは，非常に困難であった。原因の一つはMHC分子自身の高度な多様性であり，もう一つは，結合するペプチドの長さ(11〜30残基）も含めた多様性である。たった一つの分子に焦点を絞り，たった4残基の結合ペプチドのエピトープ解析を行う場合でも，網羅的なデータを得れば$20^4=160,000$種類のペプチドを合成し，精製し，結合アッセイを行わなくてはならない。

筆者らは，限られたMHCに結合することが知られるペプチドデータを用いて，未知のペプチドの結合予測を行うモデルを構築することを目的とし，「ファジィニューラルネットワーク(Fuzzy Neural Network : FNN)」の適応を試みた[1]。この手法は，従来の情報処理手法には無い特徴を有しており，その有用性はMHC結合ペプチドの解析に限らず，多くの研究に応用できる。

1.3.1　ファジィニューラルネットワーク（FNN）

ファジィニューラルネットワーク（FNN）は，ファジィ推論とニューラルネットワークを組み合わせた情報処理手法である。その大きな特徴は，従来のニューラルネットワークがモデル構造の理解できないブラックボックス的なツールであったのに対し，学習後のモデル構造からファジィ推論に基づく「明示的なIF-THENルール」として，学習の過程でデータから自動的に抽出された知識を得ることができる点である[2]。

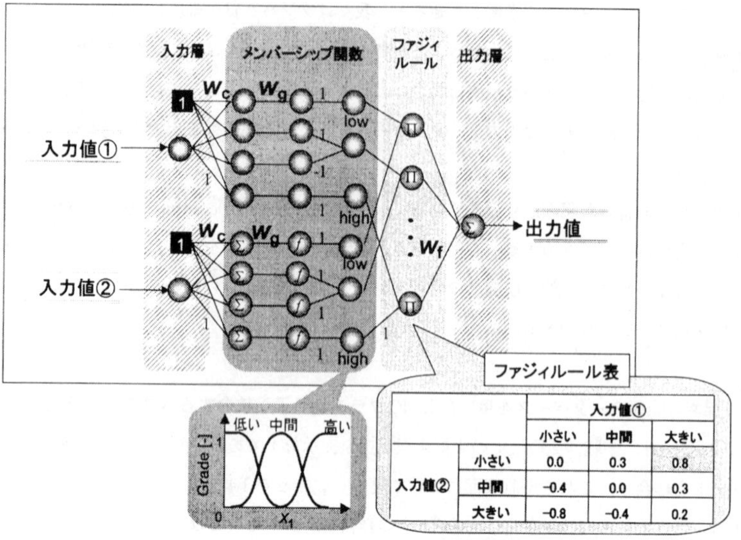

		入力値①		
		小さい	中間	大きい
入力値②	小さい	0.0	0.3	0.8
	中間	-0.4	0.0	0.3
	大きい	-0.8	-0.4	0.2

セル内の数値が高い程，ルールとしての寄与度が高い.
例）入力値①が大きく，かつ，入力値②が小さい

図4　ファジィニューラルネットワーク（FNN）の構造と特徴

ファジィ推論とは1965年にカリフォルニア大学のZadehによって提唱されたもので，あいまいな現象を取り扱うシステムである。FNNとは，ファジイ推論の欠点であったメンバーシップ関数の決定の難しさを，ニューラルネットワークにより自動的に最適化しようと試みたものである。

FNNの構造は図4のように入力層，メンバーシップ関数部分，入力データと出力データの関係をルールとして取り出せるファジィルール部分，出力層の4層から成り立っている。FNNは学習の過程で，図4中の各層をつなぐ結合荷重を自動的に変化・調整し，入力データと出力データの間に隠されたルール的な関係を構造として保存する。このため，ルールが保存されたモデルは，未知の入力データに対して，学習に用いたデータを反映するような結果の予測を行い，予測した結果を出力するシミュレータとして機能する。また，最適な結果の予測を行うため，入力データ項目は，出力データを正確に予測するために重要な順番で自動選択（変数増加法（PIM））できる。

1.3.2　FNNを用いたペプチド結合予測

図5に，FNNを用いた解析において，入力データである27変数の中から，出力データ（ペプ

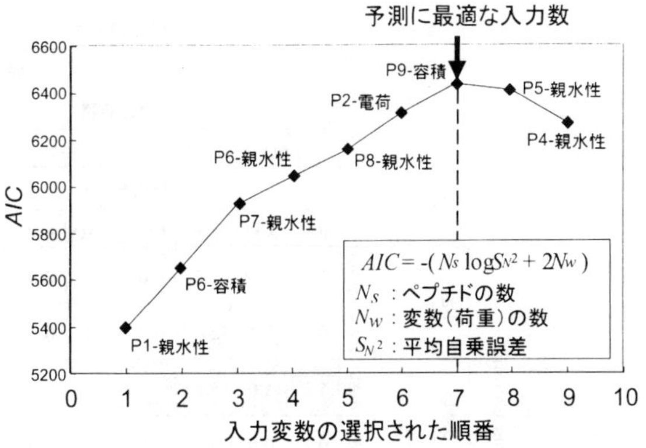

図5 FNNを用いたMHCクラスII分子（HLA-DR4）結合ペプチドの予測

チドがどのように結合するか）を正確に予測するために最も重要であった入力変数を選択した結果を示す。入力データとしては，MHC分子に対して結合または結合しない9残基のペプチドを，各アミノ酸を3つの特性（①Hydrophilicity，②Electric Charge，③Van der Waals Volume）に数値化した9残基×3変数＝計27変数を用意した。今回の解析では，FNNはモデル内の赤池情報基準量（AIC）を基準とし，この値が最大になるように入力変数を自動的に選出した。AIC値が大きいほど推定精度の高い学習ができ，得られたモデルは未知のデータを入力した際に正しい判定ができることを示している。図5の縦軸はAIC値，横軸は入力変数の数であり，各点には選択された変数の項目名が示してある。N末側から1番目（P1）の親水性の項目が最初に選択されており，次に6番目（P6）の大きさ，7番目（P7）の親水性の順で変数が追加されていっている。特に，P1およびP6のアミノ酸はMHC分子との結合に大きく影響していることが知られており，FNNはペプチドの結合データから，結合に関わる生物機能的な結合ルールを抽出することに成功したと言える。

図6には，FNNのモデル構造から得られた結合ルール（ファジィルール）の一部を示した。図中のセルのうち，数値の大きいものほどペプチドの結合に大きく寄与する事を示している。P1のアミノ酸が親水性の場合（P1のHydrophilicityがbig），ルールの値はいずれも小さく結合性が低いことから，P1が疎水性のアミノ酸であることが結合の必要条件であることが分かる。同様に，P6およびP7においても疎水性のアミノ酸の方が結合に有利であるといえる。これらのことは，従来の実験結果から得られた知見と一致していた。さらにP6においては，サイズの大きいアミノ酸の方が結合に有利であることをはじめ，他の細かいルールも抽出することができていた。逆にこのモデルを信頼すれば，さらに結合強度の強い（高い出力値が得られる）ペプチド配

				P1の親水性							
				小さい				大きい			
				P6の容積							
				小さい		大きい		小さい		大きい	
				P7の親水性							
				小さい	大きい	小さい	大きい	小さい	大きい	小さい	大きい
P6の親水性 小さい	**P2の電荷** 小さい	**P9のVan der Waals Volume** 小さい	**P8の親水性** 小さい	0.3	-0.2	0.0	0.8	-0.1	0.0	0.1	0.0
			大きい	0.0	0.1	2.4	0.0	0.1	0.1	0.0	-0.1
		大きい	小さい	1.3	1.0	1.8	1.5	0.1	0.1	0.0	0.0
			大きい	0.7	0.0	0.5	0.1	-0.1	-0.1	0.0	0.1
	大きい	小さい	小さい	-0.4	-0.2	0.6	0.3	-0.1	0.0	0.1	0.0
			大きい	-1.8	-0.7	2.0	0.8	-0.2	0.0	0.1	-0.1
		大きい	小さい	0.6	-0.2	0.9	0.9	-0.1	0.0	0.0	-0.1
			大きい	0.3	0.4	0.0	0.1	0.2	-0.1	-0.1	0.2

図6　FNN を用いた解析により得られたペプチド結合ルール表（Fuzzy Rule）

列を探索することができる。

1.4　ペプチド探索のストラテジー

FNN のような学習を伴うモデリングでは，結合するという情報とともに結合しないという情報も必要である。従来のペプチド探索はこのネガティブスクリーニングという考え方がない。バイオテクノロジーで重要なペプチド探索の技術にファージディスプレイ法がある。この手法は，バクテリアに感染するファージというウイルスの中の，遺伝子の特定の部分にペプチド配列を担う遺伝子を挿入する。この部分はファージの表面タンパク質の一つに融合し，外界にそのペプチドを提示する。目的のタンパク質との結合実験を行い洗浄すると，強く結合するペプチドを提示しているファージのみが残るため，その遺伝子配列を解析すればペプチド配列のポジティブスクリーニングができる。これは重要な手法であるが，前述のように，4 残基の結合ペプチドを網羅的にスクリーニングするためには 160,000 種類のペプチドをコードする遺伝子を用意する必要があるため，人海戦術的なこのスクリーニングも容易ではない。

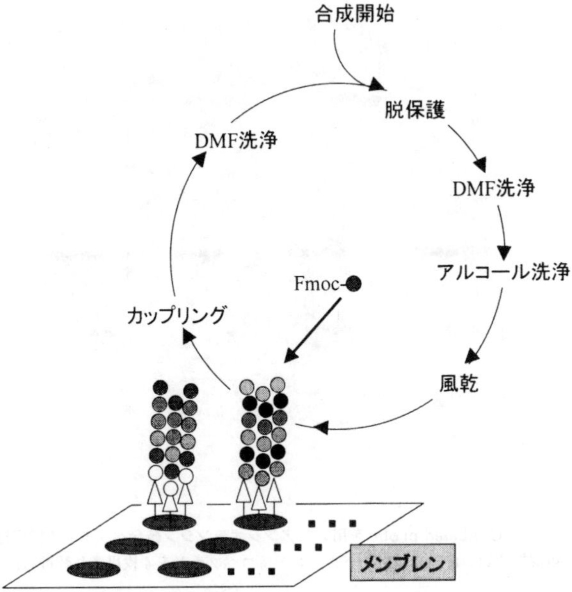

図7　F-moc 法によるペプチド固相合成

1.4.1　ペプチドチップの利用

一方，図7にペプチドの固相合成を示す。固相合成法はスポットごとに固定されているペプチドが異なるため，目的の分子との親和性に関する分析をした結果，ポジティブペプチドと同時にネガティブペプチドの配列データも入手できる。上述のように，FNN は300程度のポジティブ，同程度のネガティブデータがあればモデリング可能である。

我々は降圧ペプチドとして知られているアンジオテンシンについてペプチドチップを用いて解析した。アンジオテンシンのレセプターの一次配列データから，6アミノ酸残基からなるペプチド断片を網羅的に取り出し，チップ上に合成し，アンジオテンシンに対して親和性のある配列を探索した。その結果レセプター配列上のアミノ酸残基 VVIVIY に比較的強い親和性があることがわかった（加藤ら未発表データ，図8)。このデータを使ってさらに親和性の高いペプチドの探索を進めている。

ペプチドチップは固相での化学合成であるため，非天然アミノ酸残基も結合できるというメリットがある。また細胞を使った機能性ペプチドの探索が可能であることも既に見出しており，分析の汎用性も広い。FNN と組み合わせることで新規機能性ペプチドの探索に使うことができる強力な手段になると思われる。

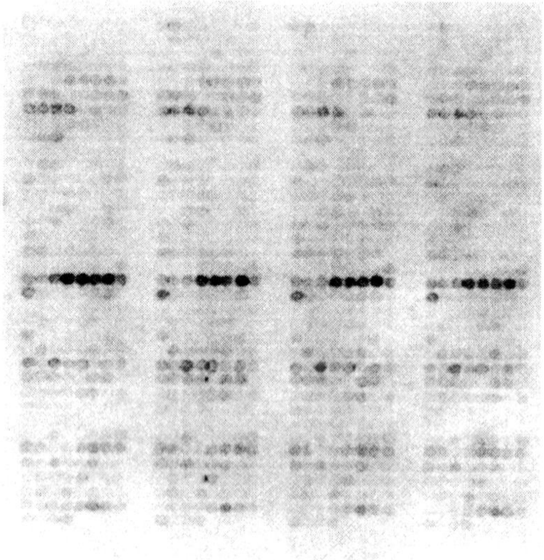

図8　FITC labeled probe を用いたアンジオテンシン結合ペプチドの探索結果
再現性確認のため同じ配列パターンを持つペプチドを4枚用意し解析した

1.4.2　ナノバイオテクノロジーにおける最適生体分子の探索

あらためて図2をごらんいただきたい。探索可能なデータベースを使った新規ペプチド探索のストラテジーがおわかりいただけよう。Dry な（計算科学的な）手法の第一の目的は，実験では行えないような規模で候補ペプチドをスクリーニングすることであると言える。FNN のような「学習」する情報処理手法は，限られた時間や費用の中で得られた研究データを有効に生かしながら，in silico において完全網羅的なスクリーニングをシミュレート・予測することを可能にするものである。そのシミュレーションの精度は，wet な（実験科学的な）実験データの規模と学習の精度に依存し，正確であるほど高くなると期待できるが，網羅に必要な数万もの膨大な実験を行う必要は無くなる。in silico シミュレーションは，ペプチド探索の工程で大きな比重を占める「開発のためのスクリーニング」という過程を大幅に短縮させることができる。また，実験データの中から，他の多型分子に当てはまるようなルールや，ユニバーサルなモチーフのような生物学的真理を抽出することができれば，多様性を示すペプチド分子のすべての機能を掌握することができるかもしれない。この方法はペプチド創薬にもつながる重要な技術である。このようなペプチドの特徴抽出こそ，ナノテクノロジーとバイオテクノロジーの融合領域において必要不可欠な方法になると思われる。

＜謝辞＞

本稿は名古屋大学大学院工学研究科生物機能工学専攻第1講座ですすめた研究成果を盛り込んで執筆した。小林猛教授，花井泰三九州大学助教授を始め，研究を行ってくれた大学院生諸君に感謝します。

文　　献

1) David W. Mount,「バイオインフォマティクス ゲノム配列から機能解析へ」，メディカル・サイエンス・インターナショナル（2002）.
2) H. Noguchi, *et al.*, *Journal of Bioscience and Bioengineering*, **92**, 227（2001）.
3) 堀川慎一ら,「ファジィニューラルネットワークの構成法と学習法」，日本ファジィ学会誌，vol. **4**, 906（1992）.

第5章　ナノバイオテクノロジーで広がるプロセスとデバイス

1　バイオプロセスによるナノバイオミネラルの創製とその応用

松永　是[*1]，田中　剛[*2]

1.1　はじめに

半導体（シリコン）や金属（CdSe, CdZn）微粒子である量子ドットは，粒子サイズの違いによって特有の物性を示し，エレクトロニクス分野における新規材料として応用されつつある。今後，ナノテクノロジーを用いた新規合成プロセスの開発によって，このようなナノスケールで制御された金属，もしくは無機化合物材料の創製が期待されている。近年，新規合成プロセスの一つとして，バイオプロセスによって形成されるナノスケールの無機材料である"バイオミネラル"に関する研究が注目されている。バイオミネラルに関する研究は古く，鉱物学的研究での位置づけの中で結晶解析や構造解析が行われてきた。バイオミネラルの例として，真珠や貝の殻などの炭酸カルシウム，単細胞藻類である珪藻の骨格，海綿動物の骨針のケイ酸塩，ヒザラ貝の歯や一部の細菌に見られる酸化鉄などが挙げられる。バイオミネラルの結晶形成は生物間ごとに特異であり，ある物理化学的条件において結晶成長が行われているとともに，生物学的因子によって制御されていることが考えられる。また，バイオミネラルの形成は原子の周期的な格子配列を基にしており，その形状制御はナノレベルで行う必要がある。そこでバイオミネラルの核形成，結晶成長などを遺伝子・タンパク質レベルで調節することで新規バイオミネラル創製のバイオプロセスが構築できるものと考えられる。

バイオミネラルの中でも磁性材料であるマグネタイトのバイオミネラリゼーション機構に関する分子レベルでの解析が最も進んでいるのは磁性細菌における結晶形成における研究である。本稿では，主にシリカとマグネタイトのバイオミネラリゼーションについて紹介し，ナノバイオミネラル創製とその応用について述べる。

1.2　シリカのバイオミネラリゼーション

ケイ素（シリコン：Si）は，ガラスや半導体など産業的に広く応用されている。また，現在の

＊1　Tadashi　Matsunaga　東京農工大学　工学部　生命工学科　教授
＊2　Tsuyoshi　Tanaka　東京農工大学　工学部　生命工学科　助手

ナノテクノロジーの興隆はシリコン基板を用いたフォトリソグラフィーによる微細加工技術代表されるトップダウン方式の基板加工技術に端を成している。しかし，最新のトップダウン方式による微細加工技術をもってしても生物が作り出す精巧な微細加工を再現することは現在のところ非常に困難である。Morse らは海綿動物が生産するバイオシリカに注目し，バイオシリカ形成に関わるタンパク質であるシリカテインを分離した[1]。シリカテインなどの生体分子を用いたナノスケールでのシリカ合成を調節する試みは“シリコンバイオテクノロジー”と名付けられ[2]，新規シリコン材料の創製が検討されている。一般にシリカ（SiO_2）はテトラエトキシシランなどのシリコンアルコシキシドを酸，もしくはアルカリの存在下におくことにより生成される。一方でこのシリカテインをテトラエトキシシランと混合することにより中性条件下においてシリカの生成が可能となる。この際シリカテインは酸，アルカリ触媒の代わりにテトラエトキシシランの加水分解を行っていると考えられている[3]。バイオミネラリゼーションにおいて，タンパク質を核として結晶成長が行われる例が多いが，シリカテインはシリカの重合反応を触媒している点で非常に興味深い。近年，シリカテインをモデルとした人工ペプチドを用いてシリカ結晶の形態制御にも成功しており[4]，シリコンバイオテクノロジーは生物が作り出すナノスケールのシリカ微細加工をマイルドな条件下で作り出せる可能性を秘めており，今後のさらなる応用が期待される。

1.3　バイオナノマグネタイトの結晶制御機構の解析

1.3.1　バイオナノマグネタイトのキャラクタリゼーション

マグネタイト（Fe_3O_4），マグヘマイト（Fe_2O_3）などのフェライト微粒子は，磁気テープや磁気ディスク，紙幣の顔料，プリンタトナーの黒着色などに使用されており，日常生活でもなじみの深い材料である。マグネタイト微粒子の製造法は工程の簡便さから現在では水相で調製できる共沈法が一般的である。共沈法は，（$Fe^{2+}+2Fe^{3+}$）溶液に NaOH を添加することによってマグネタイト結晶を合成する方法であり，主に球状のマグネタイト微粒子が析出する。本方法では，強酸条件，界面活性剤や有機溶媒中での反応を必要とし，粒径・形状の均一性，高保磁力，単磁区構造を保つために精密な反応工程制御を必要とする。

磁性細菌（図1A）は，菌体内に 50～100nm の純粋なマグネタイト結晶粒子を合成することが知られる[5, 6]。常温，pH6～7 に生育至適条件を持ち，生理的な条件でマグネタイト合成している。*Magnetospirillum magneticum* AMB-1 株においては六・八面体をした着磁方向の揃った単磁区構造を有するマグネタイトが生成されることが分かっている。磁性細菌によって合成される磁気微粒子（以下，磁性細菌粒子）の特徴的な点として，粒子の一つ一つがリン脂質膜で覆われていることである（図1B）。磁性細菌粒子の形態は，まがたま状（図2A），弾丸状（図2B，E），六・八面体（図2C，D），などの結晶形があり，これらの結晶形状は微生物株ごとに保存され，

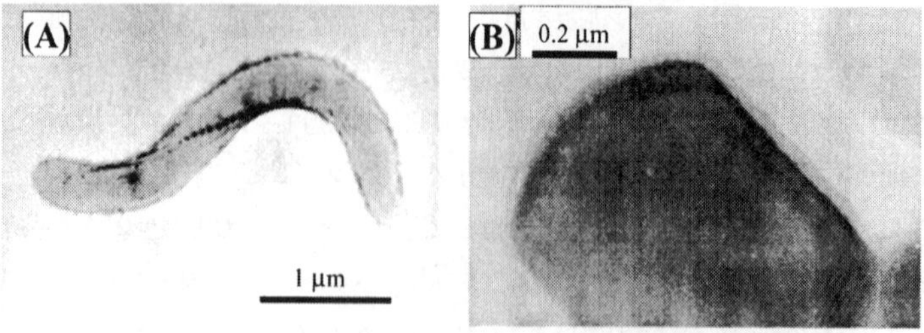

図1　磁性細菌（A），及び磁気微粒子（B）の透過型電子顕微鏡写真

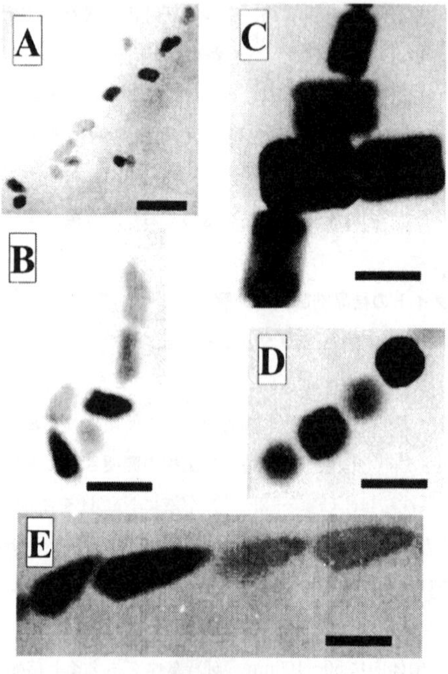

図2　環境中に存在する磁性細菌が合成する磁気微粒子の透過型電子顕微鏡写真
Bar＝100nm

種間で異なる結晶形態を有するマグネタイト微粒子が保持されている。この事実は，磁性細菌において種特異的なマグネタイト結晶の合成システムの存在と生物的因子による結晶の形態制御機構の存在を強く示唆しており，磁性細菌粒子膜上の膜タンパク質がこれらの現象に深く関与して

いると考えられる。

1.3.2　磁性細菌粒子合成に関与する遺伝子の探索

バイオミネラルの結晶形成機構を分子レベルで解明するためには，遺伝子を分離・解析する必要がある。これまでに純粋培養されている *Magnetospirillum* sp. MS-1はコロニー形成が難しく，遺伝子工学的手法を用いるのが困難であった。一方，AMB-1株は酸素耐性が高く，好気条件下の寒天培地上でのコロニー形成が可能である。接合伝達法によりAMB-1へのプラスミド導入の検討の結果，磁性細菌において始めて遺伝子組み換え系が確立できた[7]。そこで，トランスポゾンTn5挿入によるミュータントを作製することで磁気微粒子合成しない磁性細菌株のスクリーニングを行った。磁気微粒子生成能欠損ミュータント，NM5株の変異遺伝子を解析することでカチオン輸送タンパク質MagA[8]が得られた。MagAはATPaseと共役する鉄のトランスポーターであることが確認された。また，NMA21株から3価鉄の還元に関与するaldehyde ferredoxin oxidoreductase[9]が得られている。

1.3.3　全ゲノム解析に基づくマグネタイト形成機構の解析

磁性細菌の磁気微粒子合成メカニズムを解明することを目的に，*M. magneticum* AMB-1株の全ゲノムを解読し，シークエンスを決定した。これらのシークエンスデータ情報を手掛かりに，磁性細菌粒子の生成機構を解明している。これまでに

- 粒子表面を覆う膜小胞作製
- 小胞内への鉄イオンの蓄積
- 鉄イオンの結晶化
- 鉄イオンの酸化還元の調節

に関与するタンパク質の同定・解析が進められている（図3）。

小胞特異的GTPaseであるMms16が，真核細胞の輸送小胞を形成するメカニズムと類似した機能で細胞膜の陥入をプライミングし[10]，acetyl-CoA carboxylase（acyl-CoA transferase）

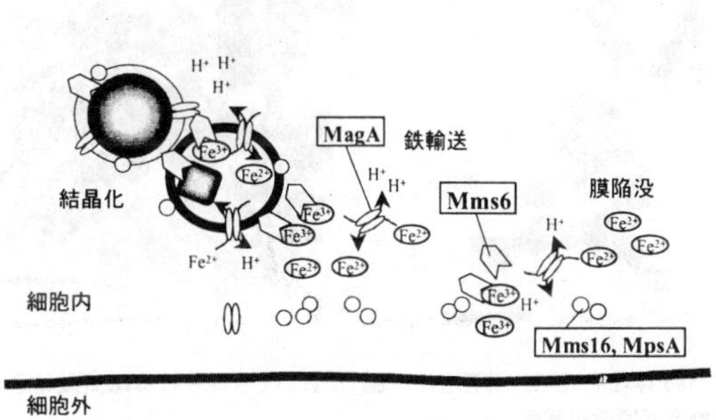

図3　磁性細菌 *M. magneticum* AMB-1におけるマグネタイト形成機構

と高い相同性を示すMpsAから転移されるアシル基が小胞形成に関与する[11]。陥入によって生じた小胞膜上にはプロトン／鉄アンチポーターであるMagAが発現しており，小胞内に鉄イオンを蓄積する[8]。このとき鉄が内部に輸送されると同時に外部にプロトンが排出されることで，小胞内はアルカリ化し，マグネタイト前駆体のアモルファスが生じる。結晶と小胞膜の境目から分離されたMms6は小胞内側で鉄イオンを固定化し，結晶核となる，または，結晶成長制御に機能し，粒子サイズを一定にそろえる[12]。また，細胞内各所の酸化還元酵素により鉄の酸化還元反応が起こり，マグネタイトの結晶が作られると考えられる[9]。磁性細菌におけるマグネタイト形成は，工業的に用いられる共沈法と同様の反応系で行われていることが考えられる。しかしながら磁性細菌の菌体内では，リポソームというナノ反応場を作りだし，鉄イオンの蓄積や酸化還元，鉄結合タンパク質の制御を通して極めて高精度に反応を行うことによって形状の揃った粒子を合成しているものと考えられる。

1.3.4 人工マグネタイトの粒径制御

磁性細菌粒子の特性は，均一な粒子かつ単磁区構造を持つことである。磁性細菌粒子のサイズと磁区を厳密にコントロールしている生物学的因子は粒子に強く結合しているタンパク質Mms6であると考えられている[12]。大腸菌内で大量生産したMms6を共沈法による人工マグネタイト合成時に加えたところ，加えない場合と比較して結晶サイズ，形状に明らかな違いが観察された。Mms6の添加によって生じたマグネタイトは，粒径が60nm前後に揃い，形状は磁性細菌AMB-1株で見られる形に近い均一な形状粒子であった。それに対し，添加しなかった場合に生じた磁気微粒子のサイズは不均一であり，形状も針状，球状など様々であった（図4）。Mms6には二価鉄イオンおよび三価鉄イオンと結合する能力があり，Mms6が直接イオンあるいはマ

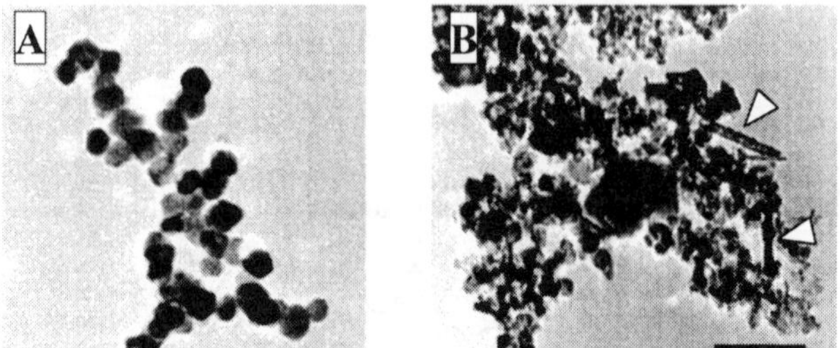

図4 Mms6存在下（A），非存在下（B）において合成される磁気微粒子の透過型電子顕微鏡写真
Bar＝100nm

グネタイトの結晶と結合し，結晶成長を制御すると考えられる。

1.4　磁性細菌粒子の工学的応用

(1)　イムノアッセイ

磁性細菌粒子は，培養した磁性細菌を集菌・破砕後，磁石により容易に分離・精製することができる。磁性細菌粒子表面膜のリン脂質の主成分は，ホスファチジルエタノールアミン（PE)である。このPEのアミノ基を反応基として用い，架橋剤を用いた抗体・酵素・DNAなどの固定化が可能である。これまでに磁性細菌粒子を磁性キャリアとして用い，IgG[13]，大腸菌[14]，アレルゲンの分離・検出[15]，一塩基多型（SNP）検出[16]が可能であることが確認されている。さらに磁性細菌粒子表面へのタンパク質の新たな導入方法として，膜タンパク質をアンカー分子とした有用タンパク質のアセンブリング技術が開発されている。磁性細菌 *Magnetospirillum magneticum* AMB-1株において鉄輸送タンパク質MagAが磁性細菌粒子膜上に局在することが明らかとなっている[17]。この *magA* 遺伝子と抗体結合タンパク質であるプロテインAをコードする遺伝子を融合し，磁性細菌 *M. magneticum* AMB-1株に導入することにより，プロテインAが活性を保持したまま磁性細菌粒子表面上に分子構築することが可能である。このプロテインA-ナノ磁性粒子複合体に抗インスリン抗体を結合させたナノ磁性粒子を用いて，サンドイッチ法に基づくインスリン測定法が確立されている[18]。

(2)　ドラッグスクリーニング

ポストゲノム時代に期待されている一つに，ゲノム創薬がある。医薬品開発の中で大きなシェアを占めるGタンパク質共役型受容体（GPCR）は，細胞のシグナル伝達を制御したり，細胞の内部環境あるいは外部環境との相互作用を調節したりと，生命現象のキーとなる役割を担っている。このため，疾病との因果関係も強く，GPCRをターゲットとした医薬品開発が盛んに行われている。ヒトゲノム中にGPCRは700-1,000分子あると予測されている。その半数以上がGPCRである。約340分子は生理活性物質をリガンドとする，創薬ターゲットとなるGPCRと考えられている。そのうち120分子がオーファン（みなしご）GPCRと呼ばれる，リガンドが不明のレセプターである。これらのオーファンGPCRのリガンドをスクリーニングし，顕著な作用を示す物質が発見されれば医薬品につながる可能性がある。GPCRは7回膜貫通型のタンパク質で，通常の精製プロトコールでは界面活性剤による可溶化，リフォールディングとリポソームなど上に再構築と，煩雑な操作が必要である。これを磁性細菌粒子膜上に正しいフォールディングで発現させることができれば，可溶化することなく磁性細菌粒子のまま測定に用いることができるばかりでなく，磁気制御による自動検出系を図ることができる。そこで我々は，磁性細菌粒子膜アンカー分子を自由度の高い膜アンカリング型のMms16に換えて，GPCRのフォールディ

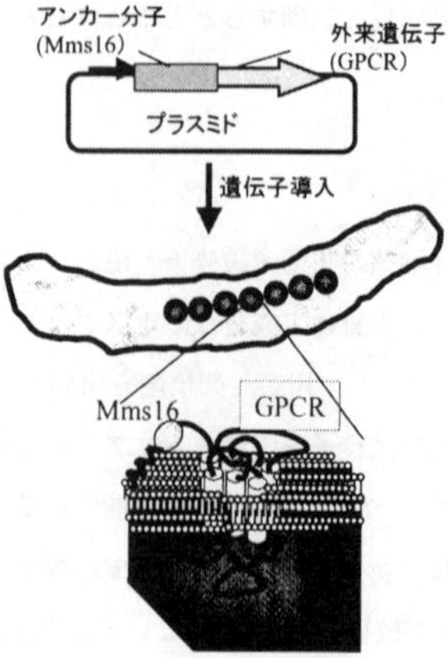

図5　磁性細菌粒子膜上へのGPCRのナノアセンブリング

ングを助長する設計を行った（図5）。その結果，正しいフォールディングで発現させることに成功したことが，リガンド結合アッセイから確かめられた。

1.5　おわりに

生物の合成プロセスを利用した新規バイオミネラル創製に関する研究は，半導体材料であるシリコンや磁気媒体材料になりうる酸化鉄において急速に発展してきている。磁性細菌が合成するバイオミネラル，マグネタイト微粒子は磁気キャリアや磁気プローブとしての応用が始まっており，バイオミネラルが人工合成によって創出できれば工学的な利用性は飛躍的に拡大すると考えられる。上述したように結晶構造の決定にキーとなるタンパク質が一部明らかとなったものの，現在までに，あらかじめ設計した結晶構造を遺伝子・タンパク質レベルで制御することに成功した例はない。今後，全ゲノム情報やプロテオミクスを活用した分子レベルでの網羅的解析によって，バイオミネラルができるまでの物理化学的因子と生物学的因子を統括的に理解できるものと期待される。

文　　献

1)　K. Shimizu *et al.*, *Proc. Natl. Acad. Sci. U S A*, **95**, 6234 (1998).

2) D. E. Morse *Trend. Biotechnol.*, **17**, 230 (1999).
3) J. N. Cha *et al.*, *Proc. Natl. Acad. Sci. USA*, **96**, 361 (1999).
4) J. N. Cha *et al.*, *Nature*, **403**, 289 (2000).
5) T. Matsunaga *et al.*, *Appl. Microbiol. Biotechnol.*, **26**, 328 (1987).
6) T. Sakaguchi *et al.*, *Nature*, **365**, 47 (1993).
7) T. Matsunaga *et al.*, *J Bacteriol*, **174**, 2748 (1992).
8) C. Nakamura *et al.*, *J Biol Chem*, **270**, 28392 (1995).
9) A. T. Wahyudi *et al.*, *Biochem Biophys Res Commun*, **303**, 223 (2003).
10) Y. Okamura *et al.*, *J Biol Chem*, **276**, 48183 (2001).
11) T. Matsunaga *et al.*, *Biochem Biophys Res Commun*, **268**, 932 (2000).
12) A. Arakaki *et al.*, *J Biol Chem*, **278**, 8745 (2003).
13) T. Matsunaga *et al.*, *Anal. Chem.*, **68**, 3551 (1996).
14) N. Nakamura *et al.*, *Anal. Chem.*, **65**, 2036 (1993).
15) N. Nakamura *et al.*, *Anal. Chim. Acta*, **281**, 585 (1993).
16) H. Ota *et al.*, *Biosens Bioelectron*, **18**, 683 (2003).
17) C. Nakamura *et al.*, *J. Biochem.*, **118**, 23 (1995).
18) T. Tanaka *et al.*, *Anal. Chem.*, **72**, 3518 (2000).

2　ナノテクノロジーとバイオチップ・センサー開発

民谷栄一*

2.1　バイオテクノロジーとナノテクノロジーの接点

生体自体を観察し，調べることはナノテクノロジーを発展させるうえで優れたモデルとなると期待されている。たとえば，細胞と外界の境界をなす細胞膜は脂質2分子層構造からできており，これにタンパク質が埋め込まれている。このタンパク質により外界からの情報が細胞内部に伝えられる。この細胞膜における機能ユニットは数nmの大きさである。また，遺伝子は，染色体を形成し，ナノメートル規模で核酸とタンパク質が相互作用し，遺伝子発現が制御されている。さらにDNAからメッセンジャーRNAが生成され，それからタンパク質へと変換するためには，リボソームといった10nmほどの大きさのタンパク合成分子工場で，タンパク質への変換が行われる。細胞や組織間の相互作用も同様の情報伝達によって制御されている。このように生体の多くはナノスケールで秩序だった構造体の中で存在し機能している。こうした生体の有するナノシステムの中で，情報伝達・処理，エネルギー変換，物質変換がきわめて有機的に行われており，これらは，次世代技術のシーズの宝庫である。生体機能におけるナノ構造に基づいて生体機能を設計し創成しようとする研究として，たとえばナノバイオセンサーやナノドラックデリバリーなどが実現しつつある。さらにナノテクノロジーによって，ナノ診断，ナノ治療，ナノ再生，ナノ移植といった次世代の医療技術が開発されるものと考えられる。

2.2　ナノ解析・操作のためのツールの重要性

バイオナノテクノロジーを実現するためのツールとして，図1にも示すようないろいろな方法や利用が考えられている。たとえば，ナノ領域で観測しようとするためには電子顕微鏡や走査型プローブ顕微鏡といった手法が有力である。著者らも原子間力顕微鏡を用いた遺伝子，タンパク質の構造に関する研究を展開しそれらに基づいた新たな原理のバイオセンサーの開発についても検討している。また，SNAMといった走査型プローブ顕微鏡により，光情報と原子間力情報を合わせもつ方法によるナノ解析をも実現している（図2）。特に細胞内のGFP分子をマーカーとした解析や染色体のナノ構造の解析にも展開している。さらにこうした顕微鏡以外にナノ領域を観測する方法として，エバネッセント光を用いて一分子計測などにも利用をされている。

一方，ナノスケールの構造体を利用してバイオの解析に利用する研究も重要である。著者らは，半導体の技術を用いてピコリットルの微小の容積を有するチャンバーアレイを作成し，これを用いて遺伝子ライブラリーやタンパクライブラリーを作成するためのバイオチップの開発を行って

*　Eiichi　Tamiya　北陸先端科学技術大学院大学　材料科学研究科　教授

（1）ナノ直接観察

EM------SEM, TEM

SPM-----AFM, STM, SNOM, SNOAM

エバネッセント場

分子プローブを介して　　蛍光標識分子（抗体、遺伝子）

細胞内観察　GFP　ターゲット分子融合遺伝子,　FRET 標識

（2）ナノ構造体の利用

ピコチャンバーアレイ -----バイオライブラリーのハイスループット解析

ナノチャンネル構造------キャピラリー電気泳動分離

ナノギャップ電極、ナノ周期構造------バイオセンサー

CNT などの利用 ------ AFM の分解能向上

ナノドット、ナノ粒子、ナノバーコード

（3）ナノ設計・創成

生体機能を担う分子の設計

コンビナトリアルライブラリーーータンパク、ペプチド、核酸、糖類など

生体分子、細胞の配置、パターンニング

（4）ナノ操作

光プローブ,　SPM をベース

細胞、染色体操作（移送、切断など）

図1　ナノバイオテクノロジーのためのナノツール

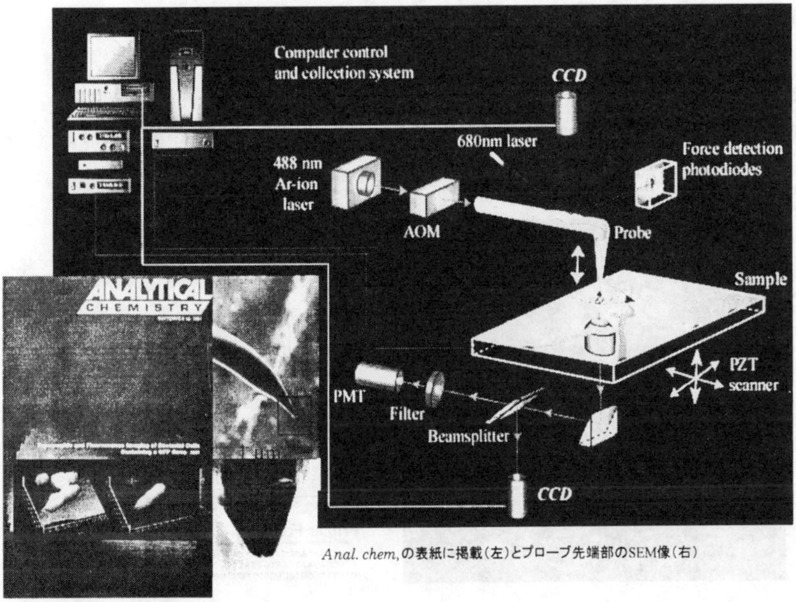

Anal. chem,の表紙に掲載（左）とプローブ先端部のSEM像（右）

図2　ナノ顕微鏡 SNOAM（Scanning Near-field Optical/Atomic force Microscopy）システム

いる。また，ナノスケールで精密に作成されたチャンネル構造を利用してゲル電気泳動を模倣した微細なシリコンピラによるDNAの分離が実現している。ナノマテリアルとして代表的なカーボンナノチューブを原子間力顕微鏡のチップの先端部に用いてより精密に生体材料の構造を観察する試みもある。すでにこれを用いてDNAの二本鎖の構造が観測できることも明かとなっている。その他，ナノパーティクルやナノ量子ドットなども生体の解析に用いられている。例えば，ナノ粒子のサイズを制御することによって蛍光波長を変化させる試みも実現している。これは，標識剤への利用が検討されている。

生体機能を有する機能分子を設計，創成するためには，コンビナトリアルライブラリーやモレキュラーインプリント合成法などを用いて分子レベルからボトムアップし，ナノ機能を実現しようとする設計創成法の研究も行われている。

また，チップ上に細胞や組織といった生体材料を精密に配置したり，ネットワーク形成を誘導するためのパターニングなどの技術が重要である。一方，こうしたナノツールを用いて測定のみならず操作を行うことも行われている。例えば，光ピンセットの原理を利用してナノ粒子の動きを制御したり，原子間力顕微鏡を用いて細胞や染色体の移動や切断分離したりすることも可能である。著者らもヒト染色体をターゲットとして，ナノ領域での切断にも成功し，新たな染色体の解析ツールの提案も行っている（図3）。

2.3 ナノテクノロジーが新たなバイオセンサーを創出

ナノテクノロジーを利用して進められているバイオセンサーへの展開について示す。バイオセ

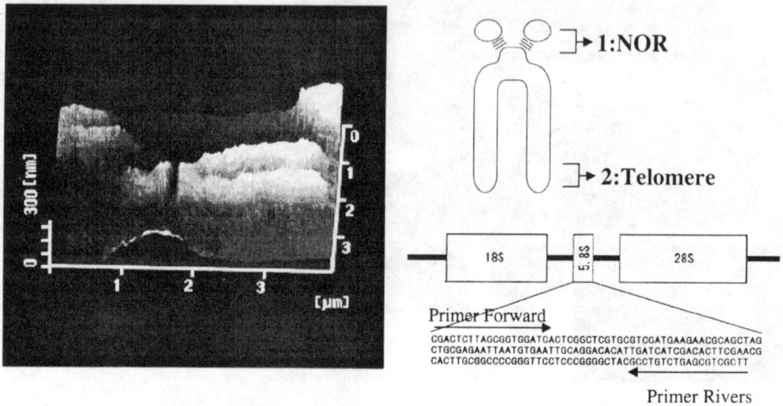

図3　AFMプローブによる核小体部位の切断と遺伝子解析

ンサーは今まで血糖値やホルモンなどを現場で測定できる装置としてすでに市販されているが，これからのバイオセンサーを開発する上で，ナノテクノロジーやマイクロチップテクノロジーは必要不可欠となっている。

ここで特にナノテクノロジーとしては，分子設計や分子創成など，一分子解析や操作がナノテクノロジーの有力な利点として上げられる。ここではDNAセンサーを開発するために利用された原子間力顕微鏡の例を示す。著者らは電極を用いた方法で遺伝子を検出する新しい原理を明らかにしている。これは，電極に特定のDNAを固定することなく，溶液中に行う特定のDNAと相互作用する電気化学的活性を有するバインダーとの相互作用を利用して測定するものである。電気化学測定から特定DNAが増加すると電流値が減少することが明らかになった，この原因について，原子間力顕微鏡を用いて調べてみるとDNAと電気化学バインダー分子との間に相互作用が見られ，最終的には凝集を引き起こすことが観測された（図4）。この凝集体は約10nm程度の大きさであることがわかり，DNAやバインダー分子がその凝集体に数多く含まれていることも明かとなった。こうしたナノ凝集体が形成されることにより，電気化学的な応答に大きな変

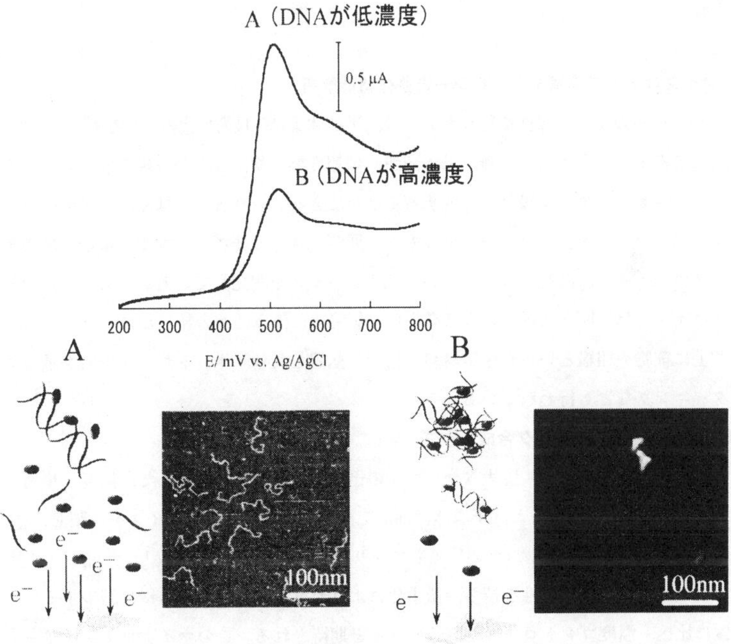

図4　AFMによって明らかになったDNAセンサーの原理

化をもたらしたということが明かとなった。このようにナノツール，ナノ解析を行うに原子間力顕微鏡をこういった方法を用いて新たなバイオセンサー計測原理が明らかにできた。現在この原理に基づいて現場で測定可能なDNAセンサーの開発が進められている。

一方，ナノテクノロジーのもう一つ重要な点である分子設計について示すと，たとえば，細胞内シグナルとしてのリン酸化酵素の活性を調べるプローブを開発するために基質となる配列のペプチドの両端に蛍光物質を付与することにより分子プローブが開発されている。このプローブは酵素活性により構造が変わり，最終的には光の情報へと変化を与える。その結果，細胞内情報をモニタすることができる。こうした分子設計を行うためには，ペプチドの配列をどのように設計するか，蛍光分子間の相互作用をどのように設計するかなど分子設計がきわめて重要である。こうした点もナノテクノロジーの貢献できる分野と考えられる。また，ユニークな例として，著者らは，カーボンナノチューブと関係のあるフラーレンを認識するペプチドの設計も実現している。フラーレンはエイズウィルスのプロテアーゼの阻害剤として働くことも知られ，また活性酸素の発生よりDNAの切断や抗がん剤としての利用も考えられている。さらに，再生医療分野への応用を考慮した幹細胞認識ペプチドや神経突起誘発作用のある新規ペプチドなどの探索にも成功している。

2.4 マイクロチップ集積テクノロジーと生体機能解析

ナノスケールの設計や操作を行うためには，半導体集積化技術に代表されるチップテクノロジーが不可欠である。たとえば，分離，分子認識，情報変換，検出などの各種機能ユニットを一体化したシステムをチップ上に設計，作成することができる。いうまでもなく，バイオセンサーのみならず各種のバイオテクノロジー基盤技術へと展開できる。著者らはすでに遺伝子増幅チップ，タンパク合成チップ，細胞チップなどのバイオデバイスを開発しているが，こうしたマイクロバイオデバイスでは，図5に示すように微小化，集積化に伴う種々の特性がある。また，これらのチップ上に細胞や組織といった生体材料を精密に配置したり，ネットワーク形成を誘導するためのパターニングなども行われている。

2.4.1 遺伝子増幅／タンパク合成チップ

特定遺伝子の増幅を行い，膨大なサンプルの迅速な同時分析を目指して，高度に集積化した微小型PCRデバイスを作製した。半導体微細加工技術を用いてこのデバイスを作製し，容量85pl の反応チャンバーを2500個/cm^{2}の集積度でシリコンウエハー上に配置した（図6)。基板材料のシリコンは優れた熱伝導性を持ち，微小化によりサンプル自身の熱容量は減少するため，従来の装置に比べ，温度コントロールが高速になると期待される。このマイクロチャンバーアレイを3個のヒートブロック上に5秒ずつ交互に置いて加熱した。この方法により40サイクルを

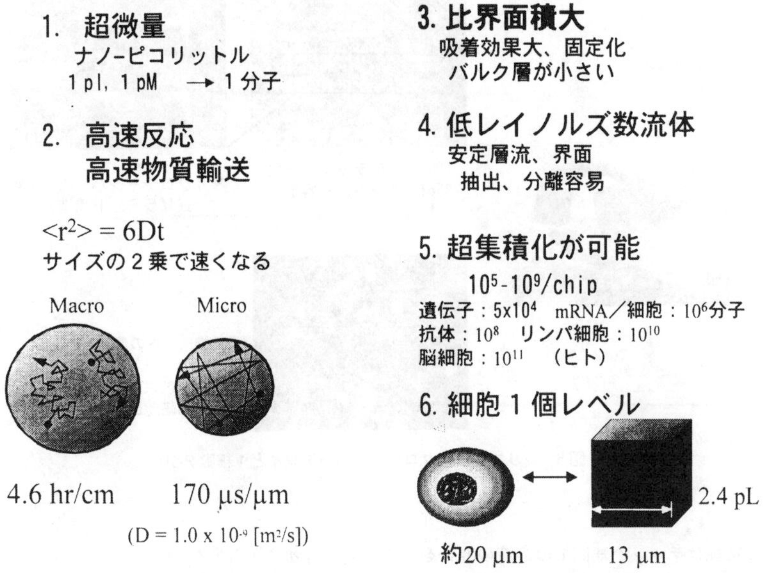

図5　マイクロバイオデバイスの特徴

15min で実行できた。従来の汎用の PCR 装置と比べて，反応時間全体を約5分の1以下に短縮できた。周期的に各チャンバーを配置した高密度なアレイを用いることにより，試料溶液の滴下分散による一分子および一細胞単位での配置も可能である。ここでは，一細胞 PCR の例を示す(図6)。こうした PCR 反応をチャンバーで行うためには，あらかじめ，アルブミンをチャンバー内面に被覆することが不可欠である。PCR に関わる酵素などの成分の吸着を防止するためと考えられる。

こうしたチップの表面処理は，*in vitro* タンパク合成系に適用する際も同様であった。筆者らは，大腸菌由来の細胞抽出液を用い，発現タンパク質には，GFP を用いて検討し，すでに発現を確認している。こうしたタンパク合成チップは，DNA ライブラリーをあらかじめ，チップ上に作成しておけば，このシステムでタンパク質にまで変換し，機能評価までも一度に行おうとするもので，ポストシーケンスにむけてのタンパク質機能解析の手法としても期待できると考える。作成したチャンバーの形状は 100×100μm，深さ 15μm，容積は約 150pl のものと，直径 10μm もしくは 20μm，深さ 15μm，容積は約 1pl もしくは 5pl のものを作製した。本研究で作成したチャンバーは PDMS シートに貫通穴があるため，チャンバー底面にはガラス面が露出している。PDMS 表面は疎水的な環境であるため，水溶液はチャンバー中にのみ留まりやすくなっている。

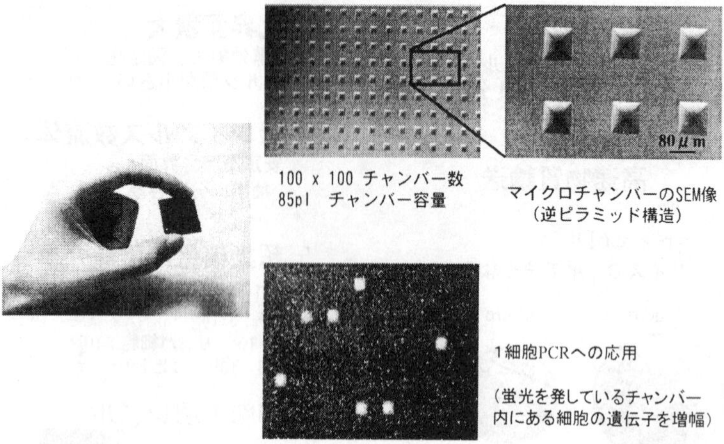

図6　シリコンマイクロチャンバーアレイと1細胞 PCR

この特性はチャンバー間での溶液の混合を防ぐために有効に作用する。

In vitro タンパク合成系には大腸菌由来の細胞抽出液を用い，発現タンパク質にはグリーンフルオレセントプロテイン（GFP）を用いた。合成は30℃，バッチ式で行った。チップ上に *in vitro* タンパク合成用混合液（リボソームなど各種タンパク質，ATP・アミノ酸など各種材料，遺伝子をコードするDNAを含む）を滴下し，チップ全体に塗布した後に余分な溶液を除去して反応させた。GFP発現に必要な一チャンバーあたりのDNA分子数の下限値を検証した。直径10μmのチャンバーを用い，一チャンバーあたり1，10，100分子のDNAが存在するように希釈したDNA溶液を用いて実験を行った。その結果，一チャンバーあたり10分子程度のDNAが存在すればGFP由来の蛍光が検出可能であることが確認された。

2.4.2　脂質膜チャンバーアレイ

膜タンパク質は，外界からのシグナルに応答するレセプターやイオンチャンネルなどの機能を担っている。しかし，その詳細な機能や薬剤に対する効果など，未解明なものが多い。一方，脂質膜や生体膜中における膜タンパク質を解析するには，膜タンパク質を脂質膜内に配置することが必要であり，従来の手法では一度に多数の試料を解析することができない。そこで本研究では，マイクロチャンバーアレイの各チャンバー内に，平面脂質二重層を形成させる技術と脂質二重膜に膜タンパク質を組み込み，活性評価を行うシステムの開発を目指している。そこでまず，マイクロチャンバーアレイに脂質膜を形成させ，その安定性を評価し，さらに蛍光標識したリン脂質を用いてチップ上での脂質の配置状況を観察した。

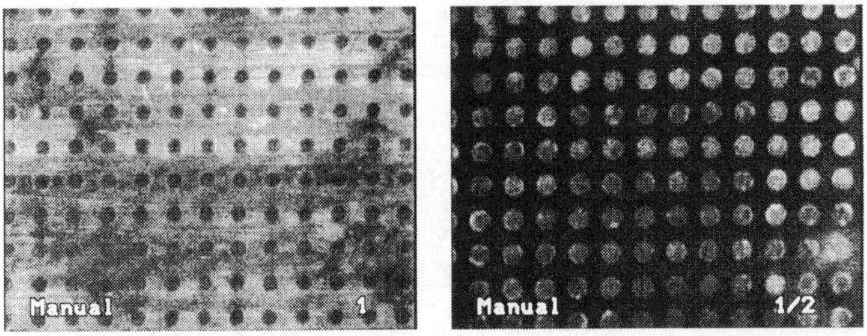

チップに脂質を塗布した写真　　　脂質膜を形成させた時の写真

図7　脂質膜チャンバーアレイ

膜がチャンバー内に形成されると，中心部分が白く周辺部分が黒いリングのように観察され，約10分から20分にわたって維持できた。さらに，脂質膜溶液にコレステロールを添加して，リン酸緩衝液（pH7.4）中で膜の形成を行った結果，膜の維持された時間が2倍となり，安定性を向上させることができた。コレステロールは，柔軟性に乏しい平面構造をしたステロイド環を持ち，炭化水素鎖の最も極性基に近い部分と相互作用してその部分を固定するという報告があることから，この効果によって膜の安定性を向上させることができたと考えられる。また，リン酸緩衝液中の膜形成では，pH6.0のときに飛躍的に膜の安定性が向上し，膜が約3時間安定に存続した。膜の安定性にはpHが大きく関与すると考えられる。蛍光標識されたリン脂質は，膜形成前にはチップ全体に塗布されていたが，水溶液にチップを浸漬した後は，チャンバー内に綺麗に配置され，膜を形成している様子が観察された（図7）。

2.4.3　細胞チップ・センサーの開発

(1)　アレルギー応答細胞チップセンサー

マイクロチップ作製技術を用いてアレルギー抗原を注入し，チップ上に配置した肥満細胞に刺激を与え，細胞から放出される蛍光物質を光学検出系によって検出することを目的としている。まず，細胞培養マイクロチャンバーを有するPDMSチップを作製し，この機能について確認した。このシステムを用いて検出を行う際，肥満細胞がチップ上において適切な状況で配置・培養され，適切な応答を示す必要がある。そこでPDMSチップ表面を種々の方法により改質し，表面状態と細胞の培養状況を観察することによって最適条件を検討した。さらに，この条件で配置された細胞について，チップ上でのアレルギー応答の検出を試みた。

肥満細胞は，抗原の刺激によってエキソサイトーシスをおこし，細胞内部から主にヒスタミンを放出する。アレルギー応答の検出は，ヒスタミンを光学的または，電気化学的に検出できる。そこで，より簡便にアレルギー応答を検出する方法として，本研究では蛍光色素であるキナクリン（quinacrine）を用いた光学的検出法を採用した。キナクリンは，肥満細胞に添加すると，細胞内のヒスタミン含有小胞内に取り込まれる。抗原の刺激により，エキソサイトーシスが起こると，ヒスタミンと同時にキナクリンも小胞内から放出されるので，放出されたキナクリンを検出すれば，アレルギー応答を検出することができる。そこで，チップ上に細胞を配置し，Microfluidic System によって抗原刺激から約2分後に蛍光強度のピークが見られた。

こうした細胞センサーを用いると，細胞の応答を直接得ることができるため，今まで知られていなかった新規なアレルギー物質の検索や，抗アレルギー物質を設計評価するためのツールとして利用できる。

(2) 神経細胞センサーによるドラッグスクリーニング

神経細胞は，ニューロンやグリア細胞が複雑にネットワークを形成し，これによって高度な機能が発現維持されている。こうした神経細胞に作用する薬剤のスクリーニングには，細胞レベルで一度に多くの薬剤の効果を見ることが要求される。そのためのコストを抑えながらのハイスループットスクリーニングを行うためには，集積化された神経細胞チップの作製が重要である。本研究では，神経細胞チップの作製ならびにそれを用いた薬剤の評価をおこなった。神経細胞チップは，フォトリソグラフィーとウェットエッチングを用いて，シリコン基板上に作製した。リアクター部は，一辺 500×500μm 深さ 200μm のものを 24×52＝1248 個基板上に集積化した。脳神経細胞に KCl 刺激や Ca^{2+} レセプター阻害剤を与え，それにより変化する細胞内 Ca^{2+} の変化を Ca^{2+} 指示薬である FLUO3-AM を使って観察した。チャンバー内の細胞を3日間培養したところ，マイクロチャンバー内にはグリア，ニューロン細胞共に接着し，ネットワークが形成されていることが確認できた。次に，これらのマイクロチャンバー内の細胞ネットワークに KCl 刺激を与え，細胞内 Ca^{2+} を観察したところ，KCl 刺激後に蛍光強度の変化が観察された。コノトキシン GVIA（N タイプの Ca^{2+} チャンネル阻害剤），アガトキシン IVA（P タイプの Ca^{2+} チャンネル阻害剤），コノトキシン MVIIC（P/Q タイプの Ca^{2+} チャンネル阻害剤）を用いて蛍光観察を行った。その結果，アガトキシン IVA とコノトキシン GVIA では KCl 刺激による蛍光強度の抑制が観察されたが，コノトキシン MVIIC では観察されなかった。このように神経細胞チップを用いることでドラッグスクリーニングが可能であることが示された（図8)。これら以外にも神経細胞を半導体作製技術を用いて種々の形状のパターンに培養できることも示している。

(3) 集積型免疫細胞チップと抗体スクリーニング

外部からの異物を認識する抗体分子は生体内の B 細胞によって合成される。B 細胞は多くの人の場合，10^8 以上の種類の抗体を生産できるとされている。

1 個の B 細胞が産生する抗体は1種類であり，これをモノクロナール抗体と呼んでいる。通常の抗体作製の方法においては，抗原を動物に注射，刺激しその後体内で産生する抗体を入手する

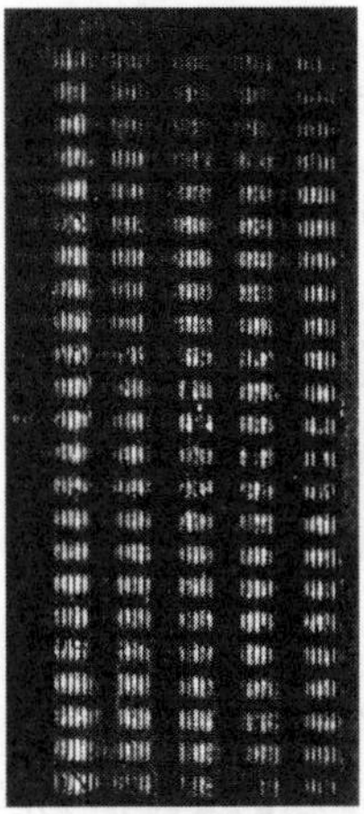

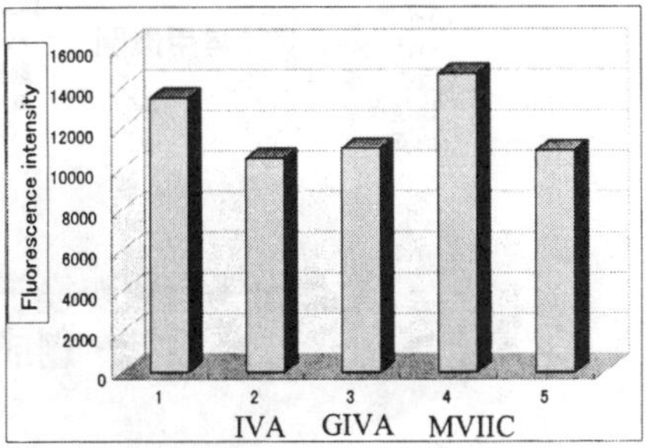

	(1)	(2)	(3)	(4)	(5)	
平均	13.0	10.5	11.0	14.8	10.9	(X 10^3)
標準偏差	5.28	3.11	4.67	6.20	4.19	(X 10^3)

Fluo3-AM (λ_{ex} = 490-500 nm, λ_{em} = 530 nm)

((1)-(4) は刺激(KCl)あり, and (5)は刺激(KCl)なし。)

図8　神経細胞チップによるレセプター阻害剤の応答

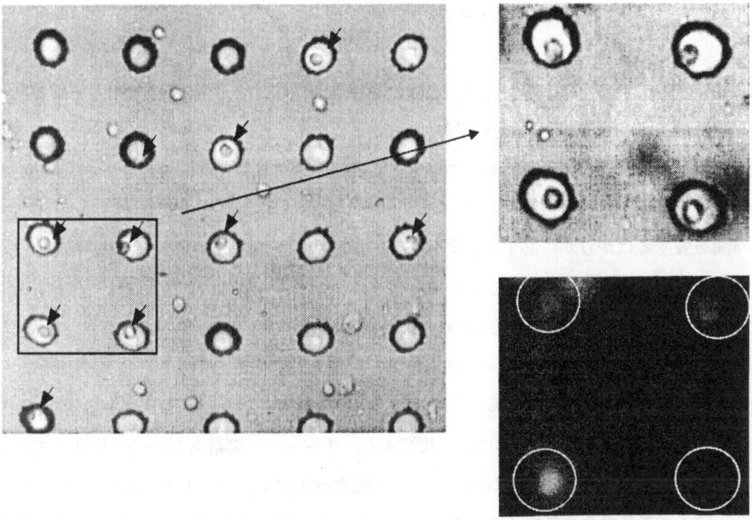

カルシウムイメージング
Fluo 3　Ex:506nm, Em:526nm

図9　PDMS チップによる一細胞 B リンパ球の応答解析

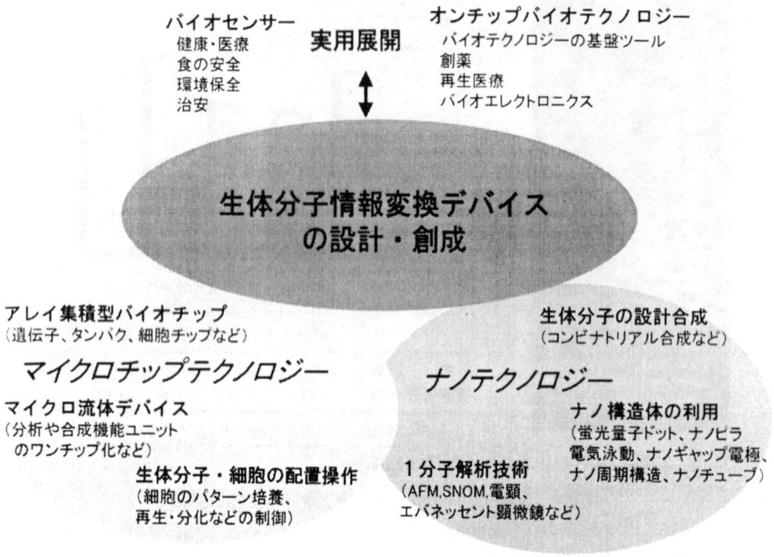

図10　ナノ・マイクロテクノロジーとバイオデバイス

方法が用いられている。この場合には，複数のB細胞が産生する抗体の混合物として得られるため，いわゆるポリクローナル抗体が得られることになる。がん細胞や特定のウイルスを測定や診断する場合には，認識の優れたモノクロナール抗体の方が有利と考えられている。一方，モノクロナール抗体を入手する方法としてハイブリドーマを用いる方法が知られているが，煩雑な操作と時間を要するばかりか，必ずしもすべての抗原に対してモノクロナール抗体が得られるというものではない。そこで，細胞チップを用いるモノクロナール抗体の作製に関する技術が検討されている。ここでは，著者らの方法について示す。

すでに，著者らは，マイクロチャンバーアレイをチップ技術にて作製し，これを用いてPCRやタンパク合成などを実現している。このマイクロチャンバーアレイは図8にも示すように，1つのチャンバーの大きさが10～100μm程度であり，チャンバーの数も10^4～10^7程度まで作製することができている。チップの材料はシリコン基盤や透明なポリマー材料（PDMSなど）が用いられている。すなわち，各マイクロチャンバー上にB細胞を1個ずつ配置し，その後特定の抗原刺激後を調べることにより，特定のB細胞を選別するこが可能となる。これにより任意の抗原に対するモノクロナール抗体を選択することができると考えられる。既に図9に示すような1細胞の配置できるチップアレイを作製し，抗原刺激後のカルシウム応答の測定に成功している。

こうした抗原刺激応答のあったB細胞については，所定の方法でこれを回収することも可能である。回収されたB細胞は1細胞PCRにより，特定認識部位の遺伝子配列を増幅，入手することが可能である。この遺伝子を解析すれば，認識部位の構造についてのデーターが得られる。このようにして，特定モノクロナール抗体を作製するB細胞が入手できれば，特定の抗体分子を選択して入手することが可能となる。また，抗体分子の遺伝子を入手することも可能であるため，この遺伝子をクローニング，あるいはタンパク合成系に適用することにより，所定のモノクローナル抗体を作製入手することも可能である。現在このような検討が進められている。

2.5　おわりに

以上，ナノテクノロジーやマイクロチップテクノロジーがバイオセンサーやテクノロジーを大きく発展させる可能性を有していることを示した図10にこれらの関係を示した。

文　　献

1) Y. Akagi, *et al.*, *J. Biochemistry* in press.
2) Y. Matsubara, *et al.*, *Biosensors & Bioelectronics* in press.
3) D. K. Kim, *et al.*, *Int. J. Nanosci.*, **1**, 1 (2002).
4) Z. L. Zhi, *et al.*, *Analytical Biochemistry* **318**, 236 (2003).
5) S. Taira, *et al.*, *Analytical Science*, **19**, 177 (2003).
6) T. Fukumori, *et al.*, *Analytical Science*, **19**, 181 (2003).
7) K. Itoda, *et al.*, *Analytical Science*, **19**, 185 (2003)
8) Y. Matsubara, *et al.*, *Arch. Histol. Cytol.*, **65**, 481 (2002).
9) H. Nagai, *et al.*, *Anal. Chem.*, **73**, 1043 (2001).
10) P. Degenaar, *et al.*, *J. Biochemistry*, **130**, 367 (2001).
11) E. Tamiya, *et al.*, *Electrochemistry*, **69**, 1013 (2001).
12) Y. Murakami, *et al.*, *Biosensors & Bioelectronics*, **16**, 1009 (2001).
13) H. Nagai, *et al.*, *Biosensors & Bioelectronics*, **16**, 1015 (2001).
14) Y. Murakami, *et al.*, *Material Science and Engineering C*, **12**, 67 (2000).
15) B. Le Pioufle, *et al.*, *Materials Science and Engineering C*, **12**, 77 (2000).
16) S. Koide, *et al.*, *Chem. Comm.*, 741 (2000).
17) H. Muramatsu, *et al.*, *Society of Photo optical Instrumentation Engineers*, **3922**, 99 (2000).
18) A. Koizumi, *et al.*, *Analytica Chimica Acta*, **399**, 63 (1999).
19) A. Koizumi, *et al.*, *Analytica Chimica Acta*, **399**, 63 (1999).

20) E. Tamiya, *et al.*, *Society of Photo optical Instrumentation Engineers*, **3607**, 42 (1999).
21) S. Iwabuchi, *et al.*, *Society of Photo optical Instrumentation Engineers*, **3607**, 102 (1999).
22) 民谷栄一, *BIO INDUSTRY* 7月号 (2003).
23) 民谷栄一, 表面技術, **54**, 15 (2003) (印刷中).
24) 民谷栄一, 技術と経済, **436**, 46 (2003).
25) 民谷栄一, 化学, **57**, 37 (2002).
26) 民谷栄一, 次世代センサー, **12**, 6 (2002).
27) 民谷栄一, 現代化学3月号, **372**, 23 (2002).
28) 民谷栄一, 技術と経済, **428**, 4 (2002).
29) 民谷栄一, エンバイオ, **2**, 1 (2002).
30) 民谷栄一, 工業材料, **50**, 62 (2002).
31) E. Tamiya, *JETRO*, 11 (2001).
32) 民谷栄一, *BIO INDUSTRY*, **18**, 64 (2001).
33) 民谷栄一, 生物工学会誌, **79**, 367 (2001).
34) 民谷栄一, 電子情報通信学会誌, **84**, 701 (2001).
35) 民谷栄一, エンバイオ資源環境対策別冊, **37**, 21 (2001).
36) 民谷栄一, *BME*, **15**, 8 (2001).
37) 民谷栄一, *Electrochemistry*, **68. 4** 電気化学会, 294 (2001).
38) M. Kobayashi, *et al.*, *New Technology Japan*, **29**, 11 (2001).
39) 民谷栄一ら, 総合臨床, **50**, 433 (2001).
40) 森田資隆ら, *BIO INDUSTRY*, **18**, 64 (2001).
41) 民谷栄一, 医学生物学電子顕微鏡技術会誌, **3**, 1 (2000).
42) 岩渕紳一郎ら, 細胞. 臨時増刊, **31**, 275 (1999).
43) 民谷栄一, 化学と生物, **138**, 254 (2000).
44) 民谷栄一, 総合臨床, **50**, 433 (2000).
45) 民谷栄一, 化学, 42 (2000).
46) 民谷栄一, 高分子, **49**, 442 (2000).
47) 村上裕二ら, *ELECTROCHEMISTRY*, **4**, 294 (2000).
48) 民谷栄一, 画像ラボ, **102**, 43 (1999).
49) 民谷栄一, 電気学会センサ・マイクロマシン部門誌, **118-E**, 552 (1998).
50) 民谷栄一, 光アライランス, **9**, 7 (1998).
51) 村上裕二ら, 電気学会論文誌E, **119E**, 436 (1999).
52) 民谷栄一, 総合臨床, **47**, 1848 (1998).
53) 岩渕紳一郎ら, 膜 *MEMBERANE*, **23**, 170 (1998).
54) 民谷栄一, ナノテクノロジーハンドブック, オーム社, 49 (2003).
55) 民谷栄一, バイオセンサー, 試料の前処理ハンドブック, 丸善, 印刷中.
56) 山村晃ら,「電気化学便覧第5版」微生物センサー, 丸善, 印刷中.
57) 民谷栄一, バイオセンシングの最新技術動向, M&E **4**, 178 工業調査会 (2003).
58) 民谷栄一ら, バイオセンサーとバイオインフォマティクス先端化学シリーズIII, 丸善, pp.

233 (2003).
59) 民谷栄一, 21世紀版薄膜作成応用ハンドブック一改訂版, エヌティーエス, 1089 (2003).
60) 森田資隆ら, 化学フロンティア第9巻, 175 (2003).
61) T. Kinpara, *et al.*, Micro Total Analysis Systems 2002, Vol. 1, 242 Kluwer Academic Publishers. Netherlands. (2002).
62) Y. Murakami, *et al.*, Micro Total Analysis Systems 2002, Vol. 1, 479 Kluwer Academic Publishers. Netherlands. (2002).
63) F Morin, *et al.*, Micro Total Analysis Systems 2002, Vol. 1, 515 Kluwer Academic Publishers. Netherlands. (2002).
64) S. R. Rao, *et al.*, Micro Total Analysis Systems 2002, Vol. 2, 862 Kluwer Academic Publishers. Netherlands (2002).
65) 民谷栄一, ナノ光工学ハンドブック, 朝倉書店 (2002).
66) T. Yanagida, *et al.*, Near-Field Microscopy for Biomolecular Systems, Nano-Optics, Springer, 191 (2002).
67) 民谷栄一, バイオセンサーの急激な進歩を担うスピリット, アドスリー, 160 (2002).
68) 民谷栄一ら, 生命科学のニューセントラルドグマ, 科学同人, 218 (2002).
69) 民谷栄一, 計測工学ハンドブック, 朝倉書店, 629 (2001).
70) Y. Morita, *et al.*, Innovation and perspectives in Solid Phase Synthesis and Combinatorial Chemical Libraries, Mayflower worldwide limited, England, 325 (2001).
71) K. Yokoyama, *et al.*, The wave of the future, American Peptide Society, 1 (2001).
72) Y. Murakami, "microTAS 2000", Kluwer Academic Publications (2000).
73) H. Muramatsu, *et al.*, Near-Field Optics : Principle and Applications, 67 (2000).
74) T. Agics, *et al.*, Scanning and force microscopies for biomedical applications. Progress in Biomedical optics and Imaging, *SPIE* 3607 (1999).
75) 民谷栄一, 化学工学の進歩32－生体工学, 槙書店, 205 (1998).

3　抗体マイクロアレイ

長棟輝行*

3.1　はじめに

20世紀後半の分子生物学を中心とする生命科学の急速な発展の過程で，組み換えDNA技術に基礎をおく遺伝子工学，RNA工学，染色体工学，タンパク質工学，細胞工学といった新しいバイオテクノロジー分野が生まれ，21世紀はバイオの時代と称されるほどの大きな期待を集めている。また，高速DNAシークエンス技術とコンピューター解析技術を駆使したゲノムDNA塩基配列の網羅的な解析プロジェクトの推進により，膨大な量のゲノムDNA塩基配列情報が驚異的な速度で集積されつつある。さらに，ゲノム遺伝子の同定と機能解析，トランスクリプトーム解析，遺伝子発現ネットワーク解析，プロテオーム解析，メタボローム解析，フィジオーム解析など，生物システムの遺伝子発現，タンパク質合成，代謝，細胞生理などの各階層に対応した動的情報を網羅的にかつハイスループットに分析する技術の開発も行われ，ポストゲノム解析と呼ばれる網羅的研究が始まりつつある。特に，ヒトを対象としたポストゲノム解析の成果は，ゲノム創薬，テーラーメード医療，再生医療などの実現に繋がることが期待されるため，世界的に激しい競争のもと研究が進められている。

網羅的研究を可能にする技術として最も早く開発され，また広汎に利用されているのはDNAチップ技術であるが，DNAチップを用いたトランスクリプトーム解析では，どの遺伝子がいつ転写されたのかがわかるに過ぎず，翻訳後，様々なプロセスの実行段階でのタンパク質量の変動やそのタンパク質の相互作用解析を行うことはできない。このようなタンパク質の発現プロファイリングやタンパク質相互作用の解析を行うための高密度，ハイスループットな革新的タンパク質マイクロチップの開発が望まれている。なお，ここでは既知の特定タンパク質の発現プロファイリング，特定のタンパク質や生体分子間の相互作用解析用のマイクロチップ開発を前提としている。したがって，未知タンパク質の発現プロファイリングや特定のタンパク質と相互作用する未知タンパク質の同定を目的とするマイクロチップではないことを，まず最初におことわりしておく。本稿では，このようなタンパク質マイクロチップを用いたタンパク質発現プロファイリングとタンパク質相互作用解析のための抗体マイクロアレイシステム開発の現状と，筆者らが行ったエレクトロスプレーデポジション（ESD）法による抗体マイクロアレイ作製と免疫測定系への応用例について紹介する。

---

*　Teruyuki　Nagamune　東京大学大学院　工学系研究科　化学生命工学専攻　教授

3.2　タンパク質発現プロファイリング，タンパク質相互作用解析用の抗体マイクロアレイシステム開発の現状[1, 2)]

ゲノム創薬，テーラーメイド医療などの分野でDNAチップを利用したmRNA発現プロファイリング解析が行われている。例えば，正常細胞とがん細胞における特定遺伝子群の発現パターンの比較や，薬剤に対する遺伝子群の発現パターンから創薬ターゲットとなる遺伝子，またその遺伝子がコードするタンパク質の絞り込み，薬剤による副作用の判定などが行われる。しかし，mRNAレベルの発現解析は間接的にタンパク質の発現量を推定する手段に過ぎない。実際，酵母菌では多くのタンパク質の発現レベルは転写後に制御を受けており，mRNAの転写レベルとタンパク質の翻訳発現レベルには20倍以上の違いが有ることが報告されている[3)]。このことは，細胞内で機能しているタンパク質そのものの発現レベルやその活性，タンパク質相互作用の解析が重要であることを意味している。すなわち，疾患の原因や疾患に特有なマーカータンパク質を細胞内に存在する数千以上のタンパク質群の中から検索するためには，場合によっては数千以上のタンパク質についてパラレルに発現解析を行うことが必要となる。また，細胞内ではタンパク質は他の低分子リガンド，タンパク質，DNA，RNAなどの生体分子との相互作用を通してその機能を発揮しており，創薬の観点からはこのようなタンパク質相互作用の解析も極めて重要である。このように，多数のタンパク質の発現プロファイリングや相互作用をハイスループットにかつ同時に直接測定できる技術の開発が望まれている。

タンパク質の発現プロファイリングやタンパク質相互作用を解析するためのタンパク質マイクロチップとしては固定化するタンパク質認識分子のライブラリーの種類によって様々なものが考えられる。すなわち，DNAアプタマーライブラリー（Somalogic社（USA）），ペプチドライブラリー，Affibodyライブラリー（プロテインAの抗体Fc結合ドメインを改変したライブラリー，Affibody社（Sweden）），ファージ抗体ライブラリー（Cambridge Antibody Technology社（UK），Dyax社（USA）），抗体ライブラリー（Hypromatrix社（USA），BD Bioscience Clontech社（USA））など，分子認識能を持つ分子のライブラリーを基板上にアレイし，これによってタンパク質やそのタンパク質と相互作用して結合している生体分子を捕捉結合する方法である。この中でも，抗体ライブラリーをアレイした抗体マイクロアレイは，その特異性，結合効率が極めて高いことから，タンパク質マイクロアレイとして有望視され，BIAcore社（Sweden），HTS Biosystems社（USA），Cambridge Antibody Technology社，Ciphergen Biosystems社（USA），Dyax社，Large Scale Biology社（USA），PerkinElmer社（USA），Zyomyx社（USA），Hypromatrix社，BD Biosciences Clontech社などで研究開発が進められてきた。Ciphergen Biosystems社ではTOF-MS用の抗体チップを販売している。BIAcore社では表面プラズモン共鳴現象を利用した生体分子相互作用解析用の抗体チップを，PerkinElmer社ではマイクロフローチャ

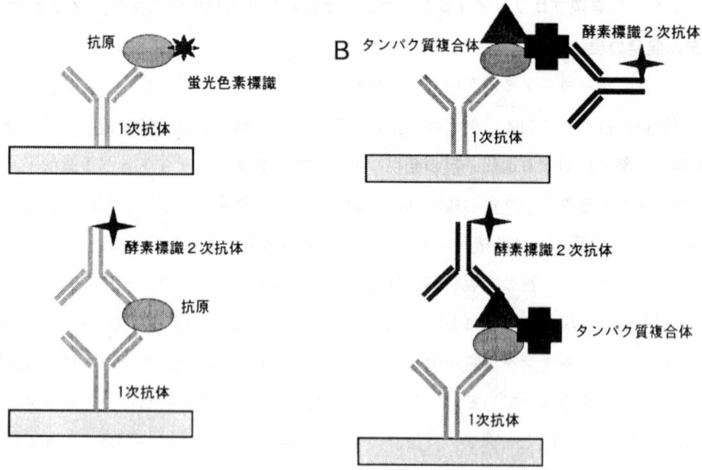

図1　抗体マイクロアレイを用いたタンパク質の発現プロファイリング解析，タンパク質相互作用解析のスキーム

ネル方式のタンパク質チップ作製装置，シグナル検出装置などを開発し販売している。また，Zyomyx社ではタンパク質プロファイリング用，30種類のヒトサイトカイン測定用のマイクロフローチャネル方式の抗体チップを製品化している。さらに，Hypromatrix社では細胞情報伝達解析用（400種の情報伝達関連タンパク質用），アポトーシス解析用（150種のアポトーシス関連タンパク質用），細胞周期解析用（60種の細胞周期関連タンパク質用）の抗体アレイの販売（販売元：フナコシ薬品），BD Biosciences Clontech社では細胞質，膜結合性の各種機能性タンパク質380種類に対する抗体アレイを作製し，これを用いたタンパク質の発現プロファイリング解析のカスタムサービスを既に開始している。

抗体マイクロアレイを用いたタンパク質の発現プロファイリング解析，タンパク質相互作用解析のスキームを図1に示す。タンパク質の発現プロファイリング解析を行うためには，基板上に固定化した抗体によって特異的に捕捉されたタンパク質の絶対量あるいは相対量を定量する必要がある。図1-Aに示すように，タンパク質量を定量するための方法としては，予めサンプル中のタンパク質をCy3やCy5などの蛍光色素でラベルする方法（BD Bisciences Clontech社）や，捕捉された無修飾のタンパク質を標識抗体でサンドイッチする方法（Zyomyx社，Hypromatrix社），TOF-MSによる方法（Ciphergen Biosystems社）などが用いられる。蛍光色素でターゲット分子を化学的に標識する方法は，DNAチップを用いたmRNAの転写プロファイリング解析などで良く用いられる方法であり，タンパク質の蛍光色素標識も同様な方法で行われる。しかし，

DNAの蛍光色素標識と，タンパク質の蛍光色素標識で決定的に異なる点は，DNAの場合にはサンプル中のmRNAから逆転写酵素でDNAを合成する際に，蛍光標識ヌクレオチドを用いてDNA1分子に導入される蛍光色素分子数がどのDNA分子でも同じ（通常は1分子）になるように制御できるのに対して，タンパク質の場合にはタンパク質によって標識される蛍光色素分子数が異なったり，蛍光色素の種類によって標識される分子数が変化する可能性が大きいことである。これは，タンパク質を蛍光色素で化学修飾する際にはタンパク質のアミノ基（N末端のアミノ基およびリジン残基のアミノ基）とN-hydroxylsuccinimide（NHS）化した蛍光色素を反応させる場合が多いが，サンプル中に存在する全てのタンパク質を同時に化学修飾する際に，N末端アミノ基にのみ特異的にNHS化蛍光色素を反応させることは困難であり，タンパク質表面に存在する一部のリジン残基のアミノ基とも反応してしまうためである。この反応性のリジン残基のアミノ基の数がそれぞれのタンパク質によって，また蛍光色素の種類によって異なるため，蛍光強度によってそれぞれのタンパク質の絶対量を測定することはできない。さらに大きな問題点は，エピトープの近傍が蛍光色素標識されると抗体に対する結合効率が変化する可能性が有ることである。このような場合には，基板上に固定化する抗体としてはモノクローナル抗体よりはポリクローナル抗体が適していると考えられるが，ポリクローナル抗体の場合にはロット間の変動という問題が生じる。このように，蛍光色素標識法はタンパク質の絶対量を定量する目的には適しておらず，相対量の変化などの解析に用いられる。

サンプル中のタンパク質を修飾せずに検出する方法としては，標識モノクローナル抗体を用いるサンドイッチ法が用いられる。この方法は免疫測定法として広く利用されている方法であり，適当な抗体を準備できれば，サンプルの前処理なしにタンパク質の絶対量を高感度に定量できる。ただし，測定対象のタンパク質が他のタンパク質や生体分子と相互作用して複合体を形成し，抗体によって認識されるエピトープ部分が隠れてしまっているときには，そのタンパク質をモノクローナル抗体で捕捉したり，標識モノクローナル抗体でサンドイッチすることはできない。このような場合には，複合体形成部位とは異なる部位のエピトープを認識するモノクローナルあるいはポリクローナル抗体を1次抗体あるいは2次抗体として選択する必要がある。

タンパク質の生体分子との相互作用を解析する際には，図1-Bに示すように基板に固定化した抗体で目的のタンパク質を特異的に捕捉し，相互作用を見たい生体分子を特異的に認識する標識抗体を用いてサンドイッチすることにより，目的タンパク質と生体分子との複合体形成の検出や複合体の絶対量の定量が可能となる。この場合にも，複合体形成部位とは異なる位置に存在するエピトープを認識する抗体を選ぶ必要があることは言うまでもない。

3.3　抗体マイクロアレイシステム作製のための基盤技術

このようなタンパク質の翻訳発現プロファイリングやタンパク質相互作用解析用の抗体マイクロアレイシステムを作製するためには，次に示すいくつかの基盤技術を利用する必要がある。

①　抗体を基板上の特定の位置に配列する技術

②　抗体を基板上にその機能を損なうことなく固定化する技術

③　タンパク質あるいはタンパク質複合体の高感度検出・定量技術

これまでに研究開発されてきたこれらの技術について，以下に簡単に紹介する。

(1)　抗体の基板へのマイクロアレイ化技術

数 nl から数百 nl 程度の抗体溶液を基板上にアレイする方法としては，

i）溶液をその先端に保持することが可能なピンを用いたロボットなどによる機械的マイクロスポット法

ii）キャピラリーチューブを用いたピペッティング法

iii）ピエゾ式インクジェットプリンターを用いたジェットプリント法

iv）ノズル先端に高電圧を印可して抗体溶液を超微粒化して帯電させ，ノズル先端と基板の間に形成される静電場力線に沿って飛行させ基板上に堆積させるエレクトロスプレーデポジション（ESD）法

などが用いられている。しかし，マイクロスポット法，ピペッティング法，ジェットプリント法では基板上に抗体溶液を直接スポットするため，これが乾燥する過程で抗体の基板上でのマクロな不均一化が生じたり，抗体が界面変性する可能性が有る。一方，ESD 法では抗体溶液は超微粒化され，基板上に到達するまでに気相中で大部分に水分が蒸発することにより，多少の吸着水が結合したタンパク質の凝集体の形で基板上に均一にデポジットされるため，マクロな分布の不均一化や界面変性がおこりにくく，比較的均一なスポットを形成することが可能である。

(2)　抗体の基板上への固定化技術

抗体を基板上に固定化する方法としては，

i）物理的吸着法

ii）基板への直接的共有結合法

iii）ポリマー被覆基板への共有結合法

iv）ヒドロゲル被覆基板への共有結合法

v）タンパク質被覆基板への共有結合法

vi）タンパク質被覆基板へのアフィニティ結合法

などが用いられる。

物理的吸着法は，ガラスやポリスチレンフィルム，PVDF 膜，ニトロセルロース膜などの基

板に抗体を直接に物理吸着させる極めて簡便な固定化法ではあるが，固定化量の制御が困難，抗体の配向性の制御が困難，固定化に際して抗体の基板表面での界面変性が起こりやすいなどの問題点が指摘されている。シラン化処理したガラス基板に活性NHS基あるいはアルデヒド基を導入し，抗体のアミノ基やカルボキシル基と反応させ，共有結合によって抗体を基板上に直接固定化する技術は，固定化量の制御は可能であるが分子配向性の制御の困難性，界面変性などにより抗体結合活性が低下するという問題点を抱えている。ポリリジンなどの親水性ポリマーで被覆した基板上にグルタルアルデヒドのような2官能性試薬を用いて抗体を共有結合させる方法は，抗体の界面変性を緩和できると考えられている。また，アクリルアミドゲルのようなヒドロゲルのマイクロアレイを基板上に作製し，このゲルの中に抗体をグルタルアルデヒドにより共有結合させる方法（PerkinElmer社）は，界面変性を防ぐとともに，ハイドロゲルの中に3次元的に固定化されるため，基板表面に単層で抗体を固定化する他の方法と比較して固定化量が多く，固定化や不適切な分子配向に伴う結合活性の低下という問題点が軽減されるという利点が有る。さらに，基板上に物理的吸着法，直接的共有結合法によってBSA，アビジン（ストレプトアビジン），プロテインA，プロテインGなどのタンパク質を予め固定化し，このようなタンパク質被覆基板に対して抗体を2官能性試薬を用いて共有結合法によって固定化する方法，アビジン-N末端ビオチン化抗体のアフィニティーやプロテインA／プロテインG-抗体のアフィニティーを利用して固定化する方法も開発されている。アフィニティーを利用した抗体の固定化は固定化タンパク質の分子配向性が制御されていれば，その結果として抗体の分子配向性を制御することが可能であり，また，最も穏和な条件で固定化ができるため，高い抗原結合活性を維持できる抗体の固定化法として期待されている。

(3)　タンパク質／タンパク質複合体の高感度検出・定量技術

基板上の抗体によって捕捉されたタンパク質あるいはタンパク質複合体の検出方法としては，

i）水晶発振子マイクロバランス（QCM）による検出法

ii）マススペクトロメートリーによる検出法

iii）表面プラズモン共鳴（SPR）シグナルによる検出法

iv）蛍光標識による検出法

v）酵素標識による検出法

などがある。

QCM法は水晶発振子上に固定化した抗体がタンパク質と結合すると，その質量変化に相関して振動数が減少する現象を利用して結合したタンパク質量を定量する方法であり，水中における測定で約30pg/Hzの検出感度，約50pMの検出限界濃度が達成されている（Initium社（日本））。また，マススペクトロメートリー法は，抗体で捕捉したタンパク質やタンパク質複合体を

MALDI-TOF-MSによって検出する方法であり，100fmol～6pmolのタンパク質量の高感度検出が可能である（Ciphergen Biosystems社)。しかし，これらの方法は無標識のタンパク質をそのまま検出できるという利点はあるものの，基本的には1個1個の抗体スポットについて数分から数十分かけて順次解析するシステムであり，現在のところアレイフォーマットに対応していないため，パラレルなハイスループット解析には適さない。

表面プラズモン共鳴法は，金薄膜表面あるいはCMデキストラン被覆金薄膜表面に固定化した抗体へのタンパク質の結合量を，金属薄膜表面での全反射光強度の波長依存性が，表面プラズモン共鳴現象によってタンパク質結合量依存的に変化することを利用して検出する方法であり，生体分子間相互作用を検出する方法として広く用いられている。BIAcore社が既に商品化しているシステムは，数個のフローセルに固定化した抗体に対するタンパク質の結合や，結合量を同時に測定できるタイプのものであり，現在は数十，数百，数千のスポット上での表面プラズモン共鳴シグナルを同時に検出できるシステムの開発に取り組んでいる。また，HTS Biosystems社は，金薄膜をコートした100μm×100μmのプラスチック回折格子上に抗体のスポットを400個程度アレイ化し，これらのスポット上での表面プラズモン共鳴シグナルを，CCD検出器により同時に測定できるマイクロアレイフォーマットのハイスループットな抗体マイクロアレイシステムを既に販売しており，さらに1万個以上アレイ化できるタンパク質チップの開発を目指している。

蛍光標識法はDNAチップの検出系において最も広く用いられている確立された検出方法であり，数千から数万のマイクロアレイに対応できるハイスループットな検出システムが種々開発されている。ラマン散乱光によるバックグランド蛍光を抑制するために，励起光波長が長波長側にあり，ストークスシフトが大きい（励起光波長と蛍光波長の差が大きい）Alexa（Ex：499nm，Em：520nm)，Cy3（Ex：522nm，Em：565nm)，Cy5（Ex：650nm，Em：667nm)，DBCY5（Ex：670nm，Em：710nm）などの蛍光色素が標識に用いられる。検出限界濃度としては12pM程度であることが報告されている[4]。

酵素標識法は，基板に固定化された抗体によって捕捉されたタンパク質あるいはタンパク質複合体を酵素標識2次抗体などでサンドイッチし，基質を加えて生成する蛍光物質や化学発光物質からの発光を検出して定量を行う方法である。この方法は，反応により蛍光物質や発光物質等の生成物が蓄積するため，反応時間を長くとることによってシグナルを増加させることが可能であり，0.4ng～50ng程度のタンパク質量を高感度に検出することができる。

3.4 ESD法による抗体マイクロアレイの作製と免疫測定系への応用例[5]

筆者らは，ESD法により直径150μm程度の抗体マイクロアレイを作製した。図2にESD法の原理図を示す。また本実験に用いたESD装置（Fuence社（日本)）の概略図と写真を図3，図

第5章 ナノバイオテクノロジーで広がるプロセスとデバイス

- ガラスキャピラリー内の蛋白質溶液を静電気力によりスプレーし，基板上に成膜する．
- 直径数10μm以下の蛋白質スポットが形成可能（厚さ約0.1～10μm）．
- スプレー中の高速乾燥のため，蛋白質の活性低下が最小限ですむ．
- グルタルアルデヒドガスを用いた簡便な架橋法により多孔性蛋白質膜が形成，大きな反応容積が得られる．
- マスクの移動とスプレーを繰り返すことで多数の蛋白質スポットを形成可能．

図2　ESD法の原理

- 電圧の差(V1-V2)によって基板に噴射
- ESDの利点
 - 均一な膜の作製が可能
 - ピット微小化可能

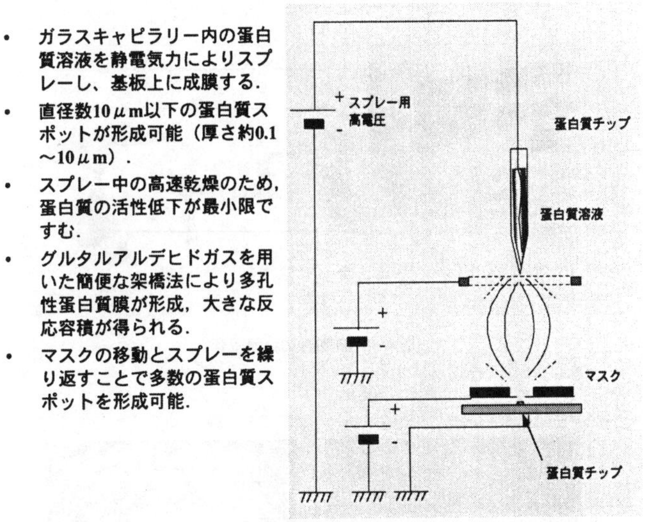

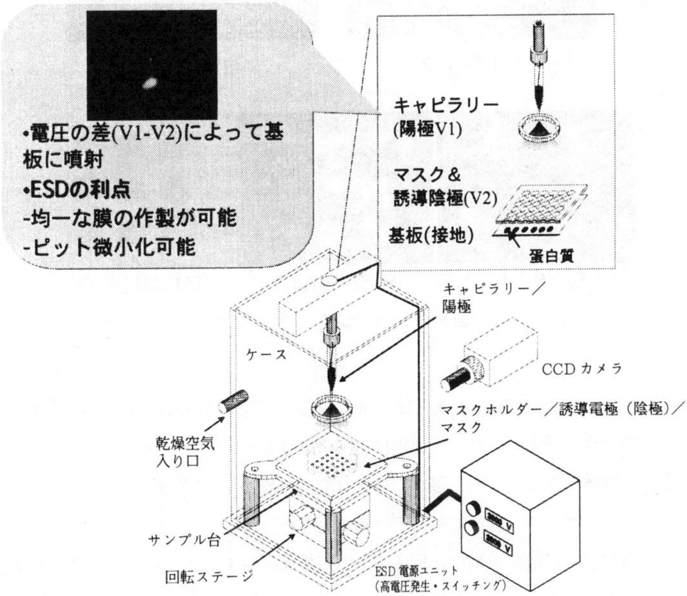

図3　ESD装置の概略図

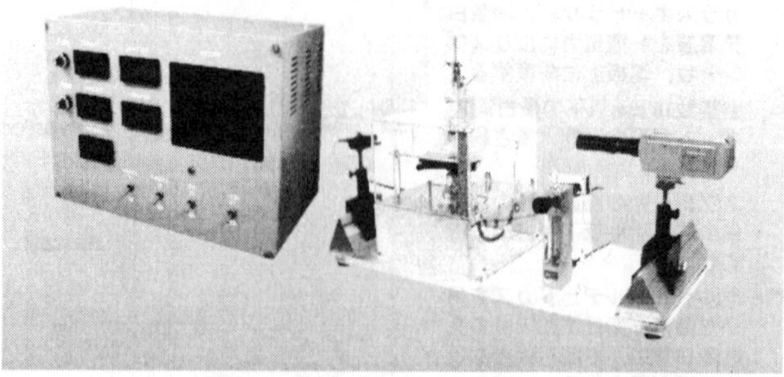

図4　ESD 装置の概観写真

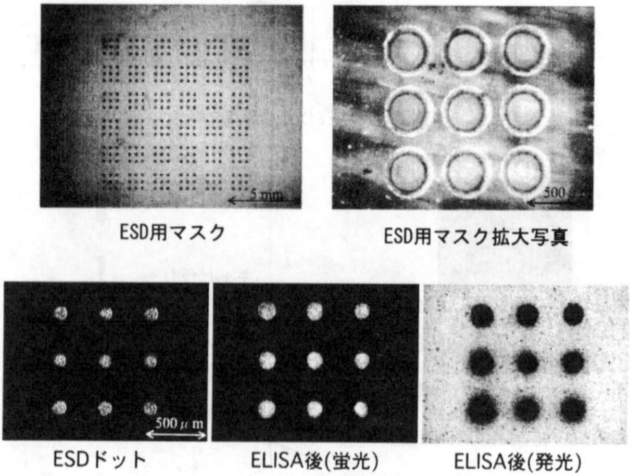

図5　ESD 用マスクと抗体アレイ

4にそれぞれ示す。脱塩した抗体溶液（1mg/ml，電気伝導度500μS/cm）を導入したガラスキャピラリー中に白金線を挿入し，これと導電性基板（ITOガラス）との間に3〜4kV程度の高電圧を印可すると，抗体溶液は正電荷を帯びた微少な液滴（直径1μm以下）となってキャピラリーの先端からスプレーされる。低湿度条件下（相対湿度20〜30%）では微少な液滴から瞬時に大部分の水分が蒸発し，正電荷を帯びた抗体分子の凝集体はキャピラリー先端と導電性基板の間に形成される電気力線に乗って飛行し基板上に堆積する。抗体のスポットサイズや形状は，基板上にセットした良絶縁体マスク（石英ガラス製）のホールサイズと形状によって制御できる。ここ

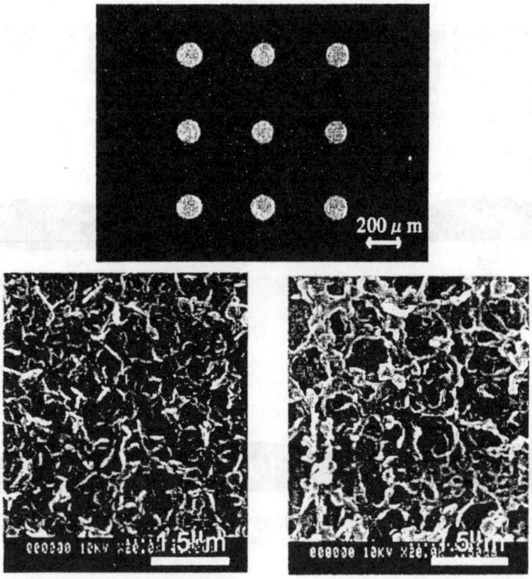

図6　ESD法により作製した抗体マイクロアレイ（上）と抗体薄膜の走査型電顕像（左下：架橋前，右下：架橋後）

では図5に示すような直径約300μmの324個の円形のホールを持つマスクを用いた。基板上に形成された直径約150μmの抗体の薄膜を70%グルタルアルデヒド溶液の蒸気と3〜5分間接触させ，抗体分子間を架橋することによって薄膜を不溶化した。ESD法によってITOガラス基板上にデポジットされた抗体は，基板と接する部分では物理的吸着によって基板に固定化されていると考えられる。この基板と接している部分の抗体の構造や活性がどの程度保存されているかは不明であるが，その上に堆積した抗体は十分に構造や活性を維持していると予想される。この抗体の薄膜を2官能性試薬であるグルタルアルデヒドで分子間架橋することによって，繰り返し洗浄操作しても安定に固定化された抗体薄膜をITOガラス基板上に作製できた。図6の抗体マイクロアレイの写真から明らかなように，ESD法でアレイした抗体の各スポットはサイズもほぼ揃っており，ほぼ均一な厚みの分布を持つ薄膜であった。また，抗体薄膜の走査型電顕写真からも明らかなように，膜の微細構造には架橋化の前後で顕著な差は見られず，多孔性構造を有していることがわかる。

次に，このようにして作製された抗体マイクロアレイを用い，サンドイッチ蛍光免疫測定法，あるいはサンドイッチ化学発光免疫測定法によってサイトカイン類の検出，濃度測定を行った。すなわち，IL2，IL4，IL5，IL6，IL10，IL12に対する抗体のマイクロアレイを作製し，これを2%

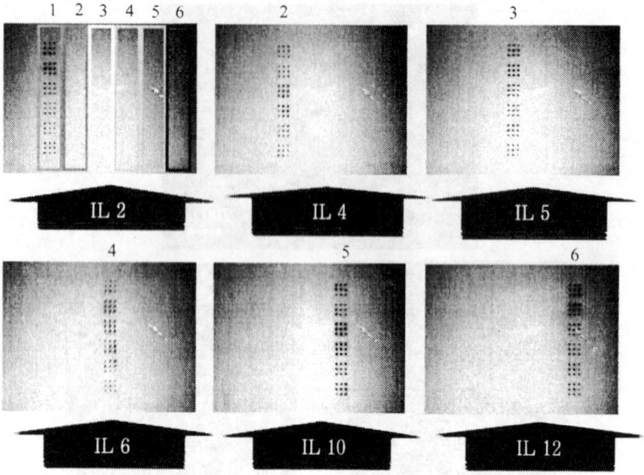

図7　6種のサイトカインに対する抗原－抗体反応の特異性

スキムミルクを含むPBSバッファー中に2時間浸漬して室温でブロッキングを行い，引き続きこれらのサイトカインの混合溶液の中に浸漬し室温で2時間インキュベートし，その後0.1% Tween20を含むPBSバッファーによる5分間の洗浄を5回，さらにPBSバッファーによる洗浄を5回繰り返した。次いで，6種のサイトカイン類を結合した抗体マイクロアレイを，これら6種のサイトカインに対するそれぞれのビオチン修飾2次抗体溶液に浸漬し室温で1時間インキュベートした後，上記と同様の洗浄操作を行い未結合の2次抗体を除去し，さらに酵素標識アビジン溶液中で30分間インキュベートすることによりビオチン標識2次抗体を酵素標識した。サンドイッチ蛍光免疫測定の場合には，アルカリフォスファターゼ標識アビジンで2次抗体を酵素標識し洗浄操作を行った後，基質（ELF-97 kit : Molecular Probes社）溶液とインキュベートし，生成した沈殿性蛍光生成物（Ex : 340nm，Em : 520nm）に340nmの励起光を照射しCCDカメラによって蛍光強度を測定した。また，サンドイッチ化学発光免疫測定法の場合には，西洋わさびペロオキシダーゼ標識アビジンで標識した2次抗体に基質（ECL kit : Amershame社）溶液を添加し，生成した沈殿性蛍光生成物の発光強度をイメージインテンシファイヤー（C2400-35，浜松フォトニクス製）付きCCDカメラによって測定した。

図7はサンドイッチ化学発光免疫測定法によって6種のサイトカインに対する免疫測定の特異性の確認を行った結果である。6種類のサイトカインに対する1次抗体を固定化したそれぞれの抗体マイクロアレイに対応する部分にのみ特異的な発光が観察され，ESD法で固定化した1次

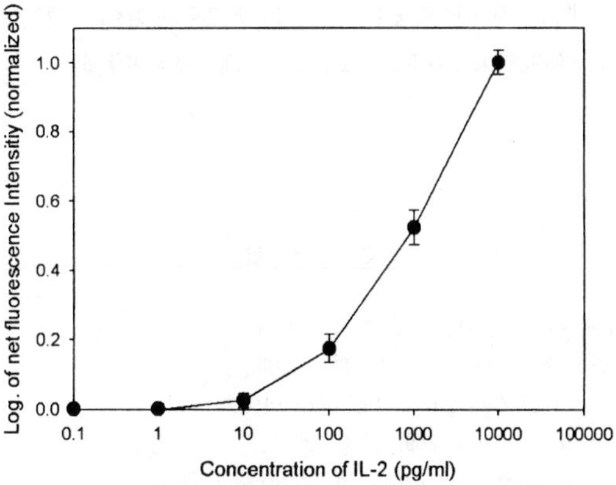

図8　サンドイッチ蛍光免疫測定法によるIL2濃度の測定

抗体ならびに2次抗体とサイトカイン類との交差反応は無いことが確認された。また，図8は，IL2濃度をサンドイッチ蛍光免疫測定法によって測定した結果であり，その検出限界濃度は約10pg/mlであった。この抗体マイクロアレイ法による蛍光免疫測定法の検出感度は，フィルターあるいはマイクロウエルプレートを用いた同様の免疫測定法の測定感度に匹敵するものであった。

3.5　おわりに

タンパク質の発現プロファイリング，タンパク質相互作用解析のための抗体マイクロアレイの開発状況と筆者らが開発中の抗体マイクロアレイ作製技術，これを用いた免疫測定例などについて紹介した。現在までに開発された抗体マイクロアレイによるタンパク質の発現プロファイリングシステムでは，多くの場合サンプル中のタンパク質を蛍光色素で標識して検出する方式が採用されている。これは，この方式であれば現在のDNAチップの蛍光検出装置をそのまま利用できることによると考えられる。しかし，ネイティブなタンパク質の発現プロファイリング，タンパク質相互作用解析を行う場合には，サンドイッチ免疫測定技術を利用したシステムを採用する必要があると考えられる。その場合に問題となるのはサンドイッチELISA法の問題点である多段のインキュベーションと洗浄操作のステップの繁雑さと，これらの操作に要する時間が非常に長くなることである。これを解決する方法としては，マイクロ流路システムと抗体マイクロアレイシステムを組み合わせることによって，多ステップ操作の繁雑さとインキュベーション時間，洗浄時間の短縮化を図ることである。筆者らのグループでもこのようなマイクロ流路システムを組み合わせた抗体チップを開発中である。最後に，ESD法を用いた抗体マイクロアレイの作製と免疫測定系への応用に関する研究開発成果は，理化学研究所素形材工学研究室の山形豊先任研究員，㈱Fuenceとの共同研究成果であることを記し，感謝の意を表する。

文　献

1) T. Kodadek, *Chemistry & Biology*, **8**, 105 (2001).
2) P. Mitchell, *Nat. Biotechnology*, **20**, 225 (2002).
3) S. P. Gygi *et al.*, *Mol. Cell. Biol.*, **19**, 1729 (1999).
4) G. MacBeath *et al.*, *Science*, **289**, 1760 (2000).
5) B. H. Lee *et al.*, *J. Chem. Eng. Jpn.*, **36**, in press (2003).

4　次世代ナノバイオデバイス

加地範匡[*1]，長田英也[*2]，馬場嘉信[*3]

ヒトの体は，約60兆個の細胞から構成され，各々の細胞は，その生命機能を維持・継代するための遺伝情報が書き込まれたDNAをもとに，RNA・タンパク質へと転写・翻訳されることにより，その生命機能を発揮している。DNAは，この情報の流れの最上流に位置するため，DNAを解読することにより，より深く生命を理解できるであろうと考えられ，1988年より，ヒトゲノムの全塩基配列を決定するというHuman Genome Projectが，15年計画でスタートした。この計画は，著しい技術革新という追風を受け，当初の予想を大幅に上回るスピードで進行し，2001年2月にはドラフトシークエンスが，さらに，2003年4月には，現在の技術で解読可能な領域，すなわち，ゲノムの98%以上の領域を99.99%の精度で解読するまでに至った。その結果，ヒトゲノムは，約30億塩基対からなり，その中に約3万2000種類余りの遺伝子が含まれていることが明らかとなった。このヒトゲノム情報の中でも，その医薬品開発や医療への応用を考えた場合，とりわけ個人個人のSNPs（Single Nucleotide Polymorphisms；1塩基多型）が重要であり，2003年2月現在では，ヒトゲノム上の約370万ヶ所にその存在が確認されている。このSNPsに代表されるゲノム情報を，医療へフィードバックしたオーダーメード医療とか，テーラーメード医療と呼ばれる個人のゲノム情報に基づいた医療を実現するには，個人個人のゲノム情報を瞬時に解読する技術が必要不可欠である。具体的に，どの程度の塩基配列決定能力が必要となるか考えると，1人が30億塩基対を持ち，現在，地球上には約60億人が居住し，2070年には90億人になると予想されていることから，その頃には，10の19乗から20乗レベルの塩基配列決定が要求されるようになる。現時点でGenBankに登録されている配列情報は，約100億塩基対（10の10乗）であり，このあと20年から30年でオーダーメード医療を実現するためには，現在のDNA解析装置の性能を1億倍程度，向上させることが要求される。この実現には，現在のサンガー法に基づかない革新的な技術開発が必要とされ，そのひとつの候補として，ナノテクノロジーを分析機器へ応用したナノバイオデバイスがある。

DNAをはじめとしたRNAやタンパク質などの生体高分子解析は，細胞からのDNAやタン

＊1　Noritada Kaji　徳島大学　薬学部　科学技術振興事業団CREST　大学院生・日本学術振興会　特別研究員（DC）

＊2　Hideya Nagata　徳島大学　薬学部　科学技術振興事業団CREST　大学院生

＊3　Yoshinobu Baba　徳島大学　薬学部　科学技術振興事業団CREST　教授・㈱産業技術総合研究所　単一分子生体ナノ計測研究ラボ　ラボ長

パク質の抽出，増幅もしくは濃縮，分離・識別，検出，そして，データ解析・ストレージといった一連の流れで行う。解析時間短縮のためには，各工程の高速化，例えば，DNA解析においてはキャピラリー電気泳動法の開発やキャピラリー電気泳動におけるキャピラリーの多本化（並列化）などが重要であるが，各工程間の時間を短縮することはできないので，おのずと限界が生じる。そこで，これらの解析工程を同じ反応場，すなわちひとつのデバイス上で実現すれば，これら各工程間にかかる時間を短縮でき，さらに各反応場をマイクロ化して集積化することにより，各工程も高速化が期待できる。半導体関連分野において培われた微細加工技術を駆使し，一連の生体高分子解析をひとつのマイクロ化したデバイス上で実現しようという概念は，1989年にA. Manzらによりμ TAS（Micro Total Analysis Systems）やLab on a chipとして提唱されたものである。しかしながら，現在までに上記の全ステップを実現し，大幅な高速化を図ったデバイスは開発されていない。これには，いくつかの原因が考えられるが，マイクロ空間では層流が形成されることや溶液の表面張力や粘性などが溶液の特性を支配する要因になるなど，従来のマクロ系における分析法を単純にマイクロデバイス上にマイクロ化しただけでは，高速化は難しいことが挙げられる。そこで，生体高分子とほぼ同じサイズを有するナノストラクチャーを，ナノメートルサイズの超微細加工技術を用いて作製し，従来のマイクロ空間に加味していくことにより，これまで実現できなかったような技術開発が期待できる。例えば，図1に示すように，従来の集積型マイクロデバイス上に，ナノ微細加工や材料テクノロジーを加味することにより，1細胞からのDNA・タンパク質の抽出，PCRなどによる増幅，ゲルやポリマーではなくナノテクノロジーにより作製した分離媒体による分離，1分子レベルでの検出・計測とデータストレージをひとつのデバイス上で実現することが可能となり，この次世代ナノバイオデバイスにより，超高速ゲノム解析技術，超高感度遺伝子診断技術，超高速プロテオーム解析技術の開発が期待される。

超微細加工技術により作製されるナノメートルオーダーのサイズを有するナノ空間では，マイクロ空間では見られなかった新しい物理現象が観察される。生体高分子の多くは，ナノメートルオーダーのサイズを有しているので，マイクロ空間からナノ空間へと移動する場合，そこには，大きなエントロピー障壁が存在する。このエントロピー障壁を利用した，Entropy trapと呼ばれるDNA解析方法が開発されている[1]。この方法によると，従来，パルスフィールドゲル電気泳動により数十時間かけて分離していた長鎖DNAを，30分以内に分離することが可能である。また，*Staphylococcus aureus*のα-hemolysin channelが有する，直径1.4nmのナノポアを利用したDNA識別法も開発されている[2]。この方法は，1本鎖DNAやRNAが，α-hemolysin channelを通過する際の電流値変化を測定し，通過時の電流値の変化量と変化時間から，A，T，G，Cいずれのヌクレオチドかを識別すると同時に，その配列情報をも得るという方法である。現在，このα-hemolysin channelを模倣して，マイクロチャネル上の検出部分に，1本鎖DNAもしく

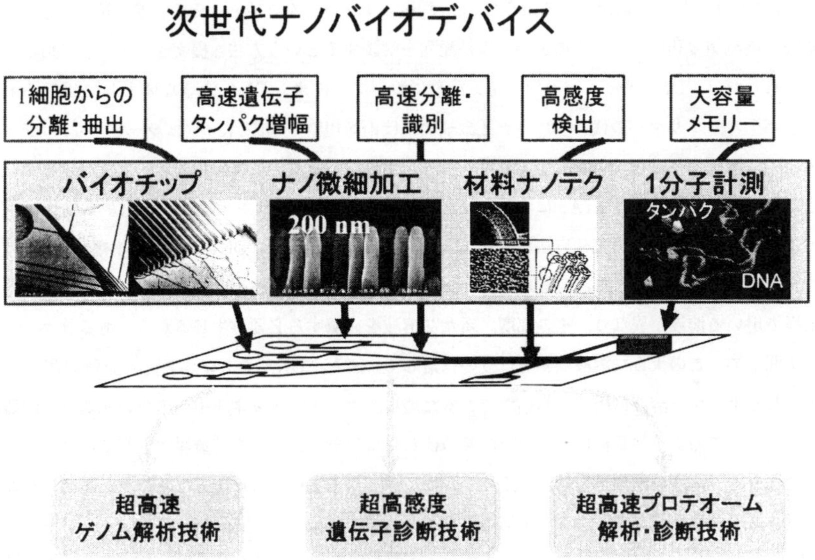

図1　次世代ナノバイオデバイスによるゲノム・プロテオーム解析

従来の集積型マイクロデバイス上に，ナノ微細加工や材料テクノロジーを加味することで，超高速・超高感度解析が可能となる。

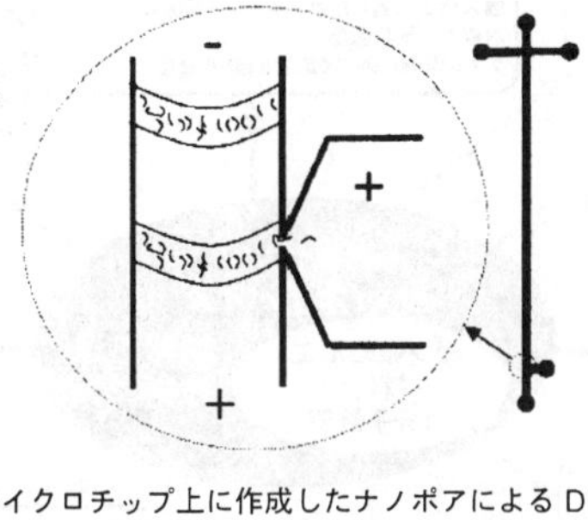

図2　マイクロチップ上に作成したナノポアによるDNA検出システム〔文献（3）より許可を得て掲載〕

DNAの分離と同時に，ナノポアをDNAが通過する際の電流値変化から，DNAの塩基配列決定も実現できるシステムとして期待されている。

はRNAが1分子だけ通過できるような2nm程度のナノポアを作成し，その孔をDNAが通過する際の電流値変化を検出，その値から塩基配列を解読するという方法も提案されている（図2）[3]。

われわれは，DNAやタンパク質の電気泳動において，従来，DNA分離媒体として用いられてきたゲルやポリマーの代わりに，ナノ微細加工技術を用いて作成したナノピラーをマイクロチャネル中に配置することにより，ゲルやポリマーを用いることなくDNAやタンパク質の分離を行うことを検討している。μTASにおいては，細胞からのDNAやタンパク質の抽出から検出・解析までの各処理工程間の接続方法が非常に問題になる。なぜなら，DNAの抽出や増幅などはバッファー中で行うのに対して，分離はポリマーなどの高粘性溶液，検出は純水中というように，各工程で用いる溶液が異なり，その都度，新たな溶液を充塡する必要が生じるからである。マイクロ空間中で，このような溶液制御を行うのは難しく，また，DNAやタンパク質の分離の際に頻用されるポリマー溶液は概して高粘性であるために，マイクロチャネル中へのその充塡は，困難を極める。このような高粘性ポリマー溶液の代わりに，ナノピラーを分離媒体として用いることができると，溶液の制御が容易になると同時に，さらなる集積化も可能となるので，高速化が期待できる。クロスインジェクターを備えたマイクロチャネル内に，直径100～500nmのナノピラーを間隔100～500nm程度で作製したナノデバイス内を緩衝溶液で満たした後，DNAの分離を試みたところ，わずか300μmの泳動距離で2種類のDNAを分離することに成功した。この結果より，半導体の超微細加工技術を用いて作製したナノピラーが，従来のゲルやポリマーといった

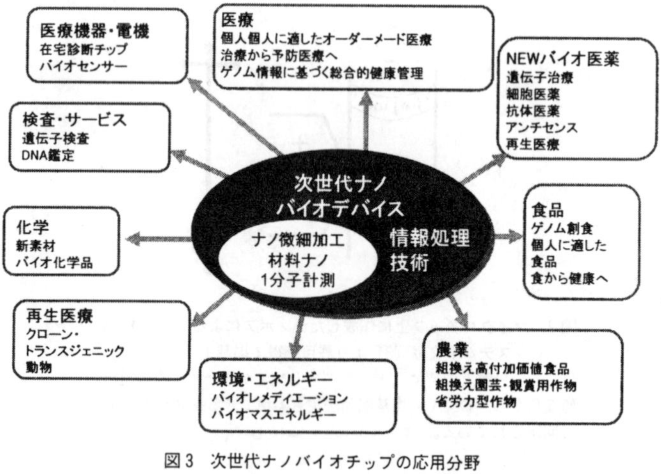

図3　次世代ナノバイオチップの応用分野

次世代ナノバイオデバイスは，新しいビジネスを生み出すとともに，現在，危惧されている食料・環境問題へと幅広く貢献することが期待されている。

高分子と同様に，分子ふるい効果を発揮し，DNA 分離媒体として応用できることが明らかとなった。このナノピラーは，その直径や間隔といったデザインを自在に設計できることが最大の利点である。従来，アガロースなどのゲルにおいて指摘されていた，ミクロなゲル構造の不均一性がまねいた，DNA 電気泳動における実験結果と理論計算値との不一致を，均一なナノピラー構造を用いることにより解消できることが期待され，さらには，高分子では実現不可能であった密度勾配なども，ピラー間隔などを調整することにより作製可能であるので，その応用範囲は非常に広い。上記のようなナノテクノロジーを駆使して作製したナノ空間は，より生体高分子のサイズに近いため，1分子レベルで生体高分子を扱うのに非常に適した空間であり，究極の解析法ともいわれるDNA やタンパク質の1分子解析へも応用されている[4]。

このように，次世代ナノバイオデバイスは，従来の分析方法をその分析原理から覆し，革新的な技術を創生する原動力となるものである。マイクロデバイスにナノテクノロジーを加味して作製したナノバイオデバイスは，図3に示すように，それを用いて得られる膨大な情報を処理する技術の確立とあわせて，個人個人に適したオーダーメード医療の実現や，新しいバイオ医薬品の開発だけでなく，地球上の人口爆発により危惧される食糧問題に備えた新しい農業・食品の開発や，環境・エネルギー問題へと幅広く貢献することが期待されている。

文　　献

1) J. Han *et al.*, *Science*, **288**, 1026 (2000).
2) J. J. Kasianowicz, *et al.*, *Proc. Natl. Acad. Sci. USA*, **93**, 13770 (1996).
3) J. Nakane, *et al.*, *Electrophoresis*, **23**, 2592 (2002).
4) M. J. Levene, *et al.*, W. W. Webb, *Science*, **299**, 682 (2003).

5　バイオナノプロセスによるデバイス作製

岩堀健治[*1]，村岡雅弘[*2]，山下一郎[*3]

5.1　はじめに

2000年，当時のアメリカのクリントン大統領が国家的な重要課題の一つとしてナノテクノロジーを掲げた。ナノテクノロジーは21世紀をリードするキーテクノロジーと言われ，材料，エレクトロニクス，機械，バイオ，医薬などの幅広い分野でブレークスルーをもたらすと強い期待が寄せられている。特に，エレクトロニクスの分野でナノの世界を実現するためには，現在のリソグラフィーを中心とする半導体技術の延長線上では問題があることが認識されている。半導体ウエハを作製する技術であるこのリソグラフィー技術は写真技術を利用してシリコン基板の表面を光感受性高分子の保護膜で覆い，光硬化を行った後保護されていないシリコン基板部分のみを削りとる方法であるが，現在その最小加工単位は100nmに近づきつつあり，今後も十年以内に数十nmで限界を迎えると言われている。この限界を打ち破り，ナノメーターサイズの構造体の実現を目指して，新しいトップダウン手法やボトムアップ手法が現在活発に研究されている。

5.2　バイオの世界

地球上の生物ではナノメートルサイズの構造体が既に太古の昔から生物の基本となっている。例えば，毎年冬になると流行するインフルエンザウイルスの粒子直径は種類にも異なるが約90nmである。また，細菌の細胞壁を分解して我々の体内に細菌の進入を防ぐ役割をしているリゾチームは約3×4.5nmのラグビーボール状である。我々がもし病気にかかると，我々の気づかない所でナノの戦いが起こっている。また，約30年前，バクテリアの運動は回転するモータとスクリューの動きをするべん毛繊維によるものであることが明らかになった[1~3]。このべん毛モータの回転部分の直径は約30nmで，べん毛フィラメント部分の直径は約24nmである。そして驚くべき事にこの小さなモータユニットは最高10万回転の高速で回転する[4]。

5.2.1　自己集合能力

このように生体内のナノ構造物は生物の基本である。これらのナノ構造物は共有結合で結ばれた生体分子がさらに非共有結合で組合わさってできたもので，これらを生体超分子と呼ぶ。生体超分子を構築するための設計図にあたるのがDNAである。つまり，生物は基本的にアデニン

＊1　Kenji　Iwahori　科学技術振興事業団　戦略的創造研究推進事業　研究員
＊2　Masahiro　Muraoka　科学技術振興事業団　戦略的創造研究推進事業　研究員
＊3　Ichiro　Yamashita　松下電器産業㈱　先端技術研究所　主幹研究員

(A)，グアニン (G)，シトシン (C)，チミン (T) といった4つの核酸から構成される幅2nmの構造体であるDNAの遺伝情報に基づいて20種類のアミノ酸を結合し，立体構造を構築することでさまざまな機能を持ったタンパク質を必要な時に必要なだけ作製し，それを組み合わせることで，生体超分子とその集合体を作製している。これらは外からの操作を受けることなくナノ構造をボトムアップ作製していくため，自己集合あるいはセルフアッセンブリーと呼ばれている。つまり生物は自己集合によって作られたナノ構造の集合体なのある。

我々がナノメーターサイズの工学を目標にした時，生物の持つ自己集合を理解し，生物が数十億年培ってきた戦略を理解し模倣することは非常によいアプローチであると考えられる。しかし，生物の自己集合は極めて巧妙，複雑であるためこのメカニズムを，我々人間はまだほんの少し理解したにすぎない。しかし，最近これらの自己集合メカニズムを利用した人工構造物作製トライアルの成果も出始めてきている。

自己集合的な二次元結晶の作製は1971年にFromheltzらが脂質二重膜にたんぱく質を吸着させて二次元配列を得たのが始まりである。それ以来，透過型電子顕微鏡による構造解析にタンパク質二次元結晶が利用され始め，古野らは1989年に気液界面に張られた合成ポリペプチド (poly-1-benzyl-L-hystidine ; PBLH) 膜を使っていくつかのタンパク質を吸着させ二次元結晶を得ている。この二次元結晶はシリコン基板などに転写され，高分解能SEMまたはAFMにより観察されている[5, 6]。1990年前半，永山らはタンパク質を中心にして微粒子二次元結晶を得る方法を研究し，大型の二次元結晶を得ることに成功している[7, 8]。また，1990年代より，細菌の最表面にあるS-layerと呼ばれるタンパク質二次元結晶膜が注目されている。S-layerは2～8nmの周期的な貫通孔を持つタンパク質二次元結晶膜であり，サブユニットのタンパク質が会合し対称性を持った上で二次元膜を構成している。Pumらは，ある種の細菌由来のS-layerの二次元結晶を用いてバイオ分子固定や，ナノエレクトロニクスデバイス，非線形工学素子の作製を行っている[9~11]。またDouglasらは，S-layerの親水性と疎水性の表裏を利用して，溶液中でS-layerの表裏を制御しながらシリコン基板に吸着させ，その吸着タンパク質に金属を斜め蒸着した後イオンミリングを行い，タンパク質のトップに金属の超微細二次元マスクを実現し，さらに，これを用いた基板の加工やナノ量子作製の作製を試みている[12, 13]。Johnsonらは，ウィルスの球殻状コートタンパク質が原子オーダーで位置が決まっていることを利用して，ウィルス表面に金微粒子を規則的に固定することに成功している[14]。MITのBelcherらはZnSなど半導体微粒子を認識成長させるペプチドを一緒に持つファージを利用して，これらのナノ粒子をファージの液晶化により配列する試みも行われている。

5.2.2 バイオミネラリゼーション

生物の世界では生物が生体外あるいは生体内で鉱物を作り，生存のために利用している現象が数多く見られる。これをバイオミネラリゼーションと呼んでおり，バイオ＝生物と，ミネラリゼーション＝鉱物を作る事，という2つの言葉をあわせて作られた造語である。このバイオミネラリゼーションには秩序だったものと，秩序だっていないものが存在する。

コントロールされたものとして例えば，無脊椎動物であるウニの殻やサンゴの外骨格，カニやエビの殻，貝殻などは炭酸カルシウムが主成分のバイオミネラルである。脊椎動物の歯や骨もバイオミネラリゼーションによって作製されたバイオミネラルであり，その主成分はヒドロキシアパタイトという結晶系を持つ水酸化リン酸カルシウムである。また，魚の鱗も骨と同じくヒドロキシアパタイトの沈着した組織だが，内耳に存在する耳石には炭酸カルシウムが沈着している。つまりこれらの生物器官は全てDNAという設計図を元に適材適所にミネラリゼーションが行われた結果である。

一方，胆石や歯石などは秩序だっていない偶発的なバイオミネラリゼーションの身近な例である。歯石の成分は口の中にいる口内細菌によって作り出されるハイドロキシアパタイトという鉱物で，胆石は胆嚢から分泌される胆汁が石灰化したものであり，カルシウムを含んだビリルビンカルシウム結石やコレステロール結石などである。主成分は我々の骨や歯と同じカルシウム結晶であるが，これらのバイオミネラルは大きさも形も様々で不規則に作製される。

我々がタンパク質を利用してメモリなどの電子デバイスへの応用する場合，タンパク質と無機材料の利用がキーコンポネントとなる。そのため秩序だっているバイオミネラリゼーションの仕組みの理解と制御は非常に重要である。初歩的であるがバイオミネラリゼーションの人工的制御の試みが行われている。例えばMannらは，1980年代後半から球殻状タンパク質粒子内で種々の金属化合物をナノ粒子化することに成功している[15~19]。また，Douglasらは，CCMV（Cowpea Chlorotic Mottle Virus）の球殻内側表面の正電荷アミノ酸を遺伝子工学的に負電荷アミノ酸に置き換え，さらに内外をつなぐ貫通孔を制御することでタングステンや鉄化合物の結晶を内部に作成している[20, 21]。また後で詳しく述べるが我々のグループも，生体内の鉄保存タンパク質であるフェリチンタンパク質の内部に鉄やコバルト，ニッケル，マンガン粒子などの導入に成功している。

5.3 バイオナノプロセス

我々のグループではバイオを利用したナノ構造体の作製，すなわちバイオナノプロセスを提唱し，タンパク質のバイオミネラリゼーション能と自己集合能を利用してナノデバイスの実現を目指している。具体的には中心に直径7nmの空洞をもつ鉄貯蔵タンパク質であるフェリチンタンパク質を用い，シリコン基板上に自己集合的に二次元結晶を作製し，そのタンパク質部分を熱処理によって選択的除去することで，金属のナノドッドの配列を作製しフローティングゲートメモリーデバイスの作製を試みている。

5.3.1 フェリチンタンパク質

フェリチンタンパク質は動・植物からバクテリアまで普遍的に存在する鉄保存タンパク質の一つである。生体あるいは細胞中の鉄元素のホメオスタシスに深く関わっており，ヒトでは生体内の総鉄量の約27%がフェリチン内に保存されていると言われている。1本のポリペプチド鎖から形成されるモノマーサブユニットが非共有結合で24個集合した分子量約46万の球状タンパク質であり，その直径は約12nmで通常のタンパク質に比べ高い熱安定性とpH安定性を示す。この球形のタンパク質の中心には直径約7nmの空洞があり（図1），一部のサブユニット内にあるferrooxidase center（酸化活性中心）と呼ばれる場所で二価鉄イオンを酸化（ferrooxidase活性）した後，空洞内の内側表面の負電荷領域で核形成を行って約4000個の鉄をフェリハイドライト（$5Fe_2O_3 \cdot 9H_2O$）結晶の形で保持している。そして生体内の鉄が不足すると保持している鉄をとりくずし鉄濃度のバランスを保っている。

フェリチンの24個のサブユニットには分子量がわずかに異なるL-chainサブユニットとH-chainサブユニットの2種類が存在し，上記のferrooxidase活性はH-サブユニットだけに存在する。L-サブユニットとH-サブユニットの比率は生物種や生物の器官によって異なり，例えば馬の脾臓にあるフェリチンは90%がL-サブユニット，10%がH-サブユニットであるが馬の心臓ではその比率が逆転する。

5.3.2 配列化・二次元結晶化

中心に空洞を持つケージ状タンパク質であるアポフェリチンに金属を内包し，シリコン基盤上に二次元的に秩序だって並べることができれば，量子効果を持ったデバイスの作製に応用できる。

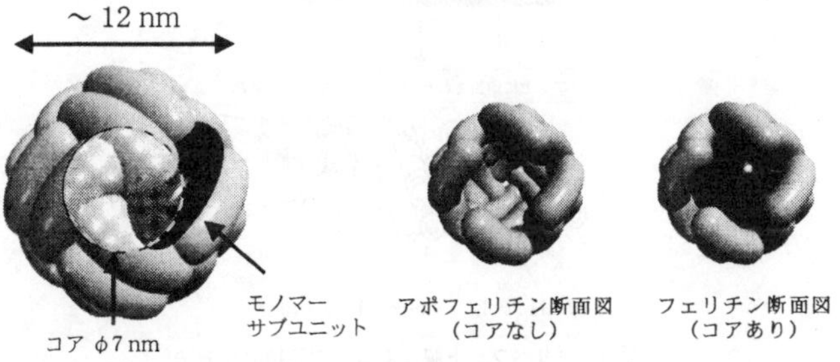

図1 フェリチン粒子の模式図

分子量約2万のモノマーサブユニットが非共有結合で24個結合しフェリチン分子を作っている。直径は約12nm，コアと呼ばれる内部の空洞の直径は約7nmである。鉄を保存しているフェリチンではこのコア内に約4000個の鉄が酸化鉄の結晶として存在している。また，鉄のコアがないものをアポフェリチンと呼ぶ。

そこでまず，アポフェリチンタンパク質を用いて2次元フェリチン配列をシリコン基板上に作製した。方法としては古野[5]らが開発したPBLH（poly-1-benzyl-L-histidine，合成ポリペプチド）を用いる方法を少し改変した（図2)。まず，テフロンのトラフに低濃度（20-40μg/ml）のフェリチンタンパク質溶液を満たす。このタンパク質溶液上に PBLH を静かに展開し表面に薄膜を作製する。PBLH は中性および弱酸性条件下では正に帯電しており，フェリチンは負に帯電しているため，フェリチンはPBLH膜に静電的に吸着する。室温で放置し吸着が完了した後

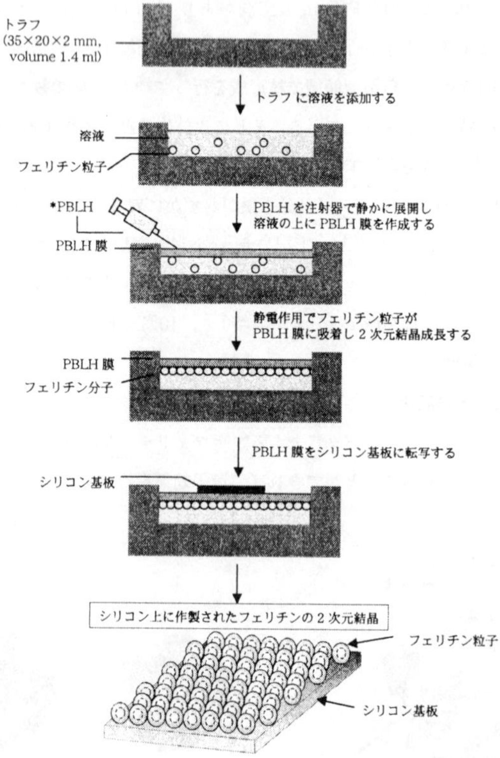

図2　ポリペプチド膜による二次元結晶化方法

テフロンのトラフにフェリチンもしくはアポフェリチン溶液を満たし，溶液上にPBLHを静かに展開して薄膜を作製する。フェリチン粒子がPBLH膜の下面に静電的に吸着した後，アニーリングを行いフェリチン粒子の2次元結晶を得る。作製された2次元結晶は疎水性処理をした基板に転写する。

に 38℃でアニーリングを行い2次元結晶化を促す。作製された2次元結晶膜をあらかじめHMDS（1,1,1,3,3,3-hexamethyldisilazane）によって疎水処理したシリコン基板もしくは電顕メッシュに転写する。

6.3.1項で述べたように自然界のフェリチンタンパク質はH-サブユニットとL-サブユニットの混在型である。この混在比が変化することにより同じタンパク質でも生体内の異なる環境で働くことができるのであるが，この特徴はフェリチンタンパク質をシリコン基板上に二次元に秩序だって並べるという我々の目的には問題になる。なぜなら混在型フェリチンは不均質成分であるため，シリコン基板上に均一に並びにくいのである。そこで，我々はL-サブユニットのDNAのみを大腸菌にクローニングしたフェリチン変異株を作製し[22]，この変異株より生産されるL-リコンビナントフェリチンを用いて二次元結晶の作製を行った。DNA遺伝情報を元にした均質なL-リコンビナントフェリチンを用いると大形で結晶性の良い2次元結晶を再現性良く得ることができる。その負染色した電子顕微鏡写真を示す（図3)。空洞まで染色されたほぼ完全な6回対称の2次元結晶が得られている。これはタンパク質を用いたナノ構造作製では，遺伝子工学的手法による均質なタンパク質を用いることが特に重要であることを示している。

5.3.3　フェリチンタンパク質殻の除去

アポフェリチンだけでなくPBLH法によってコアに鉄を含んだフェリチンタンパク質の二次

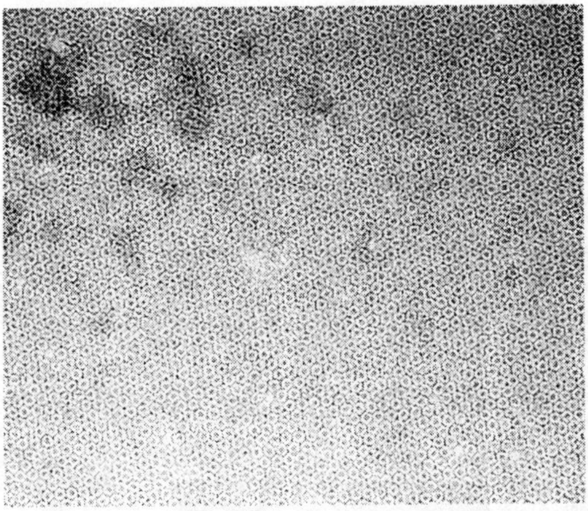

図3　遺伝子操作で作られたリコンビナントアポフェリチンの二次元結晶

負染色をしたものを電子顕微鏡で観察したものである。中心部分の黒く染まっている部分がコア部分で，フェリチンのこの部分には酸化鉄が結晶の形で存在する。

元結晶をシリコン基板上に作製し，タンパク質殻として利用したフェリチンタンパク質のみをなんらかの方法で除去すれば，直径7nmの無機金属粒子配列をシリコン基板上に作製することが可能である。我々はこのタンパク質殻を熱処理やUV-オゾン処理といった方法で除去した。

フェリチン二次元結晶を作製したシリコン基板を300℃，500℃とそれぞれ窒素中で1時間熱処理を行ったところ，SEM像はフェリチン内部に形成された鉄に由来するコア粒子のきれいな二次元配列を示した。700℃になるとコアの痕跡のようなものが見られるのみで，はっきりとしたドットは観察されなくなり，フェリチンコア粒子は500℃の熱処理まで安定に存在できると結論できる（図4）。また，コンタクトモードAFMでタンパク質除去していないシリコン基板上の2次元結晶を観察すると，タンパク質が探針によって移動させられ安定した像は得られない。このことを利用して熱処理後，コンタクトモードAFM像が安定するかどうかでフェリチンタンパク質殻の残存を確認した結果，500℃の熱処理によりタンパク質は完全に除去されている事が明らかになった。このタンパク質除去はFourier Transform IR spectro-photometer（FTIR）の結果や重量変化やXPS観察結果からも支持されている。さらにこのシリコン基板上のドットはX線による構造解析からFeO（Wusite）であると同定され，導電性であることが示された[23]。

一方，熱処理だけでなくUV-オゾン処理でもシリコン基板上のフェリチンタンパク質殻を除去できる。フェリチンタンパク質の二次元結晶が作製されたシリコン基板を115℃，酸素雰囲気中で30分間UV ozonizer処理を行った後FTIRによってシリコン基板表面の測定を行うと，UV-オゾン処理前は見られたタンパク質のペプチド結合に由来しているAmide I，Amide IIのピーク

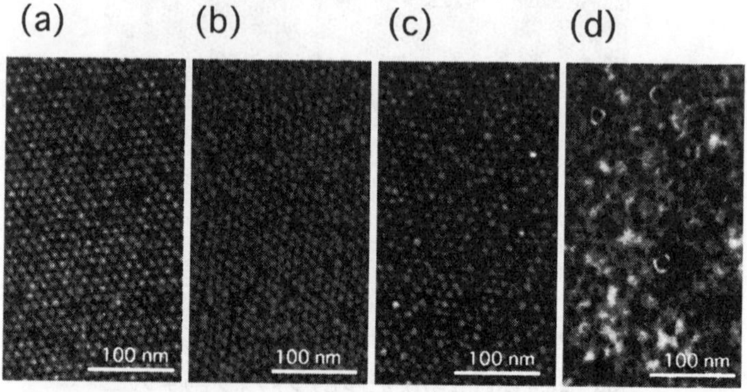

図4　熱処理したシリコン基板上のフェリチン配列のSEM観察像
(a)熱処理なし，(b)300℃，(c)500℃，(d)700℃。
シリコン基板上に転写されたフェリチンは500℃までコア部分が配列していることが観察される。700℃ではコアの痕跡だけが見られる。

が完全に消失していた[24]。以上の結果より，熱処理やUV-オゾン処理でフェリチンタンパク質殻部分のみを除去することが可能であり，その結果直径7nmの酸化鉄のドットをシリコン基盤上に配置させる事ができる。

5.3.4 アポフェリチンタンパク質への金属の内包

鉄を例にしてアポフェリチンへの金属の導入方法を解説する。まずpHを調整したリコンビナントアポフェリチン溶液に二価の鉄イオンを加える。溶液の色は初め淡色であるが，直ちに溶液中の酸素と反応して次第に濃茶褐色に変化し，1時間後にほぼ反応が終わる。アポフェリチンが存在する溶液ではタンパク質の内部で水酸化鉄粒子が構成されるために透明であるのに対して，アポフェリチンが存在しない溶液では水酸化鉄の微粒子が集まって大きな粒子を作るために激しくにごる。これを透過型電子顕微鏡観察すると直径7nmのコアを持ったフェリチンが見られ，この内部コアは種々の測定より水酸化鉄コアである事を確かめている。

鉄だけではなくアポフェリチンコア内に仕事関数の異なる金属を導入し同様にナノドットが作製できれば，種々の電子順位を持ったナノドットを得ることができ，量子効果デバイス設計への応用が大いに期待できる。現在までアポフェリチンのコア内にはマンガン[15, 25]，硫化鉄[18]，ウラン[15]，ベリリウム[26]，アルミニウム[27]，硫化カドミニウムといった金属の導入が報告されている。また最近，我々のグループにおいてアポフェリチンのコア内へのコバルト，ニッケル[28]，マンガ

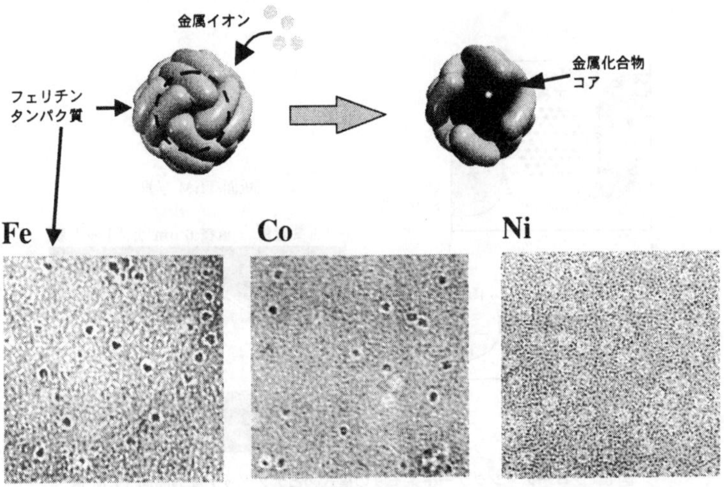

図5　アポフェリチンの空洞内に作られた各種金属化合物のナノ粒子のTEM像
それぞれの金属イオンをアポフェリチン内に導入して，内部の直径7nmのナノ空間で金属化合物を得ている。染色は，内部空間を染めることがない金グルコースを用いている。

ン，クロム，銅等の導入に成功している。図5は各種金属のアポフェリチンへの導入を行った時のTEM像である。負染色された白いタンパク質に囲まれた金属コアが観察される。これらの金属の導入は非常に簡便に行うことができる。例えばコバルト粒子は100mM HEPES緩衝液をビーカーに入れ2.0〜4.0mMの硫酸アンモニウムコバルト，0.5mg/mlのアポフェリチンを添加する。この反応溶液をpH8.4に調製した後，酸化剤であるH_2O_2を加え50℃で一晩攪拌を行うとフェリチンコア内に酸化コバルト粒子を最適に導入することができる。

5.3.5 フローティングゲートメモリー

フェリチンタンパク質のコア部分に金属を導入してタンパク質を除去することにより種々の量子ドットの実現が可能である。そこで我々の研究室では電子デバイスの作製の手始めとしてフローティングゲートメモリーの作製を進めている。このデバイスはMOS（metal oxide semiconductor）トランジスターのゲート電極の下に上記のフェリチンを用いて作製した50-100個程度の数ナノメートルの量子ドットを高密度に配列させ，メモリーを作製しようという試みである。電子はソース電極とドレイン電極の間のチャネルを流れる。ここで上部ゲート電極にプラス電圧を印加すると，チャネルにある電子が量子ドットにトンネルして1個ずつ蓄積される。この電荷はゲート電圧を元に戻しても蓄積されているために，静電的な反発でチャネル部分から電子が追い払われてしまい電流が流れなくなる。これがOFFの状態である。逆にゲート電極にマイナス電圧を印加すると，この量子ドットから電子は追い出される。その結果，ゲート電極を元に戻してもチャ

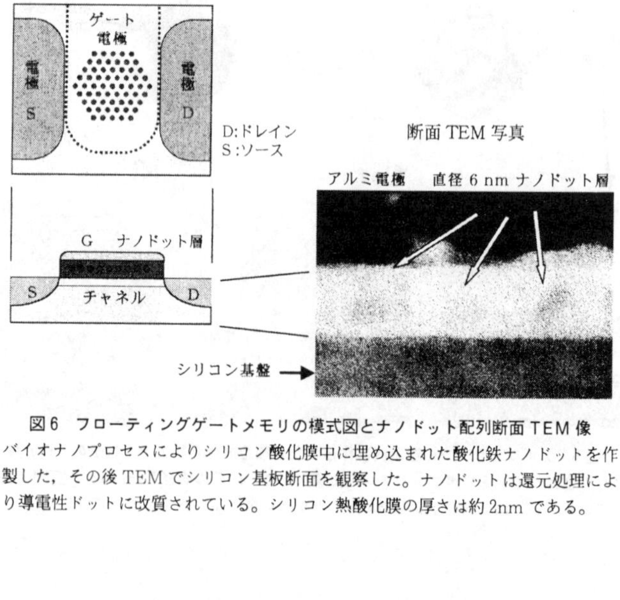

図6 フローティングゲートメモリの模式図とナノドット配列断面TEM像
バイオナノプロセスによりシリコン酸化膜中に埋め込まれた酸化鉄ナノドットを作製した，その後TEMでシリコン基板断面を観察した。ナノドットは還元処理により導電性ドットに改質されている。シリコン熱酸化膜の厚さは約2nmである。

ネル部分には電流が流れる。これがONの状態である。このように量子ドットに電子が蓄積されることによりメモリーとして働くことができる。図6は実際にフェリチン配列から得られたナノドットを酸化物層に埋め込み，上部電極を配置して作製したものであり，実際にバイオナノプロセスによってナノフローティング構造が作製されることが示されたと考えている。

5.4 バイオナノプロセスの未来

我々はバイオナノテクノロジーを用いたナノ集積プロセスであるバイオナノプロセスを提案した。その一例で今回，作製した金属ドットの配列は直径 7 nmの金属粒子がシリコン基板上に1平方センチメートルあたりおよそ10^{12}個ならんでおり，このような高密度配列は従来の半導体作製手法では作製が困難である。生物が持つ超分子のタンパク質とその自己集合能が融合した結果，現代の問題にブレークスルーをもたらす可能性が生まれたのである。その他球状のタンパク質のみならず，TMVやべん毛繊維のように中心孔のある直鎖状タンパク質に金属を内包させて相互作用させれば，配線構造の構築の可能性がある。

我々が行っているバイオナノプロセスによる電子デバイス作製は非常に簡単な設備で行える。例えば，アポフェリチンタンパク質への金属の導入は，アポフェリチンタンパク質とスターラーとビーカーさえあればどんな場所でも作製できるし，シリコン基板への転写はPBLHとトラフと温度が制御できる恒温槽があれば特別な装置は必要ない。現在の半導体製造にはクリーンルームなどの大規模な設備に莫大な費用が必要であるが，その点バイオナノプロセスは環境にもやさしいグリーンプロセスということができるであろう。

バイオナノプロセスの研究開発は現在始まったばかりであるが，生物についてよく学び，そのメカニズムをよりよく理解すれば，近い将来必ず工学の種々の要求に応えるナノ機能構造が実現できると考えている。

文　献

1) C. H. Berg *et al.*, *Nature*, **245**, 380 (1973).
2) M. Silverman *et al.*, *Nature*, **249**, 73 (1974).
3) H. S. Larsen *et al.*, *Nature*, **249**, 74 (1994).
4) I. Yamashita *et al.*, *Nature Struct. Biol.*, **5**, 125 (1998).
5) T. Furuno *et al.*, *Thin Solid Films*, **180**, 23 (1989).
6) A. Sato *et al.*, *Biochim. Biophys. Acta.*, **1162**, 54 (1993).

7) H. Yoshimura *et al.*, *Langmuir*, **10**, 3290 (1994).
8) K. Nagayama *et al.*, *Jpn. Appl. Phys.*, **34**, 3947 (1995).
9) D. Pum *et al.*, *Microelectric Engineering*, **35**, 297 (1997).
10) M Sara *et al.*, *J. Bacterioil.*, **182**, 859 (2000).
11) D. Pum *et al.*, *Nanotechnology*, **11**, 100 (2000).
12) T. A. Winningham *et al.*, *Surf. Sci.*, **406**, 221 (1998).
13) T. A. Winningham *et al.*, First International Conference on M & BE, p. 170 (2000).
14) Q. Wang *et al.*, Angew. Chem. Int., **Ed. 41**, 459 (2002).
15) F. C. Meldrum *et al.*, *Nature*, **349**, 684 (1991).
16) F. C. Meldrum *et al.*, *Science*, **257**, 522 (1992).
17) S. Mann *et al.*, *Nature*, **365**, 499 (1993)
18) T. Douglas *et al.*, *Science*, **269**, 54 (1995).
19) S. A. Davis *et al.*, *Chem. Mater.*, **10**, 2516 (1998).
20) T. Douglas *et al.*, *Nature*, **393**, 152 (1998).
21) T. Douglas *et al.*, *Inorg. Chem.*, **39**, 1828 (2000).
22) S. Takeda *et al.*, *Biochim. Biophys. Acta.*, **1174**, 218 (1993).
23) I. Yamashita *et al.*, *Thin Solid Film*, **393**, 12 (2001).
24) T. Hikono *et al.*, *Jpn. J. Appl. Phys.*, **42**, 398 (2003)
25) F. C. Meldrum *et al.*, *J. Inorg. Biochem.*, **58**, 59 (1995).
26) D. J. Price *et al.*, *Toxicology*, **31**, 151 (1984).
27) J. Fleming *et al.*, *Proc. Natl. Acad. Sci.*, **84**, 7866 (1987).
28) M. Okuda *et al.*, *Biotech. Bioeng.*, in press.

6　マイクロ化学プロセスに適したマイクロ質量分析システム

伊永隆史*

6.1　はじめに

最先端の実験研究に不可欠な研究用分析機器を海外に依存している現状の危うさを議論するため，「研究基盤としての先端機器開発・利用戦略」に関する特別シンポジウムが2003年5月21日に日本学術会議で開催された。特にノーベル化学賞授賞の野依良治名古屋大学教授，田中耕一島津製作所フェローなどの講演では，日本政府が多額の研究資金を投じても，高額の外国製先端機器の購入に使わなければならないことが多く，結果的にそれが外国の競争力を強めることにもつながることで，バイオ・ナノテクノロジーなど最先端科学技術分野で憂慮される事態に陥っている点が鋭く指摘された。これに呼応して，日本分析化学会・二瓶好正会長を主査とする「先端計測・分析機器開発に関する検討会」が文部科学省に設置された。科学技術・学術審議会を経て，2004年度のニーズ対応施策に反映されるが，特に理学系分野から日本発の新しい原理に基づく最先端機器のモノづくり提案が期待されているところである。

最近公表された2004年度経済活性化対策でも，環境，エネルギー，福祉，IT分野などに絞った未来創造型投資が主な政策目標として取りあげられた。いつまでに何を実現するかの数値目標を明示し，予算措置だけでなく，規制改革や市場環境整備などを同時に進めていく重点化施策が初めて打ち出されたことは注目に値する。我が国はここ数年来，IT，観光，知的財産，科学技術，環境経済などによる立国論を次々に打ち出したが，旧来のキャッチアップ型の枠内にとどまり，21世紀にふさわしい発想に基づく戦略とは言えなかった。立国論が乱立することは国際的視野からは不見識な現象といえ，ボトムアップによる積み上げと優先順位のバランシングが国の最重要な基本戦略となるべきである。つまり，自国と相手国の優劣をお互いにマッピングし，時宜を得ているかどうか見極めた上で，国家戦略を策定していくことが不可欠である。立国論の乱立は，国際比較優位の原則を無視したものになってしまい，また既存分野で比較優位を保つために政府が補助することはWTOでいう不公正貿易へもつながりかねない。

戦後日本が先進国にキャッチアップする上では，外国に遅れているから政府が陣頭指揮を取ることで効率的な成長を導いてきた。しかし，近頃の立国論はいずれも国が将来の発展分野を示してリード役になるという点でキャッチアップ型の延長線上にあり，このような発想が研究用先端機器の海外依存に気づかなくしてきたことは否定できない。21世紀型のポスト・キャッチアップ時代にあっては，これからの日本をリードする分野が何かを事前に断定することは困難を極めるため，市場における競争力を通じて民間の創意と工夫によってのみ生み出されると考えるべき

*　Takashi　Korenaga　東京都立大学大学院　理学研究科　教授

であろう。同時に，真に必要なイノベーションも我が国の技術力の延長線にあることを強く意識しなければならない。したがって，政府の補助金に頼るのではなく，新規に立ち上げるため支援を受けるという姿勢が肝心で，委託による100%補助から50%補助と50%民間負担（例えば，経済産業省平成15年度新設のフォーカス21）へと競争が促進される仕組みが重要となる。

国の科学技術基本計画では，情報通信，ライフサイエンス，環境，ナノテクノロジー・ナノ材料の4分野を重点四分野と定め，基礎・基盤技術研究のみならず実用化研究まで開発資金が積極的に投入されつつある。科学技術振興政策面でも特に，ここ数年バイオサイエンス・生命医療分野における研究が大きな注目を集めている。マイクロチップ化学システムについて，東京大学・北森教授らの先導により，バイオテクノロジー（BT）・ナノテクノロジー（NT）国家戦略の基盤ツールとして本格的な技術開発を行うため，民間負担を伴う国家プロジェクトが平成14年度からスタートしたが，経済産業省の競争促進事例として内外の評価が待たれる。

6.2　MS開発研究の着眼点

BT・NT関連産業は知識集約型かつ省資源型の産業であり，また高度な科学技術の集積がある国でこそ発展できる最先端科学産業である。高度な加工技術を必要とする，高付加価値型の産業であり，高収入の雇用も期待できる。BTこそがNTと並んで，科学技術創造立国をめざす日本の将来像に適した新規成長産業といえる。加えて，21世紀における我が国社会が抱える生命・医療分野の大きな問題であるライフサイエンスや健康増進について対応を進める研究に注目が集まり，先端的ナノバイオ科学技術を活用した研究と他分野との融合による複合的取り組みが重要になっている。

質量分析装置（MS）は，我が国分析機器工業界の開発力が世界的にみて高くないことが懸念されている。特に飛行時間型質量分析装置（TOF/MS）では，野依教授が2002年12月5日付け朝日新聞紙上で指摘されたとおり，欧米に著しく遅れをとっているのが現状である。TOF/MSは，ポストゲノム解析の最重要課題であるプロテオーム・グライコーム・メタボローム解析などに加え，環境バイオ物質の超微量分析や代謝産物分析，カーボンナノチューブ・フラーレンなどのナノ材料分析など，重点四分野における解析研究で最重要バイオツールとなる分析機器である。しかし，国産MSの世界シェアは約16%と低く，さらに国産品にも海外製品のOEMや，海外特許をもとに製品開発したものが多数含まれており，欧米に遅れをとっているのが現状である。なかでもTOF/MSについては欧米企業の独壇場で，幕張メッセで開催された2002年分析展において，9月5日に島津製作所・田中耕一氏がMALDI-イオントラップ法TOF/MSの新製品について，英国Kratos社での研究成果物を踏まえ，タンパク質解析できわめて優れた性能について紹介講演をされたにもかかわらず参加者はまばらであった。その1ヶ月後の10月9日に，

2002年度ノーベル化学賞授与が判明するまで，島津製作所がTOF/MS開発研究で欧米を追従，凌駕することができるとは誰も考えが及ばなかったのである。

重点四分野の解析研究ツールのうち，MSは電子顕微鏡（SEM），核磁気共鳴装置（NMR）と並ぶBT・NT研究において三種の神器ともいえる解析ツールである。にもかかわらず，我が国でバイオ関連研究開発において広く利用されている高額の最先端機器については，外国製品を買うことが多く，多額の資金を海外へ支払っているのが現状である。特に，解析機器，試薬，分析チップなどのバイオツールと各種データベースなどのバイオインフォマティクスはバイオ産業構築の基盤となるものであり，当面は研究開発そのものが産業化へのイニシアティブを占める。そのため，研究業務で頻繁に用いるバイオツールやバイオインフォマティクスの競争力を高めることこそが，実は最終的な研究開発の成果を生み，かつバイオ産業活性化のための要素技術となるのである。

今後，重点四分野を含む科学技術戦略で日本が欧米に先んずるためには，2002年度ノーベル化学賞の島津製作所・田中耕一氏のMALDI–ソフトイオン化法を先導に，BT・NT・環境分野などの最先端科学技術開発でSEM，NMRと並んで有用性の高いTOF/MS開発研究で欧米を追跡，日本発の独自技術で凌駕することがBT・NT国家戦略における急務の課題であろう。しかしながら，日本の大学・研究機関などにおけるMS関連研究はユーザーの立場に集中し，分析機器のメーカーサイドに立ったモノづくり基盤技術研究は，大阪大学，東京大学ほか幾つかの国立大学および東京都立大学で小規模に行われているに過ぎない。他方，米国ではBT産業関連のTOF/MS開発研究はもとより，国防総省が軍事・セキュリティー対策ツールとしての小型MS開発研究を積極的に支援してきたため，大学・研究機関などに莫大な研究資金が投入され続け，一例としてJohns Hopkins大学Cotter教授らによる優れたTOF/MS成果物や数々の基本特許が輩出されてきた経緯も見逃せない。

環境汚染物質の排出・移動登録制度（Pollutant Release and Transfer Register），いわゆるPRTR制度により，薬品購入時から使用，廃棄までの物質移動の記録・報告が法制化され，化学物質のうち第一種指定化学物質として354物質が指定された。10万以上にのぼる事業所に対し，有害化学物質を使用し，大気・排水への放出量，廃棄物として排出・処理される量，製品などへの使用量，物質収支などの届出が義務化されたため，平成14年度の化学物質環境排出量が全国規模で集計され，大気漏出の現状と地域問題が初めて明らかになった[1]。PRTR制度の法規制展開は難航が予測されたので，パイロット事業に筆者もかかわった経験がある。その事前予測をもとに，PRTR制度で規定された有害化学物質のオンサイト測定に適用可能で，マイクロチップ化学反応システムとインターフェイスを介して接続するのに適し，微少サンプル量で高感度検出可能なMSの小型化研究に着眼した。こうして，日立那珂インスツルメンツ㈱を委託先企業と

図1 マイクロ TOF/MS のプロトタイプ装置

して，図1に示すような小型質量分析装置（マイクロ MS）を平成13年度から新エネルギー・産業技術総合開発機構（NEDO）基盤技術研究促進事業で開発することとなった。MS 小型化に当たっては，当時の日本には四重極型質量分析装置（Q/MS）の産業基盤しかなかったため，Q/MS の小型化で当初申請を行った。しかし，欧米の TOF/MS 研究状況を鑑みると，BT 関連最先端産業分野で発展性が大きい TOF/MS 開発研究が Q/MS を凌駕していたことから，平成14年1月の基本計画作成段階において NEDO と調整した上で，TOF/MS 小型化に絞って基盤技術研究開発を行うことになった経緯がある[2]。

6.3 マイクロ化学反応プロセスのオンチップ集積によるマイクロ化学システムの開発

キャピラリー電気泳動（CE）を利用したバイオチップ研究は，ここ10年余に欧米で急速に進展し，約500におよぶ基本的な特許が生まれ，マイクロ総合化学分析システム（マイクロ TAS）の発展に大きく貢献した。日本で北森ら，伊永らが現在開発を急いでいるのはあらゆる化学反応プロセスを集積可能なフローインジェクション分析型（FIA）の化学万能マイクロチップである。反応，分離，前処理，検出などの化学操作をガラスプレート上に構築できるので，マイクロチップ化学システムの用途拡大に寄与し，マイクロチップを用いてあらゆる単位操作を化学的に行うことが可能になった。FIA は1975年 Ruzicka，Hansen により提唱されて以来，精密分離分析を目的とした液体クロマトグラフィー（LC）にはない化学反応自動化の万能性，および利便性と実用性が広く受け入れられて急速に普及した。伊永は1978年に FIA を環境計測へ応用するための基礎・応用研究を開始し，独自に製作した流動状態解析装置を用いて応答ピークの形状・特性解析を行い，1988年にS^4-μFIAの考え方を発表した[3]。S^4はSmall tube-bore, Short tube-length, Slow flow-rate, Small cell-volumeを意味した微小FIAシステムの最適化設計指針であり，フロー分析法に共通した中空キャピラリー内反応モデルの対流拡散解析により分子化学工学研究を重ねたことから，マイクロ化学システムの矩形マイクロチャネルや微細流路の設計にも準用できると考えられた。

他方マイクロマシーニング技術の進展に伴い，半導体製造技術に依拠してシリコンチップ上に化学反応器を刻み込んでしまう考え方が生まれ，化学反応操作を単一ガラスチップ上に構築し，流路のみならず，ポンプ，インジェクター，バルブ，検出器などをオンチップで実装したマイクロ総合化学分析システムの概念はManz[4]によって1990年にマイクロTASとして発表された。この手法はサンプルの前処理，反応，分離，検出など実験室・研究室で行われている化学分析の反応操作をすべてシリコン基板上に構築するものであった。ラボオンチップ（Lab-on-a-Chip）とも言われ，化学操作の微細化・集積化により試薬量，エネルギーなどをシナジーに削減でき，環境負荷を低減可能である。マイクロ化学システムを組み込んだデバイス本体の小型化により，携帯性に優れ，オンサイト，リアルタイム測定に適した低環境負荷の小型分析機器を創製できる。

(1)　大気分析マイクロ化学システム

大気分析に必要な複合機能を搭載したマイクロ化学システムは，水質分析マイクロ化学システムより達成困難にもかかわらず実際は先んじて開発された[5~19]。多孔質ガラスを用いたチップは世界初で，石英ガラス基板よりも耐圧強度が低いので，それに配慮しながら微細流路内の圧力分布を考慮して流路設計を行う必要があった[3]。大気分析マイクロ化学システムを搭載したマイクロデバイスは，1-150ppbvの都市生活環境レベルNO_2濃度をオンサイトで，リアルタイム連続測定することができる。マイクロ化学システムの大きさは長さ50mm，幅26mm，厚さ2.0mmで，石英ガラス基板上にマイクロチャネルを形成した。このマイクロ化学システムには①サンプリング部に埋め込んだ多孔質ガラスを介して気体成分を捕集，②蛍光試薬と混合して誘導体化反応，③蛍光物質を高感度検出する三機能を一体化して集積化したものである。ガス捕集液および試薬溶液は外付けのシリンジポンプにより送液され，マイクロ化学システムを組み込んだデバイス本体の大きさは幅320mm，奥行230mm，高さ177mmである。

(2)　水質分析マイクロ化学システム

環境水中のNO_2^-は共存する物質，微生物などの影響により短時間で分解し濃度が激減する場合があり，オンサイト，リアルタイム分析の必要性が高い。NO_2^-水質分析マイクロ化学システムを図2に示す[17,18]。チップ材料には石英基板を用い，フォトリソグラフィーおよび湿式エッチングにより幅500μm，深さ100μmのチャネルを形成した。河川水を採取してシリンジフィルター

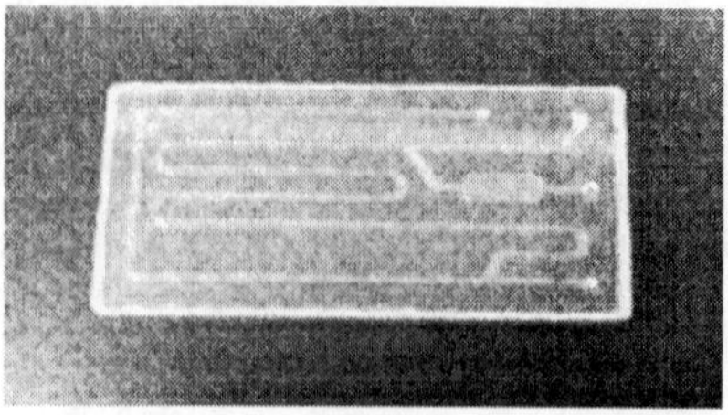

図2　環境・バイオ物質分析のマイクロ化学システム

（ADVANTEC，孔径0.2μm）でろ過してから，チップ上でNO_2^-の蛍光検出を行い，公定法のザルツマン吸光光度法による測定値とほぼ同一測定値を得た。この水質分析マイクロ化学システムを用いれば，サンプルや試薬が公定法に比べ1/100以下ですむことから，水中の微量NO_2^-濃度を相対誤差3〜10%以内で，廃液などの環境負荷を低減しつつ十分な測定機能が得られることが示された。

(3)　微粒子固相抽出分析マイクロ化学システム

ディーゼル排気微粒子に含まれる24種の多環芳香族炭化水素（PAHs）のうち，代表的PAHsであるベンゾ［a］ピレン（BaP）を分別測定可能なプロトタイプ装置の開発およびBaP蛍光測定におけるクリーンアップ前処理操作のオンチップ集積化に成功した[18〜21]。ディーゼル排気微粒子からPAHsを溶出させるクリーンアップ用には，マイクロチャネル内に約20μmのせき止め部を作り，シリカゲルを充填することでマイクロカラムを作製した。実際の抽出液に適用したクリーンアップ操作の結果，従来法と高い相関性が得られ，クリーンアップの作業時間が1/10以下に短縮された。

(4)　生体内環境バイオ物質分析マイクロ化学システム

花粉症，アトピー性皮膚炎，シックハウス症候群，化学物質過敏症などが社会的に大きな問題となっている。この分野では，MSを用いる高感度検出，定性定量分析が研究成果を左右することが多いと考えられる。環境化学物質が内分泌・アレルギー・免疫系などの活性に及ぼす影響を評価解析するようなライフサイエンス分野において，生体内における環境バイオ物質の動態解析ツールの開発研究は重要である[21, 22]。B[a]Pがアレルギー誘発関連サイトカインであるインターロイキン（IL-4），IL-5などの発現量を変動させるとともに，免疫発生器官の胸腺を著しく退縮させることを明らかにした[21]。ディーゼル排気微粒子でこれまで注目されなかったB[k]Fが強い免疫かく乱作用をもつことも明らかにし，B[a]P，B[k]Fなどの多環芳香族炭化水素が免疫系をかく乱してアレルギー亢進作用をもたらすのかを明らかにするべく，細胞内アリルハイドロカーボン受容体欠損マウスやミクロソームエポキシド加水分解酵素欠損マウスを用いた免疫かく乱作用の解析を進めている。これらの研究成果に基づき，免疫かく乱メカニズムを解析する高速処理統合型マイクロ化学システムの基本構想設計も可能になった[21]。

環境リスクのアセスメントや動態解析のみならず，生体影響予知診断の可能なコンビナトリアル化学への発展性を含んだ特性評価解析マイクロ化学システムもチップ開発上興味深い。

6.4　マイクロTOF/MSプロトタイプ装置の開発

マイクロTOF/MS[2, 23~26]の開発に成功すれば，PRTR制度に規定された有害化学物質のみならず，内分泌かく乱作用の疑われている化学物質などのオンサイト・モニタリングにも応用可能である。また，健康・美容・快適な生活（QOL）などに関する国民生活の質の向上を可能にするモニタリングへも展望が開ける。例として，モデル居住空間における香り成分など超微量物質のモニタリング手法を提供でき，しかも試薬補給や排液回収・処理工程が不要で，メンテナンンスフリーのプロセスモニターとしての利用可能性を指摘できる。

マイクロTOF/MSの真空排気系には，到達真空度10^{-4}Paを必要とするため，補助ポンプとして到達真空度10Pa以下のスクロール式オイルフリー真空ポンプを開発し，世界最小サイズの試作機を完成した。このスクロールポンプは設計排気量10Lmin^{-1}，モータ，制御部を含む占有体積3Lである。スクロールポンプに小型ターボ分子ポンプをシリーズ連結すれば，マイクロTOF/MSに必要な10^{-4}Paの真空度を実現できることを確認した。イオン源実験用TOF/MSを別途製作し，測定対象試料にダイオキシンに近い質量数を持つBaPやフラーレンを用いてレーザーディソープション法によるイオン化実験を行い，フラグメンテーションフリーのイオン化に成功した。引き続きマイクロTOF/MSに最適なイオン化方法を探索する目的で種々のイオン化法を検討し，様々な分析対象物質を測定可能にするための実験を行っている[26]。

マイクロTOF/MSは図1に示すとおり，サイズϕ80×295mmの真空チャンバー，真空ポンプ，小型高圧電源，波形発生器などを組み込み，目標としたアタッシュケースサイズ（450×350×150mm）のプロトタイプ装置を試作した[23~26]。さらなる小型化・高分解能化のため，非破壊検出，位置有感検出などの検討を進めている。試料としてフラーレンを用いた特性評価結果から，質量範囲1000amu，分解能$M/\Delta M=750$の性能を得た。BaP測定では$m/z=252$の主ピークと安定同位体のピークが完全に分離したマススペクトルが得られ，BaPを標準試料とし検出感度約7ppbを達成した。

6.5　モノリスインターフェイス接続によるマイクロTOF/MSの高機能システム化

マイクロ化学システムや汎用分析機器をマイクロTOF/MSと接続する場合，液体試料を効率よく真空度を下げずに真空チャンバー内に導入するためインターフェースにより圧力勾配を精密に制御する必要がある。図3に示すマイクロ化学システムとマイクロTOF/MSの接続に適したインターフェイスには，モノリス構造（図3中，下）を有するキャピラリーカラムを用いて開発を行い，nLオーダーの超微量送液が可能であることを確認した[25]。現在モノリスの空隙率，カラム長などについて実験検討を行うとともに，モノリスキャピラリーカラムの圧力制御性能について評価している。

既存ポンプやピエゾ式ポンプでは$1\mu\mathrm{L\ min^{-1}}$以下の極低流量域における吐出圧や脈流，流量制御などが未解決で，マイクロ化学システムの液体駆動系としてはまだ使用に耐えない。中空のマイクロチャネルを使うFIAに加え，分離カラムを使うマイクロLCをオンチップ集積化するこ

図3　マイクロTOF/MSとマイクロ化学システムとを接続したインターフェイス（上）および無機系（中）・有機系（下）モノリスの電子顕微鏡写真

とを試み，物質分離機能をつかさどるメソ～ナノポーラス構造と圧力制御機能をつかさどるマクロポーラス構造を併せもった無機系／有機系モノリス構造体をチップ流路内に創り込み，高度分離機能を得ることに成功した[22]。マイクロLCとして利用可能なマイクロチャネルを構築できたことから，近い将来，マイクロTOF/MSとの接続により，生体高分子も含めた汎用バイオ分析に最適なモバイル・マイクロLC-MSを開発できる可能性が示唆される。このカラム内で液体を移動させる場合に必須の液体駆動装置，すなわち従来にない超小型で，極微少量を高精度で，かつ中圧・無脈流・連続送液が可能なマイクロポンプの創製は，マイクロチップ／マイクロMS分析システムを直結するための要素技術として急を要する研究開発課題である。

文　献

1) 二居隆司ら，：全国化学汚染マップ，Yomiuri Weekly，**2003. 6. 29**，p. 12 (2003).
2) 伊永隆史：ダイオキシン等有害化学物質のオンサイト測定・リスク評価基盤技術の開発，新エネルギー・産業技術総合開発機構基盤技術研究促進事業平成13年度成果報告書，p. 1-77 (2002).
3) 伊永隆史：ぶんせき，145 (1995).
4) A. Manz *et al.*, *Sens. Actuators*, **B1**, 244 (1990).
5) 伊永隆史：日本学術会議50周年記念環境工学連合講演論文集，**14**，25 (1999).
6) 伊永隆史：微量環境物質測定デバイスの開発，平成10年度地域コンソーシアム研究開発事業成果報告書，新エネルギー・産業技術総合開発機構，p. 1-191 (2000).
7) 伊永隆史：日本分析化学会中国四国支部第37回分析化学講習会，p.63 (2000).
8) 伊永隆史ら：分析化学，**49**，423 (2000).
9) T. Korenaga *et al.*, *Chromatography*, **21**(2), 99 (2000).
10) T. Odake *et al.*, *Anal. Sci.*, **17**, 535 (2001).
11) 佐藤隆宣ら，：電気学会論文誌，**E121**，507 (2001).
12) 伊永隆史ら，：化学工業，**52**(11)，23 (2001).
13) 伊永隆史：ぶんせき，(5)，233 (2002).
14) 伊永隆史：ぶんせき，(8)，424 (2002).
15) Y. Takabayashi *et al.*, *Anal. Chem.*, **75**, in press (2003).
16) 伊永隆史：マイクロケモメカトロニクスの創成，科学研究費特定領域研究（B）平成14年度成果論文集，藤田博之編，p. 337 (2003).
17) 伊永隆史：マイクロ化学チップの技術と応用，丸善，印刷中 (2003).
18) 伊永隆史：超機能グローバルインテグレーション研究会講演予稿集，p. 97 (2003).
19) 伊永隆史：日本分光学会平成15年度春季講演会講演要旨集，p. 52 (2003).
20) 伊永隆史：内分泌かく乱物質研究の最前線，季刊化学総説 No. 50，日本化学会編，学会出版センター，p. 163 (2001).
21) 伊永隆史：多環芳香族化合物等環境物質のアレルギー亢進作用評価技術の開発，文部科学省産学官連携イノベーション創出事業費補助金総合研究成果報告書，p. 1 (2003).
22) 小松剛司ら，LC テクノプラザ講演要旨集，p. 132 (2003).
23) 伊永隆史：日本農芸化学会 2003 年度大会講演要旨集，p. 338 (2003).
24) 伊永隆史：日本農芸化学会誌，77 (9)，印刷中 (2003).
25) 伊永隆史：ダイオキシン等有害化学物質のオンサイト測定・リスク評価基盤技術の開発，新エネルギー・産業技術総合開発機構基盤技術研究促進事業平成 14 年度成果報告書，p. 1 (2003).
26) 伊永隆史：マイクロ質量分析システムの開発，バイオ未来開拓技術シンポジウム，p. 31 (2003).

7　単一細胞操作支援ロボット

斉藤美佳子[*1]，松岡英明[*2]

7.1　はじめに

単一細胞実験は，細胞を1個ずつ，選別，保持，移送，マイクロインジェクション，計測，刺激，制御などの細胞操作に関する一連の要素技術からなっている[1~5]。細胞を顕微計測するだけであれば直径1μm程度の細菌まで対象となるが，インジェクションまで考えると直径数十μm以上の動植物細胞に限られる[6~8]。実際，インジェクションに関しては，それより小さな細胞に対して簡便にできる方法の報告はない。そのため，インジェクションを伴う単一細胞実験は，結局，厄介で困難なものということで今日に至っている。しかし，多細胞系の機能解析の基本は2細胞間の関係を明らかにすることであり，標的とする細胞のみに対して，時間や位置を選んで，遺伝子や薬剤をインジェクションする実験法によって，初めてそれが可能となる。それは，細胞機能解析，細胞間シグナル伝達解析，そして，それらの機能解析に基づく新規機能細胞の創製など，今後の細胞研究における重要な実験方法論になると期待される。

7.2　単一細胞操作支援ロボットの発想

マイクロインジェクションの自動化は極めて難しく，現状では，熟練者の経験と勘に頼らざるを得ない。しかし，一連の単一細胞実験操作の中で，このマイクロインジェクション以外の操作を簡便迅速に行なえるようにすれば，実験者は顕微鏡を覗いている姿勢を崩すことなく，マイクロインジェクションに全神経を集中させることができるので，全体としては軽労化が図れると期待される。それが操作支援ロボットの発想である。図1は概念図，図2は装置外観である。

倒立型蛍光顕微鏡にオートステージを設置し，その上部左右に新たに製作した3次元マニピュレーターが1台ずつ取り付けられている（図3）。左側のマニピュレーターには細胞保持用のキャピラリーが，右側のマニピュレーターにはマイクロインジェクション用のキャピラリーが取り付けられている。左側マニピュレーターは4段階に移動速度が調節できる。右側マニピュレーターは，細胞にインジェクションするときの高精度調節の必要性を考慮して6段階調節が可能になっている。左右のマニピュレーターは，顕微鏡手前に設置された2本のジョイスティックレバーでそれぞれ制御できるようになっている。右側ジョイスティックのヘッドスイッチで，右側マニピュレーターとオートテージの制御の切換えができる（図4）。右側ジョイスティックのヘッドスイッチを長押しすると右側マニピュレーター最上部まで一気に退避する（図5）。ヘッドスイッチを

＊1　Mikako　Saito　東京農工大学　工学部　生命工学科　助教授
＊2　Hideaki　Matsuoka　東京農工大学　工学部　生命工学科　教授

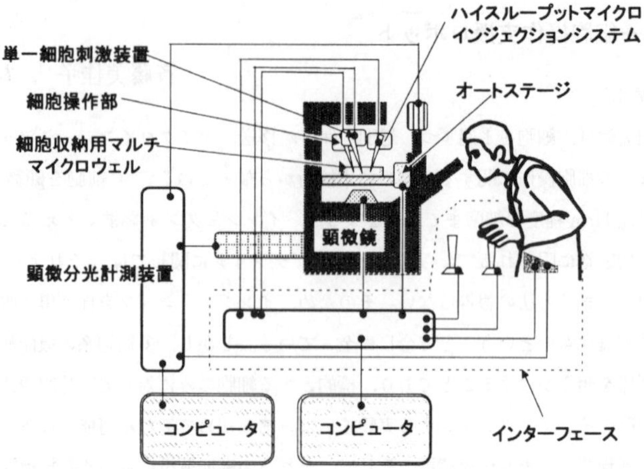

図1　単一細胞操作支援ロボット概念図

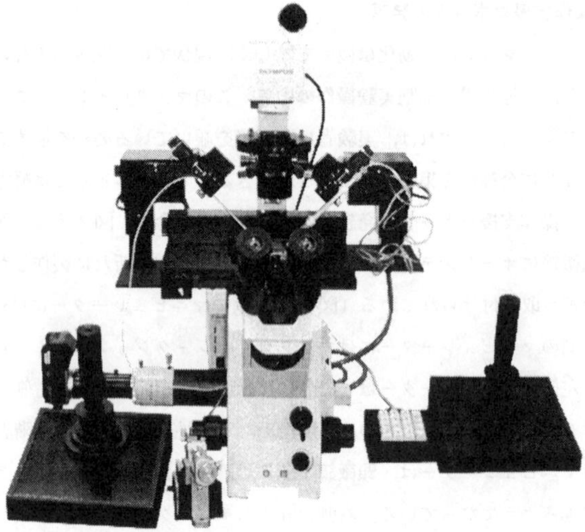

図2　単一細胞操作支援ロボット装置外観

ダブルクリックすると，退避していたキャピラリーが一気に元の位置にもどる。顕微鏡下での作業のために一時的にキャピラリーが邪魔になるとき，あるいはキャピラリーが破損して交換しなければならないとき，などに便利な機能である。

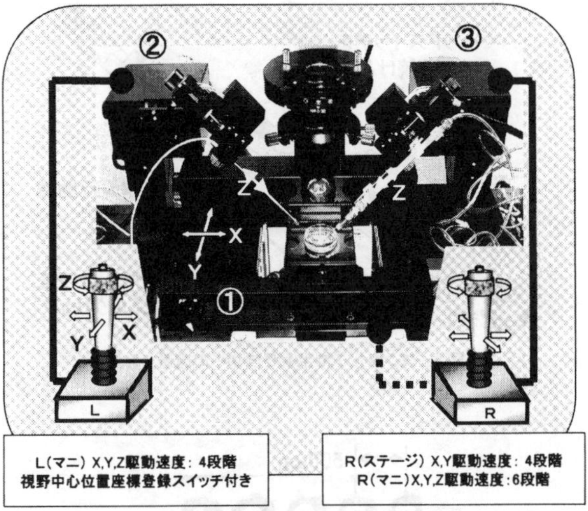

図3　単一細胞操作支援ロボット制御部
①XY オートステージ，②細胞保持用マニピュレーター，③マイクロインジェクション用マニピュレーター

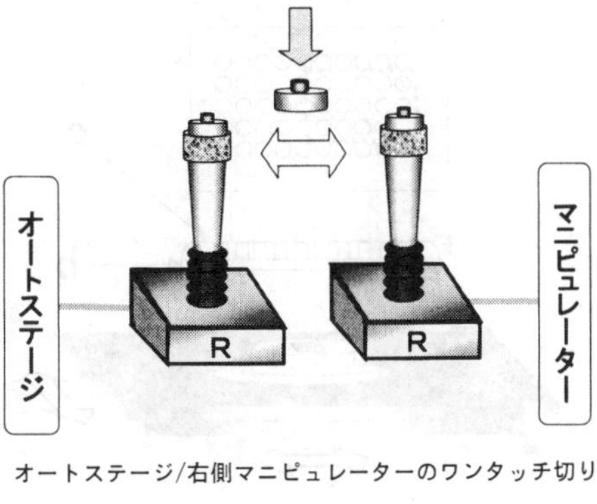

図4　オートステージ/右側マニピュレーターのワンタッチ切り替え

多数の細胞をナンバリングする機能も有用である。非接着性の細胞では，図6のようなマルチウェルを用いる。各ウェル内への細胞の収納，取り出しは全てプログラムによって自動化できる。各ウェルには細胞を1個ずつ入れるので，ウェルの番号が細胞の番号になる。接着性の細胞では，細胞の座標が記憶される。すなわち，図7に示すように，はじめに適当に選択した細胞を，視野

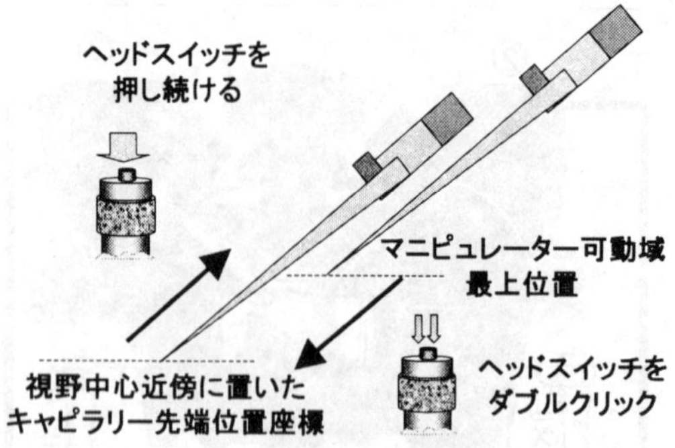

図5　ワンタッチでキャピラリーの退避・復帰

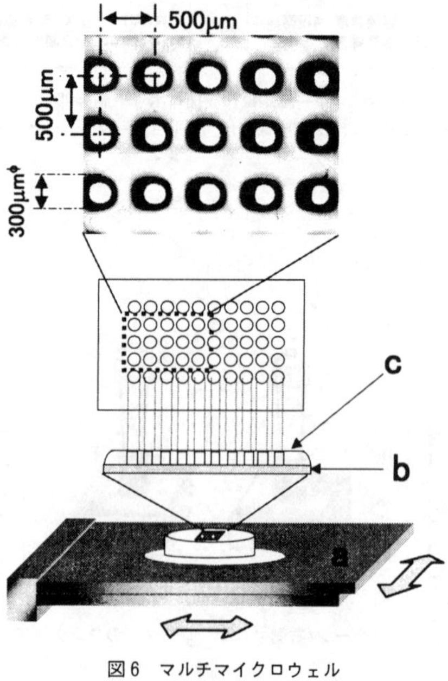

図6　マルチマイクロウェル
(a) オートステージ, (b) カバーグラス, (c) プラスチックプレート

中心に移動して左側ジョイスティックのヘッドスイッチをクリックすると，その位置での細胞座標が記憶される。同様にして次々に細胞の座標を記憶させることができる。このようにして，予め多数の細胞の位置座標を登録しておけば，インジェクション操作の際に，いちいち細胞を探す

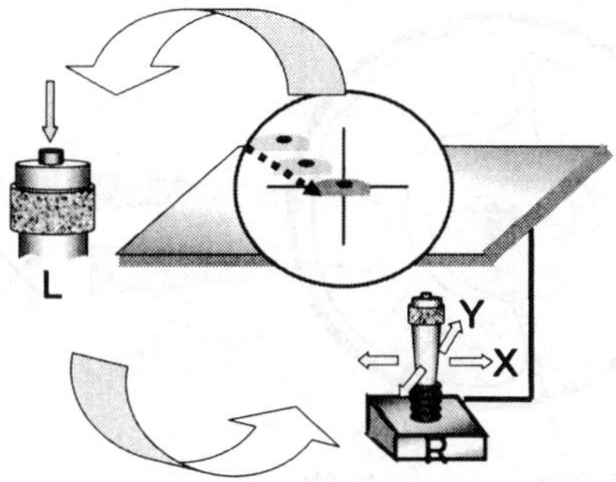

図7　接着性細胞の細胞座標登録
(1) Rジョイスティックで細胞を視野の中心に来るようにオートステージを移動。
(2) Lジョイスティックのヘッドスイッチをクリックすると，そのときの視野中心位置（細胞位置）の座標がPCモニタ上に表示され，同時にPCに登録される。

表1　設計改良に伴う遺伝子導入速度の向上

	1次設計			2次設計	3次設計
マイクロインジェクションを行った細胞数	71	70	70	100	100
インジェクション所要時間（hr）	7	7	12	2	1
2遺伝子の発現が見られた細胞数（%）	5 (7%)	8 (10%)	4 (5%)	8 (8%)	7 (7%)

手間が省けて，速やかに多数の細胞にインジェクションすることができる。

実際に，植物細胞への遺伝子のマイクロインジェクションをおこなった結果を表1に示す。熟練者による成績ではあるが，当初，71細胞で7時間かかっていたものが，1時間で100個処理できるようになった。そして，遺伝子導入成功率はコンスタントに5～10%確保できている。次項に述べるように，植物細胞の原形質へのインジェクションは，動物細胞に比べて，格段に難しいが，その植物細胞に対するものとしては極めて良好なインジェクション成績と言える。

7.3　マイクロインジェクションの自動化の試み

細胞は適当な弾性を有するために，キャピラリーの刺入に際して歪を生じる。したがって，顕微鏡観察した細胞像から，細胞内にインジェクションするためにキャピラリーを移動しなければ

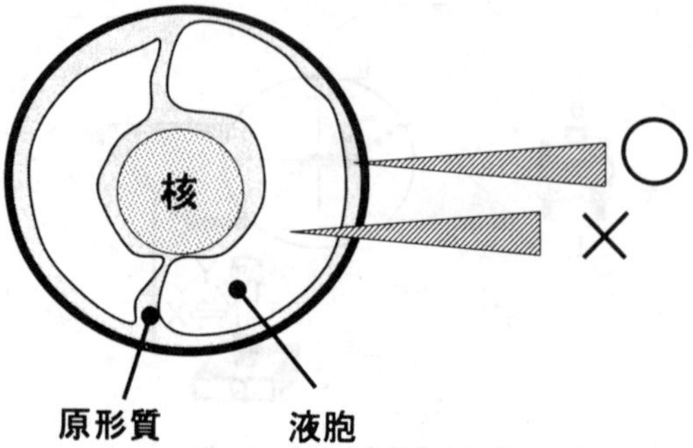

図8　植物のプロトプラストへのマイクロインジェクション模式図
（○）薄皮状の原形質に刺入された成功例，（×）液胞に刺入された失敗例。

ならない距離を割り出して，その距離だけ自動移動させても，キャピラリー先端が確実に細胞内に入る保証はない。動物細胞の場合では，細胞質でも核でもとにかく細胞内に入ればよい，という場合があり，そのような時は移動目標を細胞中心にすれば，比較的容易に細胞内への自動刺入ができる。そして，実際，それが半自動でできるという装置が製作され，既に市販されている。しかし，植物細胞の場合は通常，細胞内に大きな液胞があるため，遺伝子や薬剤のマイクロインジェクションは，この液胞を避けて，液胞・細胞膜間の薄皮状の原形質に直接行なわなければならない（図8）。そして，そのことができるような装置は，これまで開発されるには至らなかった。

植物細胞の場合は，その構造上，刺入位置が細胞表層近傍でなければならない。また，動物細胞においても，刺入位置が細胞内で深すぎれば細胞膜が受ける傷害は大きくなり，その後の細胞のバイアビリティに深刻な影響を及ぼす。したがって，何れの場合も刺入位置はできるだけ浅くした方が良いと考えられる。このようなことを考慮すると，自動で最適なインジェクションを行なえるようにするためには，その前提として，キャピラリーの位置を正確に検出して，それを移動制御系にフィードバックすることが不可欠と考えられた。そこで，まず始めに細胞内電位の空間分布を指標にして細胞内位置を推定するシステムを構築した。

標的細胞としてイネより大きめの細胞で，また細胞内構造が良く見えるタバコ培養細胞BY-2を用いた。通常，原形質も液胞も細胞外に対して負の電位を示すが，原形質は液胞よりもさらに大きな負電位を示す。電位測定用の微小電極を細胞外から徐々に刺入すると，細胞膜を通過したとき電位が負側に変化し，さらに進んで液胞膜を通過すると，その値がゼロの方向へ変動することが予想された。実際にマイクロインジェクションを行なう際の感覚から，膜を通過する際は，できるだけ高速で進め，突き抜けたら，できるだけ短い距離で停止できることが重要と考えられた。最小位置決め距離500nm，最大移動速度250μm/sec，で微小電極を駆動できるアクチュエーターを製作した（図9）。電位測定出力の電気的ノイズは非常に大きかったので1Hzのローパスフィルターを設けた。その結果，ノイズの影響をそれほど受けることなく，細胞内電位分布を測定できるようになった（図10）[9]。しかし，原形質電位と液胞電位，あるいはその差電圧を測定したところ，細胞ごとにバラツキが大きく，電位の値だけからでは原形質か液胞を判断することは難しいと判断された。そこで，電位空間分布の微分波形を出力し（図11），この微分波形から膜の通過を判断するようにした。3チャンネル型の微小電極（図12）をこの装置に取り付け，タ

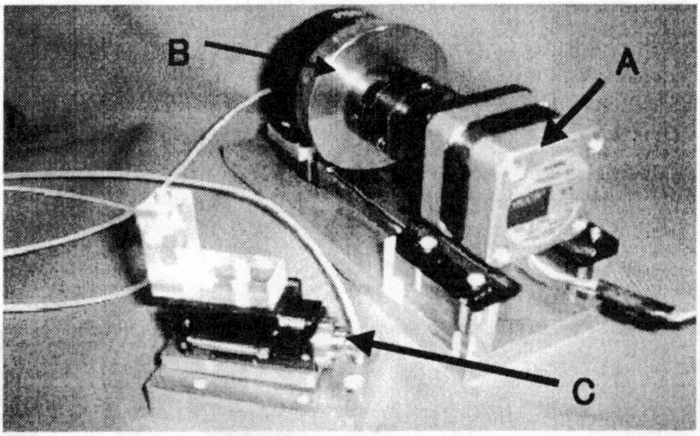

図9　水圧式キャピラリー駆動装置

（A）ステッピングモーター，最小位置決め分解能：500nm，最大移動速度：250μm/sec，（B）ドラム，（C）水圧式アクチュエーター。

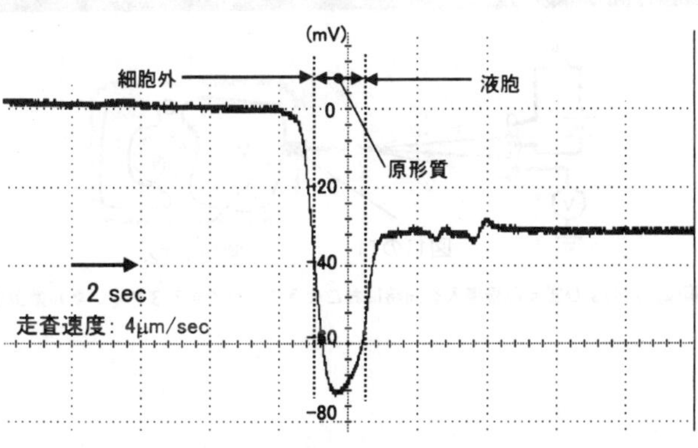

図10　タバコ培養細胞（BY-2）の細胞内電位分布測定例

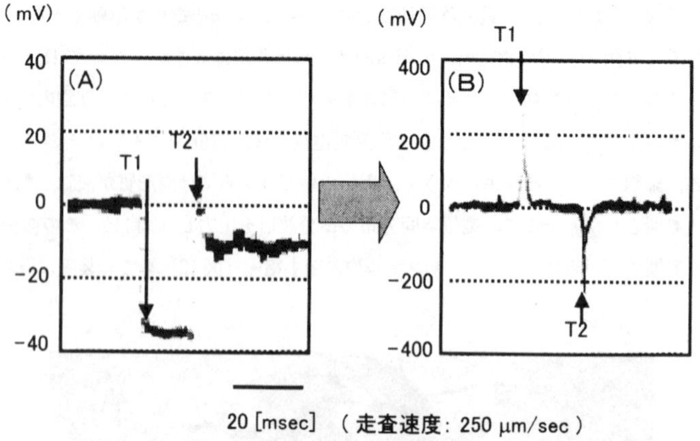

図 11　細胞内電位の空間微分波形
細胞はタバコ培養細胞 BY-2。T1：原形質に入ったと推定される位置，T2：液胞に入ったと推定される位置。

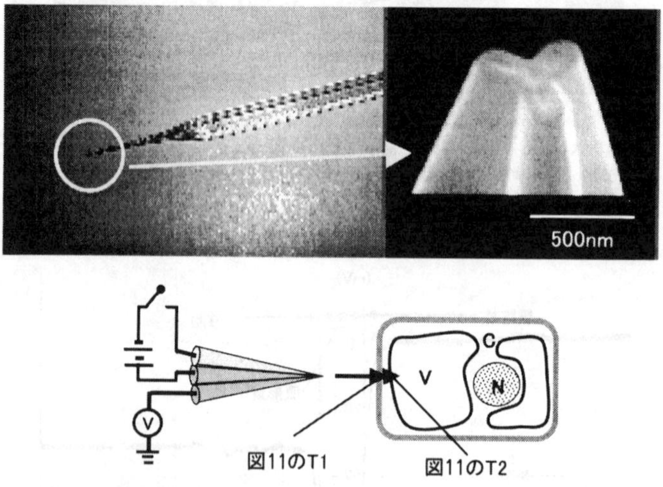

図 12　電位測定および蛍光色素導入を同時におこなうことができる 3 チャンネル型微小電極

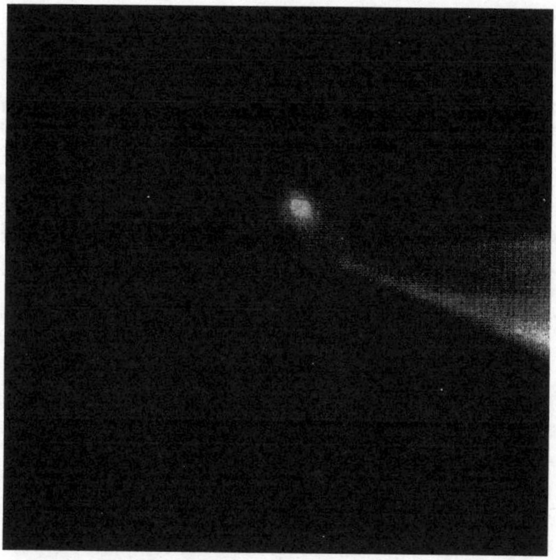

図13　蛍光色素（ルシファーイエロー）を自動インジェクションしたYB-2細胞

バコ培養細胞の原形質へ蛍光色素を自動インジェクションしたところ，77個中52個（67.5%）の細胞で色素が原形質に導入された（図13）。

7.4　おわりに

単一細胞操作支援ロボットは実験者を中心に据えた，あくまでも「支援」ロボットであるが，それによって，煩雑なマイクロインジェクション操作が著しく軽労化された。さらに使いやすくするために，マンマシンインターフェースの改良が進められている。これによってマイクロインジェクションが普及することが期待される。

なお，本稿には「ナノ」というキーワードが直接出てこない。中心課題であるインジェクションを，従来はマイクロインジェクションと言ってきたが，この場合の「マイクロ」は「微小」と言う意味である。これを長さの単位と理解するならば，既に500ナノメートルの移動距離を制御しているので「ナノインジェクション」といっても差支えないかも知れない。しかし，著者としては，機械的な位置制御に留まらず，より実験者の感覚に直結したインジェクションシステムの実現を目指し，それを「ナノインジェクション」と呼びたい。超えるべきハードルは高いが，周辺技術の進歩によって，意外に近い将来，技術的な困難が克服されるかも知れない。

<謝辞>

本稿で述べた研究開発成果は，文部科学省科学研究費，特定領域研究（B）「単一細胞の分子テクノロジー」，および科学技術振興事業団，戦略的創造研究推進事業「医療に向けた化学・生物系分子を利用したバイオ素子・システムの創製」の研究費によって得られたものである。また，研究実施に際しては，単一細胞支援ロボットでは中央精機㈱，自動インジェクション装置では早稲田大学，三輪敬之教授グループの多大な研究協力を得ている。これらの支援，協力に対して深甚なる謝意を表する。

文　献

1）H. Matsuoka *et al.*, *Electrochemistry*, **68**, 314 (2000).
2）M. Aizawa *Electrochemistry*, **69**, 921 (2001).
3）H. Matsuoka *et al.*, *Anal. Sci.*, **18**, 1321 (2002).
4）T. Yasukawa *et al.*, *Anal. Chem.*, **74**, 5001 (2002).
5）Y. Torisawa *et al.*, *Anal. Chem.* **75**, 2154 (2003).
6）S. A. Hasani *et al.*, *Fertility*, **11**, 111 (1995).
7）B. Xoconostle-Cazares *et al.*, *Science*, **283**, 36 (1999).
8）M. Saito *et al.*, *J. Biotechnology* in press.
9）久保友明ら，日本機械学会講演予稿集（2003）.

8　DNA分子の操作技術とその応用

桂　進司*

DNAは直径2nmのらせん構造を持つ紐状の高分子であり，特異的な塩基配列を認識してハイブリッド構造を形成するために，配線材料としての応用やナノ微粒子を配置するための鋳型（アドレッシング）としての応用が考えられている。しかし，DNAのような紐状の分子は末端同士が近づいたほうがエントロピーは高くなるために，自然状態のDNA分子が伸張状態をとることは極めて稀である。したがって，DNA分子を配線材料やナノ微粒子の鋳型として用いるためには，DNA分子の形態を制御する技術そして形態制御を行う位置への操作技術が重要なものとなる。

DNAのような生体高分子や微粒子を操作する場合には，非接触に操作できるレーザートラップ法が非常に有効であると考えられる。レーザートラップは運動量を持つ光子が微粒子により屈折する際に，運動量を保存するために微粒子にかかる力によって生じる現象であり，微粒子の屈折率が媒質の屈折率より高い場合には光強度が最も強い方向に向かうような力が発生する。その結果として微粒子はレーザーの焦点付近に捕捉（トラップ）されることになる。このような特徴を持つレーザートラップ法であるが，従来はDNA分子を直接にレーザートラップすることは困難であった。そこで，μmサイズのビーズにDNA分子の片端もしくは両端を化学的に結合させてビーズをレーザートラップ（レーザーピンセット）や磁力により操作する方法がS. Chuら[1]と水野ら[2]のグループにより開発された。この手法によりDNA1分子の長さの計測やレーザートラップ干渉計によるpNオーダーの力計測が可能となり，DNA1分子とタンパク質との複合体の解析や1分子の力学的強度，超らせん歪などの計測を行った例が報告されている。

従来の手法でDNA分子をレーザーで直接トラップできなかった原因としては，DNA分子の物質密度が低く，溶媒である水との間で屈折率差が小さいことが考えられる。DNAは低分子カチオンとポリエチレングリコール（PEG）またはアルコールを一定濃度以上にするか，スペルミンなどの多価カチオンを一定濃度以上にすることにより，ランダムコイルからグロビュール構造と呼ばれる凝縮構造に相転移を起こすことが知られている[3]。DNAにこの構造を誘導することにより，取り囲む溶媒との間で屈折率の差が大きくなり，その結果としてレーザートラップが可能になる[4]。その一例として，図1にT4DNA1分子をレーザートラップした様子を示す。ここでは，DNAのグロビュール化は60mg/ml PEG，50mM $MgCl_2$で行ない，その後蛍光色素DAPI (4′,6-diamidino-2-phenylindole) により染色した。このように調製したDNA試料を光

＊　Shinji　Katsura　豊橋技術科学大学　エコロジー工学系　助教授

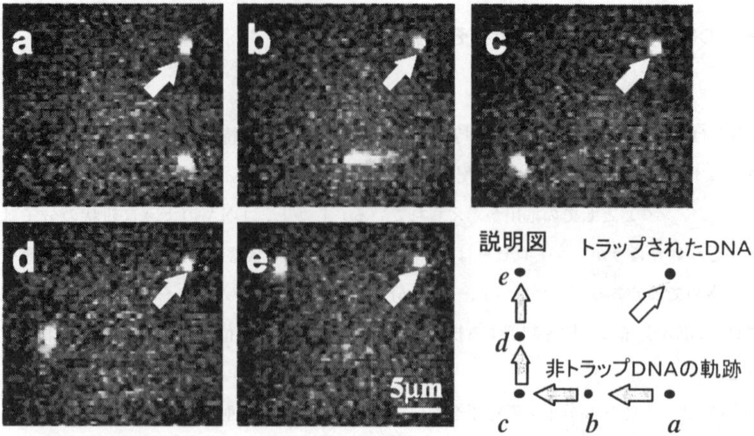

図1　グロビュール T4DNA1 分子の直接レーザートラップ
(a) t=0, (b) t=0.24s, (c) t=0.64s, (d) t=0.87s, (e) t=1.14s の各時刻の蛍光像を示しており，白矢印はレーザーによりトラップされている DNA 分子を示している。

出力180mW波長1064nmの条件でトラップすることを試みた。図中において白い矢印はレーザーの焦点を指しており，ここでDNA分子がトラップされている。光学系のシステム上，レーザー位置は固定されているため，顕微鏡ステージを動かすことによりDNAの相対位置を操作している。ここで，トラップされていないDNAはステージの動きに合わせて左方向へ移動し（図1a-c），また上方向へ移動している（図1c-e)。

前述のようにDNAをアドレッシングの手段として用いるためには，空間における位置制御と同時にその形態を制御することも極めて大切である。代表的な形態制御であるDNAの伸長操作の方法として，界面操作を用いる手法，流れを用いる手法，電界を用いる手法が提案されている。Molecular Combing法と呼ばれる界面操作を用いる手法では，液相中DNAの片端を固定した後に，固定点の外に液相を移動させている。DNAは親水性が高く，水溶液との接触面積をできるだけ増加させるように振舞うので，気相に露出したDNAは伸張される。Yokotaらはこの手法によりλDNAを伸長させ，制限酵素で処理することにより，顕微鏡観察により直接，制限酵素地図を決定できることを示している[5]。流れを用いる方法ではDNA末端を何らかの方法で固定して，反対側の自由端を流れによって伸ばす方法が用いられている。DNA分子をラテックスビーズに結合させた上で，ラテックスビーズをレーザーによりトラップしながら流れを作ることによりDNAを伸長した例を図2に示す。また，電界を用いてDNAを伸長する手法も良く用いられている。DNAは負の電荷を持つので，DNAの片端を固定した上で直流電界を印加するこ

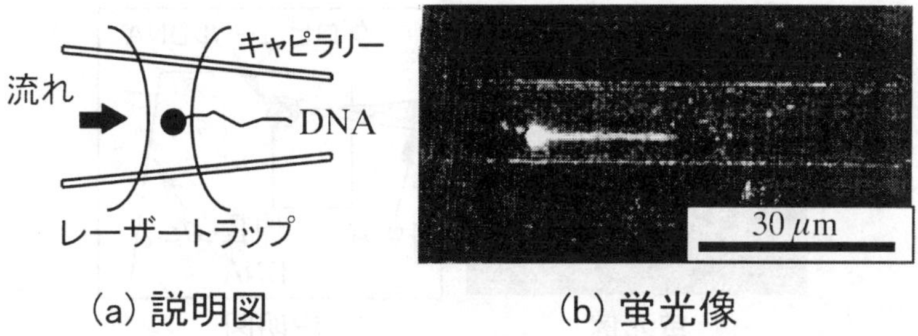

図2　ビーズ－DNA 複合体のレーザートラップ
(a) ガラスキャピラリー中で流れによりDNA 分子が伸長されている説明図。DNA と結合しているビーズはレーザーによりトラップされている。
(b) 観察した蛍光像。

とにより，DNA を伸長させることができる。この状態で，1分子のλエキソヌクレアーゼがDNA1分子を末端から分解する様子が直接観察され，またその際の分解速度が決定されている[6]。また，直流電界では，とりわけ高塩濃度下において電極反応の影響が問題になるので，交流電界の使用も検討されている。しかし，交流電界によりDNA を伸張させる力はDNA 分子の分極による誘電泳動力であるため，同じ強度の直流電界に比べてきわめて小さい。このため，交流電界による伸長操作では，電極間距離を小さくして電界強度を高める工夫がなされている。Tabataらは，微細電極上にDNA を伸長した上で，RNA ポリメラーゼがDNA 上をスライディングし，さらにプロモーターへの結合する様子を観察している[7]。

ここまではファージ DNA 程度の長さのDNA を対象にした伸長操作法を紹介してきたが，染色体DNA のような巨大なDNA を対象として伸長操作を行うためには，伸長操作中の機械的なストレスによるDNA の断片化を抑制する必要がある。DNA 断片化を抑制する手法としては，アガロースゲルに包埋することにより機械的なストレスを抑制する方法などが開発されてきた。アガロースゲル中でDNA 分子を調製する方法はパルスフィールド電気泳動法とともに開発されてきたが，アガロースゲル中ではDNA 分子を自由に操作することはできない。しかし，アガロースゲル中でも10Hz 程度の低周波交流を印加することにより，比較的弱い電界でも伸長操作をできることがKaji らにより示された[8]。また，断片化を抑制する方法としてはグロビュール相転移を用いる方法も提案されている。前述のようにDNA はグロビュール相転移を導入することにより極度に凝縮し，その結果として水溶液中の機械的ストレスに対して耐性を獲得する。グロビュールとランダムコイルの相転移は可逆的であり，グロビュール化したDNA はPEG や $MgCl_2$ の濃度を下げることにより容易にランダムコイル状に戻すことができることが既に報告されている[3]。そこで，平板電極と針電極間に働く誘電泳動力を利用して微小針電極先端にグロビュールDNA1

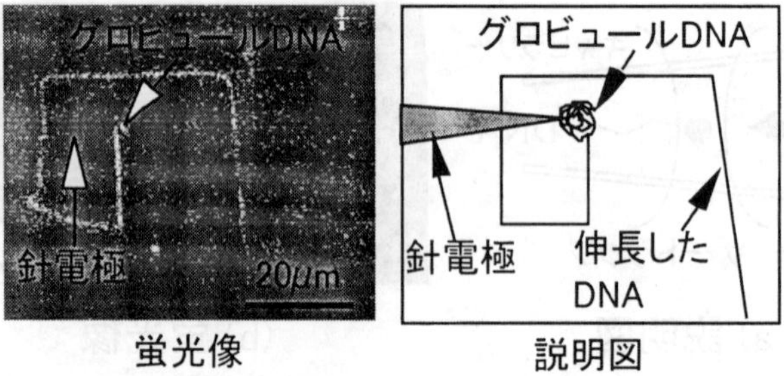

図3　脱凝縮反応を利用して伸長固定した酵母染色体 DNA

分子を吸着させ，その後バッファー交換を行うことでランダムコイルDNAに戻し，カバーガラス上に順次，伸長固定することが可能である[9]。電解研磨法により先端を細く加工した針電極と平板電極からなる電極を用いて，周波数1MHz，電圧10V（実効値）の正弦波交流を印加し，グロビュール化した酵母染色体DNAを吸着させた。その後，カバーガラス上に滴下したサンプル溶液のバッファー交換をピペット操作により行うことにより，針電極先端に吸着させたグロビュールDNAの一部がランダムコイル状に戻り，DNAの一端がカバーガラス上に吸着した後，カバーガラスを微小移動させることにより，DNA分子を無傷のままに伸長固定された（図3)。この手法では図3に見られるように，自由な形でDNAの形態を制御できることが可能となるために，従来の単なる伸張操作とは異なった新たな分野に応用できると期待される。また，この結果は染色体DNAのような巨大DNAにおいても端から順次伸長可能な形でグロビュール化していることを示唆している。

ここで示した種々の方法によりDNAを操作，伸張し，さらに伸長したDNAを変性して1本鎖DNAにした後に特定の部位に相補的なDNA断片（プローブ）をハイブリダイゼーション（相補的結合）させることで1分子レベルでの特定遺伝子や個々人による遺伝子の相違の解析，またナノパーティクルの効率の良いアドレッシングが可能になると期待される。

文　　献

1) T. T. Perkins *et al.*, *Science*, **264**, 822 (1994).
2) A. Mizuno *et al.*, *IEEE Trans. IA*, **31**, 1452 (1995).

3) K. Yoshikawa *et al.*, *J. Am. Chem. Soc.*, **118**, 929 (1996).
4) S. Katsura *et al.*, *Nucleic Acids Res.*, **26**, 4943, (1998).
5) H. Yokota *et al.*, *Nucleic. Acids. Res.*, **25**, 1064 (1997).
6) S. Matsuura *et al.*, *Nucleic. Acids. Res.*, **29**, e79 (2001).
7) H. Kabata *et al.*, *Science*, **262**, 1561 (1993).
8) M. Kaji *et al.*, *Biophys. J.*, **82**, 335 (2002).
9) A. Mizuno *et al.*, *J. of Biol. Phys.*, **28**, 587 (2002).

9　分子認識イオンゲート膜

山口猛央*

9.1　はじめに

機能材料に要求される機能は複雑化し，一つの素材で表現できる単純な機能では社会の要求に応えることができなくなった。現状の工学材料では，組織の柔軟な組み替えおよび自己修復が不可能であり，単純にいつでも，どこでも一定の性能を発現するに過ぎない。将来の，他品種少量生産を省エネルギーに行う医薬品合成プラント，生体の変化に応答した複雑な機能を要求される医療材料，人工臓器といった分野を考えれば，用いる材料に根本的な変革が迫られる。我々は，材料の中をシステムとして捉え，要求性能を各素材に分担・連結・協調化させ，全体として複雑な機能を発現する材料システムを構築するシステム設計論を提案している。材料として必要な複数の機能をシステム全体として表現する。このとき，生体システムは参考になる。生体システムを単純化して理解し，その本質的に有効な分子認識性，協調性，自己組織化能力を有する人工材料システムを構築する。未だ発展途上の研究であるが，その中の分子認識イオンゲート膜を紹介する。

9.2　分子認識ゲート膜

生体膜では，特定イオンシグナルを認識し，細孔を開閉するイオンゲートが存在する。また，特定イオンだけを輸送するイオンチャネルも存在する。これらが連携し，外場の刺激に応じて，細胞内の特定イオン濃度を制御し，さらに情報伝達を可能としている。この分子認識するイオンゲートを人工的に開発することを考えた。刺激応答ハイドロゲルとして，温度[1)]，pH[2)]，光[3, 4)]などに応答するゲルやその応用が数多く報告されているが，分子に応答するゲルはあまりなく，グルコース[5, 6)]や抗体[7)]，光学異性体分子[8)]，イオン[9, 10)]などが報告されている。

ここでは膜細孔内でセンサー素子とアクチュエータ素子を協調させ，分子認識ゲートを実現する。具体的にはセンサーとして分子認識ホストを，アクチュエータとして感温性ポリマーを用いる。

図1に提案している「分子認識ゲート膜」の概念を示す。特に，生体膜で重要な役割を演じるイオンを対象として，特定イオンM^+を認識しM^+濃度に応答して膜の細孔を開閉するゲート膜の開発を行った。架橋性のハイドロゲルを用いた環境応答材料は数時間，数十分など応答性に時間がかかるものがほとんどだが，レセプターをゲル自身に含有させることにより速い認識性を実現し，かつポリマーを直鎖状のグラフト鎖とし多孔膜に固定することにより高い水の拡散性と短

*　Takeo　Yamaguchi　東京大学　大学院工学系研究科　化学システム工学専攻　助教授

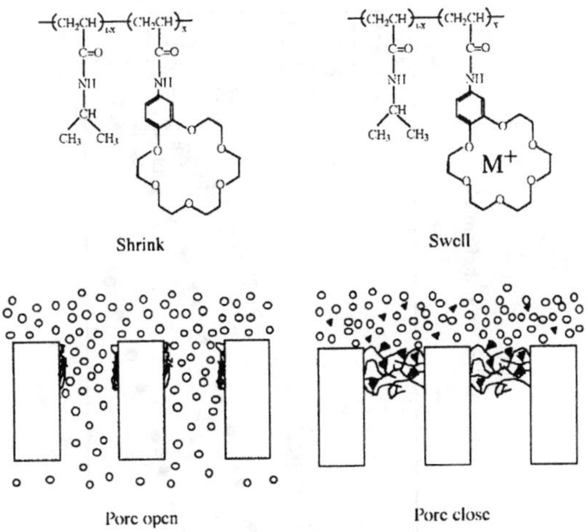

図1　分子認識イオンゲート膜の概念図

い拡散距離を設定し，速い応答性を実現する。膜は，センサー部によりM^+を特異的に認識し，バルク中のM^+濃度が一定濃度より高くなると感温性グラフト鎖が急激に膨潤し，膜細孔を閉じてM^+の溶出を阻止する。この時，他のイオンの濃度には影響を受けない。逆に，バルク中のM^+濃度が低くなると，グラフト鎖が収縮し，膜細孔を開いて，M^+以外のNa^+などを含んだ溶液が透過する。この膜細孔の開閉の「ゲート効果」によって，バルク中のM^+濃度の制御，M^+の溶出防止，イオンシグナルによる情報伝達などができる。

Irieら[9,10]は，NIPAM（N-isopropylacrylamide）とBCAm（Benzo-18-Crown-6-acrylamide）の共重合体ポリマーのK^+濃度応答性を報告している。我々は，PE多孔質基材の細孔中に，NIPAM-co-BCAmをグラフト重合し，グラフト鎖の膨潤・収縮によって，特定イオンに応答するゲート膜の開発を行った[11]。NIPAMゲルは，温度変化を与えるとLCST（相転移温度）：32℃で，可逆的に膨潤・収縮する。一方，クラウンエーテルの一種である18-Crown-6は，中心の空洞にフィットするK^+イオンを選択的に捕捉することが知られている。NIPAMゲル中にクラウンエーテルが含有すると，ホストがイオンを捕捉したときに周囲に水を配位し，LCSTがシフトする。したがって，このイオン配位により変化する相転移温度の間で定温操作を行えば，外部での特定イオン濃度により膨潤・収縮が引き起こされることになる。

膜は，PE多孔フィルム基材（孔径0.3-0.5μm・厚み110μm）に，NIPAMとBCAmを割合を変えてプラズマグラフト重合法[12]により細孔中の壁表面からグラフト鎖を成長させ作成した。様々なイオンを含む水溶液の膜透過係数の温度依存性を図2に示す。Li^+，Na^+，Ca^{2+}など配位

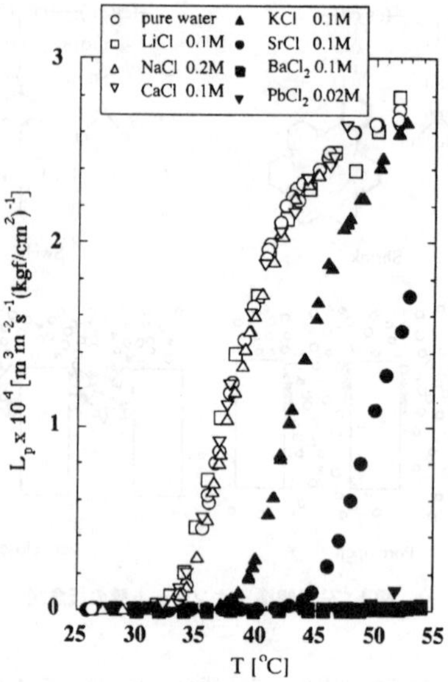

図2　様々なイオン水溶液を用いたBCAm/NIPAM重合膜の透過係数の温度依存性

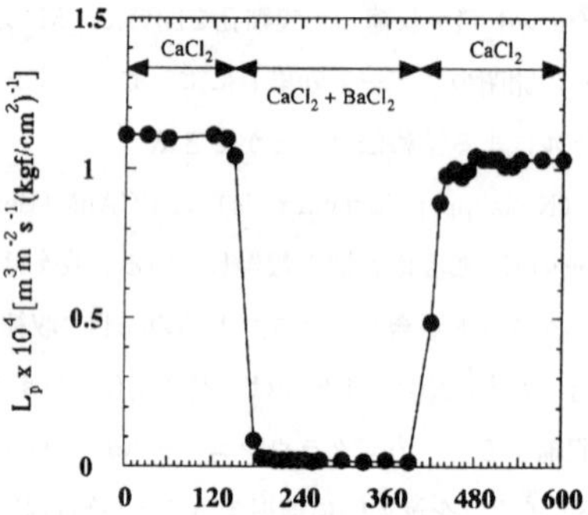

図3　BCAm/NIPAM重合膜のBa^{2+}イオンに対する応答速度

定数の小さいイオンの場合，透過係数の温度依存性は純水の場合と同様で，ほぼ35℃付近で急激に透過性が変化した。膜細孔中で，ゲルが温度の上昇により収縮したためである。一方，配位定数が大きなK^{+}，Sr^{2+}，Ba^{2+}，Pb^{2+}などでは，低濃度でもLCSTが大きくシフトし，Ba^{2+}，Pb^{2+}

では50℃においても透過係数の増加は認められなかった。クラウンホストがイオンを捕捉したため，親疎水性が変化し，LCSTが高温側にシフトしたと考えられる。クラウンエーテルによる分子認識によって，ゲート挙動が変化していることが明らかである。

温度を一定にして Ba^{2+} 0.01[M]/Ca^{2+} 0.09[M]混合溶液と Ca^{2+} 0.1[M]を交互に透過させた結果を図3に示す。Ca^{2+} はBenzo-18-crown-6と錯形成しないため大量に混合していてもゲートの応答性には関与せず，混合している微量な Ba^{2+} に応答して，ゲートが迅速に可逆的に開閉することが分かる。また，応答速度は非常に早く，開閉時ともに30秒以内で透過性が大きく変わった。また，透過性の変化は50倍以上と高いゲート効果を示した。

このように多孔基材細孔内で，分子センサーと刺激応答ポリマーをうまく組み合わせたシステムを作れば，速い応答性を示す分子認識ゲート膜の開発は可能である。

9.3　分子認識細孔径制御

上記の試験では細孔が開いた状態と閉じた状態のon-off変化であったが，次に膜細孔径を分子シグナルにより制御することを考える。従来の分離膜（限外ろ過膜）では，タンパク質などをサイズによって分離している。膜細孔よりも大きなタンパク質は透過できず阻止され，細孔よりも小さいタンパク質だけが透過する。ここで，タンパク質などの高分子のサイズは分子量で規定され，膜細孔も阻止する溶質の分子量で表される（分画分子量）。従来の膜では細孔径は変化しないため，多くの種類のタンパク質を分離するためには，異なる細孔径を有する多くの膜を準備する必要があった。また，分離は一定にしか起こらず，分離操作中に細孔径を変更することは不可能である。上記で開発した分子認識イオンゲート膜を用い，純水またはイオン水溶液中に分子量の異なるデキストランを溶存させ，その透過性を確認した[13]。

図4（a）では，用いたデキストランの分子量とデキストラン透過の見かけの阻止率の関係を，図4（b）では，用いたデキストランの分子量と溶媒の透過係数をそれぞれ示している。温度は38℃である。ここでは見かけの阻止率を用いているが，濃度分極，浸透圧の影響を抑えるために，供給液中のデキストラン濃度は約100ppm，操作圧は1kgf/cm²とした。図4（a）に示す分画分子量曲線から，純水を溶媒に用いた場合には，阻止率が90%程度になるのは分子量200万以上の場合で，細孔径が大きいことが確認できる。しかしながらセンサーであるクラウン環に捕捉される Ba^{2+} を溶存させた場合，$BaCl_2$ 濃度を1000～3000ppmへと増加させると，イオンシグナル濃度に従って細孔径が小さくなる。阻止率が90%程度になるのは1000ppmの場合には分子量50万以上，2000ppmでは7万以上，3000ppmでは3万以上であり，その分画分子量曲線も濃度に対して平行に移動する。細孔径が均一に小さくなっていることが分かり，1枚の膜で，分子シグナルによって様々に細孔径（分画分子量）を制御することが可能である。また，細孔径が小さく

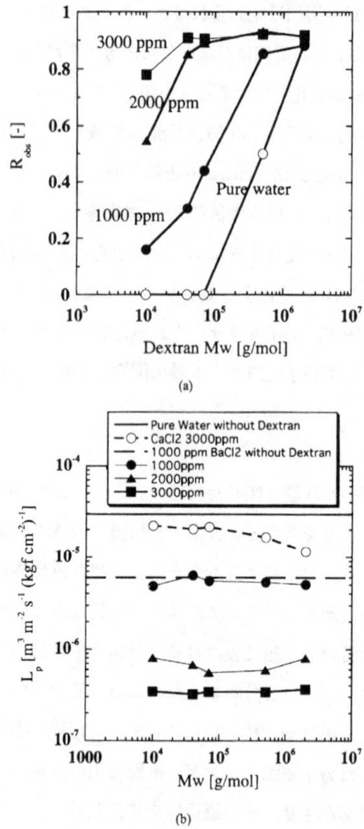

図4　BCAm/NIPAM 重合膜のデキストラン分子量と（a）見かけの阻止率または（b）透過係数の関係（濃度は溶媒中 $BaCl_2$ 濃度）

なるに従って，透過係数は低下する。

9.4　DDS 製剤のための分子認識マイクロカプセル

単純な平膜だけでなく，体内に埋め込むなどの応用のために，マイクロカプセル化も検討している。図5に示すようにマイクロカプセルの表面を多孔膜とし，その細孔中にセンサーとアクチュエータを埋め込めば，カプセル内部の薬剤を分子シグナルにより放出する分子認識マイクロカプセルが開発できる。温度[14]，pH[15]，光[16] などに応答するマイクロカプセルは数多く報告されて

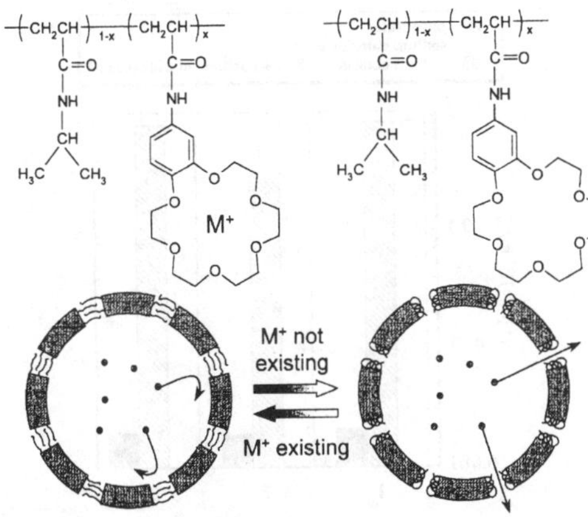

図5　分子認識マイクロカプセルによる薬剤放出の概念図

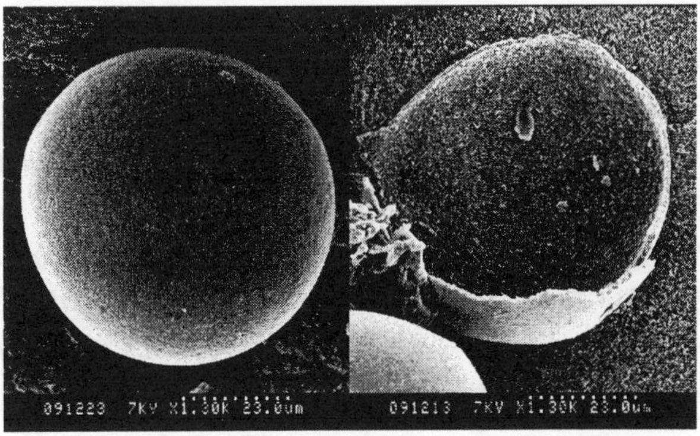

図6　界面重合により作製したマイクロカプセルのSEM写真

いるが，分子認識性のカプセルは少ない。また，コアシェル形のカプセルで，その外周膜の細孔内にグラフト鎖を成長させたために高速に応答するところも特徴である。

エマルジョン粒子の界面で界面重合を行うことにより，マイクロカプセルが開発可能である[17]。重合したマイクロカプセルおよびその断面をSEMで観察した結果を図6に示す。中が空洞になった40ミクロン程度の大きさのマイクロカプセルであり，その膜は多孔構造となっている。重合条件を変更すれば，4ミクロンまで小さくできる[18]。このカプセルの粒子群をガラスアンプルにつめ，プラズマグラフト重合を行った。粒子群全体にプラズマを照射し，その後モノマー溶液と

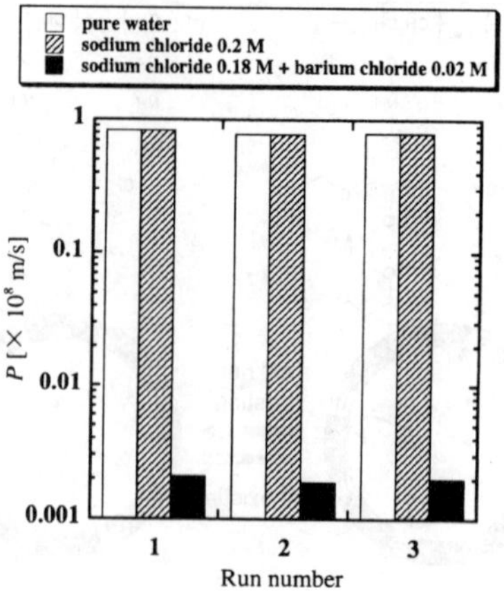

図7　分子認識マイクロカプセルからのビタミンB12の拡散挙動

接触させ，カプセル表面部の多孔膜の細孔内部にグラフト鎖を成長させる。ここでもNIPAMとBCAMの共重合を行った。

作成したカプセルの内部にビタミンB12を入れ，その放出挙動を外部溶液濃度変化から測定した。38℃での放出フラックスを図7に示す。$CaCl_2$水溶液では，純水のときと同様に高いビタミンB12の拡散フラックスを示す。クラウン環が認識する$BaCl_2$を用いると，その拡散フラックスは1000倍近く低下し，膜細孔が閉じたことが確認できる。このように，分子認識ゲート膜は平膜だけでなく，マイクロカプセルにも応用でき，プラズマグラフト重合法により効率よく生産できる[19]。また，モデル化により平膜とマイクロカプセルの拡散透過性の違いを理解し，放出挙動を制御することも可能となっている[20]。

9.5　おわりに

膜細孔中にセンサー素子であるクラウンエーテルおよびアクチュエータ素子としての感温性ポリマーを埋め込み，分子シグナルに応答する膜を開発している。この膜は細胞の生死を認識することも可能で，死細胞から放出されるカリウムイオンを認識して，死細胞を選択的に系から除去する新陳代謝システムも実現している[21]。また，クラウン環の代わりにシクロデキストリンを用いれば，NIPAM鎖の膨潤・収縮によりホストゲスト錯体の形成定数が変化し，分子認識性の吸着・脱着を制御できる[22]。さらに，ホストゲスト錯体の形成と感温性ポリマーの膨潤収縮を協調して，自律的にゲストを捕捉・離脱，ポリマーの膨潤・収縮を行う材料システムへと発展させることも可能となっている[23]。

このように材料の中をシステムとしてとらえ，様々な機能素子を連携させれば，生体のような精緻で非線形な機能を全体として表現することも可能となっている。さらに生体のようにDNA－細胞－組織－臓器へと，階層的に組織化できれば，未来の分離システム，反応システム，制御システム，エネルギー変換システムなどへ発展させられると考えている。このような，材料の中でシステム的に機能を設計する手法（機能材料のシステム設計法）を確立したい。

文　献

1) T. Tanaka, *Phys. Rev. Lett.*, **40**, 820 (1978).
2) R. A. Shiegel *et al.*, *Macromolecules*, **21**, 3258 (1988).
3) M. Irie *et al.*, *Macromolecules*, **19**, 2476 (1986).
4) A. Suzuki *et al.*, *Nature*, **346**, 345 (1990).
5) K. Kataoka *et al.*, *Macromolecules*, **27**, 1061 (1994).
6) E. Kokufuta *et al.*, *Nature*, **351**, 302 (1991).
7) T. Miyata *et al.*, *Nature*, **399**, 766 (1999).
8) T. Aoki *et al.*, *Macromolecules*, **34**, 3118 (2001).
9) M. Irie *et al.*, *Polymer*, **34**, 4531 (1993).
10) M. Irie, Advances in Polymer *Science*, **110**, 49 (1993).
11) T. Yamaguchi *et al.*, *J. Am. Chem. Soc.*, **121**, 4078 (1999).
12) T. Yamaguchi *et al.*, *Macromolecules*, **24**, 5522 (1991).
13) T. Ito *et al.*, *J. Am. Chem. Soc.*, **124**, 7840 (2002).
14) Y. Okahata *et al.*, *J. Am. Chem. Soc.*, **105**, 4855 (1983).
15) Y. Okahata *et al.*, *Macromolecules*, **20**, 15 (1987).
16) S. J. Chang *et al.*, *J. Biomater. Sci.*, *Polym. Ed.*, **10**, 531 (1999).
17) L.-Y. Chu *et al.*, *J. Membrane Sci.*, **192**, 27 (2001).
18) L.-Y. Chu *et al.*, *Langmuir*, **18**, 1856 (2002).
19) L.-Y. Chu *et al.*, *Advanced Materials*, **14**, 386 (2002).
20) L.-Y. Chu *et al.*, *AIChE J.*, **49** (4), 896 (2003).
21) S. Okajima *et al.*, Abstract of International Conference of Membranes and Membrane Processes, Toulouse, France, July (2002).
22) M. Yanagioka *et al.*, *Ind. Eng. Chem. Res.*, **42** (2), 380 (2003).
23) T. Yamaguchi *et al.*, submitted (2003).

10 ナノ集合体の孤立空間を利用したタンパク質のリフォールディング

後藤雅宏[*1]，迫野昌文[*2]

10.1 はじめに

バイオテクノロジー技術の発達に伴い，外来の遺伝子を別種の発現媒体（宿主）へ組換えることにより，目的タンパク質の発現を簡便に行うことが可能となった。この発現技術は近年目覚しく発展しており，医薬，食物，化学工業などあらゆる分野において基盤的な技術として広く用いられている。しかし，この異種タンパク質発現系において，しばしば問題とされるのが，不溶でかつ不活性なタンパク質凝集体の蓄積である。この凝集体はインクルージョンボディ（封入体）と呼ばれており，発現した目的タンパク質が分子間で複雑に相互作用した結果生じると考えられている。このため，インクルージョンボディを本来の活性あるタンパク質へ戻すための様々な手法が検討されている。その手法を，タンパク質の再生技術あるいはリフォールディングと呼ぶ。本稿では，ナノ集合体の孤立空間を利用した新しいタンパク質リフォールディング法を紹介する。

10.2 タンパク質リフォールディング法とその問題点

タンパク質リフォールディングは，Anfinsenの革新的な報告を礎にして現在も多くの研究がなされている[1]。一般に用いられているタンパク質のリフォールディング法は，希釈を用いた手法である。インクルージョンボディは，高濃度の変性剤（尿素や塩酸グアニジンなど）に可溶化するが，このままではタンパク質は変性状態にある。そこで変性溶液の希釈により，変性剤の濃度を低下させることでタンパク質本来のフォールディングを促進する手法である。希釈法は，安全かつ簡便であるという利点を有するが，いくつかの問題点も抱えている。工業的なスケールのみならず実験系においても，一回のバッチ操作でなるべく高濃度の変性タンパク質溶液を再生したいと考えるが，再生過程にあるタンパク質は分子間の相互作用が非常に強いため，タンパク質の再凝集がよく起こる。また，希釈は数十倍から，数百倍の希釈を必要とし，装置スケールの巨大化を招くことも問題である。この希釈法に代わる新しいタンパク質リフォールディング法の開発は重要であり，多くの研究が行われているが，未だ有効な手段は無いのが現状である。

10.3 ナノ集合体逆ミセルの特性

変性タンパク質のリフォールディング媒体としてナノ集合体である逆ミセルを用いる方法がこ

＊1　Masahiro　Goto　九州大学大学院　工学研究院　応用化学部門　教授

＊2　Masafumi　Sakono　九州大学大学院　工学研究院　応用化学部門　日本学術振興会特別研究員

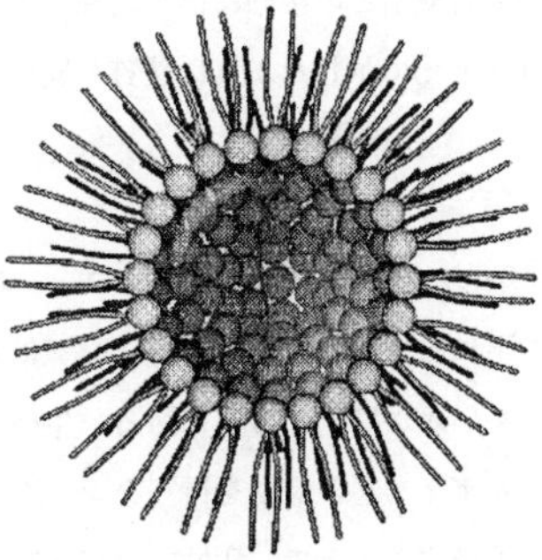

図1　ナノ集合体逆ミセルの模式図

れまでに多く研究されてきた。逆ミセルは，有機溶媒，両親媒性の化合物である界面活性剤，そして微量の水からなる球状の会合コロイドである（図1）。この会合コロイドは，界面活性剤の疎水部を有機相のある外側へ突き出すように配置し，水の存在する内水相を親水部で覆う構造をとる。

集合体の大きさは，内水相の大きさに影響され，水の添加量により規定される。通常，水分量を表す基準としてWoと呼ばれるパラメーターが用いられ，次式から算出される。（$[H_2O]$ 及び $[\mathit{surfactant}]$ は，それぞれ水，界面活性剤のモル濃度を表す。）

$$Wo = \frac{[H_2O]}{[\mathit{surfactant}]}$$

Woの値が大きいほど，逆ミセルの大きさは大きくなり，通常その大きさは数ナノメートルのスケールである。これは，タンパク質に代表される生体関連物質のサイズとほぼ等しいことから，逆ミセルはタンパク質やDNAの抽出分離媒体として数多く研究が行われてきた。

逆ミセルを作成する方法として，①液液抽出法，②微量注入法，③固液抽出法の3種類が挙げられる。①の液液抽出法は，界面活性剤を溶解した有機相とタンパク質などの抽出物を溶解した水相を接触することにより調製する方法である。本手法は抽出分離操作において一般的に用いられているが，Woのサイズは任意に定めることが出来ない。②の微量抽出法は，界面活性剤を溶解した有機相に，抽出物を溶解した水相を微量添加することで，超音波，振動，温度などを施して調製する方法である。この時，添加する水の量によってWoを任意に定めることができ，また操作も簡便である。③の固液抽出法は，あらかじめ微量注入法により作成しておいた空の逆ミセル溶液（内水相中に抽出物を含まない逆ミセル）に，抽出物を固体状態で添加し抽出を試みる方法である。本手法は粉末状態の対象物を直接可溶化できることから，高濃度での抽出操作が可能となるが，生体関連物質において有機相との接触に伴う変性・失活などの問題がある。それぞれの方法で調製される逆ミセルは，上記に示したように性質が異なることから，適した調整法を選択することが重要となる。

10.4 逆ミセルのナノ空間を利用した変性タンパク質のリフォールディング

変性タンパク質の高濃度条件下におけるリフォールディングにおいて重要なことは，再生過程にあるタンパク質間の相互作用をいかに抑制するかにある。生体内では，相互作用の抑制のためにシャペロンと呼ばれるフォールディングの補助を行うタンパク質群が存在することが知られている。このシャペロンの機構を模倣することで，変性タンパク質リフォールディングをより効率的に行うことが出来ると考えられる。

逆ミセルは，前項で述べたように生体分子を個々隔離することが可能である。その性質を利用して，Hagenらは図2に示す逆ミセルを用いたリフォールディングスキームを考案した[2)]。この方法は大きく3つの段階から構成されており，変性タンパク質を逆ミセルに取り込む「可溶化」，変性タンパク質のリフォールディングが行われる「再生」，そして逆ミセルから再生タンパク質を回収する「逆抽出」から成っている。Hagenらは変性RNase A溶液を調製し，アニオン性界面活性剤di-2-ethylhexyl sulfosussinate sodium salt（AOT）を溶解した有機相（イソオクタン）との液液抽出により変性タンパク質の可溶化を試みた。可溶化した変性RNase Aは，逆ミセル中で良好なリフォールディングを実現したが，溶解したRNase Aの量は非常に少なく，本来の目的である高濃度タンパク質リフォールディングは達成できなかった。理由として，変性タンパク質の逆ミセル相への抽出が，高濃度の変性剤により阻害されたためと考えられた。よって，変性タンパク質のリフォールディング場として，逆ミセルのナノ空間が有効であることを示したものの，高濃度での変性タンパク質の可溶化が出来ないことを理由に，以降10年間研究が進まなかった。しかし近年，この点を克服した新たな可溶化の手法が提案され，高濃度リフォールディング場としての逆ミセルの孤立ナノ空間が，再び注目されることとなった。

逆ミセル法を構成する3つの段階の特徴を，次にそれぞれ示す。

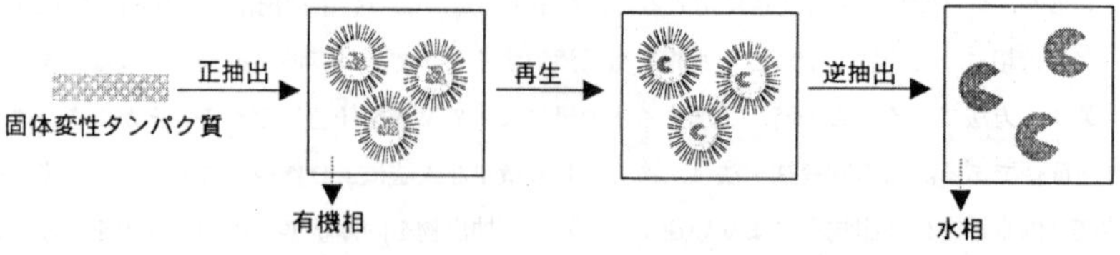

図2　逆ミセルによるリフォールディングスキーム

(1) 固体変性タンパク質の可溶化

固体変性 RNase A を，所定の Wo 値に調製した AOT 系逆ミセル溶液へ添加し，超音波照射により，固液抽出法を用いた変性タンパク質の可溶化が試みられた[3]。図3は，逆ミセルへの固体変性 RNase A の可溶化率と Wo 値の関係を示している。Wo 値の増加に伴い，固体変性タンパク質の溶解量が増すことがわかる。このことは，固体変性 RNase A が逆ミセル溶液に取り込まれる際に，逆ミセル中に含まれる水分量が多いほど，より効率的に抽出が促進されることを示している。また，界面活性剤濃度や，内水相の pH なども抽出率に大きな影響を及ぼすことも明らかとなっている。インクルージョンボディを可溶化する方法として，高濃度の変性剤溶液に溶解することが一般的であることから考えると，変性剤を要しない本手法は画期的な可溶化法であると言える。

この可溶化法は，RNase A 以外のタンパク質においてもほぼ同様に良好な抽出挙動を示した。しかし，cytochrome c などから調製される比較的剛直な固体変性タンパク質は，長時間の超音波照射においても，可溶化が促進されなかった。タンパク質の種類によって，剛直な固体変性タンパク質が得られる理由は明らかではないが，cytochrome c においては，ポリペプチド主鎖と共有結合で連結するヘム部位が，変性状態になることで表面上に露出し，ヘム間の $\pi-\pi$ スタッキングにより強固なネットワークが築かれたのではないかと推測される。

逆ミセルへの固体変性タンパク質の可溶化機構から，固体変性タンパク質における分子間相互作用の緩和が重要であると考えられ，少量の高濃度尿素を添加し固体変性 cytochrome c を膨潤することで，剛直性が軟弱化された[4]。しかし，尿素の添加は，タンパク質再生への影響のみならず，逆ミセル形成の阻害となりうることから，その添加量が重要となる。そこで，内水相中において尿素濃度が 2M 以下となるように尿素溶液が添加された。この尿素添加法により抽出率が

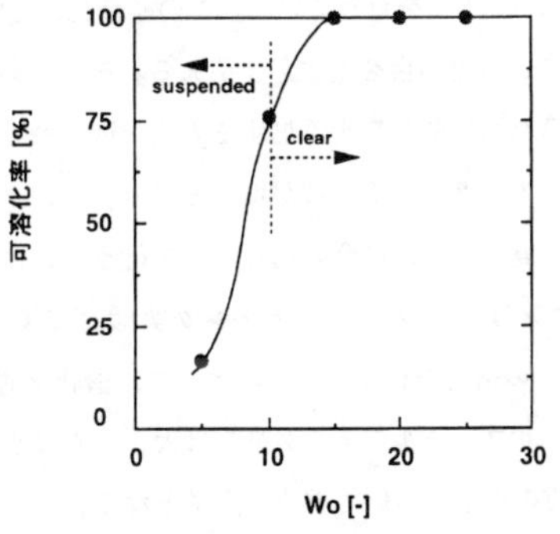

図3　逆ミセルの水分量とタンパク質の可溶化率の関係

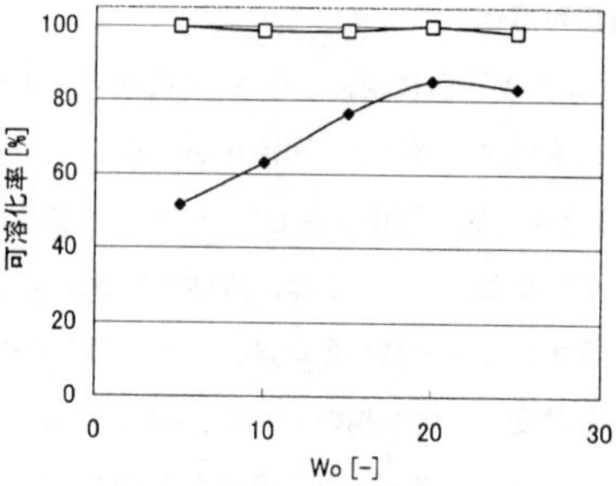

図4　Wo 値に対する固体変性 cytochrome c の可溶化率
（□，尿素添加；◆，非尿素添加）

飛躍的に向上することが明らかとなった（図4）。尿素添加法による調製時の可溶化率から，完全に可溶化が達成されていることがわかる。さらに，尿素添加法は，抽出に影響を及ぼす因子がどのような条件下にあっても，良好な抽出が実現できる。この方法は，RNase A などの他の固体変性タンパク質でも有効であり，あらゆる状況下で簡便に抽出できることから，リフォールディングの条件設定などの面で非常に有利に働くことが示された。

これまで，界面活性剤 AOT を用いた事例を紹介したが，AOT に限らず他の界面活性剤においても，固液抽出法により固体変性タンパク質の可溶化が可能であることが明らかにされている。例えば，カチオン性の界面活性剤である n-Hexadecyltrimethylammonium Bromide（CTAB）を用いて固体変性 RNase A のリフォールディング操作が達成されている[5]。

(2)　逆ミセル中における変性タンパク質の再生

逆ミセル中に可溶化した変性タンパク質は，次に再生段階に入る。RNase A などの多くのタンパク質はジスルフィド結合（S-S）を有している。この結合は，変性還元によりチオールへと分断されており，酸化反応による再結合を施す必要がある。そのため，多くのリフォールディング実験では，酸化を促進するために酸化剤を添加する方法が取られている。また，ジスルフィド結合の数はタンパク質によって様々で，その数が増えるほどジスルフィド結合の掛け違いを起こしやすくなる。そこで，掛け違いをした結合の切り離しを行うために，還元剤を共存させるのが一般的である。グルタチオンは，リフォールディング実験に多く用いられており，酸化型（GSSG）及び還元型（GSH）の構造を有している。よって，酸化／還元グルタチオンの濃度比をどの程度に設定するかで，リフォールディング挙動は大きく異なることから，グルタチオンの比率や添加量は，タンパク質の再生において重要な因子となる。

AOT 系逆ミセルにおける，各々の Wo 値におけるインキュベート時間と RNase A の再生率の関係を図5に示す[6]。RNase A は，逆ミセル中においても，水中と同様にその活性を測定することが可能である。逆ミセル中における活性測定が行われ，可溶化している変性 RNase A と同量のネイティブ RNase A が示す基質反応率を100%として，その再生割合が求まる。図から時間の経過と共に RNase A が逆ミセル中で機能回復していることがわかる。そして，およそ20時間以内には逆ミセル中において，RNase A が完全に再生された。この場合，RNase A の濃度は 2.3mg/ml であることから，比較的高濃度での再生といえる。図6に，溶解した変性タンパク質濃度と再生率の関係を示した[7]。通常，変性タンパク質濃度を上げると，タンパク質間の相互作用が強まることから，タンパク質の再凝集にともなう再生率の低下を招く。図からも水溶液中で希釈実験を行った場合の結果は，濃度が高くなるにつれて再生率が低下していることがわかる。しかし，逆ミセル法を用いると，高濃度条件下においても，水溶液中で行った場合に比べて，非

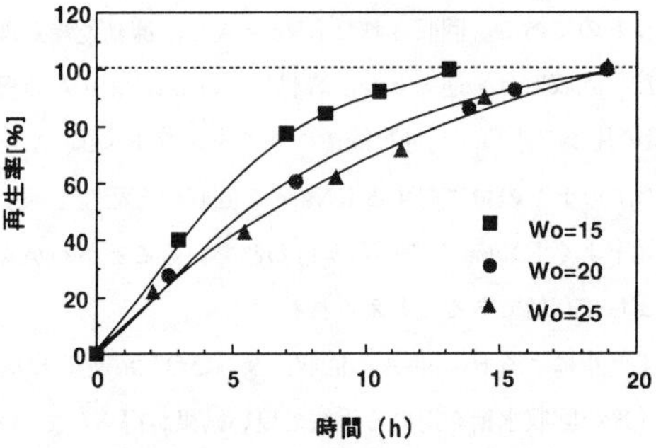

図5　逆ミセルの水分量と再生率の関係

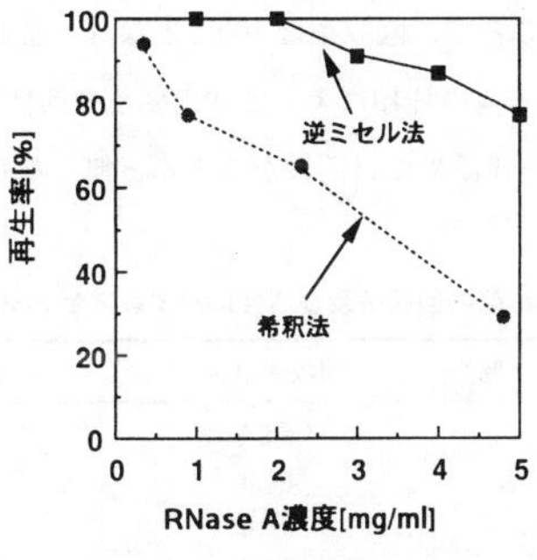

図6　逆ミセル法と希釈法の比較

常に高い再生率を実現している。5mg/ml という非常に高いタンパク質濃度条件においても，水溶液中で30%程度の再生率であるのに対し，逆ミセル中では約80%の再生率が達成された。このことから，逆ミセルのナノ空間はタンパク質間の相互作用を効果的に抑制しており，高濃度タンパク質リフォールディング媒体として有効であることがわかる。

(3) 逆ミセルからの再生タンパク質の回収

逆ミセルからの逆抽出操作は，通常，新たに回収用の水を逆ミセル溶液に接触することで行う。逆抽出を促進する方法として，回収用水相に高濃度の塩を添加する，溶解物と界面活性剤間の静電相互作用が弱まる pH に調製する，微量のアルコールを添加するなどの方法が取られる。しかし，一般にタンパク質の逆ミセルからの逆抽出は困難であり，また活性を低下させないような条件設定をする必要がある。

AOT 系逆ミセルでは，新たな回収法としてアセトン沈殿法が提案されている。この方法は，アセトンを逆ミセル溶液に添加していくことで，逆ミセルを崩壊すると共に，RNase A を固体状態で回収するというものである。回収された RNase A は，凍結乾燥処理を施し，その後改めて水溶液中に溶解した。回収率は，逆ミセルに溶解していた RNase A の量と，固体状態で回収される RNase A の量の比から求め，活性は同量のネイティブ RNase A との比較より算出された。表 1 に，添加したアセトンの量に対する RNase A 回収率と活性を示す。この表からアセトンを添加することで，効率よく RNase A の回収が行われていることがわかる。また，活性も保持されており，回収法として有効であると考えられる。

一方，CTAB 系逆ミセルによる RNase A の回収，及び AOT 系逆ミセルによる cytochrome c の回収においては，従来の回収水相を用いる手法で良い結果が得られている。それぞれ少量のアルコールが回収水相に添加され，アルコールによる逆ミセルの不安定化が促進された。表 2 および表 3 は，それぞれ RNase A（CTAB）と cytochrome c の回収率と活性を示している。表 2 から，エタノールの添加量が増えるにしたがって，回収率も増加していることがわかる。エタノールの添加量が 30%に達したところで，回収率は 100%となり，また活性も保持されていた。cytochrome c においては，アルコールの種類によって抽出率及び活性に差が見られた。特に活性に対する影響は大きく，エタノール添加では活性がほとんど無くなり，エタノールよりも疎水的性

表 1　再生 RNase A の回収率及び活性に対するアセトン添加効果（AOT）

$V_{アセトン}/V_{逆ミセル}$（%）	回収率（%）	活性（%）
5	88.4	>100
10	84.4	>100
20	92.0	>100
40	94.2	>100

表2　再生 RNase A の回収率及び活性に対するエタノール添加効果（CTAB）

$V_{エタノール}/V_{逆ミセル}$（%）	回収率（%）	活性（%）
5	31.9	＞100
10	59.0	＞100
20	92.8	＞100
30	100	＞100

表3　各種アルコールによる再生 cytochrome c の回収率及び再生率への影響

アルコール	回収率（%）	再生率（%）
エタノール	67.5	9.9
2-プロパノール	71.8	73.4
1-ブタノール	78.3	92.2
イソブチルアルコール	75.6	89.9
1-ペンタノール	74.6	72.8

質を有するアルコールにおいて，活性保持率は高くなった。

以上の3段階を経て，固体変性タンパク質のリフォールディングが達成される。タンパク質高濃度の条件においても，タンパク質再生が簡便に行われていることから，逆ミセル法が優れたリフォールディング法であることがわかる。

10.5　逆ミセル法における分子シャペロンの利用

生体内でフォールディングを補助するタンパク質である分子シャペロンは，生体外においてもその効果を持つことが知られている。中でも特に有名なシャペロンが，GroEL/GroES と呼ばれるリング状の巨大なタンパク質である。GroEL は工業的に用いるにはまだ非常に高価であるので，少量を有効に用いる手段を開発することが重要である。逆ミセルは微量の水中でリフォールディングを達成していることから，バルク水中で用いるよりも少量で効果を発現する。そこで，AOT を用いて，GroEL を内包した逆ミセル溶液が調整された[8]。ATP，$MgCl_2$，そして GroEL を溶解した緩衝液を界面活性剤 AOT を含むイソオクタン溶液に添加し，微量注入法により GroEL 内包逆ミセル溶液が作製された。それに固体変性 RNase A を添加し，固液抽出法により変性タンパク質が可溶化された。図7に GroEL を含んだ逆ミセルによるタンパク質リフォールディング挙動を示している。GroEL を添加することによって，大幅な RNase A 再生向上が見られ，GroEL がフォールディングを効率的に補助していることが示された。また，GroEL のフォールディング補助効果を誘引するための必須因子（ATP，$MgCl_2$）のいずれが欠損しても，この補助効果が見られないことから，GroEL はバルク水中と同様の挙動を逆ミセル中でも発現してい

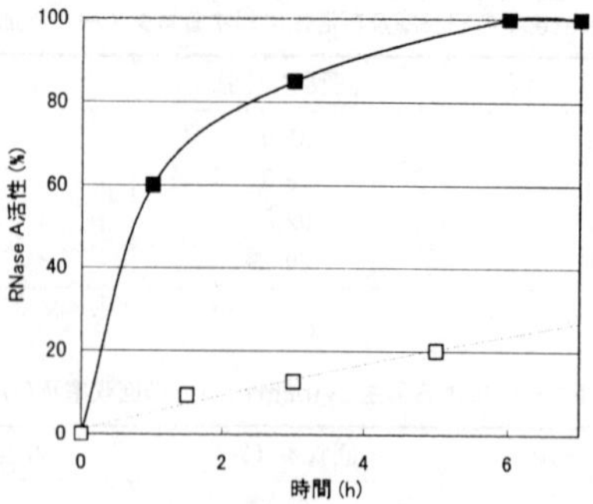

図7 逆ミセルへの GroEL 添加効果
(■, GroEL あり；□, GroEL なし)

ることがわかった。

さらに，グルタチオンを共存した状態でリフォールディング操作を行うと，RNase A の再生速度が大幅に向上することも明らかとなっている。

10.6 逆ミセル法の今後の展望

これまで RNase A を中心に，逆ミセル法の評価が行われてきた。そして，これまでの検討から逆ミセル法が高濃度タンパク質リフォールディングに非常に有効な手段であることが明らかとされている。最近，リフォールディング実験において難しいとされているタンパク質（リゾチームや carbonic anhydrase B）などにおいて，逆ミセル法が有効であることが示されている。さらに，実際のインクルージョンボディを用いたリフォールディング実験も行われている。RNase A の培養を行い，得られた RNase A 凝集体を逆ミセル法によりリフォールディング操作が行われたが，本稿に述べたモデル系と同様，高い活性回復率が示された。以上のように，逆ミセル法は，その孤立空間による優れたタンパク質凝集の抑制効果を有しており，タンパク質の高効率リフォールディング法として今後の発展が大いに期待されている。

文　献

1) C. B. Anfinsen *et al.*, *J.Biol. Chem.*, **236**, 1361 (1961).

2) A. J. Hagen *et al.*, *Biotechnol. Bioeng.*, **35**, 966 (1990).
3) M. Goto *et al.*, "Surfactant-Based Separations", p. 374, American Chemical Society, Washington, D. C. (2000).
4) M. Sakono *et al.*, *J. Biosci. Bioeng.*, **89**, 458 (2000).
5) 河嶋優美ら, 膜 (*Membrane*), **28**, No. 1, 29 (2003).
6) M. Goto *et al.*, *Biotechnol. Prog.*, **16**, 1079 (2000).
7) Y. Hashimoto *et al.*, *Biotechnol. Bioeng.*, **57**, 620 (1998).
8) M. Sakono *et al.*, *J. Biosci. Bioeng.*, **96** (2003) 印刷中.

11　リポソームを用いたモノクローナル抗体の生細胞導入法の開発とその応用

大内　敬[*1]，新井孝夫[*2]

11.1　モノクローナル抗体の生細胞導入法

モノクローナル抗体は，生きている細胞中の生体分子の局在と機能を解析する上で，大変有用なツールである。抗原が細胞表面分子であるならば，細胞を培養している培地中に抗体を添加しさえすれば，抗体による抗原分子の機能阻害を測定したり，抗原分子の局在をイメージングすることができる。しかし，細胞の内部と外界を隔てる細胞膜は一般にタンパク質を通過させないので，抗原が細胞内分子である場合には，何らかの方法により抗体を生細胞内に導入する必要がある。これまでの多くの研究において，微細な針を用いるマイクロインジェクション法[1]や高電圧パルスを用いるエレクトロポレーション法[2]が使用されてきた。だが，前者は実験者の熟練が必要なうえ，多数の細胞に導入することは難しい。また，後者は細胞傷害性が高く，細胞に高電圧を与える必要があるために，使用できる培養機器が限定されてしまうという制約がある。

細胞膜の主要構成成分である脂質の人工膜リポソームを用いる方法は，上述の方法のように微細な操作装置のついた顕微鏡や細胞実験用の電極つきの高電圧発生装置といった特殊な装置は必要としない。また，培養器具の種類による制約も少なく，多数の細胞に導入することも可能である。リポソーム中に目的のタンパク質を内包させ，これを生細胞内に導入する方法が開発され，抗体もこの方法で導入されることが示されている[3]。リポソームをタンパク質の導入のための“カプセル”として用いるこの方法は，タンパク質の種類ごとにこれらを内包したリポソームを調整する必要があり，簡便性という点で問題がある。そこで我々は，遺伝子導入法として開発されたカチオン性リポソームを用いる方法に着目した。一般にリポフェクション法と呼ばれるこの方法は，目的のタンパク質を内包させる，リポソームをカプセルとして用いる方法とは異なり，微小なリポソームを核酸の周囲に配位させて複合体を形成させ，培地を複合体の存在する液と交換して細胞に処理することにより，核酸を細胞質内に導入する。リン脂質を主成分とする細胞膜の表面が負に帯電していることから，我々は，正の電荷を持つリポソームがタンパク質と複合体を形成すれば，モノクローナル抗体も核酸と同様に生細胞内に導入できると考えた。そこで，遺伝子導入用につくられた数種類のカチオン性リポソームについて，モノクローナル抗体の生細胞導入を試みたところ，リポフェクトアミン[4]が効率的にモノクローナル抗体（IgG）を導入することを見い出した[5]。このリポフェクトアミンは，カチオン脂質2,3-dioleyloxy-N-[2(spermine-

---

＊1　Takashi　Ohuchi　東京理科大学　理工学部　応用生物科学科　助手
＊2　Takao　Arai　東京理科大学　理工学部　応用生物科学科　教授

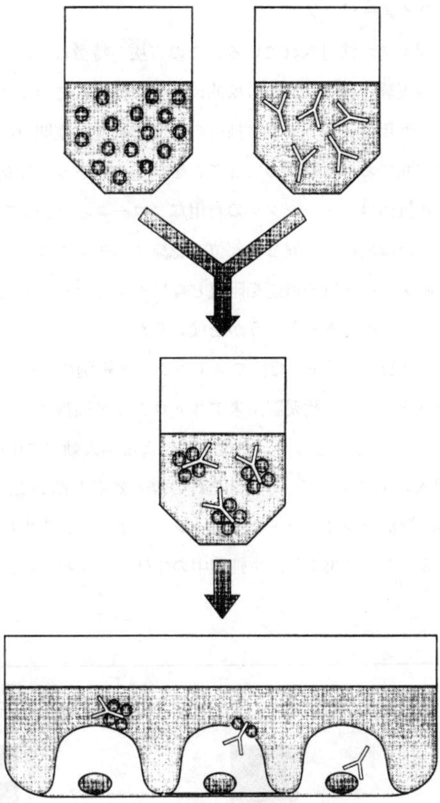

図1　カチオン性リポソームを用いたモノクローナル抗体の生細胞導入法

carboxamido)ethyl]-N,N-dimethyl-1-propanaminium trifluoroacetate（DOSPA）と中性脂質 dioleoyl phosphatidylethanolamine（DOPE）を3：1（w/w）で含むリポソームである。また，抗体の取り込みは，抗体量とリポフェクトアミン濃度に依存していた。このリポソーム導入法は，タンパク質をカチオン性リポソームの液と混合し培養細胞に添加するだけでよいため（図1），抗体を始めとした外来性のタンパク質を生きている細胞内に簡便に導入できる方法である。以下に，本方法を応用した，生細胞内生体分子の可視化，及び細胞内タンパク質の機能阻害を紹介する。

11.2 細胞内生体分子のイメージング

近年，バイオイメージングが注目されている。この方法の特徴は，遺伝子の欠損や変異を導入する実験や阻害剤投与の実験と異なり，非破壊的に正常に機能している状態の細胞を解析するという点にある。さらに，近年のイメージング技術の時間分解能と空間分解能の飛躍的な改善に伴い，細胞内の限られた空間における瞬間のできごとを分子のレベルで観察することが可能となってきた。モノクローナル抗体はイメージングの有用なプローブのひとつであるが，生細胞のイメージングには，タンパク質の機能部位と異なる部位を認識するモノクローナル抗体が特に有用と考えられる。そこで，抗原タンパク質の機能を阻害しないモノクローナル抗体による生細胞イメージングに，リポソーム法が適用できるかどうかを検討した。

グリア繊維酸性タンパク質（GFAP）は，アストログリア細胞のマーカー分子として知られる細胞骨格タンパク質である。ラット胎児脳由来アストログリア細胞に，リポフェクトアミンを用いて抗GFAP抗体G-A-5[6]を取り込ませ，処理時間による導入効率の相違を測定した（図2）。1，2時間処理の抗体導入効率に比して，3時間処理の導入効率が高いことは，このタンパク質の取り込みには，化学的機構の他にエンドサイトーシスのような細胞生物学的機構も関与していることが強く示唆される。この結果より，生細胞中の生体分子可視化のための抗体導入は3時間

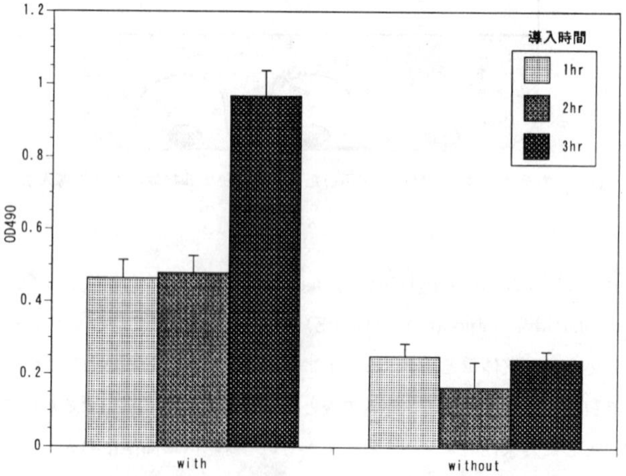

図2　リポフェクトアミンを用いた抗GFAP抗体G-A-5のアストログリア細胞への導入に対する処理時間の影響

withは20μg/mlリポフェクトアミンを添加しG-A-5と複合体を形成させた時の測定値。

withoutはリポフェクトアミン未添加で，G-A-5のみを処理した測定値。

処理で行うことにした。次に，蛍光物質Cy3で標識したG-A-5を20μg/mlリポフェクトアミンの存在下でアストログリア細胞を3時間処理し，グリア繊維の染色像を倒立型蛍光顕微鏡で観察した（写真1）。リポソーム法による染色像（写真1A）は，通常の蛍光抗体染色による固定細胞の染色像（写真1B）と同様に，繊維状の細胞骨格像として認められた。リポフェクトアミン非存在下の蛍光染色像が観察されなかったこと（写真1C）は，この抗GFAP抗体が確かに生細胞中のグリア繊維と結合していることを意味している。なお，細胞骨格タンパク質に対する抗体のうち，生細胞中の細胞骨格と反応する例の方が少なく，当研究室にある5つの抗チューブリン（細胞骨格のひとつである微小管の構成タンパク質）抗体のうち，生細胞中の微小管を染色したものは1つであった。

このCy3標識G-A-5を用いて生細胞のリアルタイムイメージングをするにあたって，リポフェクトアミン 3時間処理にて導入されたCy3標識G-A-5がアストログリア細胞の増殖に影響しないことを確認した（図3）。これは，G-A-5がGFAPと結合してもその機能を妨げないことを意味しており，この抗体が生細胞中のGFAPをイメージングするツールとして有用であることを示している。リポフェクトアミンによって導入されたCy3標識G-A-5は，経時的にアストログリア細胞が形態を変化させる様子や，その突起が移動する様子を明らかにした（写真2）。

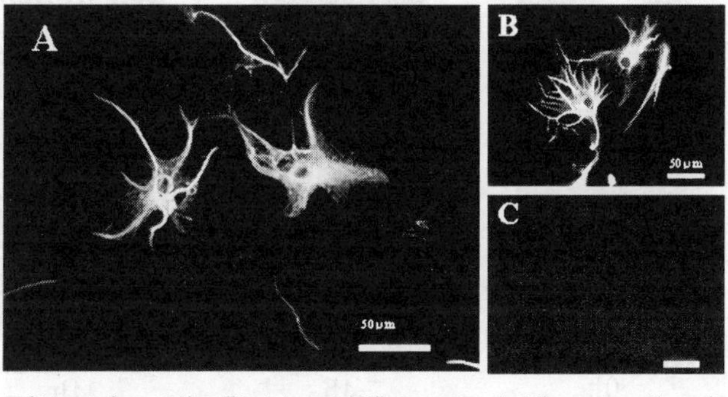

写真1　リポソーム法で導入したCy3標識G-A-5による生アストログリア細胞中のGFAPの染色像

A：リポソーム法による生細胞染色像。

B：4%-パラフォルムアルデヒドで1時間固定した細胞の染色像。

C：生細胞にリポフェクトアミンなしでCy3標識G-A-5のみを処理した像。

Bar＝50μm

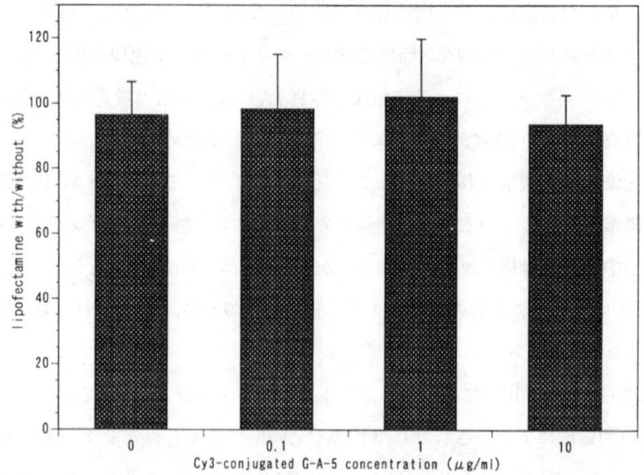

図3　リポソーム法で導入したCy3標識G-A-5の増殖に対する影響
生細胞数はCell Counting Kit-8（Dojindo）を用いて測定した。測定値は20μg/ml リポフェクトアミン添加時の細胞数と未添加時の細胞数の比をG-A-5未処理の細胞の値に対する百分率で表した。

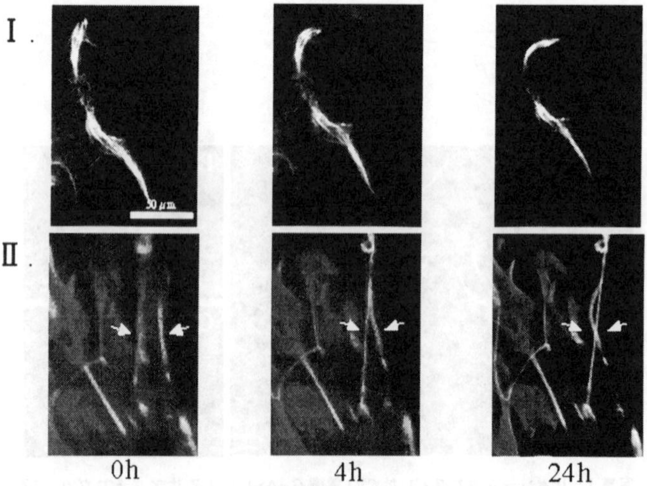

写真2　リポソーム法で導入したCy3標識G-A-5による生アストログリア細胞中のGFAPのリアルタイムイメージング
アストログリア細胞にCy3標識G-A-5をリポソーム法にて導入し，0，4，24時間培養後に蛍光顕微鏡下で観察した。
Bar＝50μm

11.3　細胞内生体分子の機能研究

あるタンパク質の機能を解析するにあたり，しばしば阻害剤を使った実験法が用いられる。低分子の阻害剤，例えばリン酸化阻害剤は目的のタンパク質以外のリン酸化も阻害するなど特異性に問題のあることも多い。目的のタンパク質の発現を抑制して，同様にその機能を調べる方法の一つにアンチセンス法がある。この方法は目的の遺伝子がコードするタンパク質の発現を特異的に抑制するが，既に合成されているタンパク質の機能は阻害しないので，そのタンパク質のターンオーバーを待たなくてはならない。これに対し，目的分子を特異的に認識してその機能の阻害能を有するモノクローナル抗体（中和抗体とよばれる）は，実際に細胞の中で働いているタンパク質機能の特異的阻害には極めて有効である。そこで我々は，カチオン性リポソームによるモノクローナル抗体の生細胞導入法が，中和抗体を用いた生細胞内生体分子の機能阻害に適用することを検討した。

D2D6 と E1 は，ともにチューブリンを認識する抗体である。ウニ卵にマイクロインジェクション法で導入した場合，D2D6 はその卵割を妨げることが報告されているが[7]，E1 は阻害しない。これらの抗体を 20μg/ml リポフェクトアミンにて 3Y1 細胞に1時間導入し，更に二日間培養し，

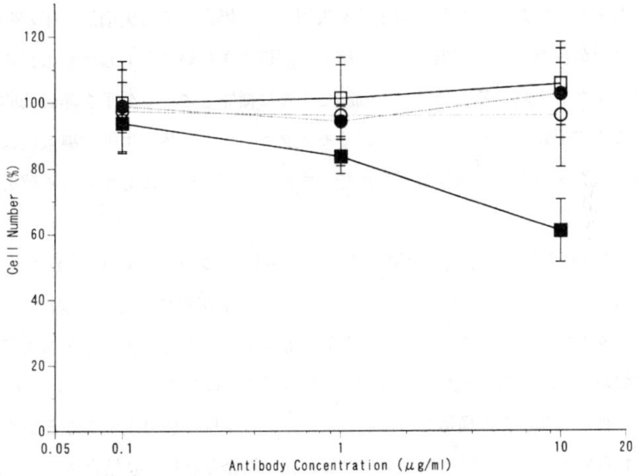

図4　リポソーム法で導入した抗チューブリン抗体 D2D6 による 3Y1 細胞の増殖阻害

抗チューブリン抗体 D2D6 及び E1 は，20μg/ml リポフェクトアミンにて 3Y1 細胞に1時間処理で導入した。2日間培養後，生細胞数を Cell Counting Kit-8（Dojindo）を用いて測定した。
(■) D2D6＋リポフェクトアミン。(□) D2D6 のみ。(●) E1＋リポフェクトアミン。(○) E1 のみ。

増殖阻害効果を調べた。D2D6とリポフェクトアミンの複合体を処理した細胞の増殖は抑制されたが，E1は細胞の増殖に影響を与えなかった（図4）。E1もD2D6もサブクラスは同じIgG1である。このことは，この阻害が，外来性タンパク質IgG1が細胞内に取り込まれたことにより引き起こされたものではなく，導入されたD2D6がチューブリンに結合してその機能を阻害した結果であることを示している。リポフェクトアミン非存在下ではD2D6は増殖阻害を示さなかったことから，この阻害は抗体あるいは抗体溶液中に混在する何らかの因子が細胞外から作用したことによるものではない。また，この機能阻害は精製抗体だけではなく，腹水やハイブリドーマの培養上清を使用しても認められた。以上のことは，リポソーム法により中和抗体を生細胞に導入することにより，その抗体の認識する抗原の機能を研究することが可能であることを意味している。

11.4 おわりに

生体分子の機能解析に，遺伝子工学的手法を用いた方法は非常に有効である。しかし，人為的に細胞に手を加えたことが原因となって，実験結果の信頼性が問題となる場合も多い。例えば，外来性遺伝子の遺伝子産物を大量に発現させた場合，そのタンパク質が本来とは異なった振る舞いをすることもある。また，調べたい遺伝子を欠損させた場合，その欠損遺伝子産物の機能を補う生体分子の発現が誘導され，欠損遺伝子の機能が解析できないこともしばしば起こる。このようなアーティファクトを避けるためには，細胞で実際に機能している分子を非破壊的に解析する必要がある。ここで紹介したリポソームによるモノクローナル抗体の生細胞導入法は，正常な状態における細胞内タンパク質の機能解析を可能とする，このニーズに応えられる解析法であると思われる。

最近，新たなタンパク質の生細胞への導入法として特殊なペプチドを用いる方法が開発された[8)]。代表的なものにショウジョウバエのホメオティック遺伝子産物である転写因子antennapedia (Antp) やヘルペスウィルスの構造タンパク質VP22，HIV-1の転写活性因子であるTATタンパク質の部分配列などがある。それぞれ10から10数残基の塩基性アミノ酸に富んだペプチドであり，タンパク質の一部にこの構造を組み込むことにより生細胞に導入することができる。そのためには，これらのペプチドを目的のタンパク質に化学結合などにより結合させるか，遺伝子組換え法によりそのタンパク質のC末端あるいはN末端に組み込まなければならない。また，導入するタンパク質の種類ごとにひとつひとつ調整する必要があり，この結合ペプチドの影響のために目的のタンパク質の機能が阻害される可能性もある。これに対して，リポソーム法においては，リポソームとタンパク質は共有結合していない。我々は幾つかのモノクローナル抗体を用いて実験を行ったが，試してみた限りにおいて，結合力が消失した抗体は一つもなかった。また，未精製の抗体である腹水や抗体濃度の低いハイブリドーマ培養上清にも適用可能であるため，応用範囲の広いという利点もある。

今回紹介したリポソーム導入法は，核酸導入用に開発されたカチオン性脂質であるリポフェクトアミンを用いたものである。リポフェクトアミンは今回の導入で用いた 20μg/ml 3時間処理までは3Y1細胞やアストログリア細胞に影響を及ぼさなかったが，それよりも高濃度，あるいは長時間の処理では細胞傷害性を示した。また，モノクローナル抗体とリポソームの複合体形成の過程で，不溶化性の凝集物も少なからず生じた。この凝集物の形成は，導入する抗体量低下の原因になる。これらのことは，細胞傷害性が低く，かつ凝集物を生じない，導入効率の高いリポソームを開発する上で，有用な指標ともなる。これらを指標として，現在，より優れた抗体導入用リポソームの開発を試みている。神経細胞に対してアニオン性のリポソームが効率的に遺伝子を導入したという報告[9]もあり，多角的な視点からのリポソーム開発が求められると思われる。

文　献

1) Y. Hiramoto, *Exp. Cell Res.* 87, 403 (1974).
2) D. L. Berglund, *et al.*, *Cytometry* 12, 64 (1991).
3) M. F. Walter, *et al.*, *Eur J Cell Biol.* 40, 195 (1986).
4) P. Huwley-Nelson, *et al.*, *Focus* 15, 73 (1993).
5) T. Ohuchi, *et al.*, *Bioimages* 8, 57 (2000).
6) E. Debus, *et al.*, *Differentiation* 25, 193 (1983).
7) M. T. Oka, *et al.*, *Cell Struct. Funct.* 15, 373 (1990).
8) J. S. Wadia, *et al.*, *Curr. Opin. Biotechnol.* 13, 52 (2002).
9) A. Lakkaraju, *et al.*, *J. Biol. Chem.* 276, 32000 (2001).

12 ナノバイオを指向した分析装置：マイクロ／ナノフロー HPLC

新谷幸弘*

12.1 はじめに

半導体技術を基盤に分子スケールレベルで物質を操るナノテクノロジー（微細技術）と，生命の仕組みを理解し解明するバイオテクノロジーを複合させることにより，新しい研究領域「ナノバイオ」(biological nanotechnology）への取り組みが本格化している。原核生物から始まったゲノム解析がヒトゲノム解析にまで至り，このような種々の生物ゲノム解析が進むにつれてゲノム情報と生体機能を結びつける鍵としてのタンパク質への関心はいっそう高まっている。一方，最終発現産物である全タンパク質（プロテオーム）を網羅的かつ精密に解析し，高度に複雑な生体システムの総合的理解を目指すプロテオーム解析が世界各国で幅広く行われている。プロテオミクス研究は，ゲノム情報の最終的な表現型であるタンパク質の全体を大規模に解析することにより，ゲノム情報の機能的な側面を理解してゲノムと生命の関係を解き明かすための情報を提供することを目標としている。しかしタンパク分析法として従来行われてきた 2D-PAGE/MS 法では①解析までに長時間を要すること，②微量成分の解析が困難であることなどの問題点が指摘されており，近年，極めて微量な試料を短時間で解析できる手法への要求が高まっている。HPLC は 2D-PAGE/MS と比べ，ダイナミックレンジ，検出限界，スループット，ハンドリングなどの点において優位性を示しているので，昨今のプロテオーム解析に適した有用な分析方法として着眼され始めてきた。またオンライン化されることにより，ハンドリング中での吸着や分解による試料損失やヒューマンエラーも抑えられる。さらには，多次元 HPLC を組むことにより高分離能を有した分析システムの構築や，モノリス型の低負荷圧・高分離能カラムを分離カラムとして導入することでハイスループット分析への対応も可能である。

以下，各項においてナノバイオ研究にて必要とされるマイクロ／ナノフロー HPLC システムの特徴と要素技術を順に紹介する。

12.2 マイクロ／ナノフロー HPLC システム

HPLC は用いられるカラムサイズにより分類される。コンベンショナルカラムは内径 4〜6mm，セミミクロカラムは 1.0〜2.0mm 程度，マイクロカラムはそれ以下とされている。カラム径が小さくなるに従って，使用される移動相流速も汎用 LC の 1ml/min からセミミクロ LC の 50μl/min が用いられるようになり，更にはナノフロー LC として 1μl/min 以下の超微少流領域へと移行しつつある[7]。

---

* Yukihiro Shintani ジーエルサイエンス㈱ 技術開発部

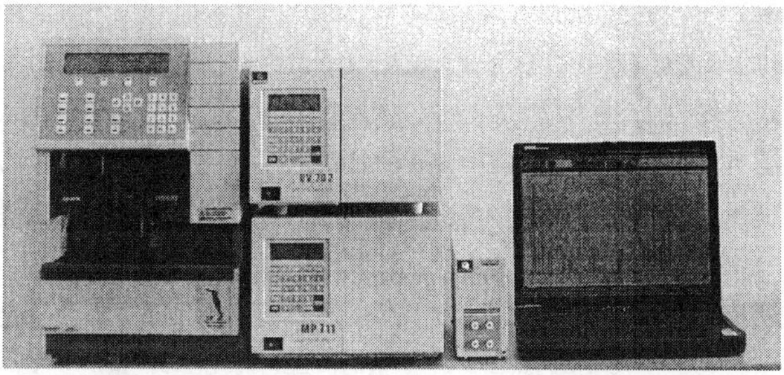

図1　マイクロ／ナノフローHPLC（ジーエルサイエンス製）

利点

- 移動相と固定相の使用量が少ない
  ⇒ 高価な材料、微量な試薬でも使用し易い。
- 長いカラムにより高分離能が達成可能。
  ⇒ 分析条件の選択に幅が出る。
- 熱容量が小さい
  ⇒ 測定系の温度コントロールを行いやすい

欠点

- 試料注入量とカラム負荷量の減少
- ハンドリングの難しさ

図2　マイクロ／ナノフローHPLCの特徴[6]

プロテオミクスで用いられるLC/MSでは，内径50μm～200μmのキャピラリーカラムを50nl/min～数μl/minの流量で用いる例が多数報告されている。小口径のHPLCカラムを用いることは，移動相の希釈を抑えられるので極微量の試料の測定にも適している。カラムの小径化による効果は内径の2乗で効いてくるので，内径50μm～200μmのカラムを利用すれば汎用HPLCと比較してマイクロ化の影響が顕著に現れる。マイクロ化による利点および欠点を図2にまとめる。

ある試料成分を絶対量m_sでカラムに注入した場合，溶出するピークの頂点の濃度C_{max}は次式で表せる[2]。

$$C_{max}=\frac{m_s}{d_c^2}\cdot\frac{4\cdot N^{\frac{1}{2}}}{\varepsilon L(1+k)(2\pi^3)^{\frac{1}{2}}} \qquad (1)$$

L：カラム長さ，ε：カラムの多孔率（空間率），k：保持係数，N：理論段数，m_s：注入されたサンプルの量，d_c：カラム径，r_c：カラム半径

LCの汎用検出器であるUV検出器は濃度感応型である。マイクロ／ナノフローHPLCは試料成分の移動相による希釈率が少ないために，注入された試料量と検出器の光路長が同じ場合には汎用LCよりマイクロLCへの移行で感度が向上するとの知見が上式より得られる。同様に移動相の使用量も，カラム径の2乗に比例して減少する[4]。他方，ピークボリューム（Vw＝ベースラインの幅x流量）も減少するのでハンドリングに注意しないと，カラムの分離性能を生かすことができないことがわかる。

また，現在HPLC検出器として標準になりつつある質量分析計（ESI-MS）への接続もマイクロLCへのスケールダウン効果が利点となる。一般的にESIは，LCの流量が少ないほど感度が向上するとされている。これはイオン化効率が上がるためだとされている。

まとめると，ナノバイオ向けに求められるマイクロ／ナノフローHPLCの性能は，①マイクロサイズの分析系／オンライン分析系によって試料損失なく前処理・分離分析が行え，②微量成分の高感度検出が可能であり，③多検体同時分析を視野に入れた多チャンネル化が可能で有り，④HPLCの検出器として標準になりつつある質量分析計（MS）への最適接続が可能であるということになる。

12.3 送液システム

12.3.1 概　　要

プロテオーム解析用のマイクロHPLCシステムを構築するにあたり，微小量流量（グラジエントモードにおいて，総流量0.1-10μl/min程度）での安定送液性が，分析信頼に関わる重要因子の一つとなる。従来，汎用LC用プランジャーポンプまたはシリンジポンプを用いて，スプリット法（グラジエントミキサー後にY型スプリッターを設けて所定の流量のみカラムへ導く方法）が行われてきた。しかし，この方法では送液精度が溶離液の物性・組成やカラム圧損に少なからず影響を受けることが知られている。特にグラジエント分析を行う際には，溶離液の有機溶媒組成の変化に起因する流量変動が問題視されている。一方，1μl/min程度の高圧グラジエント送液ができるシステムも可能となった。2つの独立した直動ピストンを高精度・高分解能にて制御するダブルピストン型ポンプが微量ダイレクト送液に有効であることを見出し，その性能評価を行った。

12.3.2 ダブルピストンポンプ

ダブルピストン型の微小量送液ポンプ（MP710：ジーエルサイエンス製）の構造を図3に示す。MP710は独立した2つの高精度・高分解能直動システムを有し，0.3nl／ステップの分解能で高精度の連続送液を可能としたダブルピストンポンプである。流量精度に悪影響を与える諸要因を自動的に取り除くことができ，流量精度がHPLCによく使用されている移動相の圧縮率・

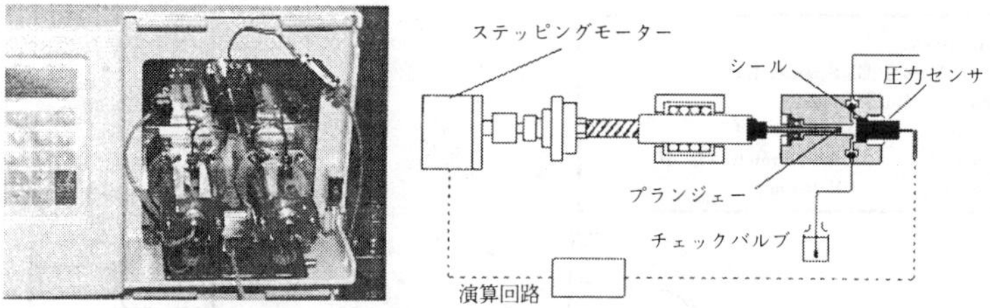

図3 ダブルプランジャーポンプ MP710（ジーエルサイエンス製）

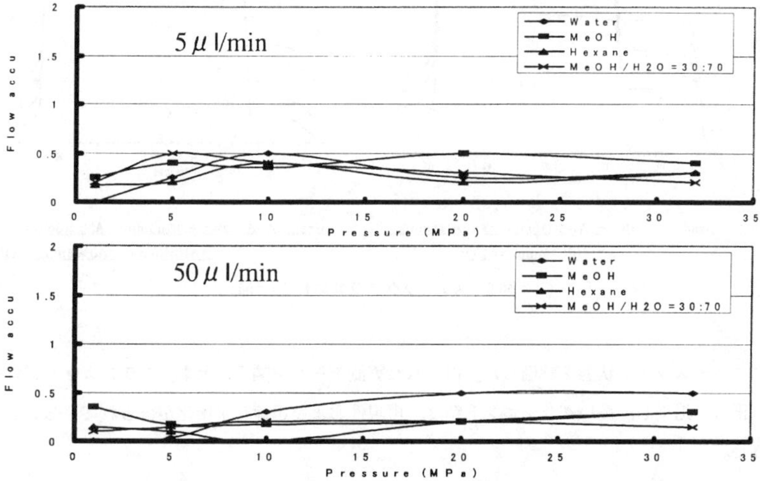

図4 溶媒圧縮率の異なる溶液に対する送液

粘性・組成およびカラム圧損などにはほぼ依存しない。これは，送液脈流のメカニズムの理論解析結果をもとに，独立した高精度・高分解能直動システムとした上で，溶媒の圧縮率やポンプシール変形などにより生じた吐出工程の遅れをなくすために，各々のピストンに対して送液の各工程（特に圧縮工程）を自動的に制御した。また，吐出する前に自動的にポンプヘッド内部で所要圧力を発生させることで幅広い微小流量範囲での安定した連続送液を成し得た。

12.3.3 異物性溶媒における流量精度およびグラジエント系での送液安定性の評価

圧縮率などの物性が異なった4種類の溶媒を用いて，流量補正を行わずに流量精度を評価した。図4に示したように，溶媒圧縮率の変化による流量変動は0.5%以下であり非常に良好な結果である。また，グラジエントモードにおける送液安定性評価のため，2液高圧ステップグラジエン

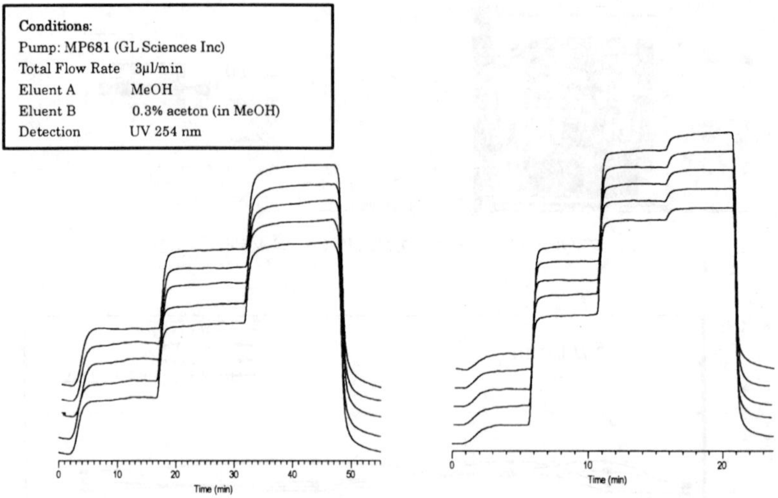

Gradient : A100%→A70%(15min)→A40%(15min)
→A0%(15min)→A100%

Gradient : A100%→A90%(5min)→A50%(5min)
→A10%(5min)→A0%(5min)→A100%

図5 ステップグラジエント（n=5）

トにてベースライン状態を評価した。得られた実測データを図5に示す。グラジエントプログラムに正しく追従し，高いグラジエント精度，再現性および迅速な平衡化が得られていることがわかった。

12.3.4 標準試料による送液性能の評価

パラオキシ安息香酸エステル類（C1–7）の標準試料を用いて，クロマトグラフ分析におけるリテンションタイムの変動およびベースラインの安定性を評価した。得られた結果を図6に示す。n=5で再現性0.3%以下であり，非常に良好な結果が得られた。

12.4 分離カラム

キャピラリー充塡カラム，さらに内径の細い中空カラムを用いたマイクロLCは，既に1970年代後半より盛んに研究開発が行われており，基礎理論に関しては数多くの報告がある。Knoxらは，1969年にカラム管壁と充塡剤間の空間による広がりを指摘し，カラム内径の小口径化には限界があるとし，次式のような指標を提案した[3]。

$$I \equiv \frac{d_c^2}{L d_p} \geq (32/u) + 1.0 \qquad (2)$$

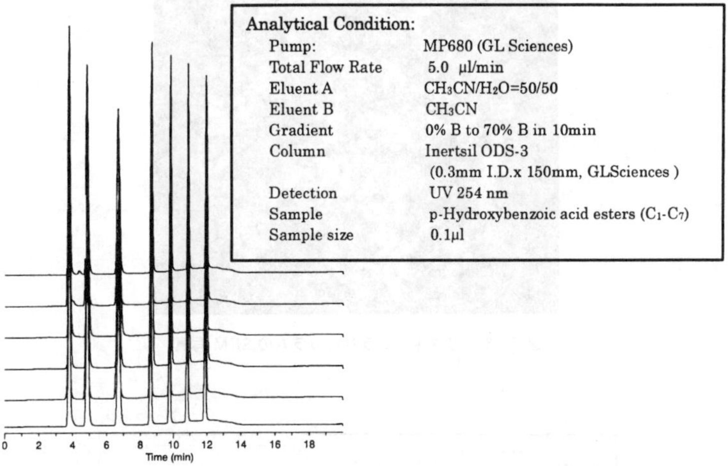

Analytical Condition:
Pump: MP680 (GL Sciences)
Total Flow Rate 5.0 μl/min
Eluent A CH3CN/H2O=50/50
Eluent B CH3CN
Gradient 0% B to 70% B in 10min
Column Inertsil ODS-3
(0.3mm I.D.x 150mm, GLSciences)
Detection UV 254 nm
Sample p-Hydroxybenzoic acid esters (C1-C7)
Sample size 0.1μl
0 2 4 6 8 10 12 14 16 18
Time (min)

図6　グラジエント溶出の再現性（n＝5）

ここでuは移動相線速度（mm/sec）である。Knoxが使用した充塡剤はガラスビーズであり，当時とは充塡剤の分級精度も充塡技術も格段の進歩があるが，管壁問題の明確なクリアー法はまだ出ていない。一方，理論段数Nの増加や線速度を上げての高速分析には，充塡剤粒子径を小さくすることによって達成できるが，圧力の上昇を伴う。同じくKnoxらは，セパレーションインピーダンスEという圧力の項を入れた分離の効率の式3を示した[3]。

$$E \equiv 1/(\pi\eta(1+k')) = \frac{t_R \Delta P}{N^2 \eta (1+k')} \qquad (3)$$

Δp：カラムの圧力損失，η：移動相粘度，t_R：保持時間

理論段数が高くかつ圧力の低いカラムを実現するためには，GC同様，中空カラムが理想であるが，液体中の物質の拡散係数は10^{-4}（温度を上げる）～10^{-6} cm^2/secと遅く，有効なカラムにするためには2～3μmの内径にしなければならない。GCでは，細い毛細管を束ねてハニカム状にしたカラムも商品化されている。しかしLCでは，各チャンネル間で均一な保持や線速度が得ることが難しく，またコンタミネーションや詰まりを避けることは困難であることを考慮すると実現不可能である。中西，水口，田中らは，アルコキシシランのゾルゲル法によるシリカの連続体製造法を用いたモノリスカラムを開発した[1,5]。モノリスカラムは移動相の透過性が高く，移動相が流れるスルーポアーと粒子状充塡剤の細孔に該当するメソポアーの二重細孔構造を持っており，さらに細孔を分析目的に合わせて自由に制御できる特長を有している。ゲルを固定するための焼結フィルターが不要なのも特筆すべきことであり，先端の汚れも数mmを切断して除去

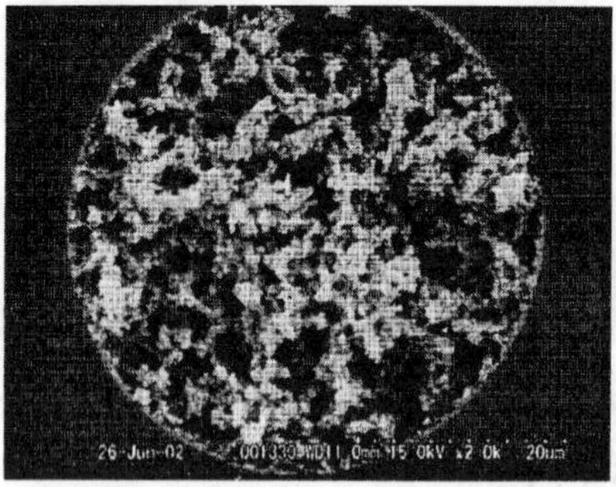

図7　モノリスキャピラリーカラムのSEM写真

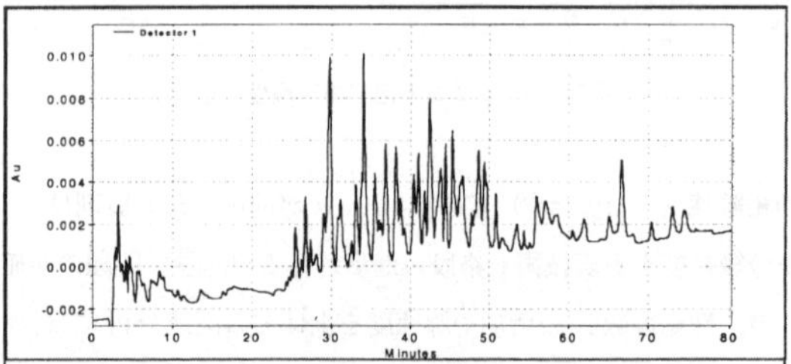

Column: HM460ODS (Capillary monolithic column 0.1mmi.d×150mmL)
Eluent: A 0.1% TFA in H2O, B 0.065% TFA in CH3CN, A/B=100/0 (0→5min)
A/B=100/0 →45/55 (5 min →105min) **Flow Rate:** 0.5 μL/min, **Sample:** Tryptic digest of casein (300mg/50mL) , **Sample Vol:** 0.1 μL, **Detector:** UV 210nm

図8　カゼインのトリプシン消化物の分析例

することができる。高理論段数・高速分離の理想の分離媒体としての一つの重要なソリューションであろう。モノリスキャピラリーカラムの電子顕微鏡写真を図7に，ペプチドマッピングを図8に，タンパク質の分析例を図9に示す。ペプチドからタンパク質まで，高分離能を有するピーク形状で溶出することが可能である。なおモノリスカラムに関しては，本書の3.3.1に別途まとめられているでご参照願う。

12.5　検出器

12.5.1　紫外／可視吸光度検出器（UV/VIS検出器）

最も汎用的な紫外／可視吸光度検出器（UV/VIS検出器）は濃度感応型である。このため，測定対象成分が検出器セルに達するまでに起こる移動相希釈率が抑えられれば，感度が上がる。

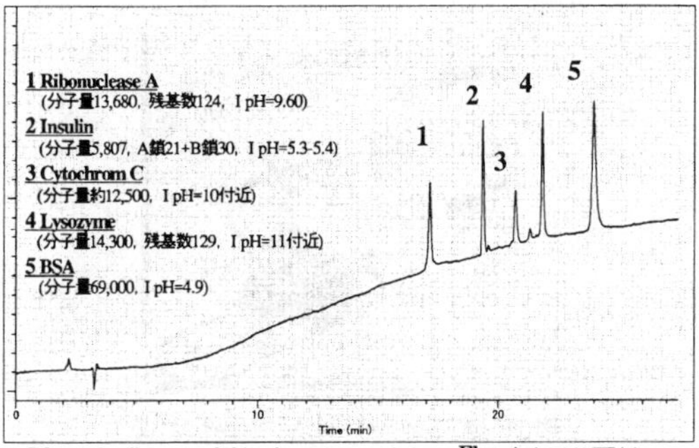

Column: Capillary monolithic column 0.2 mm×250mm, **Eluent:** A 0.1 % TFA in H2O, B 0.1 % TFA in CH3CN, A/B=90/10 → 40/60 (0 min → 30 min), **Flow Rate** 2.0 μL/min, Pressure: 124 kgf/cm2, **Sample Vol.:** 0.1 μL, **Detector:** UV 214 nm

図9　タンパク質の分析例

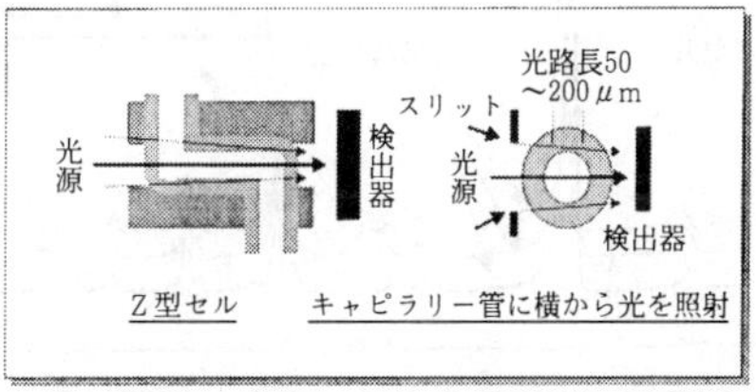

図10　代表的なマイクロ HPLC 用 UV 検出器
（左側：長光路型，右側：オンカラム検出型）

Beer の法則によれば，吸光度はサンプルの濃度とフローセルの光路長に比例する。

A＝εCL〈A＝吸光度，ε＝モル吸光係数，C＝濃度，L＝光路長〉

現在，マイクロ／ナノフロー LC 用の検出器としてオンカラム形検出器が一般的に用いられている。その構造を図10に示す。このタイプの検出器では，①フューズドシリカ管壁を通過する吸収に関与しない迷光が入りやすい，②光量の減少にともなうノイズレベルの増加があり，また③光路長が短くなるので比例して感度が低減するために，汎用検出器と比較して感度が低下するという特徴を有している。またカラムから検出器までの配管のボリュームもピーク幅に多分に影響を与えるが，UV 装置内のセルに引き込む形状の検出器であると，最も理想的なカラム末端近くでの検出は困難である。そこでファイバー型 UV 検出系（長光路タイプ）が新たに開発された。このファイバーセルは長光路型セル（光路長＞キャピラリー内径）を有しており，またノイズ低減対策も施されている。その結果，オンカラム検出器と比較して十倍以上の S/N 比向上が見られた。

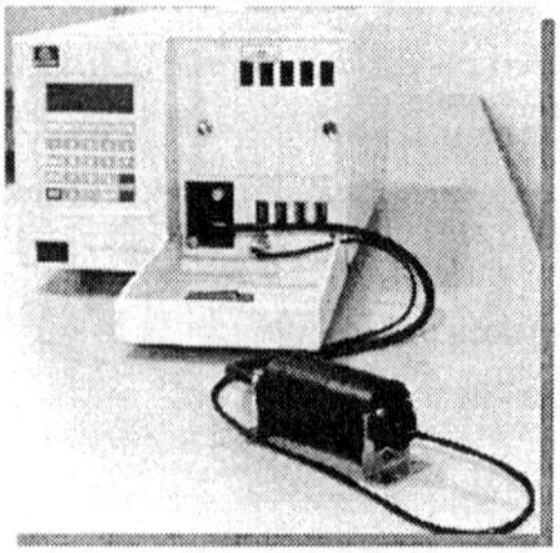

図 11　光ファイバー UV 検出器 MU701
（ジーエルサイエンス製）

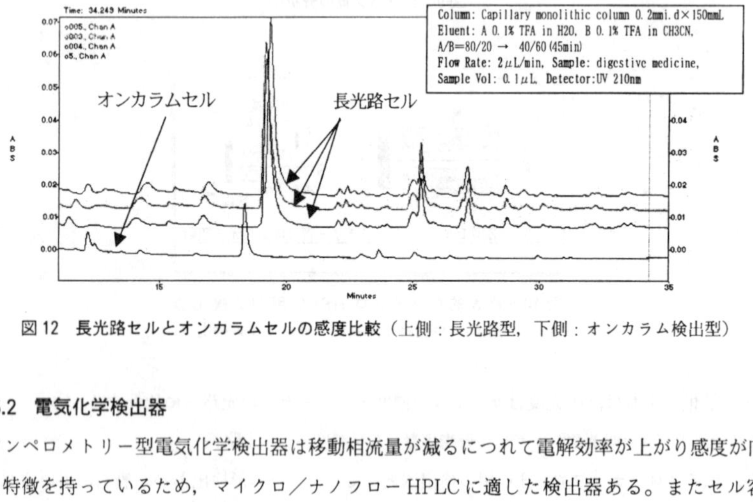

図 12　長光路セルとオンカラムセルの感度比較（上側：長光路型，下側：オンカラム検出型）

12.5.2　電気化学検出器

アンペロメトリー型電気化学検出器は移動相流量が減るにつれて電解効率が上がり感度が向上する特徴を持っているため，マイクロ／ナノフロー HPLC に適した検出器ある。またセル容量も比較的微細化し易い。櫛型電極は，半導体製造と同様のプロセスで，石英チップ上に成形するので，マルチ化も容易である。図 13 に示す様に，二つの電極間でのレドックスサイクルにより電極電流を増幅することができる。今後，マイクロ HPLC において有用な検出器として位置付けられるであろう。

12.6　HPLC の 2 次元化

HPLC 分析における多次元化技術は，オンラインで濃縮，あるいは妨害成分の除去が行えるため，複雑なマトリックスを持つ生体成分の分析では必要不可欠な技術となっている。プレカラムと分析カラムのモード組合せとしては，分離（選択性）と移動相の条件を考慮すると，イオン交

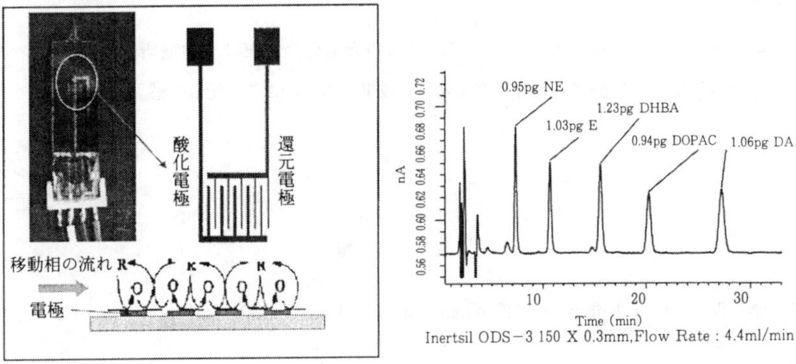

図13　櫛型電極チップとドーパミン類の分析例（NTT）

換＆逆相分配，サイズ排除＆逆相分配，サイズ排除＆イオン交換の組合せが使いやすい。プロテオミクスでは，①2次元電気泳動プロテアーゼ処理，固相による脱塩処理を行った後，マイクロ／ナノフローHPLC/MS分析から，②タンパク質が混合したままの状態で消化・脱塩し，イオン交換＆逆相の2次元マイクロHPLC/ESI-MS分析で全ペプチドを測定する方法が主流に成りつつある。

イオン交換カラムからの試料の溶出はON/OFFの挙動に近いといわれている。すなわち移動相の条件が変わらなければ，メインカラムでの分析が終了するまで次ぎの分画を保持しておくことができる。この原理に基いた2次元HPLCシステムはコンプリヘンシブクロマトグラフィーと呼ばれ，極めて高いピーク分解能を得ることができる[8]。

12.7　おわりに

ゲノムにはじまり，プロテオーム，メタボローム，グリコオームなどの網羅的な研究から細胞，そして個体へと続くバイオサイエンスの鳥瞰図を描くためには，無限ともいえる試料を測定／解析する必要があり，超ハイスループットな分析装置の開発が望まれている。マイクロ／ナノフローHPLCは前述したようにプロテオミクスのみならず極微少量の試料に適した系であるが，実際の生体試料に適用するためにはサンプリングから前処理法の開発も不可欠であり，前処理－試料導入－分離－検出のトータルシステムとしての最適化が必要であろう。また2次元のコンプリヘンシブクロマトグラフィーは今後のナノバイオ用HPLCには欠かせない技術であり，更なる発展が期待される。

<謝辞>

本項で触れたマイクロ／ナノフローHPLCの研究開発の一部は，地域新生コンソーシアム「マイクロHPLCの開発」(近畿経済産業局) の成果である。ここに記して感謝致します。

文　献

1) N. Tanaka, H. Kobayashi, K. Nakanishi, H. Minakuchi, N. Ishizuka, *Anal. Chem.*, 420 A (2001).

2) J. P. C. Visserts, *J. Chromatogr.*, A **856**, 117 (1999).

3) P. Kucera 編 ; Microcolumn High-performance Liquid Chromatography, *J. Chromatogr. Lib.*, Elsevier Vol. **28**, (1984).

4) M. V. Novotny, D. Ishii 編 ; Microcolumn Sseparations, *J. Chromatogr. Lib.*, Elsevier Vol. **30**, (1985).

5) K. Nakanishi, H. Minakuchi N. Soga and N. Tanaka, *Ceramic Transactions* (Sol-Gel Synthesis and Processing), **95**, 139 (1998).

6) Y. Shintani, X. Zhou, M. Furuno, H. Minakuchi, K. Nakanishi, *J. Chromatogr.* A **985**, 351 (2003).

7) 中村　洋監修 ; 液クロ龍の巻，筑波出版会 3 (2002).

8) L. Mondello, A. C. Lewis, K. D. Bartle 編 ; Multidimensional Chromatography, Wiley, p9 (2002).

第6章　ナノバイオテクノロジーで広がる新しい世界

1　ナノ分子クリエーション

1.1　コンビナトリアル・バイオエンジニアリングによる新しい分子の創製

植田充美*

1.1.1　はじめに

生命細胞は，何十億年という進化の過程で，無限の組み合わせが可能なDNAなどの情報分子を組み合わせて自分の置かれている限られた環境のもと，生育に適合する情報や機能分子を取捨選択してきた。こういう生命がなしとげてきた方策は，情報資源の活用をもとめられている我々の行く道に暗示を与えている。しかし，自然のアミノ酸や核酸だけでなく，人工的なアミノ酸や核酸誘導体の利用も可能となるなど自然界を超えた情報分子資源の多様性の発生に伴い，ゆっくりとした環境適合手法は，情報資源から新しい分子を生み出そうとする手法として参考にはできるものの，現実のものとは言い難い。これに対して，既知のDNA情報をナノ機能タンパク質に迅速に変換したり，その機能変換とスクリーニングを高速にしたり，これまでにこの世の中に存在しなかったタンパク質をランダムなDNA情報から創成したりするという「コンビナトリアル・バイオエンジニアリング」と呼ばれている新しい手法は，DNA情報を基盤として生体環境で機能するタンパク質などのナノバイオ分子への新しい変換系とも言われ，その将来性が嘱望されている。

1.1.2　コンビナトリアル・バイオエンジニアリング

DNA情報からアプタマーなどを生み出すにはPCRなどの酵素による増幅反応がある。一方，DNA情報をタンパク質に変換していくタンパク質調製系としては，これまで主に，細胞内系と細胞外分泌系の二つが主に使われてきている。細胞内発現の場合，発現産物であるタンパク質を細胞内に蓄積させると，時には，細胞毒性を示したり，不活性な封入体（凝集体）となったりすることが多々あり，たとえうまく発現できたとしても純粋にとりだすためには，細胞を破砕し，種々のカラムクロマトグラフィー操作が必要となる。封入体になってしまった場合には，立体構造の再生（リフォールディング）の操作がさらに加わる。一方，細胞外に分泌生産させた場合には濃縮操作が必要であり，同じように分泌されて濃縮されるタンパク質分解酵素の攻撃を阻害し

---

*　Mitsuyoshi　Ueda　京都大学大学院　農学研究科　応用生命科学専攻　教授

なければならないといった煩雑な操作を必要とする。このように，どちらの系も目的の活性のあるタンパク質を得るためには，種々のカラムクロマトグラフィー操作などを最終的に何回も必要として，細胞に導入したDNAから変換されたタンパク質を獲得するまでには煩雑な操作が必要であり，回収効率の低下も問題となり，多くの遺伝子に由来するタンパク質を網羅的に，最少量，かつ迅速に（これは，ハイスループットとも呼ばれる）選択して機能解析するには限界がある。ここで，もし，導入した個々のDNAから生まれてきた個々のタンパク質が個々の細胞の表層や担体などの上に安定な形で提示（ディスプレイ）されたらどうであろうか。ディスプレイされた細胞や担体を一つの支持体として，ディスプレイされたタンパク質をいつも生きたまま，必要ならいつでも増幅できるなど，その活性や機能解析が容易となる。さらに，タンパク質のアミノ酸配列分析をしなくても，PCR（遺伝子増幅）法などの併用により，導入されたDNAの配列からディスプレイされたタンパク質のアミノ酸配列が決定できるという他の方法論の追随を許さないメリットも創出される。こういった情報分子をナノ機能分子に変換する新しく，簡易で，迅速で，しかも，多くの組み合わせの（コンビナトリアル）分子ライブラリーから適合するものをシステマティックに選択するために登場してきたのが，ニューバイオテクノロジーとしての「コンビナトリアル・バイオエンジニアリング」なのである[1,2]。

「コンビナトリアル・バイオエンジニアリング」と周知のコンビナトリアルケミストリーとの大きな違いは，生細胞や酵素反応を「分子ツール」として，これらの増殖性を利用するとともに目的の分子をディスプレイする点で，酵母や細菌などの細胞やファージやリボソームやPCRなどの無細胞系を「分子ツール」として使って，簡易で迅速に情報分子をナノ機能分子へ変換するだけでなく，多くの組み合わせの（コンビナトリアル）分子ライブラリーから適合するものをディスプレイして，ハイスループットに，かつ，システマティックに選択できる。従って，こういった「分子ツール」を利用する「コンビナトリアル・バイオエンジニアリング」を基幹として，「多様性（Diversity）」・「提示（Display）」・「選択（Directed Selection）」をキーワード（3D）に，生体環境で機能する未知の新しい機能分子や細胞を，「自然界から探す」という方向から「情報分子集団（ライブラリー）から創る」という方向へと研究の基本戦略の変革が進んでいる（図1）。

本質的に，DNA情報をナノ機能分子に変換してディスプレイできる「コンビナトリアル・バイオエンジニアリング」の「分子ツール」は，無尽蔵・無制限・ランダムな情報分子から我々の誰もが遭遇したことのない，生体環境にとって全く新しい未知の新機能ナノバイオ高分子や細胞機能を生み出す可能性を秘めており，まさに，望みとする機能分子をつくるテーラーメードな機能分子創出の担い手として新しいサイエンスやバイオマテリアルの世界の創造が期待できる（図2）。

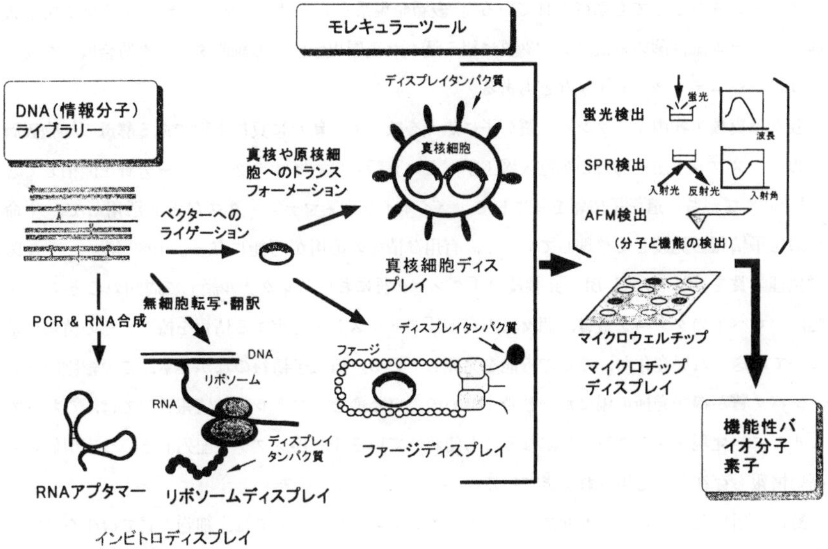

図1　コンビナトリアル・バイオエンジニアリングの全貌

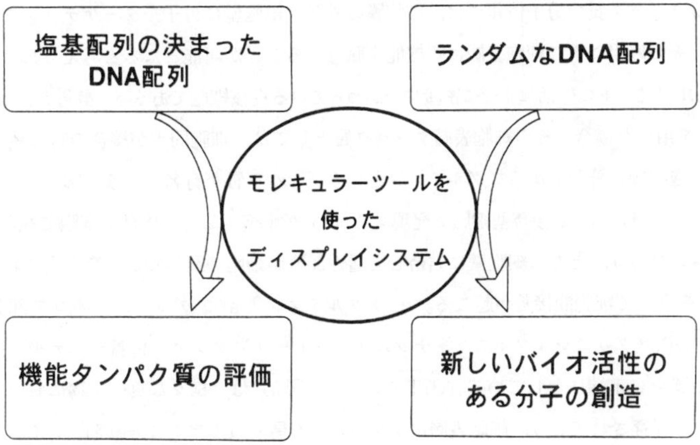

図2　コンビナトリアル・バイオエンジニアリングによる分子クリエーションの世界

1.1.3　ナノバイオ分子ディスプレイ

遺伝子情報をタンパク質に変換する新しい発現系としての細胞表層ディスプレイ系の創出は，遺伝子情報と機能タンパク質情報との解析の距離を一気に短縮させるというタンパク質発現系のイノベーションとしても期待されている[3)]。表層発現系としては，ファージディスプレイ法や大腸菌やグラム陽性菌の外殻タンパク質に組み込んだ表層提示法や無細胞タンパク質合成系を使ったリボソームディスプレイ法などもある。

我々は真核生物由来のタンパク質分子に焦点を絞って，新たに真核生物である酵母の細胞表層へのディスプレイ法－酵母の細胞表層工学－という新しいバイオテクノロジー分野を開拓してきた[4~9)]。すなわち，遺伝子情報を基にして，バイオインフォマティックスなどを活用して，生命の遺伝子情報を見渡して整理していくと，有用な情報の応用が可能になる。1999 年ノーベル医学生理学賞を受賞した G. Blobel 教授の「タンパク質におけるシグナル説」で周知のごとく，細胞内のすべてのタンパク質は，個々に固有の「アドレス」を指定する情報を持ち，その情報に基づいて輸送され局在化し，そこで機能を発揮している。遺伝子情報のなかでも，この細胞内外のタンパク質が機能発揮の場にたどり着くための，いわゆる「アドレス」情報としては，これまでにすでに，発現タンパク質の分泌などにも使われている「分泌シグナル配列」という応用価値の高い情報も存在して応用されてきている。

酵母を用いた「コンビナトリアル・バイオエンジニアリング」では，細胞表層で機能を発揮しているタンパク質の「アドレス」を指定する遺伝子情報を用いた機能タンパク質の新しい発現手法として，【細胞表層工学（Cell Surface Engineering)】を考案した（図 3)。細胞表層へ輸送局在化されるタンパク質の分子情報には，細胞膜の外側や細胞壁に分子をターゲティングさせる機能があり，その応用により細胞表層に新機能を賦与することが可能となると考えられた。

もっとも単純でヒトの生活にすでに密接にかかわっている真核細胞であるパン酵母 *Saccharomyces cerevisiae* を用いた場合，その細胞表層タンパク質としては，細胞同士が接合の時に誘導発現する性凝集細胞間接着分子であるアグルチニンというタンパク質が有名である（図 4)。

このタンパク質には，α 接合型細胞で発現する α-アグルチニンと a 接合型細胞で発現する a-アグルチニンがあり，ともに細胞壁に結合して活性部位が細胞の最外層から突き出ており，この 2 つの分子を介して細胞間接着が起こる。α-アグルチニンと a-アグルチニンのコア部分はそれぞれ共に，GPI（グリコシルフォスファチジルイノシトール）アンカー付着シグナルと推定される疎水性領域を C 末端に有している。GPI アンカー（図 5）は，様々な真核生物においてその基本骨格はよく保存されており，細胞表層にタンパク質を留め置くアンカー（錨）とも言われている。酵母の細胞表層に存在する多くのタンパク質の GPI アンカー付加に必要な C 末端アミノ酸配列には，疎水性の性質以外にあまり共通性が見られないが，C 末端のこの疎水性部分が細胞表層への「ターゲティング」として重要である。転写，翻訳後の前駆体タンパク質は，N 末端の「ターゲティング」情報（分泌シグナル配列）によって小胞体に運ばれ，小胞体膜に一時的に保持され，タンパク質部分は小胞体内腔に配向する。その後，C 末端 GPI アンカー付加「ターゲ

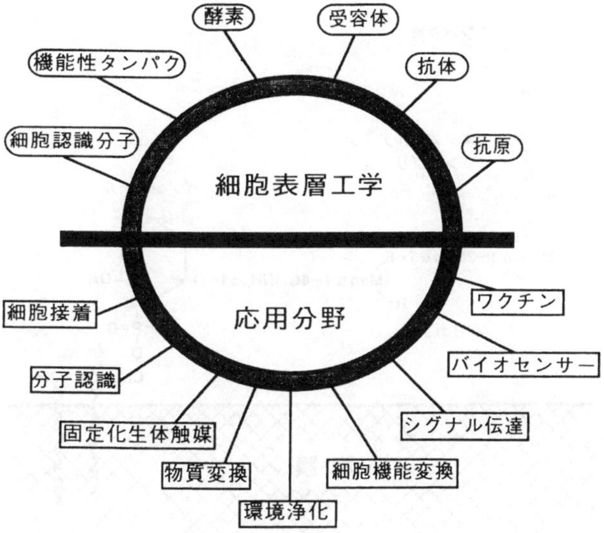

図3　細胞表層工学

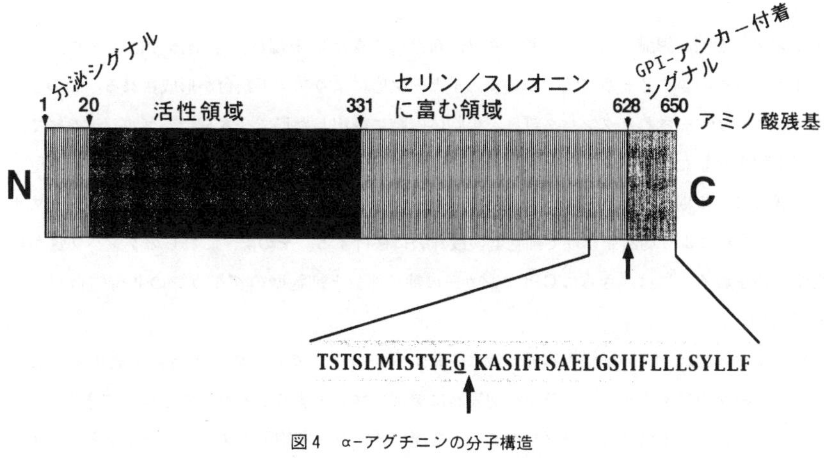

図4　α-アグチニンの分子構造
矢印は切断部位，アンダーラインはω部位

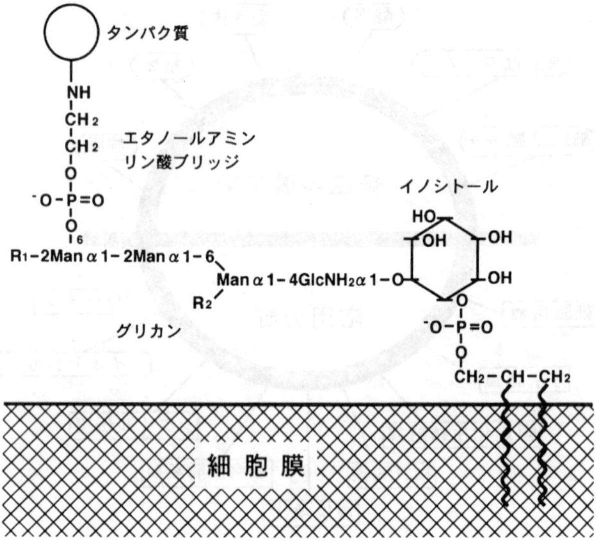

図5　GPI アンカーの分子構造
Man，マンノース；GlcNH$_2$，グルコサミン

ティング」配列が認識されて，切断を受け，新たにできたC末端は，小胞体で合成されているGPI アンカーのエタノールアミンのアミノ基との反応によりアミド結合が形成される。このようにアンカーリングされたタンパク質は，小胞体内腔に露出した形で，さらに，ゴルジ体を経て，分泌小胞を介したエキソサイトーシスにより細胞膜へ輸送されて細胞膜に融合される。細胞壁をもつ酵母などの場合は，さらに細胞表層でPI-PLC（ホスファチジルイノシトール特異的ホスホリパーゼC）により切断をうけて細胞壁の最外層に移行する。その際，これらのタンパク質が細胞壁へ錨をおろすには，さらにGPI アンカーの糖鎖部分と細胞壁のグルカンの共有結合が起こる（図6）。

酵母においては，この細胞表層最外殻に位置するα-アグルチニンの分子情報を活用することによって種々の酵素やタンパク質を細胞表層にディスプレイすることが可能となってきた。α-アグルチニンの分子構造は，分泌シグナル・機能ドメイン・細胞壁ドメイン（セリンとスレオニンに富むC末320アミノ酸残基）からなっており，このC末320アミノ酸残基のC末端にGPI アンカー付着シグナルが存在する。従って，この分泌シグナルと機能ドメインを操作することによって（図7），酵母の細胞表層に新機能を賦与するという分子細胞育種という効果ももたらした。これまでに，異種由来の酵素など分子サイズの大きいタンパク質を，単独で，あるいは，協

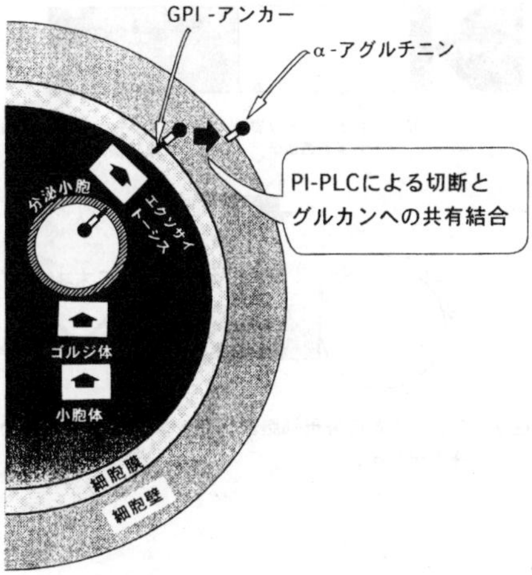

図6　細胞表層タンパク質アグルチニンの細胞表層への分子ターゲティング
PI-PLC，ホスファチジルイノシトール特異的ホスホリパーゼC

奏的に細胞表層に発現提示させることに成功し，酵母がこれまで持たなかった機能を持った新機能酵母を創製してきた。このような細胞は，アメリカの *Chemical & Engineering News*（75，32（1997））でも取り上げられ，「アーミング酵母（Arming Yeast）」と命名されている（図8）。このように，細胞表層最外殻に位置するタンパク質の持つ分子情報から，DNA情報をタンパク質に変換する新しい変換系が創成されてきたのである。

1.1.4　網羅的分子スクリーニングとクリエーション

活性のある酵素をディスプレイできる酵母の細胞表層ディスプレイシステムを用いれば，結晶構造学やコンピュータモデリングを組み合わせたタンパク質工学において，タンパク質の構造と機能の相関を網羅的に解析し，真のタンパク質「考」学が可能となると予測される。また，ランダムなDNA情報からこれまでに存在しなかったタンパク質を創製したりすることのできる魅力あふれる系の構築が可能となり，多くの遺伝子に由来するタンパク質を網羅的に，かつ迅速に選択して機能解析するハイスループット系と組み合わせて，プロテオーム解析やプロテインライブラリーの作製への展開も進んでいる。すなわち，DNA情報と機能タンパク質との網羅的な解析を簡単に同時に成し遂げられるというゲノミックスとプロテオミックスを結び付けた大きな飛躍が期待されてきている[1,2]。

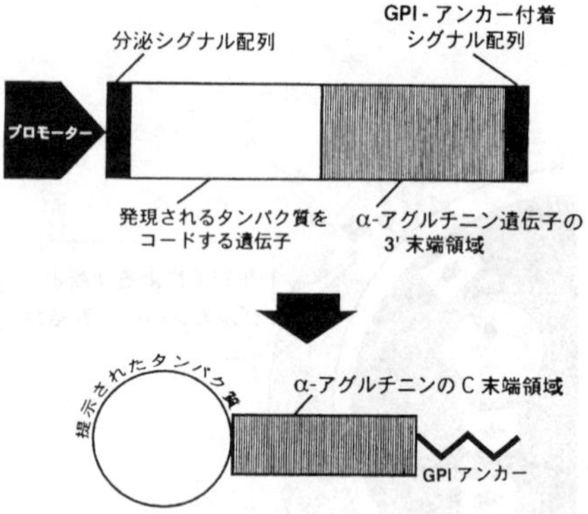

図7　タンパク質の酵母細胞表層ディスプレイのための分子デザイン

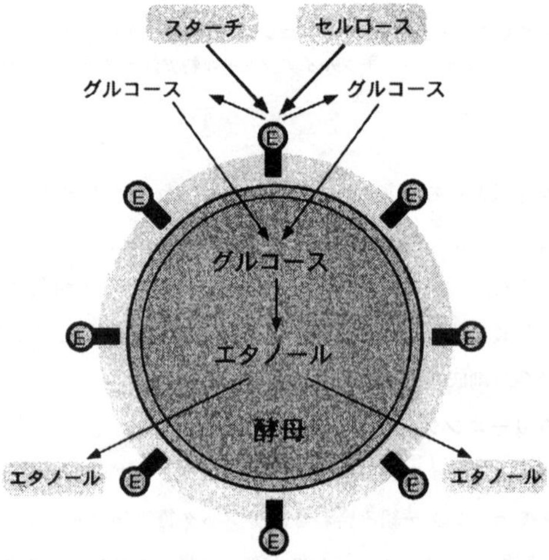

図8　デンプンやセルロースで生育しエタノールを作る細胞マイクロマシンモデルのアーミング酵母

(1)　新しいタンパク質工学の戦略

これまでタンパク質工学と言えば，目的とするタンパク質をコードする遺伝子を単離し，過剰発現する系を構築し，大量調製したそのタンパク質を結晶化し，X–線構造解析を行ない，そのモデリングからランダム変異法や，特に，部位特異的変異法を用いて，構造と機能の相関を明らかにしたり，機能改善したりする研究が主流であった。ところが，ここで登場してきた「コンビナトリアル・バイオエンジニアリング」により，これまでの「点での変異」による戦略から，「コンビナトリアルな変異」という各種情報から集約した情報を基に，狙った領域やドメインを20種のアミノ酸で網羅的に変異をかけたタンパク質集団を作製し，そこから目的のものを直接的にハイスループットに選択する戦略が可能となったのである。酵母の場合，導入した遺伝子型とその発現された表現型が対応関係になっているので，導入したプラスミドの挿入部位近傍のプライマーを用意しておくだけで，ディスプレイしたタンパク質の分子配列をDNA配列分析から決定できる。また，それぞれのコンビナトリアルな変異タンパク質を個々に煩雑な精製をする必要なく，細胞ごと変異タンパク質として扱え，さらにそのまま大量調製すると，細胞触媒としての利用が可能となるのである。これらの手法は，とくに，タンパク質「考」学において，革新的な，あるいは，ブレークスルー的手法となり，まさにタンパク質「考」学への真の新しい視点を提供することになるであろう[1]。

我々はこの手法を *R. oryzae* のリパーゼ（ROL）に適用し，これまでに部位特異的変異やランダム変異などによる点特異的な変異では到底得られなかった変異をもったリパーゼを高速に取得した[10]。すなわち，細胞表層にディスプレイに成功したROLの発現プラスミドと細胞を用いて，この目的とする変異導入部位のコンビナトリアルな（網羅的な）変異種を $(\text{-NNK-})_6$ からなるオリゴDNA配列のアニーリング産物を導入した形質転換体として作製した。これらのライブラ

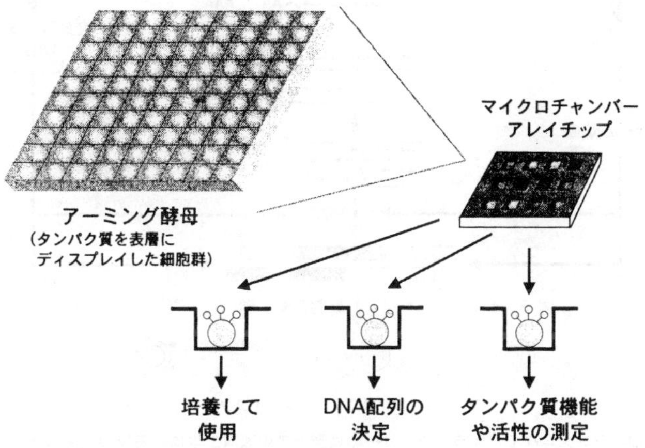

図9　一細胞スクリーニングのモデル図

リーの網羅的スクリーニングの結果（図9），元のROLよりも7-8倍，短鎖脂肪酸に基質特異性がシフトしたクローンを獲得した。これらの変異部位のアミノ酸配列を，コロニーPCRなどで迅速に調べてみると，連続した特徴的なアミノ酸三つが鍵を握っており，これが，配列内で，シフトするだけで目的の変異が誘導されていることがわかった。この手法により，これまでの部位特異的な点変異では不明であった，変異部位と基質特異性の変化の関係が明らかになり，タンパク質のモデリングに大きな影響を与えている。

(2) 新機能ナノタンパク質クリエーション

新しい機能をもったタンパク質を創出するためには，コンビナトリアルなランダムな配列を有するタンパク質ライブラリーを作製する必要がある。この基になるランダムなDNA配列を持つ断片を作製するために，たとえば，一つは，DNA合成機を用いる化学的な方法と，もう一つには，なにか鋳型となるDNA鎖を用いて，PCRなどにより作製する方法がある。後者の場合の例として，適当な細胞のmRNAを逆転写したcDNAを鋳型にして，PCRなどを用いたDNAランダムプライミング法で作製したランダムなDNA配列を持つ断片を，細胞表層工学技術を用いて，酵母細胞の表層に，ランダムなタンパク質のライブラリーとして発現ディスプレイさせる（図10）[11~13]。そのライブラリーに，例えば，各種有機溶媒を重層したところ，本来有機溶媒耐性をもたない酵母に，有機溶媒耐性を与えるような因子を表層にディスプレイした有機溶媒耐性

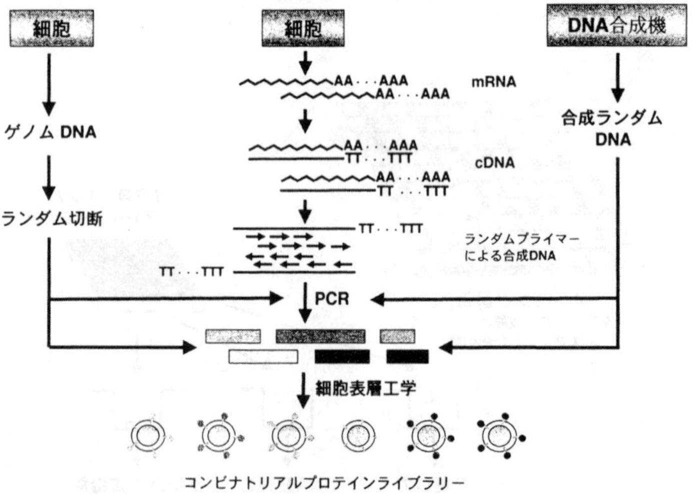

図10　ランダムなDNAライブラリーの調製と細胞表層工学によるプロテインライブラリーの作製

酵母が出現してきた。そこで，この耐性を与える表層ディスプレイ因子を解析したところ，分子量約1万のタンパク質で，アミノ酸残基の約半分は疎水的アミノ酸であるにもかかわらず，ハイドロパシープロット解析によると，全体としては，親水的なタンパク質であることが予測され，細胞表層はこの分子で1細胞あたり約$10^{5\sim6}$分子の割り合いで最密充填に被覆され，顕微鏡観察における有機溶媒に対するこの酵母の非吸着性からも表現型として裏付けられた。

以上のように，情報分子をナノ機能分子に変換して多くの組み合わせの（コンビナトリアル）分子ライブラリーから，オーダーメイドに適合する分子や細胞をシステマティックに選択できる「コンビナトリアル・バイオエンジニアリング」は，ここでは，酵母という生細胞の増殖性を利用し，それをいわゆる分子ツールとして使うことによって，ナノ機能性分子や細胞を産み出してきている。この手法により，タンパク質の構造と機能相関を詳細に網羅的に調べたり，機能未知のタンパク質をコードするDNA群を網羅的に最少量のナノタンパク質に変換し，これを表層にディスプレイした細胞を用いて，ハイスループットに活性や機能を解析したり，まったくランダムなDNA配列からこれまで世の中に存在しなかった新しいナノバイオ分子を「情報分子ライブラリーから創る」といった期待がふくらんでいる[14~18]。

文　献

1) 植田充美ら，化学フロンテイア第9巻（化学同人）(2003).
2) 植田充美，*BIO INDUSTRY*，6月号特集（2001).
3) 植田充美ら，タンパク質核酸酵素，**46**，1480（2001).
4) 植田充美，バイオサイエンスとインダストリー，**55**，253（1997).
5) 植田充美，バイオサイエンスとインダストリー，**55**，275（1997).
6) 植田充美ら，化学と生物，**35**，525（1997).
7) 植田充美ら，現代化学，**361**，484（2001).
8) M. Ueda *et al.*, *Biotechnology Adv.*, **18**, 121（2000).
9) M. Ueda *et al.*, *J. Biosci. Bioeng.*, **90**, 125（2000).
10) S. Shiraga *et al.*, *J. Mol. Catalys.*, **17**, 167（2002).
11) W. Zou *et al.*, *J. Biosci. Biotechnol.*, **92**, 393（2001).
12) W. Zou *et al.*, *Appl. Microbiol. Biotechnol.*, **58**, 806（2002).
13) 植田充美ら，化学と生物，**40**，251（2002).
14) 植田充美，ナノテクノロジー・材料計画総覧（産業タイムズ），29（2002).
15) 植田充美，基礎から学ぶナノテクノロジー（東京化学同人），81（2003).
16) 植田充美ら，続・図解ナノテクノロジーのすべて（工業調査会），286（2002).
17) 植田充美ら編，コンビナトリアルサイエンスの新展開，シーエムシー，(2002).

18）植田充美, *BIO INDUSTRY*, 7月号特集（2003）.

1.2 無細胞系ナノバイオテクノロジーによる新規タンパク質分子創製技術

中野秀雄*

一分子のDNAがもつ遺伝情報とそこから合成されるタンパク質を，生細胞を用いずに直接関連付ける技術が開発されており，新機能分子が次々と生み出され始めている。

1.2.1 はじめに

タンパク質は多様な物質変換や複雑な情報伝達を行う，究極のナノ構造体であり，またその構造情報は同じくナノ構造体であるDNAで記述されている。任意のアミノ酸配列は，対応するDNA配列を化学合成し，生物的な転写反応と翻訳反応を行うことで容易に得ることができる。しかしながらその配列が形作る高次構造と，さらにはその機能とを正確に予測することは，現時点での我々の知識では困難である。そこで目的の構造や機能を有するタンパク質分子を得るためには，コンビナトリアルケミストリーと同様な方法論が有効である。すなわち多数の候補分子を網羅的に合成しておき，その中から機能を有する分子を釣り上げるのである。この目的のため，DNA分子とエンコードされたタンパク質分子とを，生細胞を用いずに物理的あるいは論理的に関係付ける技術が開発されてきた。この関係付けを利用することで，容易に多数のライブラリーの中からタンパク質の機能により対応するDNA分子を選択後，PCRなどにより増幅できる。この操作を繰り返すことにより，最終的に目的とする機能を有するタンパク質分子とそれをコードするDNAとを取得するのである。

これまで開発された無細胞系での関連付け技術として，リボソーム（ポリソーム）ディスプレイ，RNAディスプレイ（インビトロウイルス），STABLE，インビトロコンパートメンタライゼーション（IVC），SIMPLEXなどがある。以下にその原理といくつかの成功例を紹介したい。

1.2.2 リボソームディスプレイ

mRNA上にリボソームが数珠つなぎになった状態をポリソームと呼ぶが，mRNAがコードする抗原に対する抗体を用いた免疫沈降などにより，このポリソームを集めることでそのmRNAが濃縮されることは20年以上前から知られていた[1]。この仕組みを用いて1994年にMattheakisらは，ランダム合成したDNAを鋳型としたランダムペプチドライブラリーから，特定のエピトープをセレクションすることに成功した[2]。図1Aにこのリボソームディスプレイ法（あるいはポリソームディスプレイとも呼ばれる）の概略を示す。まず翻訳終結コドンを持たないmRNA分子集団を，配列の一部分にランダム配列を挿入して合成しておく。それを鋳型として翻訳反応を

---

* Hideo Nakano 名古屋大学 大学院生命農学研究科 分子生物工学研究分野 助教授

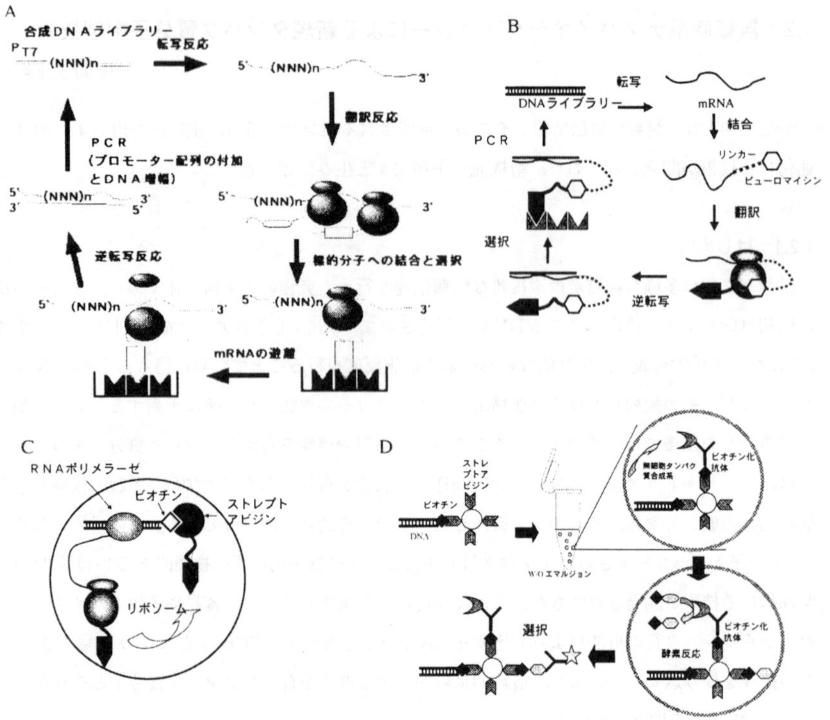

図１　DNA－タンパク質対応付けナノ複合体の概念図
A：リボソーム（ポリソーム）ディスプレイ；B：mRNA－ディスプレイあるいはインビトロウィルス；C：STABLE；D：IVC法を利用したビーズディスプレイ

行わせると，リボソームはペプチド鎖を合成しながらmRNA上の端まで動き，そこでmRNAとペプチドとの複合体形成する。この状態で標的分子に対し，結合，洗浄，遊離の操作を行えば，標的分子に結合するペプチドとそれをコードするmRNA分子を濃縮することができる。その後RT-PCRにより鋳型を増幅し，同様のサイクルを繰り返し行い，標的分子と強く結合する分子を選択するのである。

この方法の特徴は，mRNA一分子とタンパク質一分子が対応づけられているために，取り扱える分子の種類（ライブラリーサイズ）が，極めて大きく，10の12乗以上あることである。Hansらはこの手法をヒトの単鎖抗体ライブラリーのセレクションに用いて解離常数が数十pMの強い結合力を持つ抗体の取得に成功している[3]。

この最初の報告では大腸菌抽出液を用いた無細胞タンパク質合成系が使用されているが，ウサギ網状赤血球抽出液や小麦胚芽抽出液による系も開発された[4,5]。さらに多比良らの研究グループでは，C末端にリボソーム不活化因子（Ribosome-Inactivating Factor：RIF）とストップコドンを含まないスペーサー配列を連結させておき，RIFが自らを合成したリボソームと結合しその動きを止め，タンパク質－リボソーム－mRNA複合体を形成させる手法（Ribosome-Inactivation Display System：RIDS）を開発している[6]。

一方リボソームディスプレイ法は，mRNAとペプチド鎖とをリボソームを介して関連付けているため，細胞内の生理的条件に近い穏和な条件でしか選択できないという欠点があった。そこで終止コドンがないmRNAの3′末端にアミノアシルtRNAのアナログであるピューロマイシンを結合させ，それを鋳型としてタンパク質合成を行ない，リボソームによりmRNA結合ピューロマイシンがペプチド鎖に取り込まれることで，より安定なmRNA－ピューロマイシン－ペプチドの共有結合分子を得る，インビトロウィルスあるいはmRNA-ディスプレイと呼ばれる手法が開発された（図1B参照）[7,8]。KeefeとSzostakはこの方法を用いて，ランダムな80アミノ酸残基からATP結合活性を有する新規なペプチド配列の取得に成功している[9]。

1.2.3　エマルジョン法

リボソームディスプレイやmRNAディスプレイ（インビトロウィルス）は不安定なmRNAと複合体を形成している。同じ遺伝子型を記述する手段としてはるかに安定なDNAを用いるシステムが開発された。それはW/Oエマルジョンを用いて，反応液を多数の細かな空間に区分けし，その中に平均1分子以下になるように分散させたDNAと無細胞タンパク質合成系とを入れておくことで，各微細空間ごとに異なるタンパク質を合成させる方法である[10]。土居と柳川はコンパートメント中で，ビオチン化したDNAを鋳型として標的分子をアビジンとの融合タンパクとして発現させる（Streptavidin-biotin linkage in emulsions：STABLE）を開発した[11]。この方法では安定なタンパク質－アビジン－ビオチン－DNA複合体を得ることができるため，今後様々な応用が期待される。

前述した例ではすべて分子の結合活性を選択方法としている。一方Griffithsらは，エマルジョン法を基に，酵素活性を指標にした選択が可能な手法を考案した。まずストレプトアビジンビーズ1個に対し，エピトープタグを認識するビオチン化抗体と，ビオチン化したDNA（無細胞タンパク合成用にT7プロモーター，ターミネーターなどを付加，また構造遺伝子中にエピトープタグが組み込まれている）1分子を結合させさたものを，各コンパートメントに1個ずつ分散させておき，その狭い空間でタンパク合成させることで，ストレプトアビジンビーズを介してDNA一分子とそれがコードするタンパク質数分子の複合体を形成させる。エマルジョンを破壊しビーズを精製した後，再び酵素活性でセレクションするためエマルジョンを形成させ，ビオチン化した基質を用いて各コンパートメント中で反応を行わせると，ビオチン化基質とビオチン化反応物はビーズに結合する。再びエマルジョンを破壊し，反応物を特異的に認識する蛍光ラベルされた抗体により，反応物の多いものすなわち酵素活性が高いものをフローサイトメトリーで濃縮する。GriffithsとTawfikは，この手法により，バクテリアのホスホトリエステラーゼの基質結合部位にランダム変異を導入したライブラリー中から，野生型より65倍高い*kcat*を有する酵素の単離に成功している[12]。

1.2.4 SIMPLEX

以上紹介した方法は，すべてDNA一分子とそれがコードするタンパク質とを物理的に連結させる方法である。したがってアッセイに用いられるタンパク質分子の量は各遺伝子1種類につきわずか十数分子程度であるため，高感度なアッセイが使えることと，また反応物は自身のDNAに作用するかあるいはビーズに結合させることが必要条件となる。したがって基質の選択や，その選択方法は様々な工夫が必要であり，現状では本方法を応用できる範囲は限られている。

一方筆者らは，生細胞を用いることなくDNA 1分子を直接PCRで増幅することで，測定に用いるタンパク質の数を飛躍的に増大させ，幅広いの分子の機能，例えば酵素活性や，細胞増殖向上などを指標としたアッセイシステムにも対応可能な手法（Single-Molecule-PCR-linked *in vitro* Expression : SIMPLEX）を考案した。図2にその概念図を示す。すなわちDNAを希釈し，1ウェルあたり1DNA分子にばらまき，ついでPCRによりその一分子を増幅して，マイクロプレート上でDNAライブラリをつくり，次に無細胞タンパク質合成系を加えることで，タンパク質分子ライブラリーを構築するのである。DNA一分子からの増幅過程が組み込まれているため，アッセイに用いるタンパク質を広いレンジ幅で用意することができる。しかしながら通常用いられている96穴プレートや384穴プレートでは，10の12乗もの増幅を行わなければならない。DNA一分子からの特異的増幅は言うほど簡単ではなく，当初はnested PCRとよばれる2段階のPCRを用いる必要があったが[13]，適切なDNAポリメラーゼの使用や一種類のプライマーを用いることで，一段階のPCRで安定に増幅する技術を確立した[14]。

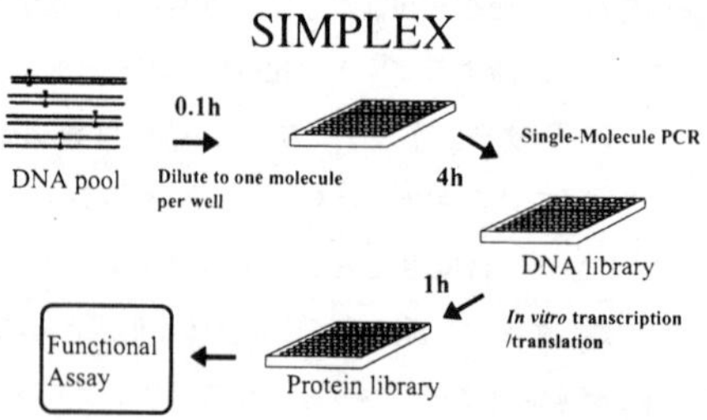

図2　SIMPLEXの概念図

この手法で取り扱えるライブラリーサイズはPCR装置の処理能力に依存しており，現状では384穴プレートしか用いることができないことが，大きな欠点である。しかし実際のスクリーニングにおいては，ライブラリーサイズという量的な問題以外に，その均一性という質的な観点も重要である。すなわち仮に全く同じ遺伝子が存在したとき，合成量の違いによりそれぞれの検出されるシグナルが数倍も異なるようでは，真に分子あたりの活性が高いものを選択してくることは困難だからである。そこで，SIMPLEXによるライブラリーの均一性について定量的に解析したところ，そのCV（変動係数）は8%程度であった[15]。この値はピペッティング精度の5-10%とほぼ一致しており，また生細胞を用いるシステムとより相当高い均一性を示した。

一方限られたPCR装置のサンプル処理数を補うため，平均で5分子/ウェルになるよう分配し，PCRを行ったところ，ほとんどのウェルでDNA増幅が観測され，さらに初発分子の分子種のバラエティは，70サイクルのPCRのあとでもほとんど変化しなかった[16]。これは2段階のスクリーニングが可能であり，容易にライブラリーサイズを増大できることを意味している。

我々はこの技術を酵素の機能改変に応用し，白色腐朽菌由来マンガンペルオキシダーゼの過酸化水素耐性の向上した変異体や[17]，微生物リパーゼの光学選択性が全く反転した変異体など[18]，新規酵素の取得に成功している。

将来的にはチップを用いたピコリットル容量の極微量PCR技術[19]を利用していくことで，10の6乗から7乗程度までのライブラリーを取り扱えるようになるのではないかと期待している。

1.2.5　おわりに

無細胞系を用いるシステムの利点として，①ライブラリーサイズが大きい（ファージや大腸菌などの場合，遺伝子導入効率によりライブラリーのサイズが決められてしまう）②非天然アミノ酸を含むライブラリーを構築することができる，③細胞毒性をもつようなものでも選択可能である，④培養する必要がなく迅速な選択系が構築できる，などがあげられる。すでに米国や日本でもこれらの技術を使ったベンチャー企業が誕生しており，今後様々な機能分子が取得されていくことが期待される。

文　　献

1)　F. Payvar *et al.*, *Eur. J. Biochem.*, **101**, 271 (1979).
2)　L. C. Mattheakis *et al.*, *Proc. Natl. Acad. Sci. USA*, **91**, 9022 (1994).
3)　J. Hanes *et al.*, *Nat. Biotechnol.*, **18**, 1287 (2000).
4)　M. He *et al.*, *Nucleic Acids Res.*, **25**, 5132 (1997).

5) F. Takahashi *et al.*, *FEBS Lett.*, **514**, 106 (2002).
6) J.-M. Zhou *et al.*, *J. Am. Chem. Soc.*, **124**, 538 (2002).
7) N. Nemoto *et al.*, *FEBS Lett.*, **414**, 405 (1997).
8) R. W. Roberts *et al.*, *Proc. Natl. Acad. Sci. USA*, **94**, 12297 (1997).
9) A. D. Keefe *et al.*, *Nature*, **410**, 715 (2001).
10) D. S. Tawfik *et al.*, *Nat. Biotechnol.*, **16**, 652 (1998).
11) N. Doi *et al.*, *FEBS Lett.*, **457**, 227 (1999).
12) A. D. Griffiths *et al.*, *EMBO J.*, **22**, 24 (2003).
13) S. Ohuchi *et al.*, *Nucleic Acids Res.*, **26**, 4339 (1998).
14) H. Nakano *et al.*, *J. Biosci. Bioeng.*, **90**, 456 (2000).
15) S. Rungpragayphan *et al.*, *J. Mol. Biol.*, **318**, 395 (2002).
16) S. Rungpragayphan *et al.*, *FEBS Lett.*, **540**, 147 (2003).
17) C. Imamura-Miyazaki *et al.*, *Protein Eng.*, **16**, 423 (2003).
18) Y. Koga *et al.*, *J. Mol. Biol.*, **331**, 585 (2003).
19) H. Nagai *et al.*, *Anal. Chem.*, **73**, 1043 (2001).

2　ナノメディシン

2.1　中空バイオナノ粒子を用いるピンポイントDDSおよび遺伝子導入法

黒田俊一[*1]，谷澤克行[*2]，妹尾昌治[*3]，近藤昭彦[*4]，上田政和[*5]

2.1.1　はじめに

ドラッグデリバリーシステム（DDS）は，薬剤の副作用を抑えつつ，効果を最大限に引き出すための工夫である。その概念は大きく分けて二つある。まず，第一は「制御された薬剤放出技術」であり，1960年代後半にハンセン病の化学療法の手段として有機系溶剤（DMSOなど）を薬剤と混合して，血液中安定性を高めたことからはじまる[1)]。このスタイルのDDSは一定の成果を納め，武田薬品工業の開発した前立腺がん治療薬である「リュープリン」が著名な実用化例として挙げられる。第二のDDSの概念は「生体内における細胞および組織特異的な薬剤などの送達技術（ピンポイントDDS)」である。1980年代に入り，遺伝子工学やタンパク質工学が創薬現場に持ち込まれ始めると，抗体と化合物を融合したものなどが開発され，それらがDDSとしては有効ではないかと検討され始めた。しかしながら，抗体の認識する生体分子選抜が難しく実用化は困難であった。ようやく最近になって，生体内での抗体による標的化が現実のものとなり，「抗体＝薬剤」ではあるが，ロシュが乳がん治療薬として抗体医薬「ハーセプチン」を実用化したのを皮切りに，続々と抗体医薬が創出されてきている。

一方，1990年代に入ってから遺伝子治療の機運が世界的に高まり，各種遺伝子導入法が開発され始めた。後述するが，これまでの遺伝子導入法にはDDSの概念が取り入られることがなく，安全性の評価が難しい遺伝子を生体内で広い範囲に投与するのが現実であった。そこで，我々はDDSの専門家ではなかったが，「微小カプセルの中に薬剤や遺伝子を封入して『荷物』として，細胞や組織を認識する分子『荷札』をつけて血流に乗せれば，目的の細胞や組織だけに送達できる」と考えた。特に最近，コンビナトリアルバイオエンジニアリングの手法により，短いペプチドが細胞および組織特異性を持つことが示されたことが示され[2)]，「荷札」の効率的な選抜が可能になったことが，この発想の追い風となった。本稿では，新しい遺伝子導入およびDDS技術

＊1　Shun-ichi　Kuroda　大阪大学　産業科学研究所　助教授
＊2　Katsuyuki　Tanizawa　大阪大学　産業科学研究所　教授
＊3　Masaharu　Seno　岡山大学大学院　自然科学研究科　助教授
＊4　Akihiko　Kondo　神戸大学　工学部　教授
＊5　Masakazu　Ueda　慶應義塾大学　医学部　講師・(有)ビークル　社長

である「中空バイオナノ粒子」について概説する。

2.1.2 技術背景

現在の遺伝子治療の多くは，高い感染性を有するウイルス（アデノウイルス，アデノ随伴ウイルス，レトロウイルスなど）のゲノムに治療用遺伝子を組込み，患部に外科的手法により直接投与することにより行われている（ウイルスベクター法と総称）。この方法は，ある程度成功を納めており，現在でも標準的な遺伝子導入法であるが，以下のような幾つかの欠点がある。

第一に，ウイルスゲノムの一部を同時に患者組織に導入するために，副作用の危険性が拭いきれない。遺伝子の安全性の評価は，本人のみならず子孫への影響も慎重に考慮しなければならないので，患者に導入する遺伝子は治療用遺伝子のみに限定したい。しかし，ウイルスベクターを使用する限り不可能である。特に，末期患者を対象とした遺伝子治療では発がん例や死亡例などが残念ながら報告されている[3~6]。アデノ随伴ウイルスはゲノムサイズが他のウイルスベクターよりも小さいことと，染色体上の一定の部位に挿入されることから比較的安全なウイルスベクターと考えられているが，発がん性が指摘されはじめている一方レトロウイルスでは，フランスにおいて立て続けに2件の死亡例が報告された。これは，がん抑制作用を有する遺伝子の近傍にウイルスゲノムが挿入されたことによるがん抑制遺伝子の不活化が原因と考えられている。アデノウイルスでもgut-less（内臓のないという意；別名high-capacity）という短いタイプのベクターが開発されているが，少なからずウイルスゲノムが患者に導入される点にはかわりがない。

第二に，ウイルスは接触した細胞や組織に万遍なく感染するので，正常細胞や組織に遺伝子導入しないように，患部を外科的に露出して投与する必要がある。患部に容易に到達できる疾患ならば注射で充分であるが，カテーテル投与が必要な場合もあり連続投与は難しい。特に組織深部にまで進行する疾患の場合，治療遺伝子を到達させるのは困難である。また最近では，カテーテルを使用して肝臓にアデノ随伴ウイルスを投与したにも関わらず，生殖細胞にまで遺伝子導入されてしまった例がある。さらに，細胞および組織特異性がないということは，必然的にウイルスの投与量が増えて免疫反応を惹起するので，ウイルスベクターの免疫原性の問題が指摘されている。

第三に，ウイルスを臨床応用するには感染性ウイルスが大量に必要だが，製造者への感染の危険性と環境への悪影響に充分に配慮しなければならない。具体的には，P3施設で慎重に生産するのが現状であり生産コストは著しく高い。極めて特異性の高いウイルスベクターなら，バクテリオファージと同じP1施設でも生産可能なはずである。

2.1.3 中空バイオナノ粒子の開発へ

以上のような状況から，我々は今後の遺伝子治療法には次の要件を満たすことが必要と考えた。

① ウイルス並みの感染力を有すること（高感染性）。

② ウイルスゲノムを全く含まず，必要最低限の治療遺伝子のみを導入できること（ウイルスゲノム排除)。

③ 静脈注射による生体内ピンポイントDDSを実現する極めて高い細胞および組織特異性を有すること（高標的化能)。

④ 簡便な製造施設で大量生産可能なこと（低コスト性)。

⑤ 任意の細胞および組織に特異性変換できること（再標的化能)。

⑥ 遺伝子以外にもタンパク質や薬剤を送達すること（DDSへの応用)。

このような条件を満たす素材として「生体認識分子を提示する中空バイオナノ粒子」というコンセプトが重要であると言う認識に至ったが，実際に適当な素材を見出すには時間を要した。当初，化学合成したリン脂質によるリポソームが有望と考えられたが，実用レベルの高感染性および高標的化能を付与することに成功しなかった。

一方，1980年代後半に我々は酵母によるB型肝炎ワクチンの生産に従事していた[7~9]。当時，B型肝炎ウイルス（HBV；図1左）の表面抗原タンパク質（HBsAgタンパク質）を酵母などの真核生物で発現させると，小胞体膜上にHBsAgタンパク質が蓄積・整列して，分子間相互作用により，小胞体膜成分を取り込みながら，ルーメン側にナノサイズのHBsAgタンパク質粒子（図1右）を出芽形式で生成することが知られていた。この粒子内部は中空であるが，当時はその様なことには全く注目せず，HBVに対する中和抗体を惹起できる抗原としてしか見ていなかっ

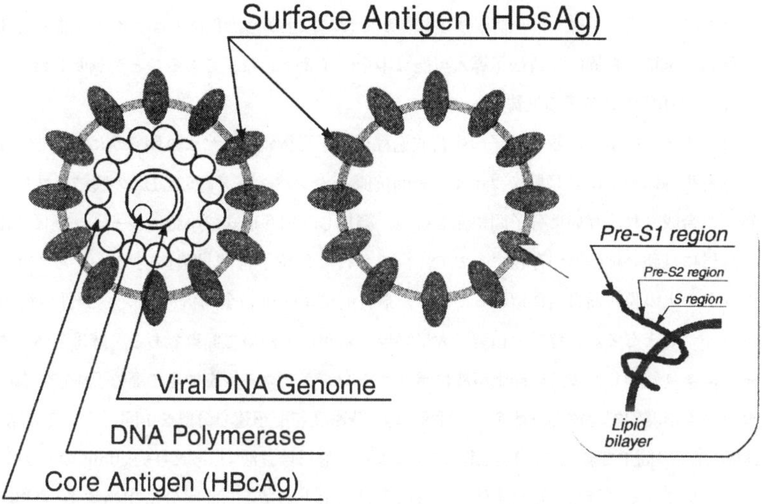

図1　B型肝炎ウイルスと同表面抗原粒子の構造

た。1992年にHBV表面抗原Lタンパク質をナノスケールの粒子（L粒子；図1右）として出芽酵母により大量生産する技術を我々は確立していた[10]。これまではLタンパク質のアミノ末端側に小胞体膜透過を強く阻害する活性があるので，誰もLタンパク質のL粒子としての生成に成功していなかったが，我々は酵母分泌系が効率よく認識するニワトリリゾチームのシグナルペプチドをLタンパク質アミノ末端に付加して，Lタンパク質の小胞体膜上での発現を促し，L粒子生成に初めて成功した。また，L粒子の表面には，HBVが肝細胞に感染する際に使用するヒト肝細胞レセプターが含まれているpre-S1領域が提示されていた[11,12]。同領域はHBV感染の第一段階であるヒト肝細胞への吸着を行い，endocytosis（細胞の貪食作用）によるHBVの取込みと，HBV内部のウイルスゲノムを肝細胞内に放出を促す。さらに，L粒子をB型肝炎ワクチンとして開発するために，既に我々はL粒子の生化学的，物理化学的および免疫学的性質を解析していたので，L粒子内部は空であることも承知していた[13]。以上の状況は，L粒子がHBVのようにヒト肝細胞特異的に吸着して，粒子内部の物質を放出できる可能性を示しており，上記の6条件のほとんどをL粒子が満たしていることを示唆していた。そこで，緑色蛍光タンパク質（GFP）の発現プラスミドと精製L粒子をエレクトロポレーション用キュベット内の混合し，電気パルスを荷電した後，ヒト肝臓がん由来細胞HepG2の培養液に添加したところ，従来の遺伝子導入試薬であるカチオン性リン脂質（商品名：FuGene6）による単位DNA量あたり遺伝子導入効率の100倍以上の効率でL粒子は遺伝子導入できることが判明した[14]。また，ヒト大腸がん由来細胞WiDrやヒト扁平上皮がん由来細胞A431なども同時に検討したが，FuGene6とは異なり，L粒子による遺伝子導入は一切観察されなかった。以上から，L粒子はウイルス並の感染性でヒト肝臓由来細胞特異的に遺伝子導入可能な中空バイオナノ粒子であることが判明した。

2.1.4 中空バイオナノ粒子の性質

中空バイオナノ粒子であるL粒子の生合成過程は電子顕微鏡観察により明らかになっている[10]。まず，酵母小胞体膜上にB型肝炎ウイルス表面抗原Lタンパク質（約52k Daの膜結合性糖タンパク質）が合成され，互いに分子間認識を行い，凝集し，出芽形式で小胞体ルーメン側に放出される。酵母には硬い細胞壁が存在するので，合成されたL粒子は酵母菌体内でトランスゴルジネットワーク上の膜状器官内に留まっており，最終的には酵母の全可溶性タンパク質の約40%がLタンパク質となる。L粒子の精製は大量発現のおかげで極めて簡単である。酵母菌体をグラスビーズにより破砕した後，破砕上清液にポリエチレングリコールを加えて高分子画分を濃縮し，塩化セシウム密度勾配超遠心分離を1～2回，ショ糖密度勾配超遠心分離を1回行う。その結果，P1実験室程度の簡単な施設で，1週間の作業により，酵母培養液1Lあたり約20mgの精製L粒子を得る事ができる（後述するが生体への遺伝子導入用として2,000回分に相当する）[13,14]。得られたL粒子をマイカ切片上に塗布し，大気圧下および水分存在下で原子間力顕微鏡により観

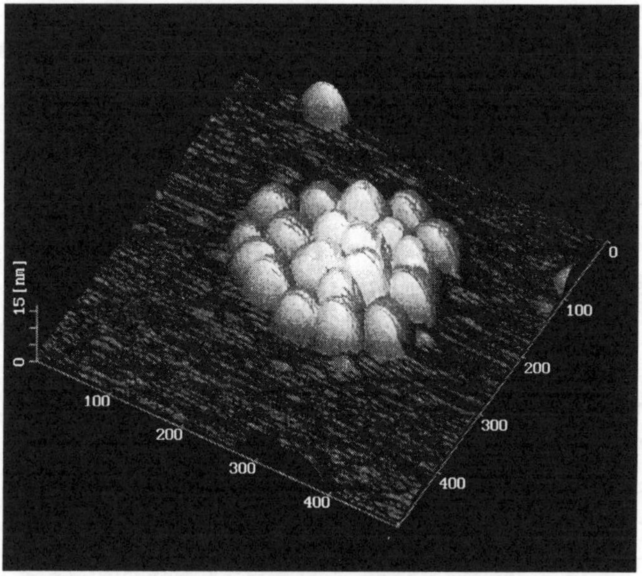

図2　酵母由来L粒子の原子間力顕微鏡像

察すると，直径50～500ナノメートルの球状の物体が観察された（図2）。小角散乱法による解析では平均直径80ナノメートルと算出されており，超遠心沈降法により平均分子量640万と算定された。また，L粒子の組成は，80%（重量比）がタンパク質，10%が糖質，残り10%がリン脂質であることも判明している。これらから，直径80ナノメートルの粒子は，酵母小胞体膜由来リポソームに52k DaのLタンパク質が約110個配位して形成しているものと考えられている。

医療事故で微量のB型肝炎患者血液を指に刺しただけでも感染する位，B型肝炎ウイルスは高い感染性を有することが知られている。これは，極少量のウイルス粒子でも確実にヒト肝臓に到達することを示しており，B型肝炎ウイルスの物理的な安定性は高いものと推測されている。今回，L粒子特異的に検出するELISAを使用して，各種条件下のL粒子としての安定性を検討したところ，80度で30分間処理してもL粒子の粒子形成能に影響を与えなかった。しかし，凍結融解を繰り返すと，粒子内部の水分が凍結膨張するらしく著しい粒子形成能の低下が観察された。また，SH還元試薬であるDTTをL粒子に加えたところ，速やかに粒子が消失した。以上から，L粒子は熱に対して安定ではあるが，Lタンパク質1分子あたり14個のCys残基を含んでいるので，ジスルフィド結合がL粒子の形態形成に重要な役割を担っていると考えられている。

2.1.5 中空バイオナノ粒子によるピンポイント物質導入

L粒子はGFP遺伝子を培養細胞レベルでヒト肝細胞特異的に導入できることが判明した。そこで，我々はヌードマウスの背部皮下にヒト肝臓がん由来組織（NuE）とヒト大腸がん由来組織（WiDr）を移植した担がんマウスを用意した。これは，HBVはヒト肝臓及びチンパンジー肝臓にしか感染しないことから，L粒子の感染実験を動物で行うためには，極めて高価でワシントン条約により保護されているチンパンジーを用いる以外で用意できる唯一の方法であった（現在SCIDマウスとuPA発現トランスジェニックマウスを交配して，ヒト正常肝組織の保持可能なマウスを得る技術が普及し始めているが，当時は利用できなかった）。次に，前述と同じ方法で調整したGFP遺伝子を包含するL粒子をマウス尾部静脈から注射し，約2週間後に正常組織並びに両ヒト由来がん組織の蛍光観察を行ったところ，ヒト肝がん由来組織にのみGFP由来の蛍光が観察された[14]。このことは，L粒子が培養細胞レベルのみならず生体レベルでも高い水準でヒト肝細胞特異的に標的化可能であることを示している。同時に，GFP遺伝子の替りに，蛍光色素であるカルセイン（分子量620）をエレクトロポレーションでL粒子内部に封入し，同様に培養細胞および実験動物に投与したところ，GFP遺伝子と全く同じように，ヒト肝がん由来細胞および組織にカルセインを特異的に送達することができた[14]。この結果は，今までの遺伝子治療用のベクター（運び屋）とは異なる特徴（DDSへの応用）をL粒子が有していることを示しており，本中空バイオナノ粒子システムが従来の遺伝子治療ベクターと異なる次元のものであることを示している。現在，当研究グループの慶應大学医学部の上田によって，全身性で投与すると副作用もあるが薬効も高い抗がん剤をL粒子内部に封入して，肝臓へのピンポイントDDSを行い肝がん治療に使用できないか積極的な検討が行われている。

遺伝病である血友病にはA型とB型があり，それぞれ治療用タンパク質である血液凝固因子8若しくは9を投与すれば一過性であるが治療できることが分かっている。現在，血液凝固因子が血液製剤であることと，タンパク質を連続投与することによるインヒビターと称される抗体の出現が問題になっている。そこで現在では，遺伝子治療技術による長期的な治療を目指して，血液凝固因子が本来生成される肝臓に該発現遺伝子を特異的に補充する試みが多くなされている。しかし，肝臓特異的に遺伝子を導入する技術は我々の方法をおいて他にはなく，カテーテルを使用して肝臓門脈付近で感染性ウイルスを徐放する方法が採られている。また，血友病の治療遺伝子は巨大なものが多いので，標準的なアデノウイルスベクターに搭載することが難しい。ところが，我々の中空バイオナノ粒子は充分に大きいので（40kbpまで可能な事を確認済）期待されている。そこで，L粒子を用いた血友病のモデル遺伝子治療実験を上記担がんマウスを使用して行った。各血液凝固因子の発現ベクターをL粒子に内部に封入し，投与方法はGFP遺伝子と全く同じで，経時的に採血を行い血漿中の血液凝固因子の濃度をELISAで測定した[14]。その結果，血液凝固

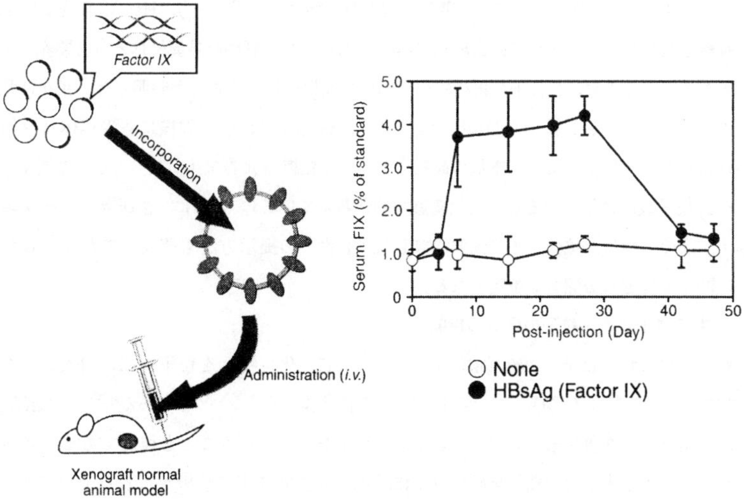

図3　担がんマウスモデルを使用した血友病Bの遺伝子治療

因子8および9のいずれも，重度血友病の治療可能な治療用タンパク質の発現が約1ヶ月間確認された（血液凝固因子9のデータ；図3)。今回，一ヶ月程度の発現期間であったが，これは担がんマウスを使用したことによる移植がん部が壊死によるもので，もしがん部が長期間正常であるなら，発現期間はもっと長いものであったと考えている。以上の結果から，L粒子はヒト肝臓組織に対して，個体レベルで治療可能なレベルの充分量の遺伝子を導入することができると考えられた。

2.1.6　中空バイオナノ粒子の再標的化

L粒子のN末端側に位置するpre-S1領域の約70アミノ酸残基がヒト肝細胞に特異的に吸着するのに必須であると考えられている[11, 12]。最近では，この領域とヒト肝細胞特異的抗原SCCA1類似タンパク質との結合が，HBVのトロピズム（宿主域）の全てを担っていることが明らかにされている[15]。我々はL粒子の特異性をヒト肝細胞以外に再標的化するために，pre-S1領域をコードする遺伝子をL粒子発現ベクターから除去し，替りに数多くのがん細胞が受容体遺伝子を発現することが知られている上皮成長因子（EGF）の遺伝子を挿入し，L粒子と同様に酵母の発現系に組み込んだ。その結果，L粒子の表面に提示されているpre-S1の替りにEGFが提示されている改変型L粒子を酵母により大量に生産することに成功した。同粒子を精製し，GFP遺伝子やカルセインをエレクトロポレーションにより封入し，ヒト肝がん細胞HepG2及びヒト扁平上皮がん細胞A431の培養液に加えたところ，EGFの受容体を大量に発現することが知られているA431細胞においてのみ著しい蛍光が観察された[14]。一方，HepG2細胞では全く蛍光が観察されなかったことから，pre-S1領域がHBVのヒト肝細胞特異性にとり必要充分な機能を有することとともに，L粒子の再標的化が極めて簡単に行えることが判明した。我々は既に幾つかのサイトカインをL粒子表面に提示することに成功しており，同様に各受容体特異的な再標的化に成功している。また，本稿の最初にも述べた組織特異的な「荷札」として機能するペプチドをL粒子表面に提示することも大変魅力的と考えている[2]。さらに，当研究グループの神戸大学工学部の近藤は，抗体分子の効率的なL粒子表面への提示方法も確立しており，これらの結果に関しては近日公開する予定である。

2.1.7 中空バイオナノ粒子の今後の展開

これまでのL粒子は全て物質（遺伝子，タンパク質，化合物）を粒子内部に封入したものを用いていたが，L粒子を形成しているLタンパク質は膜結合タンパク質であるので，細胞質内ループに治療用タンパク質を融合して，そのままL粒子を形成させることも可能である。当研究グループの岡山大学大学院自然科学研究科の妹尾は，今まで詳細な解析が行われていなかったLタンパク質の膜トポロジーを解析し，効率的なタンパク質封入法を完成している。特に，ウイルス性肝炎を治療する目的でインターフェロンを粒子内部に融合した改変型L粒子の効果を検討している。これは，従来のウイルス性肝炎のインターフェロン療法において重度の副作用（高熱，脱毛，体力低下）を伴っていたが，肝臓特異的にインターフェロンを投与することで，投与量を減らして副作用を著しく軽減させることを目指している。

我々の開発した中空バイオナノ粒子法がNature Biotechnology誌にオンライン掲載されると，Lancet誌に，本方法の秘めている潜在能力の高さを評価しつつ，免疫原性の克服が重要であるとの論評が掲載された[16]。確かに，世界におけるHBV感染者やB型肝炎ワクチン接種者は多く，L粒子を投与してもHBVに対する中和反応によって排除される可能性が高い。そこで，我々はB型肝炎ワクチン接種者の中に生じるHBVエスケープ変異体はヒトの免疫システムを回避できることから，同変異体の構造をL粒子に反映させ，「ステルス化L粒子」と称して詳細に検討している。確かに，予備実験では免疫原性並びに抗原性は低減しているので，現在，定量的な解析を行っている。もしステルス化が目的どおりに達成されていれば，これからの改変型を含むL粒子の全てに同じ変異を導入する予定である。

本中空バイオナノ粒子は大量生産可能であるが，唯一の製剤上の問題点は，封入時におけるエレクトロポレーションである。日本の厚生労働省が医療現場での薬剤に対する操作を注射同様にエレクトロポレーションを認めてくれるなら問題はないが，現在の仕組みでは治療用薬剤や遺伝子を封入した形での製剤しか認めないと予想される。実験室レベルでのエレクトロポレーションで実験動物10匹以上のL粒子は調製できるが，臨床応用を考えた場合，他の封入条件を考案す

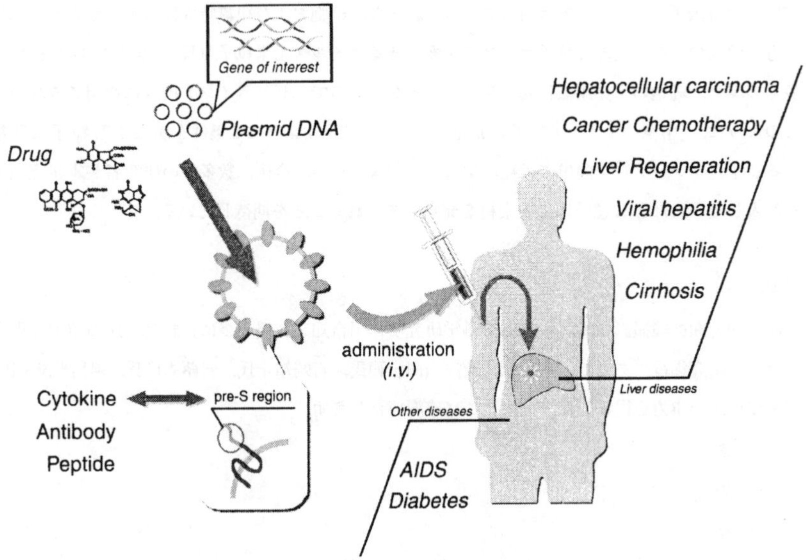

図4　中空バイオナノ粒子を使用したヒト肝臓特異的DDSおよび遺伝子治療による各種疾患の治療

る必要があると考えている。

今回，L粒子によりヒト肝臓を標的とした遺伝子治療が可能であることを紹介した。数多くの遺伝病は，単一遺伝子欠損であり，欠損したタンパク質を補充すれば治療可能であることが多い。

今回，本来肝臓から発現する血液凝固因子を肝臓に生産させるようにしたが，他の臓器由来のタンパク質でも肝臓を用いて発現させれば各種疾患に本方法を適用することが可能と考えている（遺伝子補充療法と呼称；図4）。特に，肝臓でしか作動しないプロモーター（肝がん特異的なαフェトプロテイン遺伝子由来，肝臓特異的なアルブミン遺伝子由来）をL粒子と組み合わせれば，更に安全性の高い遺伝子治療法になると考えられる。

2.1.8　おわりに

この中空バイオナノ粒子法は，我々の事情からB型肝炎ワクチン目的で開発していたL粒子を転用して，本方法のプラットホームとして研究展開を行った。他のウイルス由来タンパク質もL粒子と類似もしくはL粒子よりも優れた性質を有すると期待されるが，我々の調査では，多くのウイルス由来タンパク質（SV40，JCV，HBV，HPV由来タンパク質）は膜成分を取り込まずタンパク質だけで自己凝集して，直径50nm前後の固定サイズの中空粒子になることが多い。この場合，粒子の大きさの柔軟さがなく封入できる遺伝子のサイズは数kbpが最大で，今回の血友病治療遺伝子のようなものは封入できない。また，細胞および組織特異性を示す粒子は少ない。一方，膜成分を取り込んで粒子サイズを可変できるウイルス由来粒子（HVJ など）もあるが，多くの場合，細胞および組織特異性を示すことがないので，ピンポイント投与に適用できない。このように，［中空バイオナノ粒子の開発へ］の項目で示すような6条件を満たすＬ粒子に匹敵する粒子化タンパク質を簡単には見出すことは出来ないが，今後，数多くの研究者が本研究領域に参入していただきＬ粒子以上の素材を発見してくれることを期待している。

<謝辞>

原子間力顕微鏡撮影は大阪大学産業科学研究所の川合知二教授並びに菅野誉士氏の協力を得ました。本研究遂行にあたり，多田弘子氏，山田忠範氏，岩崎靖士氏，岩蕗秀彦氏，風呂光俊平氏，深尾和正氏の協力を得ましたので，ここに感謝いたします。

文　献

1) RO. Yeats *Ann N Y Acad Sci.* **15** : 668 (1967).
2) W Arap *et al.*, *Nat Med.* **8** 121 (2002).
3) E. Marshal, *Science* **294**, 1640 (2001).
4) E. Marshal, *Science* **286**, 2244 (1999).
5) R. H. Buckley, *Lancet* **360**, 1185 (2002).
6) J. L. Fox, *Nat. Biotechnol.* **18**, 143 (2000).
7) S. Kuroda, *et al.*, *Gene* **78**, 297 (1989).
8) Y. Fujisawa *et al.*, *Vaccine* **8**, 192 (1990).
9) S. Kuroda *et al.*, *Vaccine* **9**, 163 (1991).
10) S. Kuroda *et al.*, *J. Biol. Chem.* **267**, 1953 (1992).
11) A. R. Neurath *et al.*, *Cell* **46**, 429 (1986).
12) J. Le Seyec *et al.*, *J. Virol.* **73**, 2052 (1999).
13) T. Yamada *et al.*, *Vaccine* **19**, 3154 (2001).
14) T. Yamada *et al.*, *Nature Biotechnol.* (2003) Jun 29.
15) De Falco S *et al.*, *J Biol Chem.* 2001 Sep 28 ; **276** (39) : 36613.
16) D. Lawrence *Lancet*, **362** ; 48 (2003).

2.2 量子ドットの生物・医療応用

花木賢一[*1]，山本健二[*2]

2.2.1 はじめに

量子ドット（quantum dot：QD）とは 10^2-10^3 個のII－VI族半導体原子からなる数 nm～10数 nm の小さな結晶で，ナノ粒子（nanoparticle）ともナノ結晶（nanocrystal）とも呼ばれている[1)]。本稿では代表的な QD としてセレン化カドミウム（CdSe）を取り上げ，その物性と生物・医療応用の現状と可能性について紹介する。

CdSe は赤色顔料であるカドミウムレッドの成分として知られているが，その結晶が数 nm の大きさになると，「量子サイズ効果」により蛍光を発するようになる。これは顔料に用いられる粒子の大きさでは電子のエネルギー準位が連続的なバンド構造をとるのに対して，量子サイズでは粒子の大きさと電子の波長とが近似することにより電子が QD 内に封じ込められ，エネルギー準位の離散化が起きてバンドギャップが増大するためである。バンドギャップは粒子が小さいもの程大きくなり，バンドギャップよりも高エネルギーの光を照射すると，QD はバンドギャップに相当する波長で発光する。CdSe の場合，QD のバンドギャップの大きさが可視光波長帯とほぼ一致し，粒子径が小さいものほど短波長で発光する（図1）。

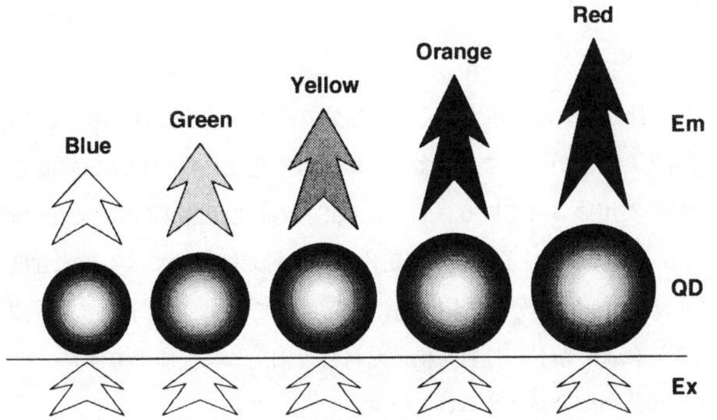

図1　量子サイズ効果

励起光（Ex）が同一であっても QD の粒子径が異なるとその発光スペクトル（Em）は異なる。CdSe の場合は粒子径が 3 nm で 520nm の緑色蛍光，同じく 5.5nm で 630nm の赤色蛍光を発する。

＊1　Kenichi　Hanaki　国立国際医療センター研究所　医療生態学研究部　協力研究員・日本学術振興会　科学技術特別研究員

＊2　Kenji　Yamamoto　国立国際医療センター研究所　医療生態学研究部　部長

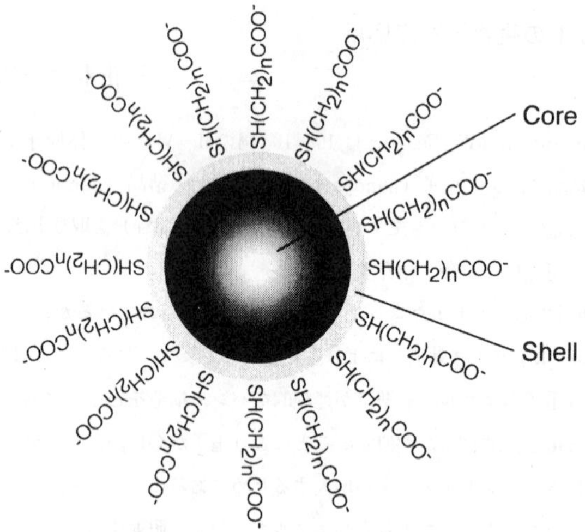

図2　コア・シェル型 QD の模式図
CdSe, CdTe, InAs といった半導体からなる超微粒子（Core）を ZnS, CdS といった安定化合物で被覆する（Shell）。QD は疎水性化合物であり，生物・医療応用のためにメルカプト酢酸[4] やメルカプトウンデカン酸[6] で表面修飾して親水性粒子とする。

QD はその体積に比して表面積が大きく，大部分の原子が粒子表面に露出している。そのため表面が不安定で劣化しやすい。そこで，多くの場合は安定化合物で QD を被覆するコア・シェル (core/shell) 型粒子が用いられている（図2)。CdSe は硫化亜鉛（ZnS）または硫化カドミウム (CdS) で被覆することにより粒子表面が安定化され，耐光性だけでなく蛍光強度も増強される[2]。QD はマテリアルサイエンスの分野で精力的に研究されており，「量子サイズ効果」と多電子効果（電子相関効果）により新しい性質を備えた材料の創出，高性能半導体レーザー，単電子トランジスタ，などへの応用開発が進められている。

2.2.2　量子ドットの蛍光特性

生物学において蛍光色素を用いた解析手法は蛍光免疫染色 (fluorescent immunostain)，蛍光 *in situ* ハイブリダイゼーション (fluorescent *in situ* hybridization : FISH)，フローサイトメトリー (flow cytometry)，DNA 配列決定法，DNA チップをはじめとして枚挙にいとまがない。それらに用いられている蛍光色素は天然ないし人工の有機色素で，その代表例としてフルオレセイン (fluorescein)，ローダミン (tetramethylrhodamine)，テキサスレッド (texas red) の蛍光特性を図 3A に示す。いずれも固有の狭い至適励起スペクトルをもち，それらはそれぞれ

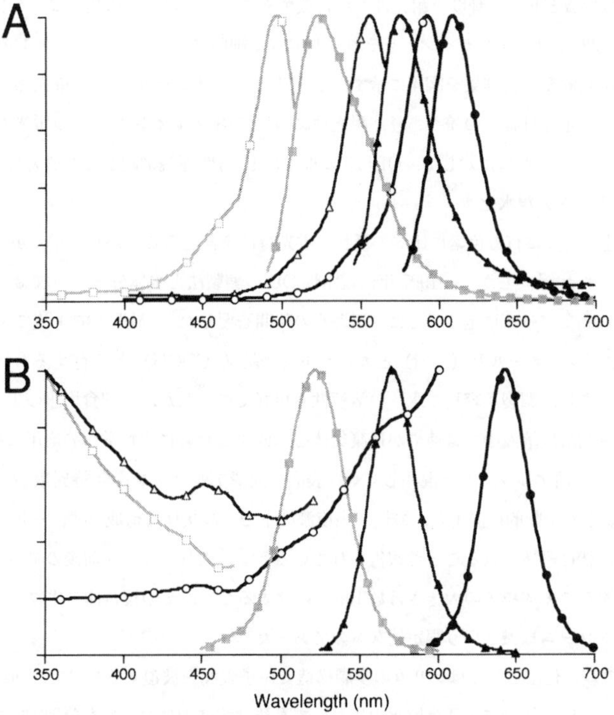

図3　QDと有機色素の蛍光特性

(A) 3種の有機色素の励起スペクトル (Ex) と蛍光スペクトル (Em)。フルオレセイン (Ex : □, Em : ■), ローダミン (Ex : △, Em : ▲), テキサスレッド (Ex : ○, Em : ●)。(B) 3種のQDの励起スペクトルと蛍光スペクトル。QD520 (Ex : □, Em : ■), QD570 (Ex : △, Em : ▲), QD640 (Ex : ○, Em : ●)。

の蛍光スペクトルより短波長側の極めて近い位置にある。従って，これらの色素をレーザーで同時に励起しようとする場合，3本の異なるレーザーが必要となる。また，フルオレセインは長波長側に広い蛍光スペクトルをもつためローダミンの蛍光スペクトルとの被りが大きい。そのためこれら2色素を同時に励起した場合，色分離が非常に困難な場合がある。一方，QDの場合はそれぞれの蛍光波長よりも短い波長であれば励起することが可能で，3色のQDを1本のレーザーで同時に励起することが可能である（図3B)。また，QDの蛍光スペクトルは有機色素に比べて狭いため，フルオレセインとローダミンに相当するQD520とQD570とを同時に励起しても色分離は容易である。QDの蛍光スペクトルは粒子合成により制御でき，粒子の大きさが均一であるほどスペクトル幅は狭くなる。

QDの他の特徴として，輝度と耐光性とが有機色素に比べてはるかに高いことを挙げることができる。QD520とフルオレセインとをそれぞれ異なる細胞にエンドサイトーシスで取り込ませ，同一視野で励起観察した結果を図4に示す。QD520とフルオレセインとの蛍光強度の差は，目視では水銀灯と蛍光灯ほどの差があり，耐光性についてもフルオレセインの蛍光が励起開始後30秒で完全に消失したのに対して，QD520の蛍光は10分間連続励起しても消失しなかった。

2.2.3 量子ドットの親水化

QDは上述のように有機色素に比べて優れた蛍光特性を備えることから，早くから生物学への応用が考えられた[3, 4]。しかし，1997年に親水性QDの調製法と生体分子への標識法について発表されてから商業ベースに至るまでに5年近くの時間を要した[5]。最近まで主流であった親水性QDは図2に示すチオール基（-SH）とカルボキシル基（-COOH）とを有する有機酸で表面加工したものであり，調製が容易で水への溶解性も良好であったが，生理食塩水のような塩を含む溶液や酸性～弱酸性溶液中では速やかに凝集体を形成するために生物学への応用には適さなかった[6, 7]。唯一，血清アルブミンと混和してQD表面に血清アルブミンを非特異吸着させることでQDの分散安定性が劇的に向上し，酸性，高塩濃度下でも凝集体を形成せず，一年以上の冷蔵保存後もその性状は維持されることが報告されている[4, 6]。しかし，10nm前後のアルブミンがQD表面に吸着することで粒子の大きさは数10nmに達するため，その複合体の生物学研究応用は生細胞のエンドソーム標識という限定的なものであった[6]。

QDの他の親水化法としてはシリカの多層構造で粒子表面を被覆するもので，前述の有機酸で表面加工したQDに比べて生理食塩水中においても酸性溶液中においても分散安定であることが報告されている[7, 8]。さらに他の親水化法としては遺伝子組換え蛋白質を静電気的にQD表面へ結合させ，さらにそのタンパク質を介して生体分子に標識する方法が報告されている[9~11]。何れの場合も収量などの問題で，普及するには至っていない。

以上は大学などの研究機関で行われてきた研究成果であるが，2002年末に合衆国のベンチャー企業Qunatum Dot社はポリアクリル酸でQDを被覆することで生理的条件下での分散安定性を賦与し，さらに免疫染色などへの応用を可能にするためアビジン標識した親水性QDの販売を開始した[5]。現在はQunatum Dot社とEvident Technologies社より生体分子へ標識可能なQDが販売されている。

2.2.4 量子ドットの生物学応用

QDの生物学応用で第一に考えられるのが有機色素の代替である。最近，405nmのダイオードレーザーがレーザー顕微鏡に応用可能となり，またフィルターレスで複数の蛍光を分光できるシステムを搭載した共焦点レーザー顕微鏡（confocal laser scanning microscope : CLSM）が登場し，CLSMによって405nmの単一励起光で核染色に用いる青色色素DAPIと3色のQD（図

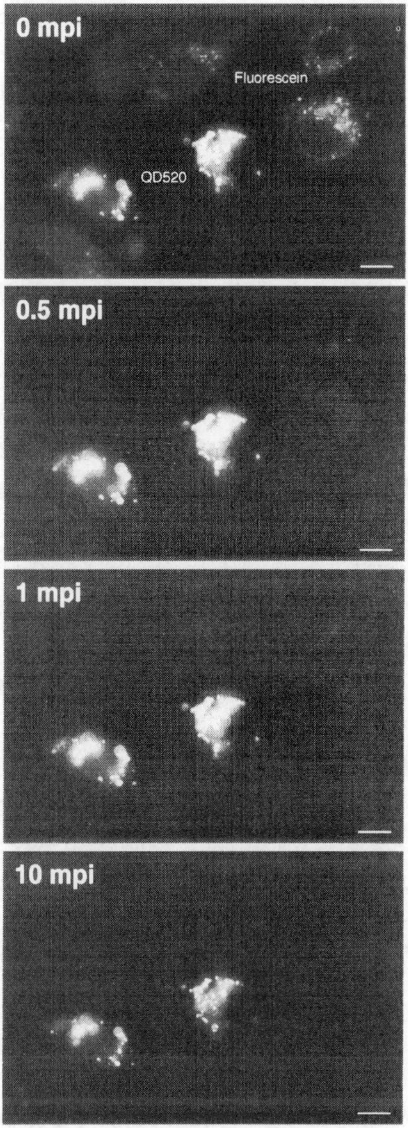

図4　QDと有機色素の輝度と耐光性

血清アルブミンと複合体を形成したQD520またはフルオレセイン標識デキストランをアフリカミドリザル腎由来のVero細胞にエンドサイトーシスで取り込ませ，蛍光顕微鏡下（Ex：460-490nm，Em：>510nm）で経時観察を行った。mpi＝minute post-irradiation，bar＝10μm。

3B）とを同時に観察することが可能になった。同様のことを図3Aの有機色素で行うならば3本のレーザーを必要とすることから，QDを有機色素の代替とすることでレーザーを用いた解析装置を安価に構築することができる。これは一般の蛍光顕微鏡にも当てはまり，紫外線を励起光としてDAPIを含むすべての蛍光を透過する蛍光フィルターを用いることにより，QDの発する青～赤までの多色をリアルカラーで識別することが可能で，色素によって様々な励起フィルターと蛍光フィルターの組み合わせを行う必要がなくなる。

QDはその粒子のもつバンドギャップよりも高エネルギーの光を照射すると，有機色素に比べてはるかに強い蛍光を発することから（図4），微弱な励起光で十分な蛍光観察を行うことができる。つまり，細胞毒性に関わる励起光量を抑えてQDで標識した分子の生細胞内動態を長時間観察することが可能である（図5）。このことは全反射顕微鏡（total internal reflection fluorescence microscope : TIRFM）観察において特に重要と思われる[12]。TIRFMはカバーガラスと水溶液との屈折率差を利用してレーザー光を全反射させ，その時に水溶液側へ滲み出す光（エバネッセント光）で蛍光化合物を特異的に励起させて観察する顕微鏡システムである（図6A）。エバネッセント光の到達深度は非常に浅いためCLSM観察（図6B）のような細胞深部の観察は不可能であるが，ビデオレートでの高速な観察と一分子レベルの蛍光観察とを可能にする。現在は有機色素で標識して一分子観察が行われているが，有機色素は輝度と耐光性共に低いために長時間の観察には適さない上，有機色素を十分に励起するためのレーザー光による細胞障害も長時間の観察の妨げとなる。QDはこれらTIRFMにおける有機色素の問題を全て解消するものと期待される。

2.2.5 量子ドットの医療応用

QDの医療応用で先ず挙げられることは，体外診断への応用である。複数の抗原または抗体それぞれについて異なる蛍光を発するQDで標識し，それらをプローブとする抗原抗体反応を一反応相で行う。QDは単一光で同時励起可能なため，蛍光を分光検出するシステムでそれぞれの蛍光を測定することにより一反応相で多項目同時検査が可能になる。また，フローサイトメトリーと有機色素標識抗体とによる白血病細胞や悪性リンパ腫細胞の検出においても，QDの高い輝度により検出感度のアップと精度の高い診断とが可能になる。

QDの他の医療応用として体内診断への応用がある。QDは構成原子の質量が重くなるほど発光スペクトルは長波長側へ移動する。例えばセレン化鉛（PbSe）からなるQDはその粒子径に応じて900～2,000nmの赤外線を発することが知られている。そこで，がん細胞特異抗体をPbSeからなるQDで標識して静脈注射し，生体外より励起光を照射してQD特異波長の赤外線を検出することで，生体内の微小がんを検出することが可能になる[13]。既に，CdSeからなるQDと多光子励起蛍光顕微鏡（multiphoton fluorescence microscope）観察により，生体の皮下微小血

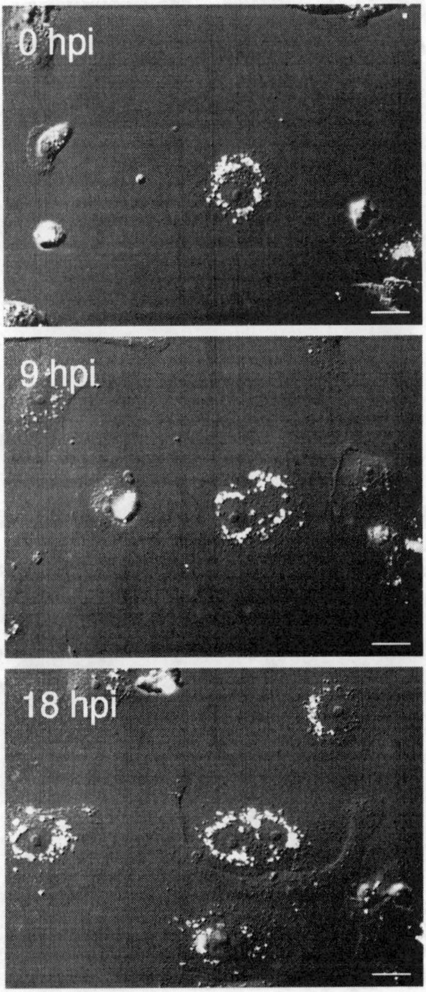

図5　エンドソームマーカーとしてのQD

血清アルブミンと複合体を形成したQD640をVero細胞にエンドサイトーシスで取り込ませ，蛍光顕微鏡下でエンドソームの動態を経時的に観察した[6]。hpi＝hour post-incubation，bar＝10μm。

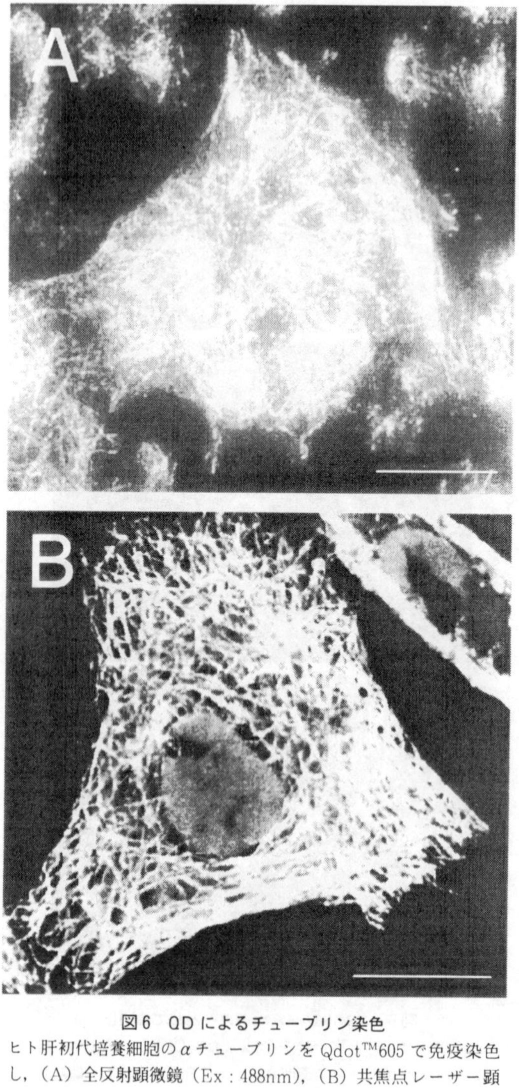

図6 QD によるチューブリン染色

ヒト肝初代培養細胞のαチューブリンを Qdot™605 で免疫染色し，（A）全反射顕微鏡（Ex：488nm），（B）共焦点レーザー顕微鏡（Ex：405nm）で観察した。B の細胞核は DAPI で染色。bar＝15μm。

管の可視化が報告されている[14)]。

QDのさらに他の医療応用としては，ドラッグデリバリーシステム（drug delivery system：DDS）への応用がある。薬物を標的へ有意に到達させるためのDDSは副作用を抑えて薬効を高める重要な技術であり，DDSとして抗体やリポソームなどの応用研究が行われている。QDは粒子表面の修飾が可能なため，新しいDDSとして期待される[15)]。例えばアシアロ糖タンパク質と核移行シグナルペプチドでQD粒子表面を修飾し，そのQDへB型肝炎ウイルスの複製を阻止するアンチセンス核酸を結合させると，アシアロ糖タンパク質で肝細胞へ特異的にアンチセンス核酸を集積させ，さらに，核移行シグナルペプチドによりエンドソームから核へのアンチセンス核酸の移行を促進させるというストーリーを描くことができる。さらに，QDを用いることでDDSの評価を薬効だけでなく，薬物が実際に標的部位へ到達したかについて生検材料の蛍光顕微鏡観察により確認することも可能となる。

2.2.6　量子ドットの問題点

本稿で取り上げたCdSe/ZnS-core/shell型QDは，毒物であるCdSeがZnSで被覆されている化合物であり，毒性の低い物質とみなされている。しかし，その生体に対する安全性や環境に及ぼす影響についてのデータは皆無といっても過言ではない。その安全性の研究が遅れている要因としては生体実験に耐えうるQDの大量調製が難しいこと，大量調製に要する費用が挙げられる。そのため，現在我々は動物細胞における細胞毒性について評価を行っており，QDは毒物として取り扱っている。

QDは数nm～10数nmの超微粒子であるが，有機色素に比べて10倍程度大きい化合物であり，生体分子で例を挙げると血清アルブミンや免疫グロブリンG（IgG）と大きさが近似する。従って，QDを蛍光トレーサーとして用いる場合，被標識物質がQDに比べて十分大きいものでなければ，その被標識物質の動態がQDに影響される可能性がある。また，QDを蛍光免疫染色に用いた場合，その高い輝度故に有機色素では目立たなかった非特異染色も増強されて，有機色素よりもむしろシグナル／ノイズ（S/N）比が劣るということもある。

2.2.7　展　　望

QDの生物・医療応用研究はここ1～2年で本格化してきた。そのためQDの合成，精製，親水加工をはじめとする基礎技術も今後飛躍的に進歩すると思われる。また，CdSeからなるQDの安全性も合成技術の向上と研究の蓄積とにより保証できるようになると思われるが，生体や環境に優しい素材でQDを構成することも考えられる。具体的にはシリコン[16)]または金[17)]からなる発光性超微粒子の研究が報告されており，将来的にはそれらが半導体からなるQDに取って代わると思われる。

QDの蛍光色素としての特性はこれまで示してきたように非常に理想的なものであり，当初は既存の有機色素に完全に取って代わると思われた。しかし，蛍光特性以外においてQDが有機色素に比べて劣る点が明らかになり，かつて夢の万能薬として紹介されたインターフェロン(interferon)がそうであったように，その応用範囲は限定的になるかもしれない。しかし，そうであってもQDは生物・医療分野に新たな研究手法，応用技術を提供する可能性を秘めており，今後の研究成果とそれに基づくアプリケーションの開発が待たれる。

<謝辞>

本稿を作成するにあたり，東京農工大学農学部・桃あさみ氏と萩原純子氏の協力を頂いた。また，全反射顕微鏡観察についてオリンパス光学工業・田島鉄也氏，共焦点レーザー顕微鏡観察についてライカマイクロシステムズ・古野暁子博士の技術協力を頂いた。この場を借りて深謝する。

文　献

1) R. Rossetti *et al.*, *J. Phys. Chem.* **86** : 172 (1982).
2) A. R. Kortan *et al.*, *J. Am. Chem. Soc.* **112** : 1327 (1990).
3) M. Jr. Bruchez *et al.*, *Science* **281** : 2013 (1998).
4) W. C. Chan *et al.*, *Science* **281** : 2016 (1998).
5) X. Wu *et al.*, *Nat. Biotechnol.* **21** : 41 (2003).
6) K. Hanaki *et al.*, *Biochem. Biophys. Res. Commun.* **302** : 496 (2003).
7) D. Gerion *et al.*, *J. Phys. Chem.* B **105** : 8861 (2001).
8) W. J. Parak *et al.*, *Chem. Mater.* **14** : 2113 (2002).
9) H. Mattoussi *et al.*, *J. Am. Chem. Soc.* **122** : 12142 (2000).
10) E. R. Goldman *et al.*, *Anal. Chem.* **74** : 841 (2002).
11) J. K. Jaiswal *et al.*, *Nat. Biotechnol.* **21** : 47 (2003).
12) T. Funatsu *et al.*, *Nature* **374** : 555 (1995).
13) R. Weissleder *et al.*, *Nat. Biotechnol.* **17** : 375 (1999).
14) D. R. Larson *et al.*, *Science* **300** : 1434 (2003).
15) M. E. Akerman *et al.*, *Proc. Natl. Acad. Sci. USA* **99** : 12617 (2002).
16) J. D. Holmes *et al.*, *J. Am. Chem. Soc.* **123** : 3743 (2001).
17) J. Zheng *et al.*, *J. Am. Chem. Soc.* **125** : 7780 (2003).

2.3 がん中性子捕捉療法におけるナノ粒子を用いた増感原子のデリバリー

福森義信[*1]，市川秀喜[*2]

2.3.1 はじめに

X線やγ線を用いたがんの放射線療法は，外科的手術を行わずに腫瘍細胞を殺傷できる可能性を持つため汎用されているが，これら放射線で殺傷できないかあるいは殺傷困難な腫瘍が存在すること，さらには，照射野内の全細胞が等しく傷害を受けるため，腫瘍細胞を選択的に殺傷するのは困難である。また，外部照射された放射線は，体表付近でそのエネルギーが最大となるため，腫瘍組織が体表面から離れた深部に存在する場合，腫瘍部位に有効に放射線を集中させるには特別な工夫が必要となる。一方，加速したプロトンや炭素原子核などを用いる粒子線治療では，これら粒子のエネルギー（速度）に応じた深度で放射線量が最大となり，このブラッグピークの先では急速に線量がゼロになるという特徴を持ち，この特徴を生かした治療の実用化が進められている。この場合でも標的照射野内の全細胞が等しく傷害を受けることに変わりはない。これに対して，targeting radiotherapy の代表的な例では，がん病巣に特異的に放射性物質を送達するが，放射性物質そのものを用いることに多くの困難と限界が存在するものと考えられる。

本稿では，これらとは異なるがんの放射線療法である中性子捕捉療法について，ナノ粒子が果たす役割について概略を述べる[1]。

2.3.2 中性子捕捉療法の原理

中性子捕捉療法（NCT）は，放射線増感剤を用いた binary system によるがん放射線療法であり，targeting radiotherapy の一種とみなされ，1936年に Locher により提唱された[2]。本法では，まず，それ自体では放射活性を持たない熱中性子捕捉断面積の大きい元素（放射線増感元素，放射線増感剤）を腫瘍内に集積させ，続いて腫瘍部位に生体障害性が極めて低い熱中性子を生体外から照射する。このとき熱中性子捕捉断面積の大きい放射線増感元素がもっぱら熱中性子と核反応（中性子捕捉反応，NCR）を起こし，その際放出される放射線でがん治療を行う。この方法は，腫瘍での増感元素の量と中性子線量の両方で治療をコントロールすることになるため，binary な治療法と言うことができる。この際に送達が必要とされるのは，放射活性元素や制癌剤とは異なり生理的に不活性な元素や化合物であり，大量投与により全身に増感元素含有化合物を分布させた後で腫瘍でのその残留性を狙うことによっても腫瘍蓄積が可能になるという大きな利点を有する。さらには，生成する放射線は，用いる増感元素を選ぶことにより，α線の 9μm

＊1 Yoshinobu Fukumori 神戸学院大学 薬学部 教授

＊2 Hideki Ichikawa 神戸学院大学 薬学部 講師

表1　代表的な原子の熱中性子捕捉断面積

原子	捕捉断面積（barn）	反応
^{16}O	0.00019	
^{12}C	0.0035	
^{1}H	0.333	$^{1}H(n,\gamma)^{2}H$
^{14}N	1.83	$^{14}N(n,p)^{14}C$
^{10}B	3840	$^{10}B(n,\alpha)^{7}Li$
^{157}Gd	254000	$^{157}Gd(n,\gamma)^{158}Gd$

からγ線のように100μm以上の飛程を持つものまで，治療目的に応じた選択が可能である。例えば，α線を生成する増感元素を用いれば，理論的には放射線の照射範囲を細胞レベルに局限することが可能である。

現在まで，臨床試験では熱中性子の増感元素としてホウ素（B）が用いられてきた。これは，表1[3)]に示すように^{10}Bの熱中性子に対する断面積が3840barnであり，通常の生体構成成分の水素，炭素，酸素などの中性子捕捉断面積が1.0barn以下であるのと比較すると非常に大きいためである。このホウ素中性子捕捉療法（BNCT）では，中性子捕捉反応により，飛程がそれぞれ9μm，5μmの細胞の大きさにほぼ等しいα線と^{7}Liが放出される[4)]。従って，ホウ素化合物を腫瘍細胞に特異的に送達できれば，中性子照射により細胞内（特に核内）に^{10}Bを取り込んだ細胞だけを選択的に殺傷することが可能である。

一方，ガドリニウム（^{157}Gd）はあらゆる安定な元素の中で最も熱中性子捕捉断面積が大きく（表1），^{10}Bの66倍の254,000barnである。^{157}Gdは，^{6}Liなどと共に中性子捕捉療法の開発の初期段階で増感剤の候補にあげられたが，中性子捕捉反応により飛程の長いγ線を大量に放出するため，腫瘍細胞だけでなく腫瘍細胞近傍の正常細胞も殺傷することから増感剤として不適切とされた。しかし，この^{157}Gdが^{10}Bの欠点を補う可能性がある増感剤として検討が続けられている。これは，ガドリニウム中性子捕捉療法（GdNCT）では，①中性子捕捉反応により飛程100μm以上のγ線などが放出されるため，^{157}Gdが腫瘍細胞内だけでなく，腫瘍組織内に存在していれば，腫瘍細胞を殺傷することが期待できること，②同時に発生するオージェ電子による局所的な腫瘍殺傷が期待できること，③ガドリニウムがMRI造影能を有することから治療と診断が同時に行えることによる。

2.3.3　ホウ素クラスターBSHとそのナノ粒子キャリアー

前述の原理から明らかなように，中性子捕捉療法の大きな課題の一つは増感元素の腫瘍への選択的な蓄積である。現在までに多くのホウ素化合物がこの目的のために合成され，腫瘍蓄積性が評価されてきたが，蓄積性が高くても化学的安定性や生体内での毒性の発現のため多くの化合物が臨

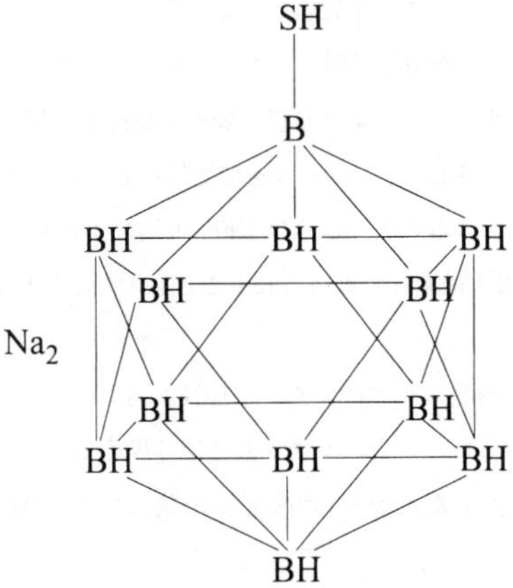

図1　臨床に用いられているホウ素クラスター・BSH

床に供されることはなかった。その中で，ホウ素クラスターであるdi-sodium undecahydro-mercapto-closo-dodecacarborate（BSH）が汎用されてきた（図1）。

中性子捕捉療法は，その脳腫瘍への適用が現在最大の研究目標になっている。ヨーロッパの中心的な治療センターになっているオランダのPettenではBSHが用いられており，Gabelらを中心に動態の研究が行われてきた[5]。BSHには血液脳関門（BBB）透過性はなく，腫瘍によってBBBが欠損している場合にのみ脳内に移行する。腫瘍－血液濃度比は1.3：1から2：1程度であり，細胞内で核に特別な蓄積があるかどうかは現在のところ定かではない。

ホウ素の送達のために微粒子キャリアーを用いた研究は，主にリポソームについてなされてきた。Shellyらは[6]，BSHのようなホウ素クラスターを2個（20個のB）持つ水溶性の二価アニオンであるcloso-decahydrodecarborateなどを，distearoyl phosphatydilcholineとコレステロールからなる70nm以下の粒子径のリポソームに含有させて，ETM6担がんマウスに15mg/kg body weightで静脈注射した。肝への蓄積は初期には高いもののその後速やかに消失し，腫瘍内では滞留性があり＞15μgB/g tumorの濃度と3以上の腫瘍－血液濃度比を示すことを報告している。その後，同じグループのFeakesらは[7]アミノ基を持つ同様の水溶性のB_{20}化合物を封入し，この化合物が酸化されて細胞内のタンパクと結合することによって30-40μgB/g tumorの濃度と約5の腫瘍－血液濃度比を示すこと，polyethylene glycol conjugated distearoyl phosphatydilethanolamine（PEG-DSPE）を加えることにより血中滞留性が上がり，腫瘍内B濃度は投与48時間後には47μgB/g tumorに達することを示した。さらに別途リン脂質膜中に保持可能な疎水性のB_{10}化合物を合成し，これを膜中に付加することにより50μgB/g tumorの濃度と約6

の腫瘍－血液濃度比を達成できたことを報告している[8]。

Yanagieらは[9]膵臓がんへの適用を目的にホウ素キャリアーとして多重層膜immunoliposomeを用い，腫瘍内へ直接投与することにより有意な腫瘍成長抑制効果が得られることを報告している。またMaruyamaらは[10]，PEGリポソームを静脈注射することにより血中滞留性が上昇し腫瘍内ホウ素濃度が顕著に高くなること，さらにPEG末端にtransferrinを結合させることにより腫瘍内滞留性が72時間以上に渡って維持されることを示し，これが顕著な腫瘍成長抑制効果につながることを示した。

一方，Lasterらは[11]，低密度リポプロテイン（LDL）を，そのコレステロールをcarborane carboxylic acidの脂肪族アルコールとのエステルで置き換えて，ホウ素キャリアとして用いた。*in vitro*での腫瘍細胞内取込み量は治療有効濃度の10倍に当る240 μg ^{10}B/g cellsに達したことを報告している。

2.3.4 ガドリニウム中性子捕捉療法へのナノ粒子の適用

Gdイオンは重金属毒性を示すため，GdNCTではキレート化合物だけが使用されてきた。MRI造影剤であるGd-DTPAのジ・メグルミン塩が代表的なものであるが，これらは造影剤として設計されているため腫瘍蓄積性が乏しい。徳植らは[12]，GdNCTにおいて有効な抗腫瘍効果を得るには約100ppmの腫瘍内 ^{157}Gd 濃度が必要であると推定している。著者らは，できるだけ単純な製剤によって，100ppmの腫瘍内Gd濃度を達成するべく，ナノキャリアー粒子によるGdの動態制御を行ってきた。

(1) 体循環経由での腫瘍内へのガドリニウムの送達

静脈注射用脂肪乳剤はすでに実用化されており，近年疎水性薬物のキャリアーとして注目を集めている。そこで，体循環系経路でのGdの送達のため，このリピッドエマルジョンを採用した(図2)[13,14]。

周知のように腫瘍の新生血管は血管内皮の発達が未熟なことから，直径100nm以下の粒子は血管外へ漏出可能であると考えられる。そこで，粒子径100nm以下で製剤中のGd含量が高いリピッドエマルジョン製剤の調製，ならびに，血中滞留性延長を目的とした表面改質を検討した。更に，調製したエマルジョンの腹腔内投与後の体内動態を担がんハムスターを用いて検討した。

静脈用脂肪乳剤の基本処方である大豆油とレシチンを用いた（図2）。このエマルションにGdを保持させるべく，油滴表面のレシチン層に，類似の構造を持つように合成した両親媒性Gd誘導体（Gd-DTPA-SA）を挿入させた（図2，図3）。リピッドエマルジョンは，リポソームの基本的な調製法である薄膜法に準じて粗エマルジョンを調製後，水浴式超音波装置で粒子径を微細化した。大豆油，水，水素添加卵黄ホスファチジルコリン(HEPC)，Gd-DTPA-SAの重量比7.36 : 92 : 2 : 1の標準処方で調製したplainエマルジョンの粒子径は250nmであった。ここへ

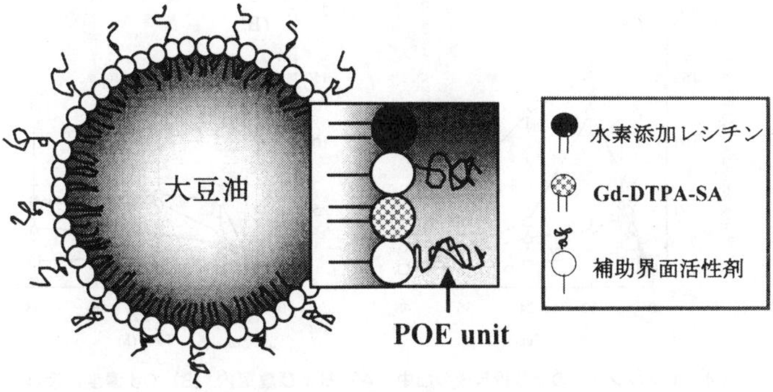

図2　ガドリニウム含有脂質ナノ粒子の構造

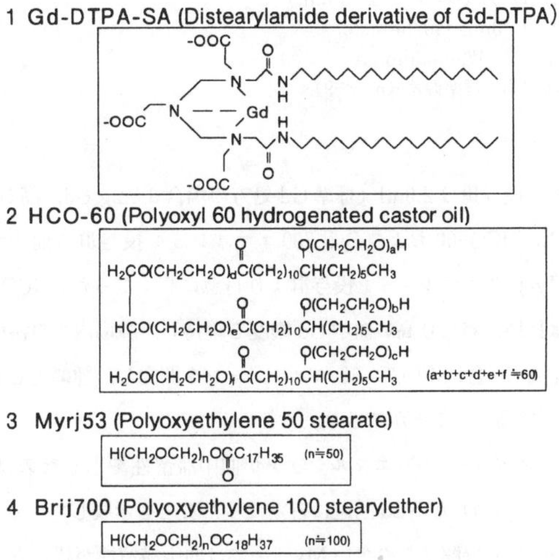

図3　ガドリニウム誘導体と補助界面活性剤の構造

補助界面活性剤としてHCO-60，ポリオキシエチレン（POE）-エーテル（Brij）類またはPOE-エステル（Myrj）類（図3）を添加することにより，粒子径を100nm以下にする処方を確立した。

悪性黒色腫細胞（D_1-179）を移植したハムスターをモデル動物とし，調製したエマルジョン製剤の体内動態試験を行った（図4）。腫瘍直径が約10mmとなる腫瘍移植10日目にエマルジョ

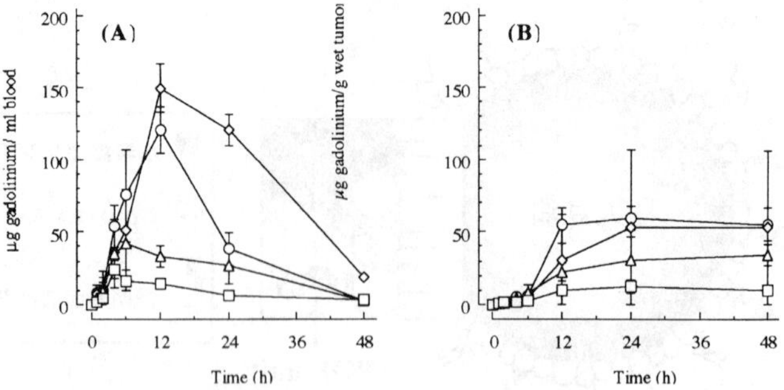

図4　エマルションの腹腔投与後の血中（A）および腫瘍内（B）Gd 濃度に及ぼす補助界面活性剤の効果

□補助界面活性剤なし（平均粒子径：250nm）
△Myrj53（平均粒子径：92nm）
◇Brij700（平均粒子径：76nm）
○HCO-60（平均粒子径：78nm）
投与量：3mg Gd/hamster
腫瘍：D_1-179melanoma
値は平均±標準偏差（n=3-9）

ンを腹腔内投与した。投与量は2.0ml（標準Gd処方の場合3.0mg Gd，高Gd処方の場合6.0mg Gd)/hamsterとした。HCO-60およびBrij 700エマルジョン投与群の血中および腫瘍内Gd濃度はplainおよびMyrj 53エマルジョン投与群より有意に高くなった。HCO-60やBrij 700エマルジョン投与時には長期にわたり高い血中Gd濃度を維持し，腫瘍内への蓄積も高かった（図4)。この結果をもとに，高Gd含量のHCO-60エマルジョンを開発し，腫瘍内Gd濃度を107μg Gd/g tumor（wet）にまで高めることができた。

このように，Brij 700やHCO-60エマルションが血中滞留性を示したのは，表面の安定な親水性POE鎖（エーテル結合）がRES回避に有効だったことを示唆している。それはPOE鎖がエステル結合しているため分解されやすいMyrj系では血中滞留性が認められなかったためである。また，Gd-DTPAに疎水基であるステアリル基を導入する際，本研究では比較的安定なアミド結合としたが，これをエステル結合にすると，おそらく加水分解されやすいためにGd-DTPAが表面から遊離し，散逸したため，Gdの腫瘍内蓄積性は著しく低いものであった。

その後の検討で，この腹腔内投与時の生物学的利用率は57%であり，高濃度Gd処方のエマルション1mlの静脈への二回投与でも，同レベルの腫瘍内Gd蓄積が可能であることがわかった[15]。

(2)　腫瘍内直接投与のためのキトサン粒子の設計と調製

血管系から粒子を腫瘍内に送り込むのとは逆に，腫瘍内投与で粒子を滞留させるには，粒子径は100nm以上であることが必要である。また，腫瘍細胞に粒子を食作用で取り込ませるためには，粒子径は300nm-3μmであり，粒子表面は細胞表面とは逆に正に帯電している方が有効である。このような考えに基づいて，腫瘍組織または細胞内にGdを滞留・送達させるべく設計，調製した微粒子製剤（Gd-nanoCP）について以下に述べる。

製剤素材には生体適合性・分解性を有する陽イオン性多糖類であるキトサンおよびMRI造影剤マグネビスト®の主成分で生体内安定性・安全性に優れた高水溶性のGd-DTPAを選択し，新規に開発したエマルジョン液滴融合法（図5）により調製し評価を行った[16~18]。

Gd含量が最も高かったGd-nanoCPは，脱アセチル化度100%キトサンと15%Gd-DTPA溶液から調製したもので，平均粒子径は452nm，Gd含量は13.0%（Gd-DTPAにして45.3%）であった。ナノサイズであるにも関わらずこの異例に高いGd-DTPA含量をもたらした本調製法のGd-nanoCP生成メカニズムについてはまだ未知の部分が多いが，粒子内へのGdの固定は

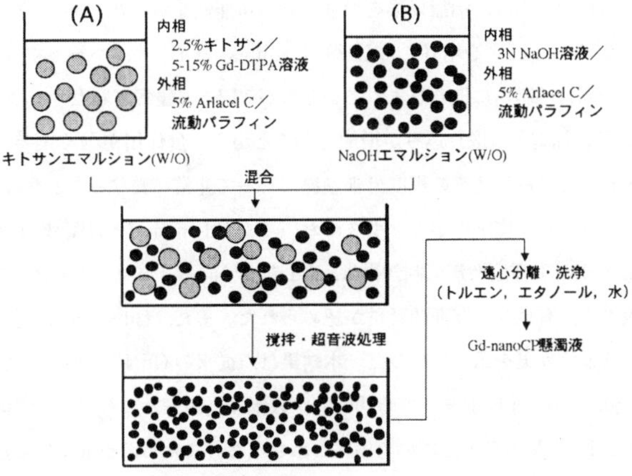

図5　ガドリニウム含有キトサンナノ粒子の調整法

表2　キトサンナノ粒子の粒子径とGdおよびGd-DTPA含有率

水相中のキトサン濃度 (%)	平均粒子径 (nm)	Gd含有率 (% w/w)	Gd-DTPA含有率 (% w/w)
5	461±15	7.7±1.7	26.9± 5.9
10	426±28	9.3±3.2	32.4±11.0
15	452±25	13.0±1.8	45.3± 6.2

値は3-6バッチの平均±標準偏差

Gd-DTPA分子の2つのフリーのカルボキシル基とキトサン分子のアミノ基との間の強い静電気的相互作用であることが予想される。また キトサンを含むエマルションAの粒子径は4μm，エマルションBの粒子径は2μmであることから，Gd-nanoCPは水滴内で生成し，水滴のサイズを反映したものではなかった。

試験液に等張リン酸緩衝液（PBS）と人血漿を用い *in vitro* でのGd-nanoCPからのGd-DTPAの溶出特性を調べた。PBS中では，7日間（37℃）にわたりほとんど溶出は認められず(1.8%)，キトサンとの水不溶性の強固な複合体形成を支持する結果であった。一方，37℃ヒト血漿中では3時間で55%，24時間で91%溶出し，PBS中とは大きく異なる挙動を示した。

Gd 1200μg相当の各製剤を腫瘍組織内に投与した結果，ガドペンテト酸ジメグルミン水溶液では，腫瘍内Gd量は腫瘍内投与直後で平均451.7μg（37.6%），24時間後で5.3μg（0.4%）であったのに対し，Gd-nanoCPでは投与直後で891.7μg（74.3%），24時間後で820.6μg（68.4%）であった。このように，腫瘍内注射においてGd-nanoCPは腫瘍組織内に注入されたGdを長期にわたり保持することが示され，中性子照射中の急速な腫瘍組織内Gd量の低下を克服するデバイスとして非常に有用であり，治療効果を増強させる可能性を示した。

ここで開発したGd-nanCPを培養したL929 fibroblastとインキュベートすると，粒子が細胞表面に付着し，一部は細胞内に取り込まれているのがTEMで観察された[19]。さらに，4℃に比べて37℃では顕著に細胞への取り込みが増加したことから，食作用が強く関与していることが示唆された。また，この取り込みの程度は細胞種によって非常に異なることもわかった。

放射線抵抗性メラノーマ皮下担がんマウスにおいて，Gd-nanoCP懸濁液の腫瘍内投与（Gd 2400μg）によるGdNCT腫瘍増殖抑制効果は，Gd未投与群およびマグネビスト水溶液投与群に比べて顕著に大きく，有意な生存期間延長が認められた。また，Gd-DTPA ジメグルミン水溶液投与群は全く抗腫瘍効果を示さなかった。本結果は，従来のGdNCT研究と比べ，1/5以下のGd投与量と投与から中性子照射までの時間間隔が大幅に長かったにも関わらず得られたもので，Gd-nanoCPのGdNCT用製剤としての有用性が示された。またGd-nanoCPを投与し中性子を未照射の場合には腫瘍増殖抑制効果は全く認められず，中性子とGd-nanoCP中のGdとの核反応（γ線又は電子線の放射）により腫瘍増殖を抑制したことを証明した。本結果は，GdNCT単独試験として放射線抵抗性のマウスメラノーマモデルに対して顕著な抗腫瘍効果を示した数少ない事例となった。

ここで調製したGd-nanoCPは，食作用を受けやすい粒子径であり，表面のアミノ基も調製仕上げ段階の繰り返し洗浄によって正に帯電し，注射用溶媒中では全く漏出，溶出が起こらず，腫瘍組織内では緩和な徐放性を示すものであった。しかし，その生成メカニズムは不明であり，より最適化を行い，さらには投与ルートの変更などに耐えられるようにするにはその解明が必要であろう。

(3) その他の試み

GdNCTの研究は多くはないが，MRI造影剤との関係で報告が見られる。Hofmannら[20]はSherringが開発したMRI造影剤であるGdのキレート化合物である水溶性のGadobutorolを用いて，Sk-Mel-28 melanomaに対する*in vitro*，*in vivo*でのGdNCTの結果を報告している。*in vivo*実験では，腫瘍内にMRIでの許容量の4倍の3760μgGd/200μl tumorが投与され，投与直後に中性子照射が行われた。著者らの経験から，これは十分効果がでる投与量であると推定されるが，実際顕著な腫瘍成長抑制効果が報告されている。一方，最近ではKobayashiらが[21]，腫瘍細胞内への特異的取り込みを促進させるavidin，GdをキレートI化するDTPA誘導体，それらを多数表面に結合させるdendrimerからなるconjugateを合成し，優れた腫瘍選択的なGd蓄積を報告している。また，Stasioらは[22]，Gd-DTPA溶液とインキュベートしたglioblasmoma multiforme患者（NCTの重要なターゲットである）由来の細胞へのGdの取り込みと細胞内分布を調べている。培養液中のGd濃度は最高20mg/mlと著しく高いが，Gd-DTPAの細胞内取り込みが起こること，細胞質より核により多く蓄積することを報告している。

2.3.5 おわりに

現在，中性子捕捉療法に関する研究はホウ素化合物を用いた脳腫瘍の臨床試験に向けて全力投球の感がある。日本での臨床試験の多くの経験は今日にいたる研究を大いに勇気付けてきたが，必ずしも十分にvalidateされたものでなかったため，現在のプロトコール作りには新たな検証が必要とされてきた。その中で，リポソーム，エマルション，高分子などのナノ粒子を用いた薬物送達技術は一定の評価を得てきたが，それらが実際に臨床に適用されるのは，BSHなどのホウ素化合物溶液を使った現在の戦略が一段落し，適用腫瘍の拡大やより高い生存率や治癒率が求められるであろう次のフェーズに入ってからであろう。ここで述べた増感元素の体内動態制御の課題は，DDS全般に共通のものが多いが，次世代の期待に応えられる技術として磨きをかける必要がある。

文　献

1) 福森義信ら，*Drug Delivery System*，**17**，355 (2002).
2) G. L. Locher，*Am. J. Roentgenol.*，**36**，1 (1936).
3) J. A. Coderre *et al.*，*Radiat. Res.*，**151**，1 (1999).
4) J. Carlson *et al.*，*Acta Oncol.*，**31**，803 (1992).

5) D. Gabel *et al.*, *Acta Neurochir.*, **139**, 606 (1997).
6) K. Shelly *et al.*, *Proc. Natl. Acad. Sci.*, **89**, 9039 (1992).
7) D. A. Feakes *et al.*, *Proc. Natl. Acad. Sci.*, **91**, 3029 (1994).
8) D. A. Feakes *et al.*, *Proc. Natl. Acad. Sci.*, **92**, 1367 (1995).
9) H. Yanagie *et al.*, *Bri. J. Cancer*, **75**, 660 (1997).
10) K. Maruyama *et al.*, *Proceedings of 9th International symposium on Neutron Capture Therapy for Cancer*, Osaka, Oct., pp. 109 (2000).
11) B. H. Laster *et al.*, *Cancer Res.*, **51**, 4588 (1991).
12) K. Tokuuye *et al.*, *Advances in Neutron Capture Therapy*, Plenum Press, New York, pp.245 (1993).
13) M. Miyamoto *et al.*, *Chem. Pharm. Bull.*, **47**, 203 (1999).
14) M. Miyamoto *et al.*, *Biol. Pharm. Bull.*, **22**, 1331 (1999).
15) T. Watanabe *et al.*, *Eur. J. Pharm. Biopharm.*, **54**, 119 (2002).
16) H. Tokumitsu *et al.*, *Chem. Pharm. Bull.*, **47**, 838 (1999).
17) H. Tokumitsu *et al.*, *Pharm. Res.*, **16**, 1830 (1999).
18) H. Tokumitsu *et al.*, *Cancer Lett.*, **150**, 177 (1999).
19) F. Shikata *et al.*, *Eur. J. Pharm. Biopharm.*, **53**, 57 (2002).
20) B. Hofmann *et al.*, *Invest. Radiol.*, **34**, 126 (1999).
21) H. Kobayashi *et al.*, *Biocojugate Chem.*, **12**, 587 (2001).
22) G. D. Stasio *et al.*, *Cancer Res.*, **61**, 4272 (2001).

2.4 ナノテクノロジーを用いた遺伝子導入ベクターの開発と応用

谷山義明[*1]，島村宗尚[*2]，金田安史[*3]，森下竜一[*4]

2.4.1 はじめに

1990年に遺伝子治療臨床研究が始まって以来，すでに世界中で400近くの臨床プロトコールが提唱されている。しかし，残念ながら充分な有効性が得られていないのが現状である。現在，遺伝子治療の成功の鍵をにぎる技術の一つは遺伝子導入法の開発である。遺伝子の精製，大量生産は極めて容易であるが，遺伝子を効果的に働かせるためには効率よく細胞内に導入するベクターを用いる必要がある。そこでウイルス・非ウイルスベクターが開発されており，現在高効率，非侵襲のベクターをいかに開発するかが課題となっている。われわれは，以前よりハイブリッド型のHVJ-liposome法を開発し使用してきたが，最近さらに改良し300nmの直径のHVJ envelope vectorを開発した。今回は，その説明およびHVJ envelope vectorを応用した中枢神経系への遺伝子導入・治療について解説する。

2.4.2 HVJ-liposomeの開発

リポソームによる遺伝子発現の難しさはリポソームと細胞との接触の乏しさにあり，それは用いられた脂質の電荷にあるのではないかという考えから開発された正電荷脂質による正電荷リポソームは，培養細胞での遺伝子や発現を飛躍的に高めた。しかし，生体内の実質臓器ではその効果は十分なものではなく，むしろ生体内では正電荷リポソームは不適当ではないかと考えられるようになった。そこでわれわれは，生体組織への遺伝子導入効率を高めるため，リポソームを封入した遺伝子を細胞融合ウイルスであるHVJ（Hemagglutinating Virus of Japan : Sendai virus）を利用し，細胞融合を利用して直接細胞質内に導入できるHVJ-liposomeを開発してきた[1]。この方法ではDNA（と核蛋白質）を封入した一枚膜リポソームを不活化HVJと融合させ，HVJ由来の融合蛋白FとHNを含むベジクルが製作される。HNは細胞表面のシアル酸を含む糖脂質，糖蛋白質に結合するとシアリダーゼの活性でレセプターを分解する。この後F蛋白が細胞膜中のコレステロール分子と結合して膜脂質の構造を乱し融合が起こると考えられている。

このベクターは負電荷を帯びており，培養細胞系での細胞との接着は弱いものの組織への浸透

＊1 Yoshiaki Taniyama 大阪大学大学院 医学系研究科 臨床遺伝子治療学 助手
＊2 Munehisa Shimamura 大阪大学大学院 医学系研究科 臨床遺伝子治療学・遺伝子治療学 大学院生
＊3 Yasufumi Kaneda 大阪大学大学院 医学系研究科 遺伝子治療学 教授
＊4 Ryuichi Morishita 大阪大学大学院 医学系研究科 臨床遺伝子治療学 教授

性にすぐれ，血管内皮をすりぬけて組織内部へ広がり様々な細胞に遺伝子導入が可能であることから，遺伝子導入研究に汎用されている。しかし，ウイルスとリポソームという二つの異なるベジクルを準備する必要があり手法が煩雑であるという欠点がある。さらにHVJはマウスのパラインフルエンザウイルスでヒトへの病原性はないが，このウイルスは免疫原性が高く，特にNP蛋白が大量に生産されると細胞障害性T細胞を誘導することが知られている。そこで，このウイルスを不活化し，ウイルス蛋白の産生をなくして殻（エンベロープ）の機能のみを利用し遺伝子の導入を行う研究を進めてきた。

2.4.3 HVJ envelope vectorの開発

われわれは，HVJ-liposomeのもつ欠点を克服するためにHVJを不活化し，このなかに導入したい遺伝子を封入して細胞内導入可能なベクターとする方法として，図1に示すようにmild detergent処理と遠心力によって不活化HVJ粒子に遺伝子を封入し，強い融合活性を保ったまま培養細胞へも生体組織へも遺伝子導入が可能なHVJ enverope vectorの開発に成功した[2)]。電子顕微写真での観察では約300nm直径のHVJは粒子内に約15kbのRNAゲノムを有する（図2A）が，紫外線などでこのウイルスを不活化するとこのゲノムが破壊され，中空のベジクルが形成される（図2B)。このとき，外液にプラスミドDNAを入れておき，Triton X-100などの界面活性剤で処理して10,000gの遠心をかけることにより，プラスミドDNAが約10～15%の効率で取り込まれることがわかった（図2C)。このベクターは多くの培養細胞への遺伝子導入にすぐ

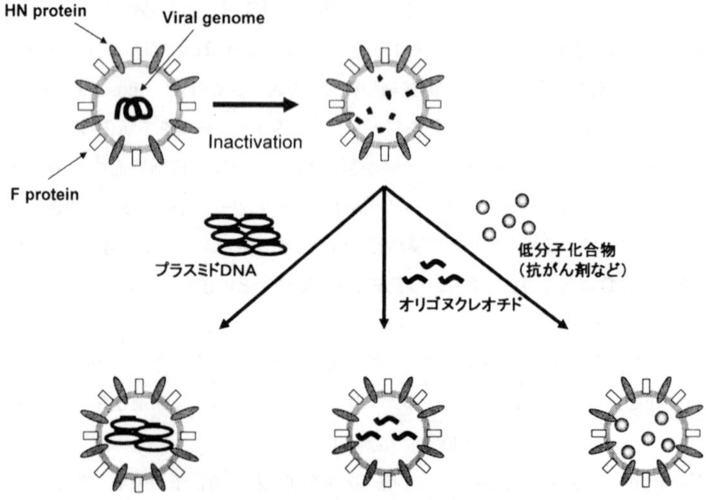

図1

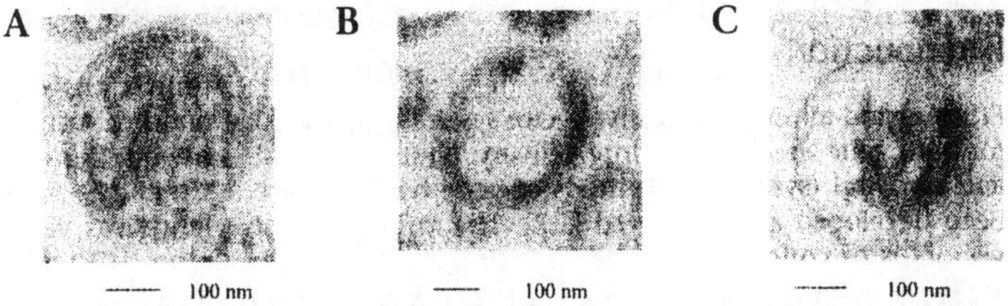

図2

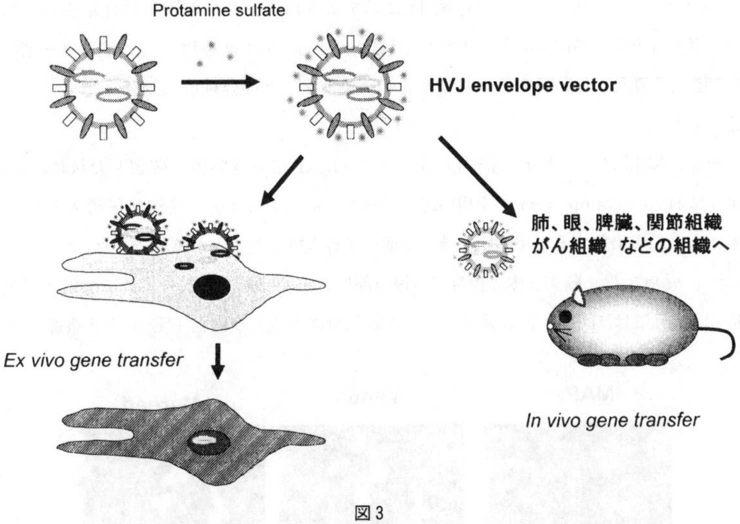

図3

れ，とくに従来法では効率の低かった浮遊細胞や初代培養細胞への遺伝子導入に効果的であることがわかった。蛍光標識オリゴヌクレオチド（FITC-ODN）はどの細胞においてもほぼ100%に近い効率で核内導入される。このほか，蛋白質や抗がん剤などの封入・導入も可能であり，すなわち狭義のDDSとして用いることもできる。このベクターは研究用資料として2002年4月よりGenom Oneという商品名で石原産業株式会社から市販されている（http://www.iskweb.co.jp/hvj-e/）。一方，このベクターはもちろん生体組織への遺伝子導入にもすぐれており，マウス肝臓への遺伝子導入においてはHVJ-liposomeの2倍，HVJ-liposomeでは不成功であったマウス子宮内への遺伝子導入でも子宮内膜細胞に十分な発現が認められている。このほか，肺，脳，眼，脾臓，間接組織，がん組織などへの遺伝子導入にすぐれていることが明らかになっている

(図3)。将来，血管新生遺伝子をこのベクターで導入して心筋梗塞や脳梗塞などへの遺伝子治療が可能になることが期待されている。このベクターの医療用材料もアンジェスMG社で進められており，わが国独自の非ウイルスベクターとして臨床応用される日も近い。

実は，この手法は，HVJにとどまらず多くの脂質膜をもつエンベロープウイルスに応用可能である。ウイルスを非ウイルスベクターにかえることができ，ウイルスのもつ組織親和性を利用すれば組織特異性の高い非ウイルスベクターも開発できると期待されている。

2.4.4 中枢神経系への遺伝子導入

われわれは，HVJ envelope vectorを用いた中枢神経系に対する遺伝子導入を*in vitro*及び*in vivo*で試みた。まず*in vitro*では，図4aに示すように培養神経細胞に神経細胞同定のためMAP2で免疫染色し，図4bに示すようにHVJ envelope vectorを用いてレポーター遺伝子のvenusを遺伝子導入した。図4cに示すように二重染色すると神経細胞に遺伝子導入できたことが確認できた。

また同様に図4dに示すように星細胞同定のためGFAPで免疫染色し確認した後に，図4eにあるようにHVJ envelope vectorを用いてレポーター遺伝子のvenusを遺伝子導入した。図4fに示すように二重染色すると星細胞に確実に遺伝子導入できたことが確認できた。

次に，*in vivo*では，脳実質内の投与では投与部位近傍の神経細胞とグリアに遺伝子導入された。脳室内投与では，図5a-5bに示すように表層部分にある上衣細胞((Ep)と脈絡叢(CP)に

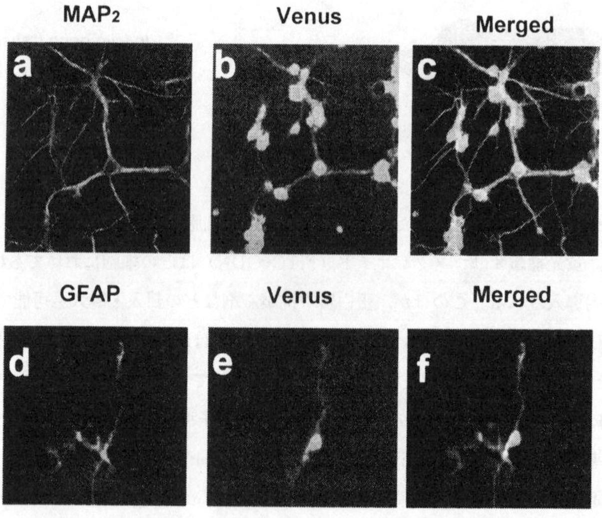

図4

は遺伝子導入されたが図5cに示すように深部にまでは遺伝子導入されなかった。

一方，ラットの大槽投与では図6aの上部の四角にある前脳には，図6bに示すように非常に効率よく遺伝子導入された（図6d拡大）。図aの下部の四角にある小脳にも，図6cに示すようにも遺伝子導入された（図6e拡大）[3)]。結果として，われわれの検討ではHVJ envelope vectorによる中枢神経系の導入は*in vitro*では非常に効率よく導入され，*in vitro*では直接接する表層部

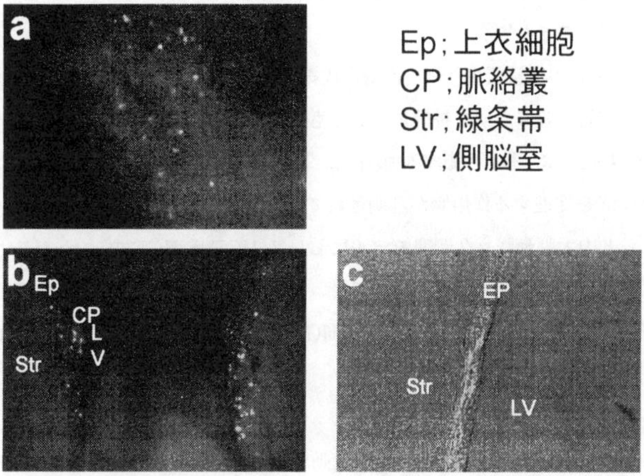

図5

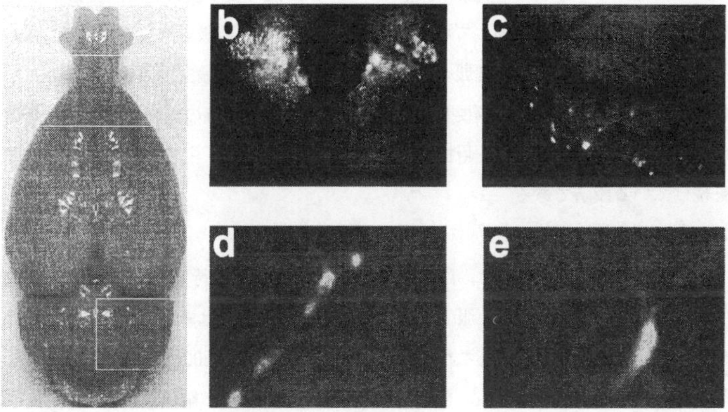

図6

分には非常によく遺伝子導入され，深部にはあまり遺伝子導入されないといった違いはあるものの，神経細胞に対して遺伝子導入が可能であった。

2.4.5 HGFの神経保護効果

脳虚血モデルへの遺伝子治療としては，様々な神経栄養因子遺伝子を用いた遺伝子治療の検討が，小動物の脳虚血モデルでなされてきた。その中には，bFGF遺伝子，VEGF遺伝子，glial cell line-derived neurotrophic factor（GDNF）遺伝子，brain-derived neurotrophic factor（BDNF）遺伝子があるが，われわれは，肝細胞増殖因子（Hepatocyte growth factor : HGF）を用いた検討を行ってきた[4~5]。

われわれは，HGFが血管新生作用，血管内皮細胞保護作用を有することを既に報告しているが[6~11]，HGFは血管のみならず，神経についても様々な作用を有することが近年報告されている。*in vitro*の実験では，神経突起の伸張作用，神経保護効果作用[12]，脳室下層における神経幹細胞のmigrationを促進する作用[13]が証明されている。また，大脳皮質・基底核の広範囲に梗塞が生じるラット中大脳動脈永久閉塞モデルにおけるHGFとHGFのactivatorであるHGFAの発現の検討では，脳梗塞後，脳梗塞周辺部（いわゆるペナンブラ領域）の神経細胞内にHGFとHGFAの発現が認められ，脳梗塞においてHGFが神経保護的に働いている可能性が示唆されている[14]。

2.4.6 ラット脳虚血モデルへの遺伝子治療

最近のわれわれの検討では，ラットの中大脳動脈永久閉塞モデルにHGF遺伝子を投与していた群では脳梗塞のサイズが有意に小さく，TUNEL染色ではapoptosis様の細胞変化も少ないことが確認され，アポトーシス抑制による効果がその機序として考えられた。また，脳浮腫も抑制されることが確認できた。FITCで標識したアルブミンを投与して検討した血管数の検討では，正常域での血管数が明らかに増加しており，また，血液脳関門の破綻もなく，正常な脳血管の新生による側副路の発達が脳梗塞の進展を抑制したと考えられた（論文投稿中）。

以上のように，小動物を用いた脳梗塞におけるHGF遺伝子投与の実験では，その有用性が確認されたが，今後は臨床への応用を目標に，投与時期，投与経路，行動試験による神経機能改善の検討を続けている段階である。

2.4.7 おわりに

最後に，脳梗塞への遺伝子治療は，臨床でのclinical trialが進行している循環器疾患とは違い，安全性の面を中心にまだまだ克服すべき点が多いのが現状ではあるが，様々な角度からの検討も進んでおり，今後の展開が期待される分野であると考える。300nmの直径を有する安全で導入効率の高いHVJ envelope vectorを用いた遺伝子治療により，脳梗塞患者におけるQOLを高めるような治療法を開拓することができれば幸いである。

文　　献

1) Y. Kaneda *et al.*, *Mol Med Today*, **5**, 298 (1999).
2) Y. Kaneda *et al.*, *Mol Ther.*, **6**, 219 (2002).
3) M. Shimamura *et al.*, *Biochem Biophys Res Commun*, **300**, 464 (2003).
4) K. Hayashi *et al.*, *Gene Ther.*, **8**, 1167 (2001).
5) S. Yoshimura *et al.*, *Hypertension*, **39**, 1028 (2002).
6) Y. Nakamura *et al.*, *J Hypertens*, **14**, 1067 (1996).
7) S. Hayashi *et al.*, *Circulation*, **100**, Ⅱ301 (1999).
8) R. Morishita *et al.*, *Diabetes*, **46**, 138 (1997).
9) R. Morishita *et al.*, *Diabetologia*, **40**, 1053 (1997).
10) Y. Taniyama *et al.*, *Gene Ther.*, **8** (3), 181 (2001).
11) Y. Taniyama *et al.*, *Circulation*, **6**, 104 (19) : 2344 (2001).
12) F. Maina *et al.*, *Nat Neurosci.*, **2**, 213 (1999).
13) W. Sun *et al.*, *Brain Res Mol Brain Res.*, **103**, 36 (2002).
14) T. Hayashi *et al.*, *Brain Res.*, **799**, 311 (1998).

2.5 ナノメディシンとしてのフラーレンの展開

田畑泰彦*

2.5.1 はじめに

フラーレンは炭素のみからなる化合物の総称である。フラーレンはその特徴ある電気的な特性から電子材料，display 素子などに広く応用されている[1]。その中で，光照射により酸素を活性酵素に変換する光反応触媒としてのフラーレンの性質が注目されている。

古くは光照射によりフラーレンから発生した一重項酸素が細胞内の DNA を切断することが報告された[2]。その後，この一重項酸素を含む活性酸素を治療に応用することが考えられた。このフラーレンの光化学特性を利用した治療への応用展開は，今後，ますます広がっていく分野である。フラーレンはその分子サイズがナノオーダーであり，その1つの展開目的が治療であることから，現在のところナノバイオテクノロジーの1つの例と考えられている。本稿では，フラーレンを化学修飾することにより，フラーレンに水可溶性とがんへのターゲティング性を付与，フラーレンによって産生された活性酸素による細胞障害効果を利用したがん治療の1つの試みについて述べる。がん組織へのターゲティングはフラーレン分子のナノオーダー領域の分子サイズの制御が大切であり，まさに，ナノメディシンである。

2.5.2 がんの光線力学療法

がん組織に親和性のある光増感剤に光照射することによって引き起こされる光化学反応，特に産生された活性酸素を利用して，がん細胞を攻撃し，死滅させるがん治療法が，がんの光線力学的治療法（photodynamic therapy, PDT）である。その基本的なアイデアは，まず，光増感剤をがん組織へ集積，その後，がん組織のみを光照射する。この二重の部位選択性がこの治療の特徴であり，がん組織のみの効果的な治療と副作用の大幅な軽減が期待できる。このアイデアは，ポリエチレングリコール（PEG）にて水不溶性のフラーレン（C60）を水可溶化，がん組織への集積性を上げるための分子サイズの最適化などによって達成された。しかしながら，この PDT は光の届かない体の深部に存在するがんに対しては治療ができないという欠点があった。この問題を解決する方法として，われわれは超音波を利用することを考えた。

超音波は体内を通過する性質をもち，また，超音波照射部位で生じるキャビテーションにともなう超音波発光現象（sonoluminescence，ソノルミネッセンス）が知られている[3]。そこで，この発光現象と PDT 光増感剤とを組み合わせれば，体の深部における PDT が可能となるであろう。光増感剤と超音波とを組み合わせたがんの超音波力学的治療法（sonodynamic therapy,

---

* Yasuhiko Tabata 京都大学 再生医科学研究所 生体組織工学研究部門
生体材料学分野 教授

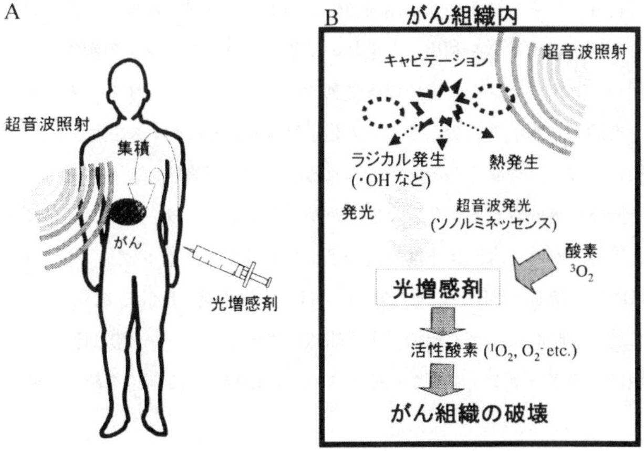

図1　がんの超音波力学的治療法（sonodynamic therapy）の概念図

SDT）の概念図を図1に示す。がん組織に集積性のある光増感剤を，静脈内投与などによりあらかじめ体内に投与しておき，そのがん組織への化合物の集積量が最大となる時間後に，がん部位にのみ超音波照射を行う。このとき，超音波照射されたがん部位では図1-Bのような反応が起こり，がん組織が破壊される。すなわち，がん組織に取り込まれた光増感剤はソノルミネッセンスによる光によりがん組織内の溶存酸素（$^3O_2$）から種々の活性酸素を生成する。生成された活性酸素は非常に反応性に富んでいるため，その周囲のがん組織を破壊する。ソノルミネッセンスはきわめて微弱な光であり，このような光により光線力学的作用が生じるような光化学反応効率の高い光増感剤を用いることが必要である。

フラーレンは，他の光増感剤とは異なり，微弱な可視光によっても活性酸素などの活性酸素を効率よく発生する特性をもつ物質である。すでに，フラーレンと光照射との組合せが細胞を強く殺傷することが報告されている[4]。がんのSDT光増感剤に必要な性質は，①それ自体ががん組織に集積すること，②微弱な光でも効率よく十分な活性酸素を産生させうることである。②の性質に関しては，他のPDT光増感剤に比較しても，光化学反応効率が高く，フラーレンは最適物質である。しかしながら，フラーレン自身が水に不溶であるため体内への投与は困難であり，そのままの状態では①の性質を期待することはできない。

がん組織と正常組織との間には解剖学的な違いがあることが知られている[5]。がん組織内に新生される毛細血管は，正常血管に比較して物質透過性が亢進している。また，がん組織ではリンパ系が未発達であることも手伝ってサイズの大きな物質は排泄されにくく，組織内に蓄積することが知られている[6]。これまでにも薬物の分子サイズを適切に大きくすることにより，薬物のがん組織への移行性，ならびにその組織内滞留性を向上させる試みが多く報告されているが[7]，これらは，がんの解剖学的特徴を利用した薬物の受動的ターゲティングの例である。そこで，このアイデアを用いてフラーレンをがん組織へ受動的にターゲティングすることを考えた。

フラーレンを適当な水溶性高分子を用いて化学修飾し，そのサイズを大きくしてやれば，フラーレンはがん組織へ移行しやすくなると考えられる。この化学修飾により，水不溶性のフラーレンの水可溶化も同時に達成される。化学反応がわかりやすく，フラーレン－高分子複合体も特性解析が容易であることから，今回は水溶性高分子としてポリエチレングリコール（PEG）を用いた。がん組織内に集積したPEG修飾フラーレンは，正常組織に比較して，より長く留まるため[8]，投与後のある適当な時間に，がん組織の正常組織に対するフラーレン濃度比は大きくなり，フラーレンのがん組織へのターゲティングが達成できる。この時，がん部位を超音波照射すれば，がん

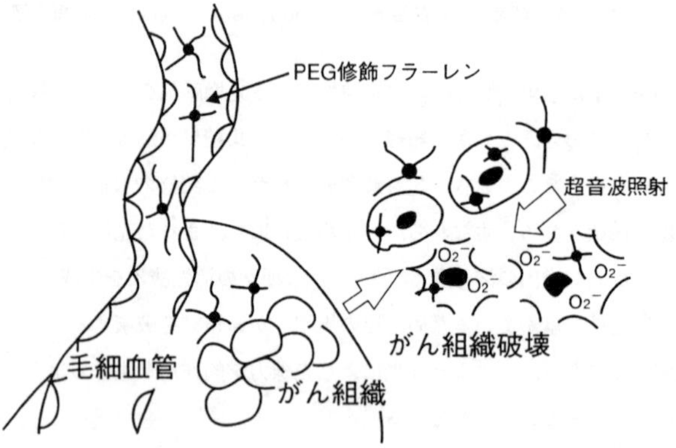

図 2-1　PEG 修飾フラーレンのがん組織への受動的ターゲティングと超音波照射による活性酸素の生成

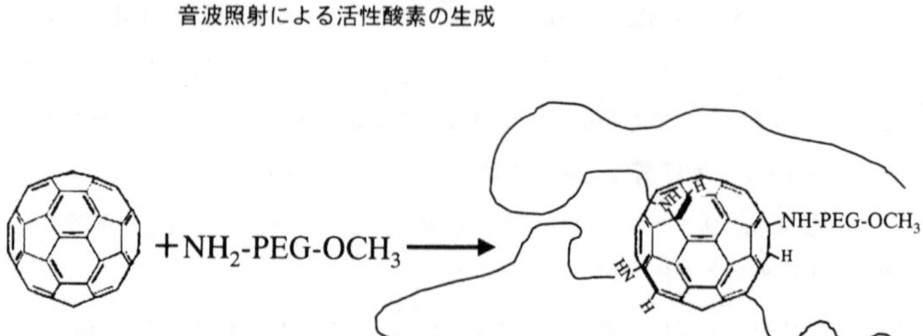

図 2-2　反応式

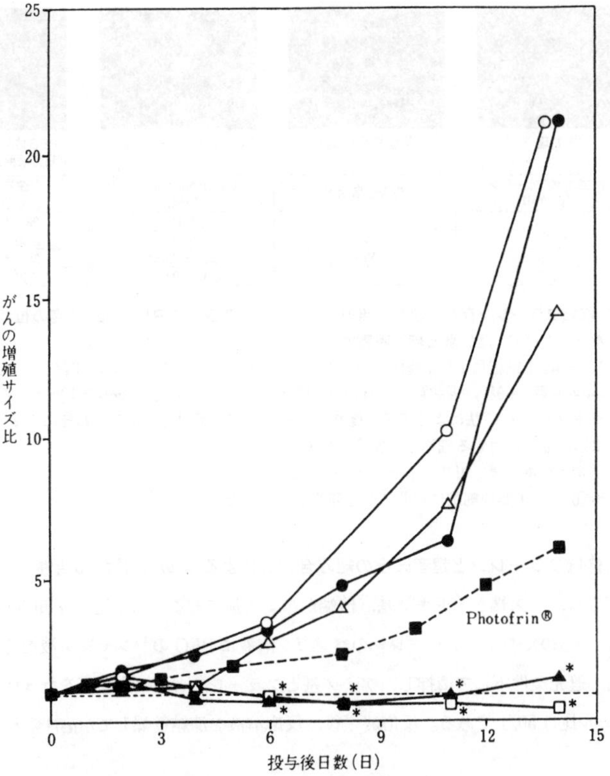

図3　PEG修飾フラーレンのがんに対する光線力学的効果に与えるフラーレンの投与量の影響（107J/cm², 89.2mW/cm²）
（○）0，（●）42.5，（△）85.0，（▲）212，（□）424μg フラーレン/kg 体重

組織のみを選択的に破壊できると考えられる（図2）。フラーレンのがん組織へのターゲティング，それに加えてがん組織のみを選択的に光照射（2つ目のターゲティング）を行う。つまり，ダブルターゲティングによってがん治療効果を高めることが可能となる。すでに，PEG修飾フラーレンを担がんマウスに静脈内投与した後，がん組織を光照射することでがんのPDT効果が得られることがわかっている[8]（図3）。また，そのPDT効果が，市販のPhotofrin®のPDT効果に比べ，優れていることも確認された。ここでは，超音波を用いたPEG修飾フラーレンによるがんの超音波力学的治療法（sonodynamic therapy）の実験結果について詳しく述べる。

A

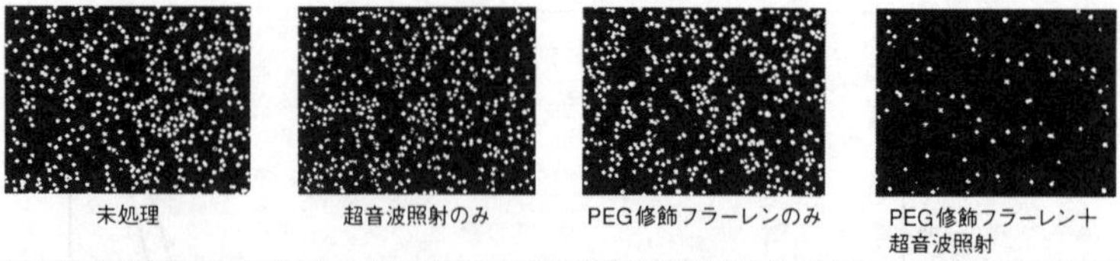

B

PEG修飾フラーレン (μg/ml)	超音波照射[a]	O_2^- production[b] (μM)	生存率[c] (%)
0	Yes	N.D.	98.7±3.51[d]
0	No	N.D.	100±6.74
2.5	Yes	2.38±0.08*	38.9±3.86*
2.5	No	0.32±0.02	100±3.81

図4　PEG修飾フラーレン存在下超音波照射を行った培養3日後のRLmale1細胞の位相差顕微鏡写真（A）およびO_2^-産生量と細胞障害性（B）

a)：RLmale1細胞にPEG修飾フラーレン（2.5μg/ml）存在あるいは非存在下に超音波照射（照射時間＝60秒，周波数＝1MHz，強度＝2.0W/cm^2，duty cycle＝10%）
b)：チトクロームC法によるPEG修飾フラーレンUS照射との組み合わせによるO_2^-産生定量
c)：未処理細胞に対する細胞数の割合（%）
d)：平均±標準誤差。N.D.: not detected
*：$p<0.05$；未処理細胞に対して有意差を認められた

2.5.3　PEG修飾フラーレンと超音波との組み合わせによる *in vitro* 抗がん活性

用いたPEGは，一末端がメトキシ基，他端がアミノ基である重量平均分子量5000（日本油脂㈱より提供）のものである。フラーレンのベンゼン溶液にPEGのベンゼン溶液を等量加え，25℃にて24時間，遮光条件下にて攪拌し，アミノ基とフラーレンとの結合反応を行った。PEG/フラーレンの混合モル比は50/1である。反応終了後，反応溶液を凍結乾燥して水溶性のPEG修飾フラーレンを得た[4]。

このPEG修飾フラーレンを用いて *in vitro* 抗がん活性を評価した。PEG修飾フラーレン（2.5μg/ml）の存在下，マウスリンパ性白血病Rlmale1細胞（RPMI 1640培養液＋10%仔牛血清）を培養した。超音波発生装置（ウィリアムヘルスケア社製#6100）に接続された超音波プローブ（US2 Ultrasound Probe, Era 2cm^2）を用いて細胞への超音波照射を行った。3日間培養後の増殖細胞数を評価することで *in vitro* 抗がん活性を調べた（図4）。PEG修飾フラーレン存在下で周波数1MHzの超音波照射を行うことによってのみ，細胞傷害性が認められ，増殖細胞数の有意な低下が見られた（図4B）。PEG修飾フラーレン，超音波照射のみでは細胞傷害性は認められなかった。PEG修飾フラーレンの水溶液に超音波を照射した場合の，活性酸素（O_2^-）の産生を定量したところ，フラーレンと超音波照射の両者が有意な活性酸素の産生に必要であることがわかった[3]。これらの結果は，PEG修飾フラーレンと光照射とを組み合わせた場合の効果に匹敵する。実験条件を種々に変化させて，PEG修飾フラーレンの超音波力学的効果について調べたところ，超音波照射時間15秒，PEG修飾フラーレン濃度0.63μg/ml，超音波照射強度0.5W/cm^2

表1　PEG修飾フラーレン静脈内投与のマウス体内動態

臓器	放射活性（%）		
	投与後の時間		
	1時間後	6時間後	24時間後
血液	16.5±1.50[a)]	7.15±1.05	1.89±0.14
心臓	0.10±0.04	0.07±0.01	0.05±0.01
肺	0.18±0.03	0.15±0.05	0.08±0.01
肝	3.32±0.88	5.23±0.34	6.18±0.13
脾	0.19±0.05	0.14±0.03	0.18±0.01
腎	2.53±0.18	2.81±0.29	2.17±0.09
消化管	5.65±1.75	5.15±0.90	3.03±0.89
その他	33.6±11.5	12.0±0.79	5.67±0.60
排泄物	33.6±7.80	64.5±0.55	77.6±1.30

a)：平均値±標準誤差

以上の時に，細胞傷害効果が得られることがわかった。

2.5.4　がんの超音波力学的治療実験

肝がんマウスモデルは5×10^6個のRlmale1細胞を200μlのRPMI-1640培養液に懸濁させ，マウス尾静脈より投与することにより作製した。この細胞は約10日間で肝に腫瘍結節を形成し，それによりマウスはがん死する。がん細胞投与1日後，これらの担がんマウスの尾静脈内へPEG修飾フラーレンを投与した。フラーレン投与30分後，体外より肝臓への超音波照射を行った。超音波照射は*in vitro*実験と同じ装置を用いた。まず，PEG修飾フラーレンの体内動態を調べた。PEG修飾フラーレンを静脈内投与したところ，24時間後においても他の臓器に比較して有意に高いフラーレンの肝臓への集積を認めた（表1）。

PEG修飾フラーレン投与と超音波照射により，肝臓のがん結節の大きさ，数はともに減少した（図5）。また生存日数を調べたところ，PEG修飾フラーレン投与と超音波照射によって，担がんマウスの生存日数は有意に延長し，また超音波照射時間は1分よりも5分が有効であった。PEG修飾フラーレン投与あるいは超音波照射のみでは抗がん効果は認められなかった（図6）。PEG修飾フラーレンと超音波との組み合わせ治療は，がんの腹膜播種モデルを用いたがん治療実験でもその有効性がわかってきている。

2.5.5　おわりに

以上のように，PEGを用いて化学修飾することにより，水不溶性のフラーレンを水可溶化するとともに，フラーレンにがん組織へのターゲティング性を付与させることができた。また，フ

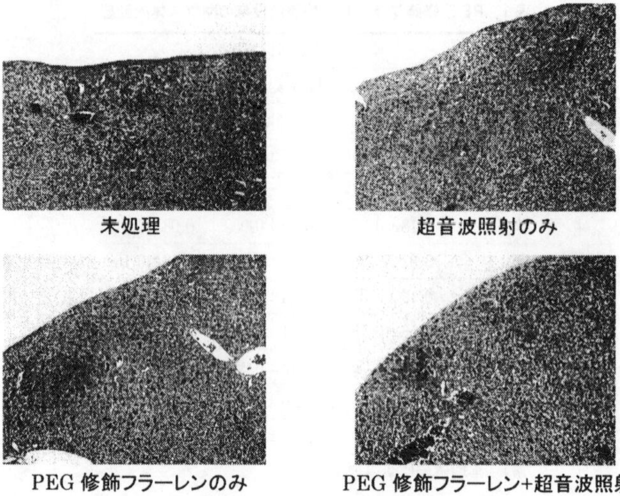

図5　PEG 修飾フラーレンの静脈内投与と超音波照射処理 7 日後の RLmale1 担癌マウスの肝臓切片写真

（PEG 修飾フラーレン投与量；400μg/マウス，周波数＝1MHz，強度＝2W/cm²，duty cycle＝20%）

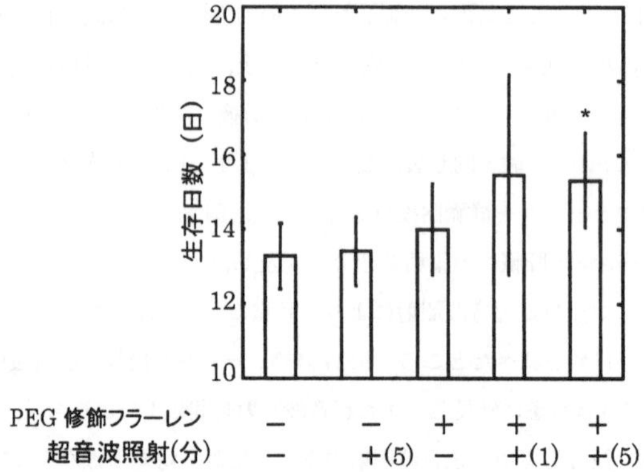

図6　PEG 修飾フラーレンの静脈内投与と超音波照射処理 7 日後の RLmale1 担癌マウスの生存日数

（PEG 修飾フラーレン投与量；400μg/マウス，周波数＝1MHz，強度＝2W/cm²，duty cycle＝20%）

＊，$P<0.05$；未処理にくらべ有意に延長

ラーレンの集積した肝臓を超音波照射することによって，*in vivo* 抗がん効果が認められた。これらの成果は，PEG 修飾フラーレンが優れたがんの SDT 効果をもつことを示している。細胞殺傷性をもつフラーレンを，がん治療に適用した報告はきわめて少ない。がんの PDT では，体内に投与された光増感剤の体外への排泄が悪く，体内に留まっている光増感剤が原因となる光過敏症がしばしば問題となっている。しかしながら，PEG 修飾フラーレンはがん組織以外への蓄積性は低く，この問題点はクリアできるであろう。さらにこれまで，PEG 修飾フラーレンを投与したマウスの体重変化および血液検査を行ったが，問題となるような毒性は認められていない。超音波は，現在，医療現場で最もよく使われている物理刺激である。超音波はこれまでは主に診断のために利用されてきたが，今回の研究成果は超音波を治療にも利用できる可能性を示している。今後，PEG 修飾フラーレンの治療効果向上のための最適化とその臨床応用を考えた条件設定ならびに必要技術の開発が必要であると考えられる。

文　　献

1) カーボンナノチューブ－期待される材料開発－．シーエムシー（2001）.
2) H. Tokuyama *et al.*, *J Am Chem Soc.* **115**, 7918（1993）.
3) K. S. Suslick *et al.*, *Ultrasonics.* **28**, 280（1990）.
4) N. Nakajima *et al.*, *Fullerene Sci Chem.* **4**, 1（1996）.
5) H. Maeda *et al.*, *J Control Release.* **65** 271（2000）.
6) Y. Matsumura *et al.*, *Cancer Res.* **46**, 6387（1986）.
7) L. W. Seymour *Crit Rev Ther Drug Carrier Syst.* **9**, 135（1992）.
8) Y. Tabata *et al.*, *Jpn J Cancer Res.* **88**, 1108（1997）.

2.6 再生医療のためのナノテクノロジー
——ナノインテリジェント表面を活用する細胞シート工学——

大和雅之[*1]，岡野光夫[*2]

2.6.1 はじめに

きわめて限られた種類の原子が，きわめて多様な結合の結果生じる分子の多様性こそが，我々をとりかこむ現実世界の複雑さの実体的根拠である。消化酵素にもなれば分子モーターでもありうるタンパク質が示す多様性は20種類のアミノ酸の直鎖状の配列から生じていることも大変驚愕すべき事実であるが，その20種類のアミノ酸がたかだか5種類の原子から構成されていることはさらなる驚きの種である。また，すべての生物の多様性の源泉である遺伝子はたった4種類の塩基によって暗号化されている。よって，アミノ酸レベルあるいは原子レベルでタンパク質を操作することができれば，無限ともいえるタンパク質がもちうる諸機能の多様性を人為的に達成しうるとのアイデアはそれほど荒唐無稽なものではない。分子生物学的手法すなわち遺伝子組換えにより新規のタンパク質を創製するタンパク質工学的研究が今でも盛んであるが，ドレクスラーはタンパク質一分子に対してその一部分を改変する操作を加えるナノアセンブラーを提案している[1)]。

すでに多数が知られている遺伝子疾患に対して，遺伝子産物をアミノ酸レベルで正常にもどすことができれば，究極の治療が可能になるであろうとの考えは，素朴ではあるが，対症療法に飽きた我々に対して説得的な一面をもっていることも事実である。

しかし現実には，対象の大きさが小さくなるとそれに比例して，操作すべき対象の数が増えざるをえないことが大きな問題である。対象の大きさと操作すべき対象の数との積は通常必ず一定である。このために高度の超並列性を可能にする工夫が必要である。ドレクスラーのナノアセンブラーでは，ナノアセンブラー自身が莫大多数存在し，超並列的に動作することが想定されているが，現実的な解であるかは自明ではない。現在の科学技術では単なる荒唐無稽でしかない。

ところが大変興味深いことに，この荒唐無稽との批判に対して，生物学的にはいくつかの例外がありうる。たとえば遺伝子であるDNAに対して操作を加えることは，遺伝子産物すべてに対して操作を与えることに等しく，原理的に一つの操作で大きな成果を得うる。また，細胞内シグナル伝達に代表される細胞の情報処理は，カスケード反応と呼ばれる多段階の酵素反応・情報伝達により，上流から下流へと情報が伝わる度に大きく増幅されるため，一操作が大きな影響を及ぼしうる。さらに，最近，種々の臓器・組織で同定されている幹細胞に対して操作を加えること

*1 Masayuki Yamato 東京女子医科大学 先端生命医科学研究所 助教授
*2 Teruo Okano 東京女子医科大学 先端生命医科学研究所 所長・教授

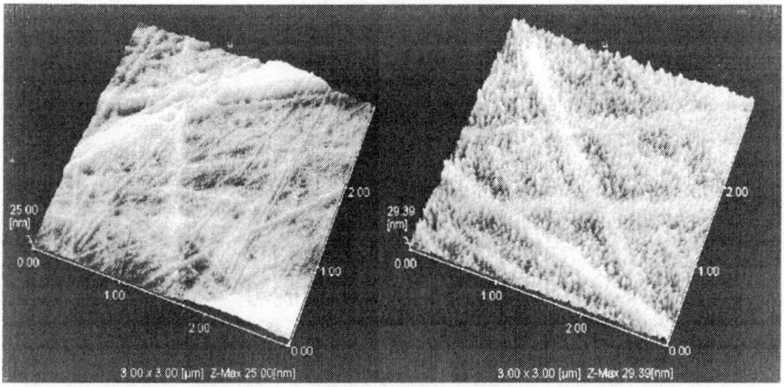

図1　温度応答性培養皿の原子間力顕微鏡（AFM）像

基板として用いている市販のポリスチレン製培養皿には30nm程度の凹凸が観察される（左）。電子線重合により温度応答性高分子を共有結合的に固定化すると小さな突起状の分子が培養皿表面を一様に被覆している（右）。視野1辺は3μm。

は，幹細胞から分化して生成されるすべての細胞に対する操作と同義でありうることには，大きく注目して良い。

このように無生物系とは大きく異なり，生物系では，ナノレベルの一操作で大きな成果を得うる可能性が高い。我々は，ナノテクノロジーの発展は，幹細胞に関する発生生物学的な知見の蓄積と相まって，臨床応用可能な幹細胞の開発に大きく貢献するものと確信している。このような時代が訪れた時，幹細胞それ自身を作る技術と幹細胞から組織・器官を作る技術はまったく別物であることを忘れることはできない。

我々は，組織や器官を再構成する技術の一つとして，シート状に加工した細胞すなわち細胞シートを活用する新技術を体系的に追求している[2)]。本稿では，細胞シートの作製に用いる温度応答性高分子ナノグラフト表面を中心に，ナノテクノロジーの組織工学・再生医療への応用を概説する。

2.6.2　温度応答性培養皿

温度応答性高分子は温度に応じて性質を大きく変化させる高分子の総称である。代表的な温度応答性高分子であるポリ（*N*-イソプロピルアクリルアミド）（以下PIPAAm）は，水中で32℃の下限臨界溶液温度（以下LCST）をもち，この温度を境として水との親和性を大きく変化させる。このLCSTが生理的温度である37℃に非常に近いことから，バイオ領域へ幅広い応用が検討されてきた。

我々は，PIPAAmをナノメートルの厚みで共有結合的に固定化した温度応答性高分子ナノグ

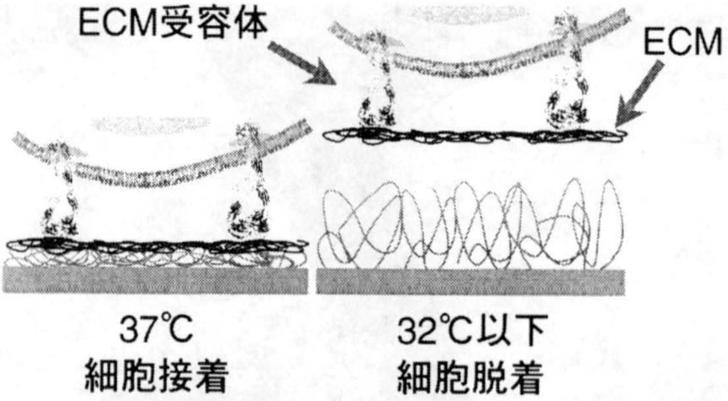

図2　温度応答性培養皿上の温度依存的細胞接着と脱着
通常培養に用いる37℃では，市販の培養皿と同程度の弱い疎水性を示し，細胞は細胞外マトリックス（ECM）を介して接着するが（左），温度を32℃以下に下げると温度応答性高分子は膨潤して親水性を示し，細胞外マトリックスとの間の相互作用が減少するため細胞は脱着する（右）。

ラフト表面，すなわち温度応答性培養皿を開発した。*N*-イソプロピルアクリルアミドのモノマー溶液を市販のポリスチレン製培養皿上に展開し，電子線を面照射すると，培養皿表面から発生するラジカルによるモノマーの重合と培養皿表面への共有結合が同時に生じ，PIPAAmを培養皿表面に共有結合的に固定化することができる。あとは未反応のモノマーを洗浄し，ガス滅菌するだけで，培養に供することができる[3]。

固定化する合成高分子の厚みは反応条件を制御することで容易に制御でき，通常数十nmの厚みで固定化している。固定化する対象は通常，数cmの内径をもつ市販のポリスチレン製培養皿である。この上に数十nmの厚みで均一に高分子を固定化する技術はまさにナノテクノロジーである。たとえばこの培養皿を典型的な野球場（約100m）の大きさにまで拡大しても，固定化した高分子の厚みは100μmにしかならない。すなわち，髪の毛1本の厚みで野球場一面を欠陥なく一様にグラフトする繊細さで，この培養皿は作製されている。これまでの様々な解析から，PIPAAm固定化表面による温度応答性の細胞接着・脱着制御には，20〜30nmの厚みでPIPAAmが固定化されている必要があることをすでに見出している（図1）。

このようにして作製した温度応答性培養皿は，細胞の接着と脱着を温度で制御することができる（図2）。温度応答性培養皿表面に固定化されたPIPAAmは分解・切断されることなくきわめて安定であり，可逆的な温度応答性を示す。37℃では表面が弱い疎水性を示し細胞が接着でき，温度を32℃以下に下げると，培養皿表面の構造変化により親水性となり，通常，培養細胞の回収に用いられているトリプシンなどのタンパク質分解酵素を必要とすることなく細胞が脱着する。37℃では市販の培養皿と同様，様々な細胞が接着・伸展・増殖する[4, 5]。

肝実質細胞やグリア細胞などではトリプシン処理による非可逆的な細胞傷害が起きることが知られているが，細胞膜タンパク質の分解に起因すると考えられるこのような細胞障害は，温度応答性培養皿からの低温処理による細胞回収では生じない[6, 7]。また，温度応答性培養皿上で細胞を増殖させ，培養皿一面を被覆した後に温度を下げると，すべての細胞が連結した一枚の細胞シートとして回収される。

2.6.3　細胞シート工学

組織工学は，MITの化学者R. Langerとハーバード大学医学部の外科医J. P. Vacantiが1980年代後半に共同で提案した概念である[8]。組織の性状および形状にあわせて成形した生分解性高分子を細胞培養の足場として対象となる組織の細胞を播種し，培養系ないし生体内で組織構造を再生させることで，培養人工軟骨や培養人工血管，培養人工膀胱などが作製された。これら第1世代型の組織工学では比較的単純な組織構造と生理的機能を再現することができている。

しかし，心臓や肝臓・腎臓などのさらに複雑な構造と機能をもつ次世代の対象臓器を第1世代型の対象組織と同様の手法で作りうるとは考えにくい。特に，第1世代型の組織が細胞成分に比べ圧倒的に大量の結合組織を中心とし，毛細血管系の要求性が非常に小さいことに注意すべきである。次世代型の組織では，むしろ細胞成分が主体であり，これらの細胞成分に酸素や栄養を供給し老廃物を除去する上でも，またその生理学的機能を遂行する上でも毛細血管系の導入，再生は必須である。また，腎臓における濾過機構の実体である糸球体基底膜のように，次世代型の組織では細胞外マトリックス（ECM）が器官特異的な機能を発現できるようにナノメートルのオーダーで高度に組織化されていることが少なくない。たとえば糸球体基底膜のメッシュサイズの異常は，直接的に濾過機能の異常をもたらす。より複雑な肝臓や腎臓を対象とする次世代型組織工学の実現には，第1世代型の組織工学がもたない新しいブレークスルーが要求されていると結論できる。

たとえば前述のJ. P. Vacantiらは，半導体加工技術を活用して，マイクロメートルのオーダーで制御した毛細血管網を有する培養基板を作製している[9]。しかしこの場合でも，毛細血管網は2次元平面的なものであり，生体組織で観察される3次元的なネットワークからは程遠い。

もしもドレクスラーのナノアセンブラーが完成し，このようなナノメートルサイズの構造体を自由自在に作ることができれば，組織工学における大きな革命となることは間違いないが，すでに述べた操作対象の小形化にともなう積算操作量の増大の問題の他に，複雑な三次元構造をもつ組織の中でナノアセンブラーが作動する空隙を確保することができないといった別の本質的な問題もあり，すべての組織をドレクスラー的なトップダウン的手法で再生しうるとは考えにくい。

我々のコンセプトは，トップダウン的に作製する操作単位として細胞シートを活用し，これを組み合わせると共に，生命がもつボトムアップ的な自己組織化能，すなわち再生能を活用するというものである。

軟骨や角膜などの無血管組織以外のすべての組織は，毛細血管網が縦横無尽に組織内を走行している。毛細血管網はフラクタル的な分岐を示すが，その両末端は約1mmの径をもつ血管へと必ず合流し，動脈が組織へ血液を供給し，静脈が組織から血液を回収している。実際，肝臓や心筋，脳などの膨大な血液を必要とする組織では，旺盛な毛細血管網の発達が観察できる。

このような超微細構造を人工的に再現することは容易ではない。仮に，このような毛細血管網をもたない状態で，再構成組織の厚みを大きくしていくと，100μmを越えた時点で，再構成組織中心部でネクローシスと呼ばれる細胞死が生じる。毛細血管網がない状態では，酸素や栄養分子，老廃物などの物質移動はすべて単純拡散によっておこなわれねばならない。組織中の細胞の種類によって異なるが，総じて100μm程度が限界である。これよりも厚みのある組織を毛細血管網がない状態で維持するには，培地の流れを作るなど，物質移動を積極的におこなう必要があるが，現実には，この方法を用いても数百μmが限界であり，1mmの組織厚を毛細血管網なしに作製することはできない。

我々は，生分解性高分子の足場を利用することなく移植に必要な大きさの組織を再構築する新技術の開発を目指して，「細胞シート工学」と呼ぶ新技術の開発に体系的に取り組んできた。細胞シートは，培養皿上で重層化する種類の細胞であっても1枚であれば，その厚さが100μmに達することはない。必要に応じて，同じ種類の細胞シートを積層したり，また別の種類の細胞シートと組み合わせることで組織様構造を再建できる。

温度応答性培養皿から回収した細胞シートは，細胞の脱着にタンパク質分解酵素を用いていないため，細胞－細胞間接着構造や培養の間に沈着したECMを保持している[10]。このため，別の培養皿や別の細胞シート，生体組織などと再接着させる相手を選ぶことなく，回収した細胞シートを容易に他の表面に再接着させることができる。このように，細胞シートを別の表面に移動させることを「細胞シートの2次元マニピュレーション」と呼んでおり，同様に複数の細胞シートを積層させることを「細胞シートの3次元マニピュレーション」と呼んでいる。

たとえば，3次元マニピュレーションにより，肝実質細胞シートと血管内皮細胞シートを積層し，共培養をおこなうことができる。このような細胞シート積層化共培養系では，単独の培養では1週間程度で死滅してしまう肝実質細胞の分化機能を数カ月にわたって維持できる[11]。このような構造は，生体内で観察される肝小葉構造と酷似しており，この構造の中で再現される肝実質細胞と内皮細胞のコミュニケーションが肝実質細胞の分化機能の長期維持に必須なのだと考えられる。

また，表皮細胞シート[12]や角膜上皮細胞シートは，そのまま移植に供して熱傷やアルカリ火傷の治療などの臨床応用をすでに開始している（女子医大形成外科副島一孝助手，野崎幹弘教授，

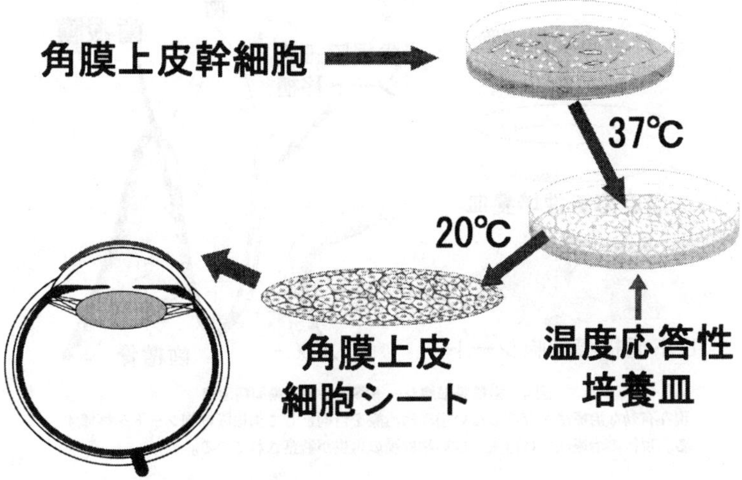

図3　角膜移植を代替する角膜上皮細胞シート移植
角膜輪部から単離した角膜上皮幹細胞を温度応答性培養皿上に播種し，移植可能な角膜上皮細胞シートを作製する。低温処理で回収した後，患者角膜実質上に移植すると容易に接着し，縫合の必要がない。

阪大眼科西田幸二講師，田野保雄教授との共同研究）（図3）。通常，角膜移植では縫合が必須であるが，温度応答性培養皿を用いて作製した角膜上皮細胞シートは5分程度で角膜実質層に接着し，縫合の必要がない。また，細胞－細胞間接着が維持されているため，移植直後からきわめて良好なバリア機能を有している[13)]。

同様に細胞シート移植により歯周組織の再生が可能である。歯周病は高齢化社会における重要な問題の一つである。歯周組織の再生はきわめて困難で，いまだ対症療法的な治療しかない。我々は培養系で増殖させた歯周組織（歯根膜と呼ばれる）の細胞で細胞シートを作製し，これを歯周に移植することで歯周組織がきわめて良好に再生することを見出した（東京医科歯科大学歯学部長谷川昌輝医師，石川烈教授）との共同研究）（図4）。

また，複数枚の心筋細胞シートを積層することで，肉眼でもその拍動が確認できる心筋様組織が再生できる。重層化させた心筋細胞シート間にギャップジャンクションが早期に形成され，複数の細胞シートが同期して拍動する[14, 15)]。これを心筋パッチとして，心臓表面に移植するとホスト心臓と同期して拍動する（阪大医学部第一外科宮川繁医師，澤芳樹助教授，松田暉教授）との共同研究）。ラットの心筋梗塞モデルへの心筋パッチの移植により心筋梗塞の著明な改善が見られている。注射針を用いて細胞懸濁液を組織に注入する細胞移植では，正着率の低さや細胞の散逸が問題になっているが，細胞シート移植ではこのような問題は生じない。さらに血管内皮細胞

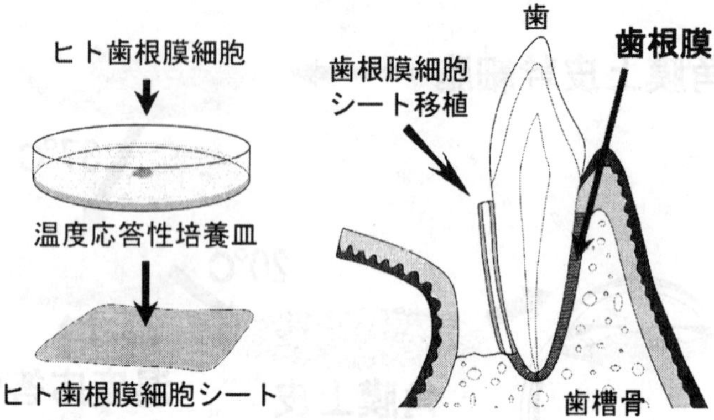

図4　歯根膜細胞シート移植による歯周病治療
現在有効な治療法が存在しない歯周病治療を目的として歯根膜細胞シートを移植する。現行の治療法では再生しない歯根膜の再生が観察されている。

シートをあわせて移植することでホスト血管系に接続した毛細血管網が再生できた。

ラットの心筋壁の厚さはたかだか数mm であり，100μm 程度の厚みの心筋細胞シートの移植でも十分な治療効果を観察できた。しかしヒト心筋壁の厚みは1cm にも達することから，少なくとも数倍から10倍の厚みの心筋細胞シートの移植が必要であると考えられる。しかし，すでに述べたように，一度に厚い細胞シートを移植することはネクローシスを惹起するため，このような戦略は無効である。我々は，心筋細胞シートの移植後1日で十分な毛細血管網が移植した心筋細胞シート内に侵入することを見出しており，一度に100μm 以下の厚みの細胞シートを複数回移植するという選択が有効であると考えている。

以上概観したように，ナノメートルの精度でグラフト量を制御して温度応答性高分子を固定化した温度応答性培養皿表面から非侵襲的に回収した細胞シートを活用することで，様々な組織構造を再構築することができている。現在，さらに高度な組織再生を目指して，生理活性因子の温度応答性培養皿への固定化など新規技術の開発に取り組んでいる。

文　　献

1）Drexler EK, "Nanosystems : Molecular Machinery, Manufacturing, and Computation",

Wiley-Interscience (1992).
2) 大和雅之ら, 蛋白質核酸酵素, **48**, 1602, (2003).
3) N. Yamada *et al.*, *Makromol Chem Rapid Commun*, **11**, 571 (1990).
4) T. Okano *et al.*, *J Biomed Mater Res*, **27**, 1243 (1993).
5) M. Yamato *et al.*, *J Biomed Mater Res*, **44**, 44 (1999).
6) T. Okano *et al.*, *Biomaterials* **16**, 297 (1995).
7) K. Nakajima *et al.*, *Biomaterials*, **22**, 1213 (2001).
8) R. Langer *et al.*, *Science*, **260**, 920 (1993).
9) S. Kaihara *et al.*, *Tissue Eng*, **6**, 105 (2000).
10) A. Kushida *et al.*, *J Biomed Mater Res*, **45**, 355 (1999).
11) M. Harimoto *et al.*, *J Biomed Mater Res*, **62**, 464 (2002).
12) M. Yamato *et al.*, *Tissue Eng*, **7**, 473 (2001).
13) K. Nishida *et al.*, *Transplantation* in press.
14) T. Shimizu *et al.*, *J Biomed Mater Res*, **60**, 110 (2002).
15) T. Shimizu *et al.*, *Circ Res*, **90**, e 40 (2002).

3　ナノマシン

3.1　ナノアクチュエータとしてのタンパク質分子モーター

上田太郎*1，平塚祐一*2

3.1.1.　タンパク質分子モーターとは

タンパク質分子モーターは，様々な生体運動を駆動する化学力学エネルギー変換機能をもった酵素である。代表的なものには，筋肉収縮を駆動するミオシン・アクチン系，神経軸索中で神経伝達物質の輸送にたずさわるキネシン・微小管系，精子の鞭毛運動を駆動するダイニン・微小管系，ミトコンドリア膜にあってATPを合成するF_1F_0ATPase系，およびバクテリアを遊泳させるバクテリア鞭毛モーター系などが知られている。本稿のテーマは，これらタンパク質分子モーターのナノアクチュエータとしての応用であるが，解説すべき具体的産業応用例は皆無であり，中長期的目標としてさまざまなアイディアが議論されている段階である。したがってここでは，ナノアクチュエータとしてのタンパク質分子モーターの特性やポテンシャルを考察することとしたい。

前出の5つのタンパク質分子モーター系のうち，前3者はいわゆるリニアモーター系であり，モーター分子（ミオシン，キネシン，ダイニン）が，それぞれ特定のタンパク質ポリマー（アクチン繊維，微小管）上を運動する。アクチン繊維はアクチンモノマー（分子量42,000）が二重らせん状に重合したもの（直径約5nm）で，多くのポリマーと同様，構成ユニットの異方性に基づく極性をもつ。筋肉由来のミオシンは，アクチン繊維上を－端とよばれる方向から＋端とよばれる方向に一方向的に運動する。微小管はチュブリンダイマー（分子量100,000）が中空のチューブ状に重合したポリマー（外径25nm）で，これも極性をもち，神経由来のキネシンは，－端から＋端方向に一方向的に運動する。これらの運動のエネルギー源はいずれもアデノシン3リン酸（ATP）の加水分解である。ATPは生体のエネルギー通貨とよばれ，生体内の様々な反応に共役してアデノシン2リン酸（ADP）と無機リン酸に加水分解される。このとき，ATP1モルあたり約10kcalのエネルギーが解放されるが，タンパク質分子モーターは，何らかの機構でこれを一方向運動の力学エネルギーに変換するわけである。

一方，F_1F_0ATPase系およびバクテリア鞭毛モーター系は回転モーターである。バクテリア鞭

＊1　Taro　Q. P. Uyeda　㈱産業技術総合研究所　ジーンファンクション研究センター　主任研究員

＊2　Yuichi　Hiratsuka　㈱産業技術総合研究所　ジーンファンクション研究センター　日本学術振興会　特別研究員

毛モーターはバクテリアの細胞膜に埋め込まれており，モーター基部のステーターに対応する部位をイオン（通常はプロトン）が流れると，これをエネルギー源としてローターが回転する。イオン流により駆動されるナノスケールのタービンのイメージである。F_1F_0ATPaseは複合的な素子で，F_0はミトコンドリア内膜に埋め込まれており，バクテリア鞭毛モーターと同様，膜内外のプロトン濃度勾配により回転運動をひきおこす。一方F_1は共通の回転軸でF_0と連結されており，F_0により中心軸が回転すると，ADPと無機リン酸からATPを合成する活性をもつ。逆にF_1にATPを加えると，これをADPと無機リン酸に分解し，F_0による回転とは逆方向に回転運動を起こす。したがってF_1は，ATP合成系であると同時に，ATP依存的な回転モーターでもある。F_1の直径は約10nmで，現在知られている回転モーターとしては最小のものである（詳細は別の総説を参照されたい[1)]）。

さて，電磁気モーターにも回転型とリニア型があるが，動作原理という観点からは両者に本質的な差異はないのと同様，回転型とリニア型のタンパク質分子モーターにも動作原理に本質的な差があるわけではない。むしろ，ATPをエネルギー源とするもの（すべてのリニア型モーターとF_1）と，イオン濃度勾配により駆動されるもの（バクテリア鞭毛モーターとF_0）には，動作機構という点でも，応用面での使いやすさという点でも大きな違いがある。ATPを含む生理的な水溶液中で特別な制約なしにモーター活性を発揮するATP駆動型のモーターと異なり，イオン濃度勾配駆動型のモーターは脂質膜に組み込まれる必要があり，動作には膜内外のイオン濃度勾配が必要で，こうした扱いにくさが大きなハンディとなることが予想される。また，イオン濃度勾配駆動型のモーターは一般に構造が複雑で，組換えタンパク質による試験管内での再構成も成功していない。

3.1.2　タンパク質分子モーターの動作原理

同様の理由により，イオン濃度勾配駆動型モーターは動作原理の解明研究も困難で，停滞している。これに対して，ATP駆動型の分子モーターに関しては活発な研究が進められている。とくに骨格筋のミオシンを用いた基礎的研究は半世紀を超える歴史をもつ。また1986年に発見されたキネシンに関する研究も，大腸菌から組換えキネシンを容易に得ることができ，またサイズが小さいことから近年急速な進歩を見せている。それにもかかわらず，タンパク質分子モーターの基本的動作原理に関して，研究者の間でコンセンサスが得られには至っていない。この論争は，タンパク質素子というナノスケールの精緻な機械に対する見方の差異も内包するという点で大変興味深いものであり，また，タンパク質分子モーターを本格的に産業応用するに当たっては動作原理の理解が不可欠であるので，議論のエッセンスを紹介しておくことにする。

ミオシンのモーター領域は，長さ約18nmの細長いクジラのような形状をしており，クジラの下あごに対応する部分でアクチン繊維と結合し，潮吹き穴に対応するくぼみでATPを結合する。

現在世界的に最も広い支持を集めている「レバーアーム説」によると，ADPと無機リン酸を結合したミオシンモーター領域は，しっぽを折り曲げたような形でアクチン繊維に結合し，結合したまましっぽを伸ばすような方向に構造が変化する。その結果，しっぽの先端に結合した荷物がアクチン繊維に対して移動する。その後，ADPが解離して新しいATP分子が結合し，モーター領域はアクチン繊維から解離する。解離した状態でATPはADPと無機リン酸に分解され，再

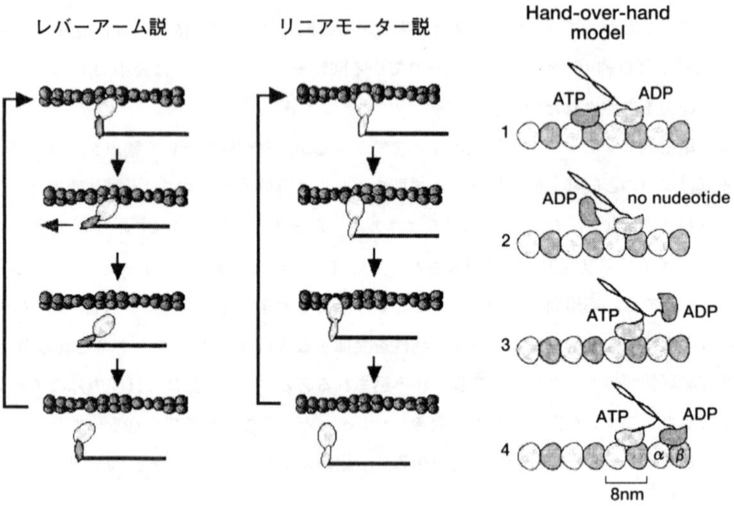

図1　ミオシン・アクチン系とキネシン・微小管系の力発生機構仮説

ミオシン・アクチン系による力発生機構に関して現在世界的に有力なのは，レバーアーム説である（左)。このモデルでは，モーター領域（ここではクジラではなくオタマジャクシ型で示す）がアクチン繊維（二重螺旋）と結合し，レバーアーム領域（濃い灰色）が球状領域（薄い灰色）に対して角度変化を起こす。骨格筋ミオシンの場合，レバーアーム領域の長さは約8nmなので，レバーアーム領域の遠位端に続くテール領域は，アクチン繊維に対して5〜10nm程度（角度変化の大きさによる）移動することになる。モーター領域は，同じアクチンサブユニットに結合したまま力を発生することになる。リニアモーター説（中）では，モーター領域はアクチン繊維の長軸に沿って滑って運動すると考える。つまり，モーター領域は異なるアクチンサブユニットに順次結合していくことにより変位が生じる。一方，神経キネシンの運動の場合は，hand-over-hand機構（右：廣瀬恵子博士提供）が有力である。この説では，一分子あたり二つあるモーター領域を交互に前に繰り出すことにより，processiveに運動する。前側のモーター領域の構造変化（ステップ2から3の間）で後ろ側のモーター領域が微小管から引きはがされ，解離したモーター領域は前方の結合サイトに結合する。団子が数珠状につながったものは，チュブリンのα（薄い灰色）とβ（濃い灰色）ヘテロダイマーが重合した微小管のプロトフィラメントで，こうしたプロトフィラメント13本が中空のチューブ状に整列したものが微小管である。キネシンの二つのモーター領域は便宜上灰色の濃淡で区別してあるが，それぞれ同じものである。

びアクチン繊維と結合する，というサイクルを繰り返す（図1左）。この説によると，しっぽの部分がレバーアームとして機能することになり，一回の構造変化に伴う移動距離（ステップサイズという）は，レバーアーム長と角度変化の大きさよって決まることになる。骨格筋ミオシンのレバーアーム長は約10nmで，ステップサイズは5〜10nmと実測されているが，レバーアーム長を遺伝子工学的に改変するとそれに応じてステップサイズも変化することが確認されている[2]。一方構造生物学的研究からは，ミオシンモーター領域が，クジラの尻尾振り運動に対応する二つの構造をとりえることも実証されている[3]。レバーアーム説の詳細は別の総説を参照されたい[4,5]。

さて骨格筋ミオシンはII型ミオシンとよばれ，アクチン繊維と結合して力を発生・維持する一回の事象の持続時間は短く（〜2ms），ATPが結合してアクチン繊維から解離後，アクチン繊維に再結合して再び力を発生するまで長時間（〜50ms）アクチンから離れたままになっている。これは，イメージ的には3段飛びのジャンプに似ている。ただし3段飛びと本質的に異なるのは，3段飛び選手は大きな慣性モーメントをもち，空中に浮いている間もほぼ同じ速度で進み続けることができるのに対して，ナノメートルサイズのミオシンモーター領域の場合は，粘性抵抗に比べて慣性モーメントが無視できるほど小さく（レイノルズ数極小），アクチン繊維から解離した瞬間に一方向性運動は止まってしまう。逆に，ナノメートルスケールの世界では熱運動が圧倒的に優勢なので，実際には，アクチン繊維から解離した瞬間，熱運動によるランダムな運動に移行し，アクチン繊維近傍から吹き飛ばされてしまうことになる。それでは筋肉内ではどのようにして安定な連続運動が起こるのかというと，第一に，ミオシンモーター領域を含む構造（ミオシンフィラメント）とアクチン繊維が入れ子状の構造内に閉じこめられており，熱運動により分解しないようになっている。さらに，各ミオシンフィラメントには数百のミオシンモーター領域があり，互いに独立にアクチン繊維と結合解離を繰り返しているので，これらのうち数個のミオシンモーター領域が常にアクチン繊維と結合して力を発生し，結果として連続的に力が発生できるようになっている。これは，高速の変位をパルス状に発生するユニットを多数並列に並べ，システム全体として高速性と強い力を両立させるデザインといえる。

ミオシンは筋収縮以外にも様々な生体運動を駆動しており，それぞれ異なった種類のミオシンモーターが関与している。このうち細胞内物質輸送に関わるV型ミオシンは，力発生の持続性という点でII型ミオシンとは対極的なデザインになっている。V型ミオシンは，一分子あたり二つのモーターユニットをもち，一分子でも連続的に運動することができる（processive運動という）。これは，両手を交互に使ってうんていするのと似たような動作をするためである[6]（hand-over-hand機構という）。さて前述のようにアクチン繊維はアクチンモノマーが二重らせん状に重合したものであり，そのハーフピッチは約35nmである。したがってうんていのアナロジーでいえば，手でつかむための横棒が35nm間隔で並んでいる構造であり，V型ミオシンは，ふたつのモーター領域を35nmの歩幅で交互に前に繰り出す必要がある。実際，V型ミオシンのレバーアーム領域は骨格筋II型ミオシンの約3倍の長さで，35nmの大股で「歩く」のに適した構造になっており，少数のモーター分子でゆっくりと確実に荷物を輸送するというデザインだということができる[7)]。

以上のような根拠にもとづき，ミオシン分子モーターはレバーアーム機構で変位を生じさせるのだという，決定論的かつ機械論的な説が広い支持を集めており，それはきわめて妥当なように思われる。これに対して，阪大の柳田教授を中心とするグループは，ミオシンモーター領域はアクチン繊維にそって滑るように動くのだと主張している[8)]。柳田らがレバーアーム説に反対する背景には，ナノマシンであるタンパク質素子は，激しい熱運動に揺さぶられ，熱運動をわずかに上回る程度のエネルギー入力で動作するのであるから，熱エネルギーより桁違いに多量のエネルギーを消費し，決定論的に動くマクロな機械とは全く異なる確率論的な動作原理を利用しているはずだ，という「思想」があるようだ。また，上に紹介したような単純なレバーアーム説では，負荷の大小にかかわらず一定の移動距離あたり一定のエネルギー（1ステップあたり1ATP分子）が消費されることになり，低負荷・高速運動の領域におけるエネルギー効率が非常に悪くなってしまう（ギアをローにしたまま高速道路を走るのと同じ）が，生体システムはそういう非効率なデザインではないはずだ，という考え方もある。

それでは，レバーアーム説に対する具体的反証にはどういうものがあるだろうか。最近の柳田グループからの報告によると，V型ミオシンのレバーアーム領域を短くしても，35nmのステップサイズは短くならず，しかもprocessiveに運動する能力も失われないという[9)]。一方，IX型ミオシンは，1分子あたりモーターユニットを一つしか持たないが，それでもprocessiveに運動できるという報告もある[10, 11)]。これらの現象は，単純なレバーアーム説とhand-over-hand機構によるprocessive運動では説明困難である。

さて，神経由来のキネシンは，ミオシンとともにもっとも解析が進んでいる分子モーターであるが，構造変化に基づく力発生機構説が世界の主流となり，日本の研究者がそれに反対する，という同じような構図が展開されている。神経キネシンは一分子あたり二つのモーターユニットをもち，これがprocessiveに微小管上を運動することは古くから知られていた（図1右）。前述のhand-over-handモデルは，もともとキネシンのprocessive運動に対する説明として提案されたものである。しかし東大の岡田らは，KIF-1Aという一分子あたりモーターユニットが一つしかないキネシンを発見し，これが微小管上をprocessiveに運動することを見いだした[12)]。岡田らの論文は，IX型ミオシンによるprocessive運動より2年以上早く発表されたものであるが，単一のモーターユニットによるprocessiveに運動は，単純なhand-over-handモデルでは説明できないものであり，主流派研究者達に大きな困惑を引き起こしたことは記憶に新しい。

それではどのような力発生機構を考えるかというと，アクチン繊維や微小管などの線路タンパク質に，能動的な機能を想定するのである。これは，磁力を利用して推進力を得るリニアモーターカーの原理を考えてみると理解しやすい。リニアモーターカーのレールは，長軸方向に並んだ磁場が順次反転し，車体に搭載した磁石との引力・斥力で推進力を得る仕組みになっている。一方タンパク質同士の相互作用は，静電的相互作用，水素結合，疎水性相互作用が主であるから，そうした相互作用を引き起こすポテンシャルが線路タンパク質の長軸方向に移動し，それによってモーターが移動する，と考えることもできる。さらに，ナノスケールの世界では熱運動が優勢であることを考慮し，モーターは線路タンパク質に沿った双方向的な熱運動をするのに対して，線路タンパク質の長軸方向のポテンシャル変化がこれにバイアスをかけることにより，一方向性運動が「抽出される」という考え方もある[13, 14]。これらは，線路となるアクチン繊維や微小管はあくまで受動的・構造的な機能を果たすに過ぎないという主流派の考えと全く異なるものである。

こうした考え方はマクロスケールの直感では理解し難いが，ナノスケールの世界では荒唐無稽ではない。実際，電場によるポテンシャルの振動で熱運動する微小ラテックス粒子の一方向性輸送を実現したという報告もある[15]。ただし，構造変化に基づく力発生機構を支持する証拠は大変多くかつ多面的であり，それらをすべて否定することには無理がある。一つの考え方として，タンパク質分子モーターは，構造変化に基づく力発生機構とリニアモーター機構両方の能力をもち，状況（負荷・運動速度など）によりこれらを使い分けているのかもしれない。

3.1.3　ナノアクチュエータとしてのタンパク質分子モーター

以上のようにタンパク質分子モーターの動作原理は未解明であり，それが本格的な産業的応用を躊躇させる一つの原因となっている。しかし動作原理はどうであれ，ナノアクチュエータとしての長所短所は議論できる（表1）し，有用な素子を創製することも可能である。

(1)　大きさと自己組織化

ナノアクチュエータとしてのタンパク質分子モーターを考えると，最大の特徴はそのサイズである。バクテリア鞭毛モーターのように，数十種類に及ぶタンパク質分子により構成され，直径25nmに達する複雑なものもあるが，ミオシンとアクチンの系は2種類のタンパク質，キネシン・

表1　マイクロアクチュエータとしての分子モーターの利用

1. 小さい（～10nm）
2. 自己組織化能（≦数μm）
3. 高エネルギー変換効率（50-100%）
4. 大量生産（10gの細胞から～10mg，2×10^{17}個）
5. 遺伝子工学による性能改変，高付加機能化の余地
6. エネルギー源はATP（血中に豊富に存在→自立型医療用マイクロマシン?）
7. 中性pHの水中でしか作動しない
8. 失活しやすい（これもタンパク質工学的手法で改善の余地あり）

微小管系は3種類，F_1ATPaseも3種類で構成される。とくにキネシンのモーターユニットは分子量約35,000の単一ポリペプチドで構成される4nmほどの球状で，それぞれのモーターユニットが独立したモーターとして機能する。これは，トップダウン的手法で作られているいかなる人工モーターよりはるかに小さく，有機化学的手法で作られている分子モーターより一桁大きい。ナノアクチュエータとして最適なサイズに関してはいろいろ議論もあるが，小さければ小さいほどよいというものではない。一方タンパク質分子モーターには，タンパク質一般の属性として，自己組織化でより大きな構造を自発的に作り上げる能力があり，たとえば骨格筋ミオシンは，数百分子が集合して長さ1μm程度のミオシンフィラメントを形成する。今後自己組織化のデザイン技法が発展すれば，複数の要素タンパク質を溶液中で混ぜ合わせるだけで超分子複合体を作り上げることができるようになるかもしれない。10nm前後のサイズと自己組織化でより大きな構造を作り得るポテンシャルは，タンパク質分子モーターを産業的に使うにあたっての最大の特徴といって良い。

(2) エネルギー源

タンパク質分子モーターに特異的な第3の特徴として，エネルギー源がATPまたは脂質膜内外のイオン濃度勾配であることをあげる。前述したように，完全に人工的な環境でイオン濃度勾配の維持することは容易ではなく，バクテリア鞭毛モーターやF_0ATPaseを人工的環境に取り出して利用するための技術的ハードルは高い。一方，ATP駆動型のタンパク質分子モーターは，人工的環境で容易に動作させることができる。しかしATPは高価な有機分子であり，電気やガソリンをエネルギー源とする人工モーターに比べると，人工的環境下でATPを効率的・連続的かつ経済的に供給するためには今後様々な工夫が必要になろう。

なお，タンパク質分子モーターがATPの化学エネルギーを力学エネルギーに変換する効率は極めて高く，100%と見積もられる場合もある。この高効率性はナノメータースケールで働くタンパク質分子モーターの動作原理と密接に関係していると考えられており，ナノアクチュエーターとしての大きな特徴でもある。しかしATPは比較的高コストであり，ATP製造まで含めた意味でのエネルギー効率は決して高いとはいえない。

(3) 大量生産

次にあげたいのは，大量生産の容易さである。10gの大腸菌から10mgの組換えキネシンを製造するのは比較的容易である。10mgというと少量のように思われるかもしれないが，分子の数では，2×10^{17}個の機能性モーターということになる。ナノアクチュエータは小さいだけに，われわれの実生活に何らかのインパクト与えるような仕事をさせるためには多数の分子が必要になる。したがって，トップダウン型手法では到底比肩し得ないこの高生産性は，タンパク質分子モーターの大きなメリットである。

(4) 高性能化・新機能付加

天然のタンパク質分子モーターにはさまざまなものがあり，前述したようにprocessiveなものとそうではないものがあるし，速度に関しても0.1μm/sから100μm/s程度のものまでが知られている。運動方向に関しては，知られている分子モーターはすべて，それぞれ線路タンパク質を一定の方向に進むものばかりであるが，－端方向に進むものと，＋端方向に進むものがある。また紙面の都合で詳しくは触れないが，おそらく生体内のすべてのタンパク質分子モーターは化学的にスイッチされており，必要なときにだけ必要なところでモーター活性がオンになるようになっている。このスイッチ方法に関しても，リン酸化，カルシウム結合，荷物結合など様々なスイッチ機構が知られている。天然のタンパク質分子モーターは，こうした諸性質に関してそれぞれその生理的機能に合わせて最適化されているが，当然，人工的環境下で使おうという場合には，それとはまた異なった性質が要求される。その際，望ましくない性質の改変にあたっては，異なるタンパク質分子モーターのドメインの置換（分子キメラ法）により改変できる[16~19]。また，分子モーターとは全く関連のないタンパク質や酵素との融合により新機能を付加させることも可能である。こうした機能改変あるいは新機能付加のポテンシャルもタンパク質素子としてのタンパク質分子モーターの長所といえる。

(5) 短所

一方，タンパク質であるが故の制限もある。まず動作条件であるが，中性pHで適度な塩を含む水溶液中でなければならない。低温海水や高温温泉中に生息する生物由来のタンパク質分子モーターは，常温をはずれたところで良好に動作することが期待されるが，水が液体であることは必須である。このことは，タンパク質分子モーターを利用できるアプリケーションを大幅に制限する要因となる。

さらに，タンパク質は一般に変性しやすいという問題もある。精製したタンパク質分子モーターは，適切に凍結し液体窒素中で保存すれば半永久的にもつが，氷上保存なら週のオーダー，常温の動作温度であれば時間のオーダーで変性失活する。ただしこの安定性も，今後のタンパク質工学的研究により改善する余地はある。

3.1.4 タンパク質分子モーターの利用可能分野

タンパク質分子モーターの応用分野として最初に思い浮かぶのがマイクロマシン（またはマイクロロボット）のアクチュエータとしての利用である。アリやノミ，カのような微小で，複雑精巧な動きを作り出すことは，現在のトップダウン的なマイクロマシンニング（MEMS）技術では実現されていない。このような複雑精巧な動きはナノメーターサイズのタンパク質分子モーターをボトムアップ的に組みあげて作られたマイクロアクチュエータの特徴である。残念ながら，現在のタンパク質分子モーターの応用技術ではこのようなマイクロアクチュエータの作成は困難で

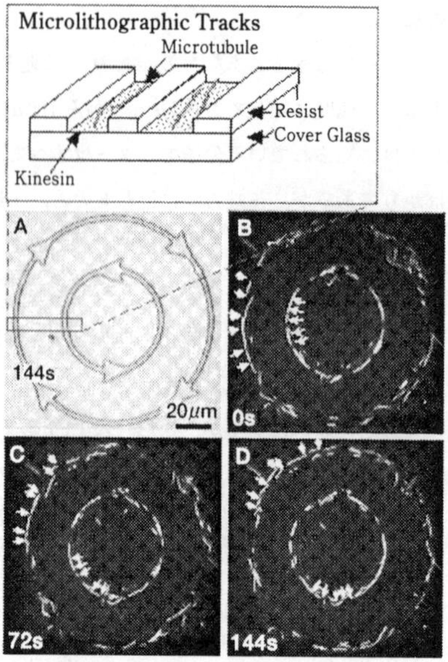

図2
精製したキネシンをガラス面に吸着させ，これと蛍光標識した微小管をATP存在下で相互作用させ，蛍光顕微鏡で観察すると，運動する微小管が観察される[23, 24]。しかしこの従来の方法では，微小管は二次元面上をランダムな方向に運動するため，外部に対して有効な仕事をさせることは困難である。そこでわれわれは，リソグラフィー法でガラス面上に細いトラックを描画し，トラックの底部にだけキネシンが結合するようにしたところ，微小管運動をこれらトラックに閉じこめることに成功した。さらに矢じり型の整流装置を付加したところ，一次元一方向性運動を実現した。Aはトラックの透過顕微鏡像で，B，C，Dは72秒間隔で撮影した蛍光顕微鏡像である。白いひも状のものが微小管で，モノクロのスナップショット像でも動きを追跡できるように，一群の微小管を矢印でマークしてある。外側のトラックの微小管は時計回りに，内側のものは反時計回りに回転している。詳しくは動画（http://unit.aist.go.jp/genediscry/motility/biophysj/moviedl.html）と原論文[21]をご覧いただきたい。

まだまだ遠い将来の技術である。それを困難にしている原因は大きく分けて2つある。第一は，タンパク質分子モーターを生体外で組織化し効率よく働かせる技術が決定的に欠けている。第二に，仮に人工筋肉ができたとしても，それを制御する技術が皆無であることである。

一方，ミオシン・アクチンやキネシン・微小管のようなリニア型タンパク質分子モーターをマイクロメートルサイズの物質輸送ベルトコンベアーとして利用しようという試みが世界的に広まっており，こうした利用法が近い将来可能となりそうだ[20]。生体分子や有機高分子を扱う超小型バイオリアクター（Lab-on-a-chip）におけるアクチュエータに利用しようという考えである。

これは，ミオシンやキネシンをガラスなどの表面に結合させ，その上にアクチンや微小管と燃料のATPを添加すると，そのガラス表面上をアクチンや微小管を動かすことができるという事実に基づく。しかし，このままではその動きの方向がランダムなためベルトコンベアーとして利用できない。この問題に対してわれわれは，マイクロパターン内にこの動きを閉じこめることで運動方向を制御可能にし，輸送素子として利用できることを示している（図2）[21]。

しかし中長期的に見てタンパク質分子モーターにとってもっとも有望な利用可能分野は，医療あるいは生物・生化学関連分野であろう。とくに，エネルギー源がATPであるという点は重要である。ATPは生体内には豊富に存在し，血中にも存在するので，人体や動物の体内，あるいは体表に取り付けて使用する医療用マイクロマシンなどのナノアクチュエータとして使う場合は，外部動力や電池を必要としないという点で大きなメリットになる。

いずれにしろ，タンパク質分子モーターを利用したデバイスなりシステムを組み上げるためには，他の様々なナノ素子・ナノバイオ素子の研究開発が必須である。さらに，多くの素子を統合しシステム化するインターフェース技術の開発も不可欠である。システム構築のためには，従来のナノテク的なトップダウン的手法との融合も積極的に模索していく必要があろう。ナノバイオテクノロジーは，分野としてまだまだ未熟であり，今後多様な研究開発努力の中から，さまざまな新規要素技術が芽生えてくるだろう。そうした諸技術を融合させていくことで，現段階では想像もつかないような応用分野が開けてくるだろうし，真に革新的でインパクトのある応用は，まだわれわれの目に見えていないところにあるのではないかと思われる。

3.1.5　生物学的アプローチ

ここまで，タンパク質分子モーターを生体外に取り出してナノアクチュエータとして扱い，他のナノバイオ素子などと組み合わせてシステムを組み上げるという方向の議論をしてきた。これは，現在のナノバイオテクノロジーの主流的な考え方である。しかしこれとは全く別のアプローチで有用なシステムを構築できる可能性もある。生物システムそのもの，たとえば個体，組織，細胞，細胞内小器官などを，人為的な改変を加えつつ利用するのである。これら生体システムはすべて生体分子間の特異的相互作用に基づいて自己組織化的に構築されるものであり，その意味で究極のナノバイオマシンであるといわれる。したがって生体システムそのものを利用すれば，ナノバイオシステムの構築にかかわる問題をかなり回避できる可能性がある。さらに，生体組織には，自己増殖能や自己修復能があり，これらをうまく利用すれば，量産に要するコストを大幅に削減できるだろうし，タンパク質素子につきまとう安定性の問題も回避できよう。

たとえば，F_0の回転は脂質膜内外のプロトン濃度勾配を必要とするが，人工的環境でプロトン濃度勾配を維持するのは容易ではない。しかし見方を変えれば，F_0のそもそもの由来であるミトコンドリアの内膜やバクテリアの細胞膜では，TCAサイクルと共役してプロトン濃度勾配を作る電子伝達系とF_0が共存しており，アセチルCoAを入力とし，F_0の回転を出力とするきわめて高効率なシステムを形成している。したがって，F_0の回転を産業的に意味のある形で取り出せるような遺伝子操作を行えば，一気に高効率ナノバイオシステムができあがることになる。一方，光合成膜では光受容によるプロトン濃度勾配の形成とF_0の回転が共役している。したがって光合成細菌に適当な遺伝子操作を施せば，光駆動型の回転モーターをもった粒子を大量生産できそうである。

*Mycoplasma mobile*という細菌も注目に値する。これは，さまざまな材質に接着し滑走運動を行うことが知られている。運動速度は神経キネシンより速く，力はキネシン数分子分に匹敵する[22]。そこでわれわれは，図2で紹介したキネシン・微小管系に代わって，*Mycoplasma moblie*を運動素子として使おうという研究も進めている。バクテリアは安価で簡単な培地を与えるだけで容易に増殖し，運動することができる。光合成をしながら滑走運動するバクテリアも知られている。

生物システムを改変・利用するアプローチの最大の問題は，さまざまな代謝物質などが混入してくることであろう。想定外の有毒物質や病原性が混入するおそれもあり，改変生物が引き起こす未知の毒性も危惧される。こうした問題が生物システムの利用範囲を大きく制限する可能性はあるが，適切な設計により回避できる可能性もあり，生物学的アプローチは真剣に検討する価値がある。

今でこそわれわれは完全に人工的な乗り物に依存しているが，その前は牛馬に頼っていた時代が長かった。そのアナロジーでいえば，ナノバイオも当面はマイクロメートルサイズの牛馬を使いこなす必要があるのではなかろうか。それに加えて，牛馬は自動車よりはるかに環境に優しい乗り物であり，そのメリットは案外ナノバイオの牛馬にも通じるものがあるかもしれない。

文　献

1) P. D. Boyer, *Annu. Rev. Biochem.* **66**, 717 (1997).
2) C. Ruff *et al.*, *Nat. Struct. Biol.* 226 (2001).
3) A. J. Fisher *et al.*, *Biochemistry* **34**, 8960 (1995).
4) K. C. Holmes, *Curr. Biol.* **7**, 112 (1997).
5) A. M. Gulick *et al.*, *Bioessays* **19**, 561 (1997).
6) J. N. Forkey *et al.*, *Nature* **422**, 399 (Mar 27, 2003).
7) A. D. Mehta *et al.*, *Nature* **400**, 590 (1999).
8) T. Yanagida *et al.*, *Philos. Trans. R. Soc. Lond. B Biol. Sci.* **355**, 441 (2000).

9) H. Tanaka *et al.*, *Nature* **415**, 192 (2002).
10) P. L. Post *et al.*, *J. Biol. Chem.* **277**, 11679 (2002).
11) A. Inoue *et al.*, *Nature Cell Biol.* **4**, 302 (2002).
12) Y. Okada *et al.*, *Science* **283**, 1152 (1999).
13) Y. Okada *et al.*, *Proc. Natl. Acad. Sci. USA.* **97**, 640 (2000).
14) S. Esaki *et al.*, *Proc. Japan Acad.* **79B**, 9 (2003).
15) J. Rousselet *et al.*, *Nature* **370**, 446 (1994).
16) T. Q. P. Uyeda *et al.*, *Nature* **368**, 567 (1994).
17) T. Q. P. Uyeda *et al.*, *Proc. Natl. Acad. Sci. USA.* **93**, 4459 (1996).
18) U. Henningsen *et al.*, *Nature* **389**, 93 (1997).
19) K. Homma *et al.*, *Nature* **412**, 831 (2001).
20) H. Hess *et al.*, *J. Biotechnol.* **82**, 67 (2001).
21) Y. Hiratsuka *et al.*, *Biophys. J.* **81**, 1555 (2001).
22) M. Miyata *et al.*, *J. Bacteriol.* **184**, 1827 (2002).
23) R. D. Vale *et al.*, *Cell* **42**, 39 (1985).
24) S. J. Kron *et al.*, *Proc. Natl. Acad. Sci. USA.* **83**, 6272 (1986).

3.2 極低温電子顕微鏡法による超分子の構造解析

米倉功治[*1]，眞木さおり[*2]，難波啓一[*3]

3.2.1 はじめに

細菌遊泳のための運動器官，べん毛は，イオン流を使って200～300Hzで回転する生体ナノマシンであり，約25種類の異なったタンパク質からなる超分子複合体である。細胞膜と外膜を貫く基部体が回転子および軸受けとして働き，固定子としてトルク生成に関わるイオンチャネルや，細胞外に伸びる自在継ぎ手のフック，さらにその先にらせん型スクリュープロペラとして長さ10μm以上に達するべん毛繊維，そしてべん毛繊維先端でべん毛の成長を促進するキャップタンパク質などから構成される（図1）[1,2]。生体にはこのように非常に大きなタンパク質複合体を形成し機能しているものが多く，その機能解明には三次元構造の情報が必須である。一般に生体高分子の立体構造解析にはX線結晶回折法や核磁気共鳴（NMR）法が用いられるが，前者は小さくとも大きさ0.1ミリメートル以上の良質な結晶が必要であり，後者は解析できるタンパク質の分子量が数万以下に限られる。一方，電子顕微鏡法ではタンパク質一分子を解像することができ，試料の形態，分子量による制限は緩い。したがって，超分子複合体の構造の解明には電子顕微鏡法が適しており，特に機能状態の立体構造を見るには必須である。本稿では細菌べん毛を例として，極低温電子顕微鏡法によるタンパク質の構造解析について概説する。

3.2.2 特　徴

電子顕微鏡によるタンパク質の観察に従来から行われてきた負染色法では，試料をウランやタングステンなどの重金属塩で染色し乾燥させるので，染色むらや試料の変性は避けられなかった（図2b)。一方，低温電子顕微鏡法では，試料溶液を試料グリッドに乗せ余分な溶液を吸いとり，液体エタンや液体プロパン中で急速凍結した後（氷包埋法)，そのまま低温に保ち電子顕微鏡内に移すことで，非染色の水和した状態という生理的な環境で試料を観察することができる（図2c)[3,4]。また，低温にすることによって電子線による試料損傷を大幅に低減できる。一般的に用いられる液体窒素による冷却（～－180℃）では，試料損傷を室温での観察に比べ1/10に，試料

＊1　Koji　Yonekura　大阪大学大学院　生命機能研究科　助手・科学技術振興事業団 ICORP超分子ナノマシンプロジェクト　研究員

＊2　Saori　Maki-Yonekura　科学技術振興事業団　ICORP超分子ナノマシンプロジェクト　研究員

＊3　Keiichi　Namba　大阪大学大学院　生命機能研究科　教授・科学技術振興事業団 ICORP超分子ナノマシンプロジェクト　研究総括

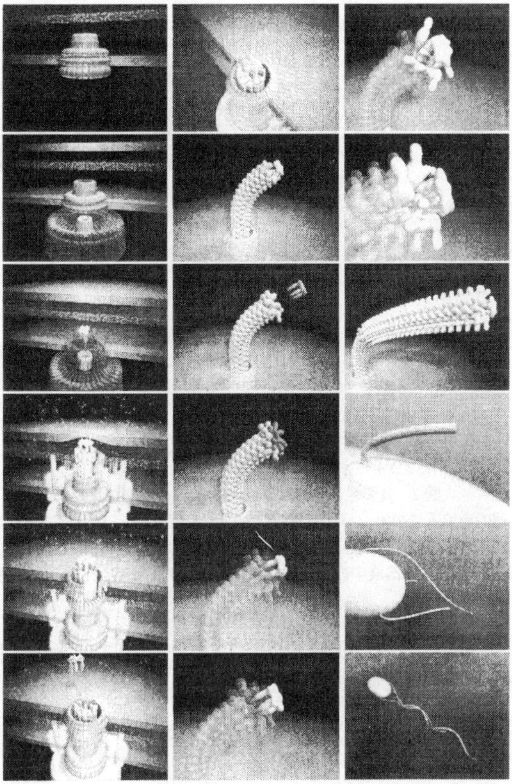

図1　細菌べん毛の構築モデル
約25種類の異なったタンパク質が順序通りに組み込まれ，構築される。左上から右下へ進む。http://www.npn.jst.go.jp に動画を掲載。

を液体ヘリウム温度（−269℃）に冷却する極低温電子顕微鏡法では，1/20にすることができる。しかし，それでも電子線照射による試料損傷は深刻な問題であり，分解能を制限する主因である。電子線照射により試料は質量欠損を起こすと共に，ラジカルを生成する。生成したラジカルは周囲の原子の結合を次々に破壊して，最後には蒸発してしまう。従って許される照射電子線量はごく限られ，高分解能の構造解析のためには，10〜20electrons/Å^{2}以下にしなければならない。電子線照射量の制限に加え，像のコントラストは試料と氷との電子散乱断面積の差によるので小さく，非常にS/Nが悪い。そのため，多くの像を平均することにより三次元構造の解析が行われている。

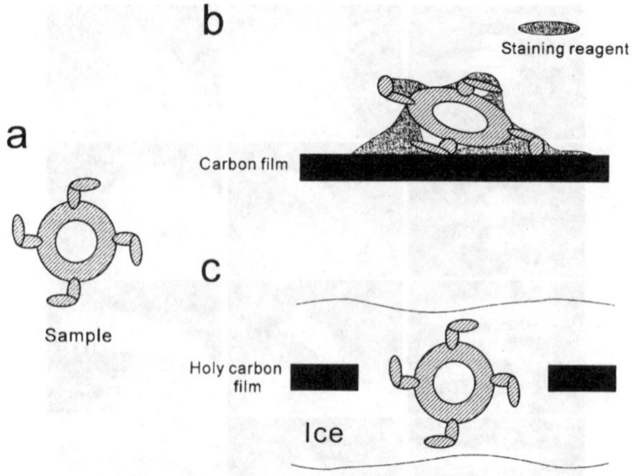

図2　負染色法と氷包埋法での試料の状態の比較
a：生理的環境下でのタンパク質試料。b：負染色法。c：氷包埋法。負染色法では，試料を重金属塩で染色し乾燥させるので，染色むらや変性が起こる。一方，氷包埋法では水溶液中の生理的な環境下で試料を観察することができる。

現在までに二次元結晶とらせん対称性を利用できる試料で，それぞれ3Åと4Å分解能で構造解析がなされ原子モデルが得られている。また，結晶性のない試料からの単粒子解析法では，正二十面体対称性を利用した球状ウイルスの解析で二次構造の解像可能な7〜9Å分解能が達成されている他，対称性のない試料でも20Åよりよい分解能での構造解析は普通に行われるようになってきている。得られた構造からは分解能に応じた情報の抽出が可能で，20〜30Å程度の分解能の場合，タンパク質のドメインやサブユニットの形状，位置を知ることができ，X線結晶回折法等で得られた構成タンパク質の原子モデルを相補的に利用した解析も行われている。10〜7Å分解能ではα-ヘリックスが棒状に解像でき，膜タンパク質の膜貫通ヘリックスの配置等が明らかにされてきた。

3.2.3　結像原理

タンパク質の構造解析に通常用いられる加速電圧100〜300kVの電子線に対する軽い原子の散乱断面積は，波長1Å程度のX線に対するものに比較し十万倍も大きいため[5]，電子線は試料と強く相互作用する。また電荷を持つので，電磁レンズにより試料の実像を得ることができる。以上の特性が，電子顕微鏡ではタンパク質一分子の解像をすることを可能とする。反対に，大きな散乱断面積は使用できる試料の厚みを制限する。通常，1,000Åを超える厚さの試料を扱うことはできない。X線による構造解析が原子の電子密度を反映するのに対して，電子線では原子のクー

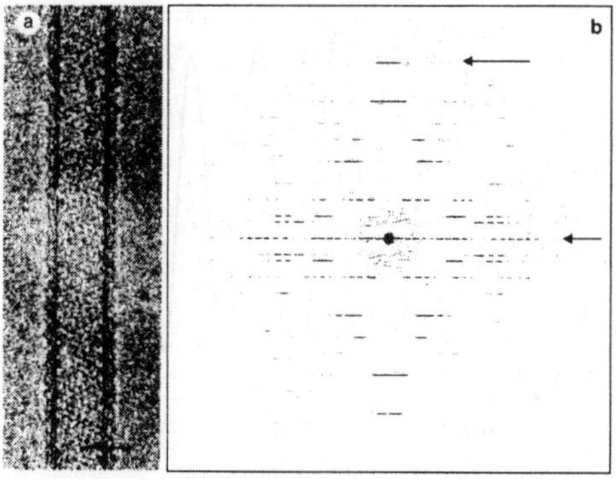

図3　筋小胞体 Ca^{2+}-ATPase のチューブ状結晶の氷包埋像（a）とフーリエ変換像（b）[20]
黒い部位のほうが，密度が高い。チューブのエッジに沿って白い縁取りが現れていることに注意。a のスケールバーは500Å。b の中央部を指す矢印は赤道線，上の矢印は子午線上で26.4Å分解能に相当する層線を示す。

ロンポテンシャルが反映される。また，透過型電子顕微鏡では電子線の透過力が強く，ほとんど軸上の電子線のみを使うため焦点深度が深く，焦点を変えても三次元構造の異なった断面を解像することはできない。対象が十分に薄い場合，電子顕微鏡像は対象の投影像となる。

タンパク質の氷包埋像は，主に，試料との相互作用で位相を変えられた電子と，そのまま透過した電子が干渉してできる位相コントラストにより形成される。電子線のみかけの吸収に起因する振幅コントラストの寄与は非常に少なく，全コントラストの数%に過ぎない。電子顕微鏡像の周波数特性（コントラスト伝達関数，CTF）は一様でなく，得られる像はCTF により歪められ，対象の輪郭部分が強調されて周囲にコントラストの反転した縁取りが現れる（図3a)。図4 に CTF の理論上の概形を示す。CTF は焦点のずれの関数で，絶対値の大きなところでは対応する周波数成分が強調され，ゼロ点付近では失われる。焦点が合っていると低周波数（低分解能）領域のCTF の値がゼロに近くなるため，コントラストは非常に悪く，何も写っていないように見える。そのため，通常大きく焦点をずらして（1万〜2万Å程度）像を撮影する必要がある。また，CTF が正の値を持つ周波数帯では，位相が反転し像のコントラストが反転してしまう。従って画像解析による補正が必須になる。焦点のずれを大きくすると高周波数（高分解能）領域での振動が激しくなるだけでなく，振幅の減衰が顕著になる。この減衰は電子線の可干渉性に大きく依存する。電界放射型の電子銃では電子線の干渉性が高く CTF の減衰が小さいため，高分解能の構造解析に威力を発揮する。

タンパク質を構成する軽原子と電子線の相互作用では，試料と相互作用しエネルギーを多少失っ

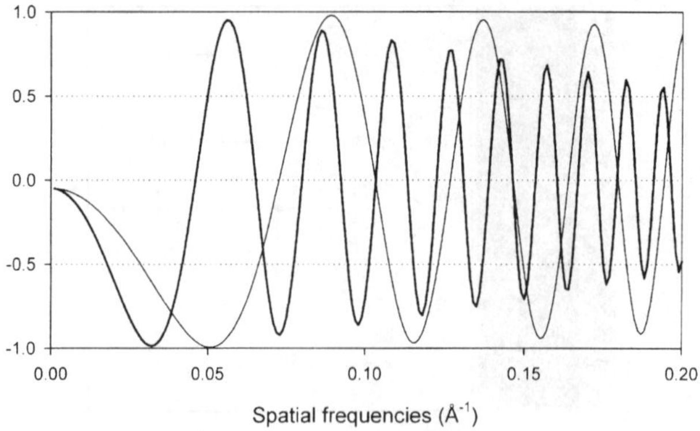

図4　電子顕微鏡のコントラスト伝達関数（CTF）の概形
細い線：10,000Å不足焦点。太い線：25,000Å不足焦点。焦点のずれの大きいほど低分解能側で絶対値が大きくなるが，高分解能側で振動と減衰が激しくなる。

た非弾性散乱電子の方が弾性散乱されるものより多い。高分解能の構造情報を持つのは後者であり，前者は試料を破壊し結像時にノイズとなる。電子線プリズムであるエネルギーフィルターを用いることで非弾性散乱電子を効率よく除き，像のS/Nを大幅に改善できる。低温電子顕微鏡法と組み合わせた構造解析例はまだ少なく，今後の進展が期待される。

3.2.4　解　　析

電子顕微鏡像を投影像とみなせる薄い試料では，コンピューター・トモグラフィーと同様に，いろいろな方向からの投影像の組から三次元像を再構成することができる。実際には，対象のある方向への投影像をフーリエ変換したものは，対象の三次元フーリエ変換像の原点を通る一断面になるという中央断面定理を用いて，フーリエ空間を埋めるように試料の電子線に対する傾斜を変えた像を集める。対象が結晶性を持つ場合，フーリエ空間では対象を表現する周波数成分が限定され，規則的な点や線などの離散的な信号になるので，それ以外の大部分をノイズとして除くことができる（フーリエ・フィルタリング）。

分子が平面的に一層に並んでいる二次元結晶の場合，像のフーリエ変換像は結晶面に垂直な格子線になる。試料を傾斜させて格子線上各点の構造因子データを集め，三次元構造を得ることができる[4]。高度好塩菌の紫膜[6]，高等植物のクロロフィルタンパク質複合体[7]，赤血球の水チャネル[8]などの膜タンパク質はその理想的な例である。これらの二次元結晶は1μm以上の大きさになるものもあり，電子線回折を行うことができる。この場合，少ない電子線量で広範囲の領域を照射することにより，高分解能の回折点を抽出することができる。回折像はCTFの影響を受けない散乱強度，すなわち構造振幅を与えるので，電子線回折から得た強度と実像から得た位相を組み合わせることにより，原子モデルの構築の可能な3〜3.8Åの分解能の構造解析が上記タンパク質でなされている。一番の問題は，電子顕微鏡内での傾斜角の制限のため，高傾斜のデータを集めることができないことである。一般的に±60°傾斜までのデータが使われるが，データを集められない領域が円錐状に残ってしまう（ミッシング・コーン）。結果として結晶面に垂直な方向の分解能は悪くなる。

筋肉のアクチン繊維[9]，細菌のべん毛繊維[10]，タバコモザイクウィルス[11]などの繊維状の分子集合体や，アセチルコリンレセプター[12]，Ca^{2+}-ATPase[13]などの膜タンパク質のチューブ状結晶では，分子がらせん状に配置している（図3a）。繰り返しはらせん軸に沿った方向のみで，一次元結晶と考えることができ，そのフーリエ変換像は赤道線に平行にX字型に並んだ線（層線）の集合になる（図3b）。一枚の画像にいろいろな方向を向いた分子が写っているため，理論上は一枚の電子顕微鏡像からでも三次元構造を得ることができる[14]。実際には，特に試料の歪みの影響を受けやすい赤道線に平行な方向で，高分解能領域のフーリエ成分は急激に減衰してしまう。従って，構造解析の分解能と信頼性を上げるためには，多くの像の平均が必須になる。最近筆者らは，細菌べん毛繊維をこの手法により約4Å分解能で構造解析し，得られた構造から原子モデルの構築を行うことができた（後述）[15]。

単粒子像解析法は近年急速に発展している手法で，分散した分子のいろいろな向きの投影像を集めて，それらの向きを決定し，三次元像再構成を行うというものである。その実際は文献16）に詳しい。最大の長所は試料の結晶化の必要がないということである。また，結晶格子に縛られない，より自然な機能構造を解析できる可能性がある。いかに正確に投影像の向きを決めることができるかが，この方法の正否を左右する。分子が電子線に対して決まった方向を向けて分散する傾向がある場合はランダムコニカルティィルト法，分子がいろいろな方向を向けて観察される場合はコモンライン・サーチ法（アンギュラー・リコンスティテューション法ともいう）が，方向決定に用いられる。三次元像再構成は，周波数ごとに重みをつけて投影空間から実空間に逆投影して行う（バック・プロジェクション法）。得られた初期構造をいろいろな方向に再投影し，個々の像との相関から方向を精密化し，得られる立体像を改善し分解能の向上を図る。氷法埋像の単粒子像解析には解析できる分子の大きさに下限があり，通常数十万以上のものにしか適用できない。これは，低いコントラストのため小さな分子の解像が困難になるからで，逆に分子量が大きく分子内の対称性が高い試料では，解析が容易になる。

3.2.5　解析の実例

(1)　細菌べん毛繊維とそのキャップタンパク質の複合体の構造解析

例として，細菌べん毛とその先端に結合したキャップタンパク質複合体の構造解析結果を示す（図5）[17]。細菌のべん毛繊維は，構成分子であるフラジェリンがべん毛中央の細いチャネルを通

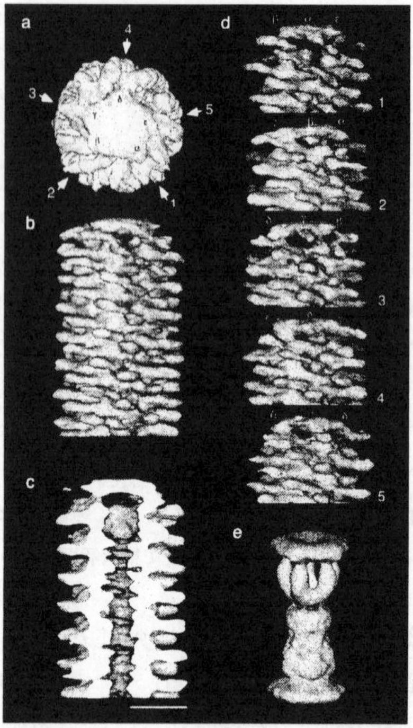

図5　細菌べん毛繊維とそのキャップ複合体の構造[17)]

a：繊維軸方向からの見た構造。b：繊維軸に垂直な方向から見た構造。c：軸に沿った断面図。d：aに示した5つの方向から見た構造。1の方向にのみ見える大きなギャップが，次に輸送されてくるフラジェリン分子の結合部位と考えられる。e：溶液中で形成されるHAP2キャップの5量体が対になった10量体構造。

して細胞内から先端へ運ばれ，先端部に次々に結合することで伸張する。そこにはキャップタンパク質，HAP2（フック結合タンパク質2）が結合している。HAP2の欠損株では輸送されたフラジェリン分子は先端から溶液中に放出され，べん毛の成長は起こらない。このべん毛繊維とキャップの複合体は均一な試料を調整することがほぼ不可能であり，そのため結晶化も不可能である。そのため，電子顕微鏡での単粒子像解析法が三次元構造解析の唯一の手法であった。

二次元平面内での像平均操作の工夫と，電子線に対する像の投影方向の決定にべん毛繊維のらせん対称性を利用することにより[18)]，比較的少数の像から三次元構造を得ることができた[17)]。べん毛繊維部の規則的な突起状構造などが，らせん対称性を用いた三次元像再構成により得られたもの[10)]と等しいことから，この解析の信頼性を確認できる。分解能は高くないが（約27Å），

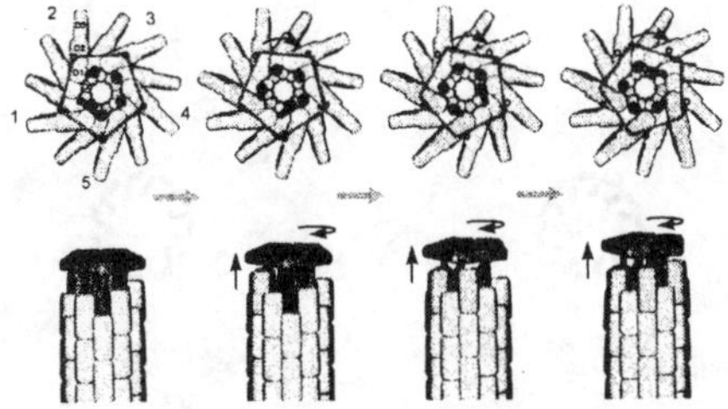

図6　キャップの回転によるべん毛繊維の伸張促進モデル[17)]
フラジェリンは繊維内側からD0，D1，D2，D3の四つのドメインに分けられる[10)]。下図ではHAP2の足状ドメインと繊維との結合が見やすいようフラジェリンの外側ドメイン（D2とD3）を省略してある（http://www.npn.jst.go.jp/yone.htmlの動画を参照）。

HAP2キャップ複合体の五角形板状構造と，運ばれてきたフラジェリン分子の結合部位と思われるギャップ（図5d1）などを解像することができた。また，キャップの板状構造の直下にある空間（図5c）が，ある程度ほどけた状態で細い中央チャネルを通って運ばれてきたフラジェリン分子の巻き戻りを助ける，フォールディングチャンバーとして機能していることも示唆された。図5eは，溶液中で形成されるHAP2の5量体キャップが対になった10量体構造である。べん毛繊維先端には，板状ドメインと5本の足状のドメインから構成される5量体が結合する。以上の解析結果に基づいて，キャップの足状ドメインが柔軟に動き，べん毛繊維先端のらせん階段を上るように結合解離を繰り返し，結果としてキャップ全体が回転していくことでフラジェリンの結合が促進されべん毛成長が効率よく進むという，自己構築機構のモデルを提出することができた(図6)[17)]。

(2)　らせん対称性を利用した細菌べん毛繊維の構造解析

べん毛繊維は分子量約5万のタンパク質フラジェリン一種類からできていて，2万〜3万分子がらせん状に重合することにより構築され，その長さは菌体長の約10倍，10〜15μmにも達する。最近我々は，極低温電子顕微鏡法とらせん対称性を利用した三次元像再構成法の工夫により，サルモネラ菌の直線型べん毛繊維の立体構造を約4Å分解能で解析し，原子モデルを構築することができた[15)]。このような巨大な分子複合体の構造を解析することは，他の手法では不可能であった。また，これは結晶化の困難な生体超分子を溶液中の機能状態で電子顕微鏡像を記録し，その画像解析のみから原子モデルの構築可能な分解能で構造解析した，世界初の結果である。得られた構造は，この超分子ナノマシンの巧妙な自己構築原理が明らかとなる興味深いものであり，以下のようなことが明らかとなった。

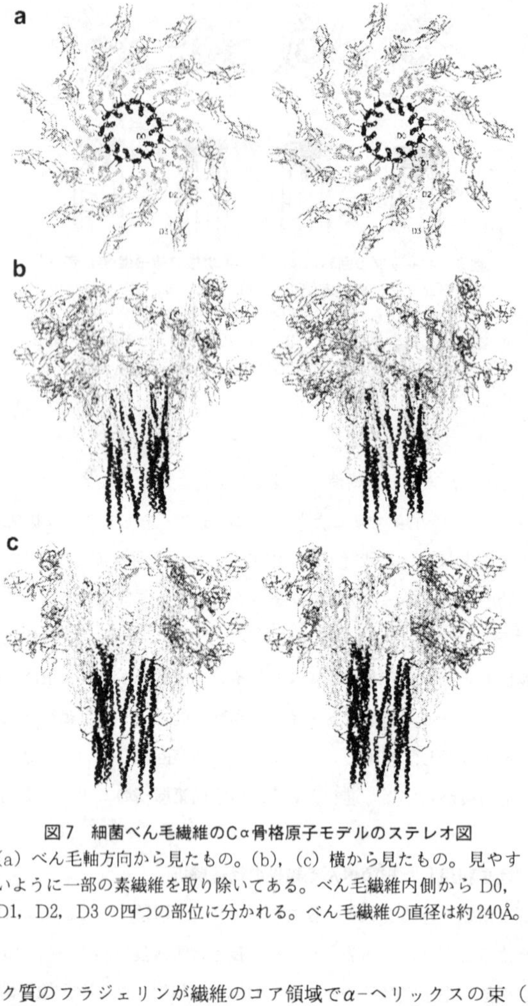

図7　細菌べん毛繊維のCα骨格原子モデルのステレオ図

(a) べん毛軸方向から見たもの。(b), (c) 横から見たもの。見やすいように一部の素繊維を取り除いてある。べん毛繊維内側から D0, D1, D2, D3 の四つの部位に分かれる。べん毛繊維の直径は約 240Å。

① 構成タンパク質のフラジェリンが繊維のコア領域でα-ヘリックスの束（コイルド・コイル）を形成し，最内側での密な疎水性分子間相互作用により繊維構造を安定化している（図7)。

② 先に，X線結晶回折法で解析されたフラジェリン分子のコアドメイン構造と比較し，多くの構造変化が認められた。このことは，結晶中の構造と実際に機能している構造に違いがあることを示しており，結晶格子に縛られない，水溶液中での生体高分子の生理的構造を解析できる低温電子顕微鏡法の優位性を明確にした。

③ 細菌は，エサとなる化学物質に向かったり水温の低い場所から逃げたりするため，方向転換を頻繁に行う。その際，モーター回転の逆転が起こり，べん毛繊維の構造が左巻きから右巻きに変換する。この形態変換に重要な分子間相互作用などが明らかになった。

④ 細胞内で合成されたフラジェリンは，べん毛中央を貫通する細長いチャネルを通して先端へ輸送され，繊維の先端で重合してべん毛は伸張する。このチャネルが直径約20Åの通路で（図7a），フラジェリンが輸送途中ではかなりほどけた状態であること，そして，このチャネル内表面が主に極性アミノ酸で覆われ，ほどけて疎水性アミノ酸の露出したフラジェリン分子の速やかな輸送に重要であることが示唆された。べん毛は病原性細菌の病原因子分泌装置（TypeⅢ輸送装置）と遺伝的に高い相関関係にあり，その経路の性質を初めて明らかにすることができた。

3.2.6 おわりに

低温電子顕微鏡法は現在もまだ発展途上の部分も多く，得られる構造の分解能は通常高くない。それでも，上述したように他の解析手法に比べ試料形態の制限が緩く，超分子複合体にとってその自然な動作環境での構造を解析することができるという優位性は，生命科学のツールとして高いポテンシャルを示すものである。生体内には，タンパク質間の複雑な相互作用により機能している例は多い。また，急速凍結により反応中間体を捕らえることも可能となる[19]。国内では残念ながら筆者らも含め数グループで行われているに過ぎないが，海外では多くの研究機関で行われており，その生命科学に対する重要性の認識は，世界的に急速に高くなっている。X線結晶回折法，NMR法と並ぶ構造解析手法として，今後さらに発展していくことが期待される。

文　献

1） 難波啓一ら，細胞工学 **20**，1371（2001）.
2） K. Yonekura *et al.*，*Res. Microbiol.* **153**，191（2002）.
3） 豊島　近，実験医学 **8**，433（1990）.
4） 藤吉好則ら，細胞工学，**16**，1677（1997）.
5） R. Henderson，*Q. Rev. Biophys.* **28**，171（1995）.
6） R. Henderson *et al.*，*J. Mol. Biol.* **213**，899（1990）.
7） W. Kuhlbrandt *et al.*，*Nature* **367**，614（1994）.
8） K. Murata *et al.*，*Nature* **407**，599（2000）.
9） 若林健之，タンパク質核酸酵素 **47**，553（2002）.
10） Y. Mimori *et al.*，*J. Mol. Biol.* **249**，69（1995）.

11) T.-W. Jeng *et al.*, *J. Mol. Biol.* **205**, 251 (1989).
12) A. Miyazawa *et al.*, *Nature* **423**, 949 (2003).
13) P. Zhang *et al.*, *Nature* **392**, 835 (1998).
14) 米倉功治ら, 細胞工学 **16**, 1839 (1997).
15) K. Yonekura *et al.*, *Nature* **424**, 623 (2003).
16) J. Frank, Three-dimensional electron microscopy of macromolecular assemblies. Academic Press (1996).
17) K. Yonekura *et al.*, *Science* **290**, 2148 (2000).
18) K. Yonekura *et al.*, *J. Struct. Biol.* **133**, 246 (2001).
19) N. Unwin, *Nature* **373**, 37 (1995).
20) K. Yonekura *et al.*, *Biophys. J.* **72**, 997 (1997).

4　ナノバイオロジー

4.1　蛍光分子イメージング法を用いたナノ分子の検出と機能解析

多田隈尚史[*1]，座古　保[*2]，船津高志[*3]

近年，タンパク質などの生体ナノ分子を蛍光標識して個々の分子を検出し，その挙動をリアルタイムにイメージングすることが可能になり，タンパク質の相互作用や，機能を発現するための分子メカニズムについても研究する道が拓かれた。

4.1.1　ナノ分子の検出

光学顕微鏡の分解能は，可視光の場合300nm しかない。このため，タンパク質などのナノ分子を検出するためには，光学顕微鏡で検出できるような目印をつける必要がある。蛍光分子イメージングはナノ分子に目印として蛍光分子を結合させ，1分子レベルで検出する方法である。蛍光分子は，光のエネルギーを吸収して励起状態となり，吸収した波長よりも長波長の蛍光を発しながら基底状態に戻る。この蛍光を検出することにより分子の位置を知ることができる。タンパク質を蛍光標識する方法として，蛍光色素分子や量子ドット（6・2・2山本の項参照）をタンパク質のSH基やアミノ基，カルボキシル（C）末端に共有結合させる方法や，緑色蛍光タンパク質（GFP，Green Fluorescent Protein）との融合タンパク質を遺伝子工学で作る方法がある。GFPは，オワンクラゲ（*Aequorea victoria*）より単離されたタンパク質であり，分子内に蛍光団を自発的に作って蛍光を発する。他のタンパク質との融合タンパク質による標識法として用いられるだけで無く，遺伝子発現のマーカーとして幅広く応用されており，様々な波長の蛍光を発するGFPの変異体が開発されている[1]。

蛍光分子イメージングによるナノ分子検出では，レーザーなどの光源からでた励起光を試料に照射し，蛍光分子から毎秒数千～数万の光子を放出させる。これを開口数の大きい対物レンズを使って集め，超高感度ビデオカメラで撮影するのが一般的である。以前は，強力な励起光により様々な光学部品から発生する蛍光が背景光となり，1分子の微弱な蛍光をイメージングすることは困難だった。しかし，蛍光顕微鏡の部品が発する蛍光を少なくする改良が進み，ガラス表面上に吸着した蛍光色素分子ならば，水銀ランプを使った市販の落射蛍光装置でも十分観察できるよ

＊1　Hisashi　Tadakuma　早稲田大学　理工学部　物理学科　助手
＊2　Tamotsu　Zako　早稲田大学　理工学部　物理学科　客員研究員
＊3　Takashi　Funatsu　早稲田大学　理工学部　物理学科　教授

うになった。観察は通常，ビデオカメラ（1秒間に30コマ（フレーム）の撮影）で観察するが，より高速に検出する必要がある場合は高速カメラを用いて撮影をする。ただし，蛍光の増幅に使用するイメージインテンシファイアーの蛍光面には1ミリ秒程度の残像があるので，一般には1秒間に500～1000コマ程度のカメラが使用される。

蛍光分子イメージングによるナノ分子検出は，1分子を検出しているため，定量性に優れている。1分子の強度がわかっているため，蛍光強度から分子の数に換算することができるからである。ただし，色素同士が非常に近い場合はquench効果と呼ばれるものによって見かけの蛍光強度が減少するので注意を要する。

4.1.2　蛍光分子イメージングを用いた機能解析

この項では，蛍光分子イメージングを用いた機能解析の例としてタンパク質相互作用の蛍光分子イメージングについて説明する。1分子ごとにタンパク質の結合・解離過程を観察する1分子計測では，反応の素過程を詳細に解析できるので，従来の多分子系では不可能であった機能解析が可能になる(詳細は4・1・3項を参照)。タンパク質相互作用を観察する場合に，主に問題となるのは，次の2点である。①いかにしてタンパク質分子のブラウン運動を克服するか，②いかにして観察したい蛍光色素だけを局所的に励起して背景光を少なくするか，ということである。

分子量数万ダルトンの球状タンパク質の場合，拡散定数は約100$\mu m^2/s$であり，ブラウン運動によりビデオの1フレーム（33ms）の間に数マイクロメートル移動する。このため，3次元的にブラウン運動しているタンパク質分子を超高感度ビデオカメラで撮影することは困難である。タンパク質相互作用を観察するには片方のタンパク質を特定の場所（例えばガラス表面）に固定しておく必要がある。もう一方のタンパク質は，溶液中をブラウン運動させておき，結合してくる様子を観察する。ブラウン運動しているタンパク質の動きは速すぎてビデオカメラでは捉えられないが，ガラス基板に固定したタンパク質分子に結合すると運動が止まり，輝点として観察される。ブラウン運動する蛍光は背景光となるので，タンパク質の濃度が高くなると，背景光の中に1分子からの蛍光シグナルは埋もれてしまう。そのため，照射領域を最小にする必要がある。この時，効果を発揮するのは，全反射によるエバネッセント照明法（全反射照明法）である。レーザを励起光源として用い，ガラスと水溶液との界面で全反射させると水溶液中にエバネッセント場が発生する。エバネッセント場は，界面からの深さ方向に指数関数的に減衰する局所場である。侵入長は，緑色の可視光線の場合，約150nmである。エバネッセント光は界面のごく近傍しか照明しないので，蛍光標識した生体分子を局所励起できる[2, 3]。

蛍光分子イメージングを用いて相互作用をイメージングするうえで，いくつか制約がある。まず，光学顕微鏡の分解能による制限である。相互作用するタンパク質を，それぞれ異なる蛍光スペクトルをもつ2種類の蛍光色素で標識しておけば，タンパク質が結合したことを，それぞれの蛍光の位置の重なりとして検出できると思うかもしれない。しかし，光学顕微鏡の分解能は，可視光の場合300nmしかないため，本当にタンパク質が結合したのか，300nmよりも近づいただけなのか区別することは難しい。特に，生体分子がガラスに非特異的に吸着しやすい場合は注意を要する。その際は蛍光共鳴エネルギー移動による方法を用いる場合がある。蛍光共鳴エネルギー移動とは，2種類の蛍光色素（供与体と受容体）が近接して存在する場合，供与体の蛍光スペクトルと受容体の吸収スペクトルに重なりがあると，励起状態にある供与体のエネルギーが，ある確率で輻射によらずに受容体に移動し，受容体が蛍光を発する現象をいう。蛍光共鳴エネルギー移動のエネルギー移動効率は，$R_0^6/(R_0^6+R^6)$ と表される。ここでRは供与体と受容体の距離である。R_0 は供与体の発光スペクトルと受容体の吸収スペクトルとの重なり積分，配向因子（供与体と受容体の遷移双極子モーメントの向きで決まる量），供与体の蛍光量子収率で決まる定数であり，フェルスター距離と呼ばれている。R_0 の値は供与体と受容体の組み合わせにより変化するが，通常使われている蛍光色素の場合2〜5nmである。供与体の蛍光強度を受容体の有無で比較することにより，エネルギー移動効率を計測することができる。エネルギー移動効率は $R=R_0$ のとき50%となり，その前後で大きく変化するので，蛍光色素間の距離をナノメートルの精度で測定することができる。2種類のタンパク質に結合した供与体と受容体の間で蛍光共鳴エネルギー移動が起これば，タンパク質同士が結合したと確実に言うことができる。

蛍光分子イメージングを全ての濃度領域に対して用いることはできない。前述したように，ブラウン運動する蛍光分子は背景光になるので，たとえエバネッセント照明を使ったとしても，1分子の蛍光分子を見るためには，溶液中の分子の濃度を50nM以下にする必要がある。このような問題点を解決する方法として，最近，半導体加工技術を応用した方法（微小開口法）が開発された[4)]。全反射照明法ではガラス表面からの深さ（z）方向の励起を局所化しているわけであるが，微小開口法では水平（x−y）方向にも局所化する。具体的にはガラス基盤に光を透過しないもの（金属など）を蒸着させ，そこに100nm程度の開口をアレイ状にあけ，開口部分からしみ出す光で蛍光分子を励起する。この方法では，開口の大きさに依存するが，溶液中の分子の濃度を10μM程度まであげても1分子の信号を検出することができ，1分子観察の適用範囲が広がった。次に，蛍光色素の寿命も1分子観察の制約となる。Cy3やテトラメチルローダミンなどの蛍光色素が退色するまでの時間は数十秒程度なので，1分子の結合・解離反応をビデオで見るためには，結合速度定数が 10^3（微小開口法）〜10^6（全反射照明法）$M^{-1}s^{-1}$ 以上であり，解離速度定数が0.01〜$10s^{-1}$ でなければならない。退色をしない量子ドットを蛍光色素の代わりに用いれば，この問題は解決する。量子ドットは，数nmの大きさの半導体（CdSeなど）に励起光を当てると，量子効果により発光するという性質を利用したものである（詳細は6・2・2山本の項参照）。吸収波長の範囲が広く，一方，蛍光のバンド幅が狭い。また，大きさによって出てくる蛍光の波長が違うので様々な波長の色素を作成することができる。すなわち1種類の励起光でいくつもの色素を同時に励起し観察でき，さらに，半導体の微小結晶なので構造が壊れず退色をしないので，色素としては理想的な性質を持つ。しかし表面を上手く高分子で覆わないと水溶液の中では消光してしまったり，凝集しやすいという問題があった。また生体試料との特異的な結合方法にも難があった。最近表面処理の技術が進歩し，これらの問題点が克服され市販されるようになった。量子ドットを用いる際の注意点としてはblinking（まばたき）の存在がある。相互作用が短い場合には結合解離による蛍光強度の変化なのか，あるいはblinkingなのかを判別する必要がある。

最後に，生理活性を保持したまま蛍光標識をすることにも留意する必要性がある。通常はいくつかの標識方法を検討する。まずは，内在性のアミノ残基やシステイン残基の標識を試みる。標識により活性の低下などの問題が生じた場合は遺伝子工学を用いて，アミノ（N）末端，カルボキシル（C）末端，あるいは，結晶構造をみながら活性に影響が少なそうな部位にシステインを導入し標識を試みる。ただ，内在性のシステイン残基で反応性が高いものがある場合は，その内在性システイン残基に変異を入れる必要がある。また，1分子の実験は試料が少なくてすむので試験管内翻訳を用いる方法もある。タンパク質翻訳の阻害材であるピューロマイシンに蛍光色素を結合させた蛍光ピューロマイシンを用意し，終始コドンを削ったmRNAを用いて翻訳を行うとカルボキシル（C）末端に蛍光色素が導入される（C末端ラベル法）。この方法では内在性のシステイン残基を気にすることなく簡単な遺伝子操作でタンパク質の末端を標識できる。

4.1.3　1分子観察の意義

タンパク質相互作用を1分子を対象にして研究する意義を簡単に説明する。従来の生化学実験は，試験管の中の多数分子（～10^{12}個）の平均量で，その生体分子の性質を表してきた。10^{12}個も分子がいると，平均値を非常に正確に求めることができる。個々の分子の挙動が平均値からどれだけずれているかを表す標準偏差は10^{-6}以下になり，測定装置に由来する誤差にくらべたら無視できるほど小さくなるからである。平均値は極めて正確で重要な情報であるが，分子のダイナミクスを明らかにすることはできない。なぜならば，ストップドフロー法やケージド化合物を用いた方法が用いられてはいるが，複数分子が関与する反応の同期をとることが難しく，多段階反応を素過程に分離することは難しいからである。一方，1分子観察では，個々の分子に関して，反応の開始から終了までの一連の過程を観察するので，反応の開始をそろえたデータが得られ，反応過程を解析しやすい。また，分子モーターにおける化学・力学エネルギー変換のように，1分子が担っている2種類の反応の関係を明らかにする場合は，1分子を対象に化学反応と力学反応を同時に計測しない限り不可能である。さらに，最近，ミオシンやコレステロール酸化酵素などの酵素に1秒程度の履歴作用があることが明らかにされたが，これも1分子観察が不可欠であった。しかし，ここで注意しておきたいのは，1分子の1回の反応を見ただけでは，全てが明らかになるとは限らないことだ。生体分子の反応の活性化エネルギーは熱エネルギーとあまり変わらないため，統計処理を行う必要がある。1分子の実験を行っているにもかかわらず，たくさんの測定例を集めて統計処理しなければならないというと逆説的に思えるかもしれない。しかし，これは生体分子を扱う研究の宿命であり，ここに生物研究の楽しさの本質がある。生体分子1分子の反応を統計処理した結果は，多分子系の平均値とは質的に異なり，分子のダイナミクス，履歴，分子間相互作用の情報に溢れている。

4.1.4　タンパク質相互作用の1分子観察例

ここでは，タンパク質相互作用の1分子蛍光イメージングの例として，タンパク質の折れたたみを助ける“シャペロニン分子”のイメージングを紹介する[5]。

(1)　シャペロニン GroEL-ES の相互作用

シャペロニンは樽型の GroEL とフタ型の GroES からなる。GroEL は，新生ポリペプチドや変性タンパク質と特異的に結合し，ATP 存在下で補助因子であるフタ型の GroES と結合・解離を繰り返してタンパク質の折れたたみを助ける。しかし，ATP 加水分解サイクルとタンパク質の折れたたみの進行がどのように共役しているかについて，まだ不明の点が多い。1分子蛍光イメージング法を用いて，これらの問題に取り組むための第一歩として，蛍光色素 IC5 で標識した GroEL をガラスに固定し，還元ラクトアルブミンと ATP 存在下で，Cy3 で蛍光標識した GroES が GroEL に結合・解離するダイナミクスを観察した。GroEL の活性を保ったまま，蛍光標識するために，変異体 GroEL（D490C）を作製し，そのシステイン残基に蛍光色素 IC5 を反応させ

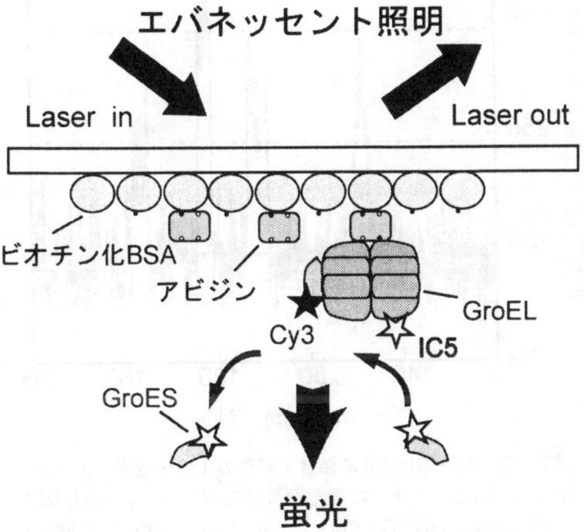

図1　シャペロニンのイメージング方法の模式図

た。また，GroELがガラス基板に直接結合すると変性してしまうので，次のような工夫をした。まず，ガラスをビオチン化したBSA（bovine serum albumin）でコートしておき，ストレプトアビジンを介してシステインをビオチン化したGroEL（D490C）に結合させた。ここにGroESと変性タンパク質を加え，全反射蛍光顕微鏡を用いて，1分子のGroESがGroELに結合・解離する様子をビデオで観察した（図1)。溶液中でブラウン運動するGroES分子は動きが速すぎて見えず，GroELに結合して止まったGroES分子だけが観察できる（図2)。このように，分子のブラウン運動と全反射による局所励起を巧みに組み合わせることにより，1分子間相互作用のイメージングが可能になった。

GroESがGroELに結合するまでの時間と，GroESがGroELに結合している時間を，それぞ

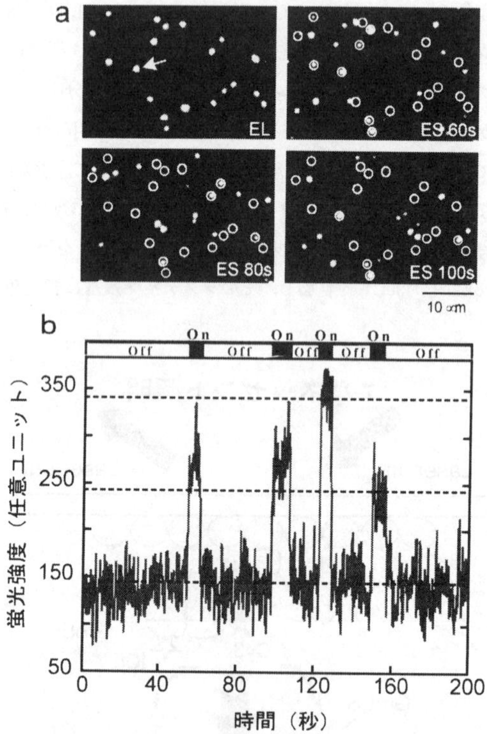

図2　GroEL–GroESの結合・解離の1分子蛍光イメージ
(a) GroELとGroESの蛍光顕微鏡写真。GroELの位置を白い円で示す。(b) 矢印で示したGroELとGroESとの結合・解離を示す蛍光強度変化。

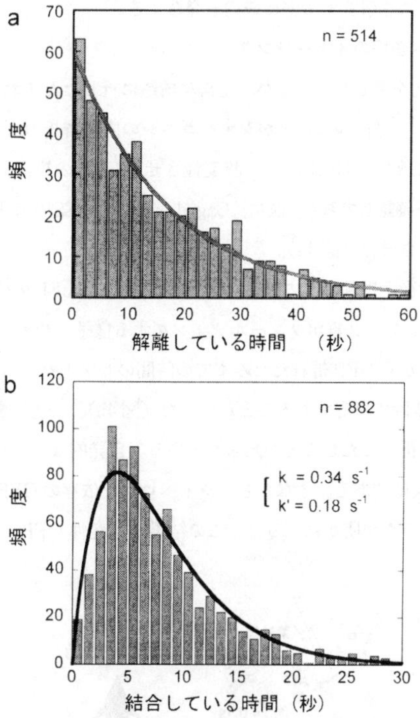

図3　GroEL と GroES が解離している時間（a）と結合している時間（b）のヒストグラム

れ計測して統計的に解析した。結合するまでの時間の分布は，単一の指数関数でフィッティングすることができた（図3a)。このことは，GroEL と GroES の結合がランダムな確率過程であることを示している。溶液中の GroES の濃度は 2.3nM なので，結合速度定数は $2.6\times10^{7}M^{-1}s^{-1}$ と見積もられた。この値は，溶液中の多分子で測定された値と一致しており，ガラス基板に固定した GroEL が，溶液中を漂っている場合と同じように GroES と結合できていることを示している。

次に，GroES の結合時間を解析した結果，GroES は結合後，直ちに解離し始めるのではなく，ある中間体を経てから解離する2段階反応であることが分り，それぞれの反応速度定数は 0.34，$0.18s^{-1}$ と見積もられた（図3b)。従来，生化学的な方法で多数の分子の平均を測定した結果では，GroES の結合・解離は，ATP の加水分解という唯一の律速過程からなると考えられてきた。1分子観察によって，それを2つの素過程に分解できたわけである。この様に1分子観察は相互作用の詳細なダイナミクスを研究する際に威力を発揮する。

(2) GFPの折れたたみ過程のイメージング

GFPは変性すると蛍光を発しなくなるが，正常な構造に折りたたまれると，再び蛍光を発する。この性質を利用して，1分子のGFPがシャペロニンの内部で折りたたまれる様子を観察した。まず，IC5で蛍光標識したGroELと，酸変性させたGFPの複合体をガラス基板に固定しGroELの蛍光像で位置を確認しておく。次に，Caged ATP，GroES存在下で紫外線照射し，ATP加水分解サイクルを開始させた（図4a)。

その結果，紫外線照射後，数秒たってからGFPの蛍光が，GroELの位置に次々と現れた。このようにして，1分子のタンパク質がフォールディングする様子を初めてイメージングすることに成功した。紫外線照射からGFP折れたたみまでの時間のヒストグラムを作成したところ，時定数が約3秒と25秒の2段階反応であることが分った（図4b)。一方，酸変性したGFPは中性条件に戻すと，自発的に折りたたむことが知られている。自発的なフォールディングにはラグがなく，約25秒の1段階反応である。すなわち，シャペロニン依存のGFPフォールディングにのみ特徴的な3秒のタイムラグが明かになった。この結果は，変性GFPとGroESがGroELに同

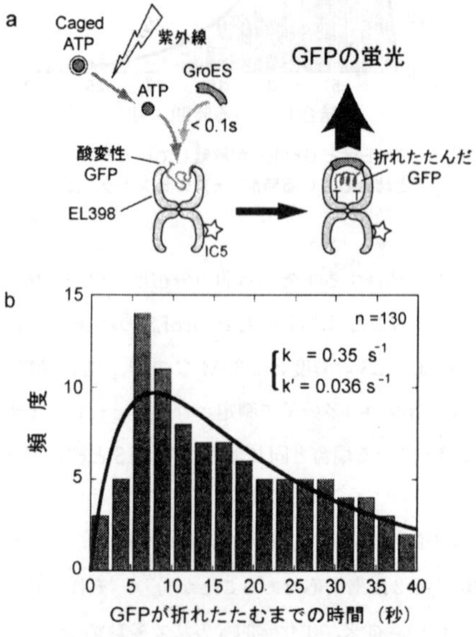

図4　GFP折れたたみの1分子観察
(a) GFPフォールディングの実験方法。(b) GFPの折りたたみにかかる時間のヒストグラム。

時に結合している中間体が存在し，結合していた変性GFPがGroEL・GroES複合体内に落とし込まれて自由にフォールディングを始めるまでに約3秒の時間を要することを示している。このように，シャペロニン機能とタンパク質のフォールディングを1分子で観察することにより，シャペロニンの新たなメカニズムが明らかになった。

4.1.5　今後の展望

本稿では主にガラス表面上に結合させたタンパク質などのナノ分子の検出とその機能解析を紹介した。もちろん，落射照明や共焦点顕微鏡などを用いることで厚みをもった生細胞における検出と機能解析も可能である。また，現在，半導体加工技術を応用してチップ上で化学反応を行うμTASと呼ばれる技術の開発が盛んである。μTASでは微量のナノ分子をリアルタイムに検出する必要がある。定量性に優れた蛍光分子イメージングがそのキーテクノロジーの1つとして，より発展することを期待したい。

文　　献

1) R. Y. Tsien, *Annu. Rev. Biochem.*, **67**, 509 (1998).
2) T. Funatsu *et al.*, *Nature* **374**, 555 (1995).
3) D. Axelrod, *Methods. Cell Biol.*, **30**, 245 (1989).
4) J. Levene *et al.*, *Science* **299**, 682 (2003).
5) H. Taguchi *et al.*, *Nature Biotechnol.* **19**, 861 (2001).

4.2　磁気ナノ粒子を用いた免疫検査

円福敬二*

4.2.1　はじめに

免疫反応は，病原菌・がん細胞の検出，DNA遺伝子解析，環境有害物質の検出，などのバイオ計測の広い分野で用いられている。この免疫反応は測定すべきバイオ物質（抗原）とこれに選択的に結合する検査試薬（抗体）との結合を測定し，抗原の種類と量を測定するものである。微量な抗原－抗体の結合反応を高感度で高速に検出するため，種々の検査装置の開発がなされているが，その中の一つにSQUID磁気センサと磁気ナノ粒子を用いた磁気的な免疫反応検出システムがある。本項では，磁気的免疫検査法の原理，および検査システムを構成するためのSQUID磁気センサと磁気ナノ粒子について述べる。また，磁気的手法を用いた免疫検査実験の最近の結果について紹介する。

4.2.2　磁気的免疫検査法

図1（a）に磁気的手法による免疫反応の検出の模式図を示す。免疫検査の手順は以下の通りである。最初に固定用の抗体を基板に結合させる。この後に，検出すべきバイオ物質（抗原）を固定用抗体と結合させ，最後に，検出用抗体を抗原に結合させる。この際に，検出用抗体は磁気ナノ粒子で磁気的に標識されており，この抗体を磁気マーカーと呼ぶ。抗原と抗体の結合反応は，磁気マーカーからの磁気信号を用いて検出する。なお，従来の光学的手法では抗体を蛍光酵素などで標識し，光学マーカーからの光信号により結合の検出を行っている。

図1（a）に示すように磁気マーカーと抗原を結合した状態では，溶液中には抗原と結合した磁気マーカーと未結合の磁気マーカーが共存している。抗原と結合した磁気マーカーを検出する方法としては以下の2つの方法がある。一つは未結合の磁気マーカーを洗い流す方法である。こ

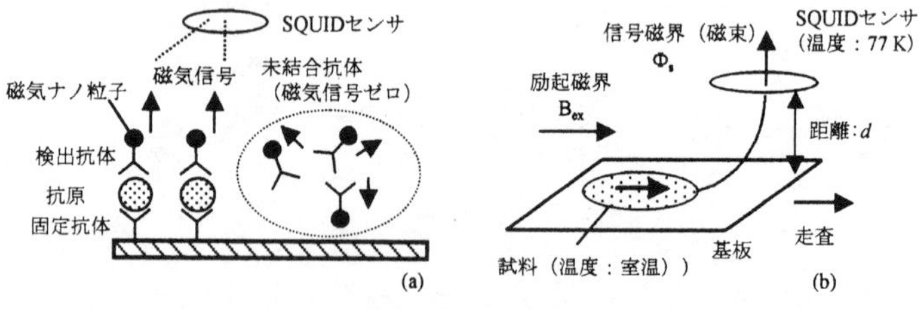

図1　磁気ナノ粒子とSQUID磁気センサを用いた磁気的免疫検査
（a）磁気的手法の原理。（b）測定法の模式図

* Keiji　Enpuku　九州大学大学院　システム情報科学研究院　超伝導科学部門　教授

の“洗い”の工程は光学マーカーの場合にも用いられている一般的な方法であり，この方法では試料は乾燥した状態で測定される。他の方法は，未結合の磁気マーカーを洗い流さず，溶液の状態で測定する方法である。未結合の磁気マーカーは溶液中ではいわゆるブラウン運動しているため，その磁化は時間的にランダムな方向を向くことになる。従って，未結合の磁気マーカーからの磁化のベクトル和はゼロとなり，全体としては磁気信号を発生しない。これに対して，抗原に結合した磁気マーカーは固定されているため，磁化は同じ方向を向いており全体として磁気信号を発生する。溶液中での免疫反応の検出は光学的手法では困難であり，磁気的手法の大きな利点である。

磁気的手法においては，磁気信号の大きさは抗原に結合した磁気マーカーの量に比例するため，微量の結合反応を検出するためには微弱な磁気信号を測定しなければならない。超伝導現象を利用したSQUIDは超高感度な磁気センサとして知られており，脳磁界や心臓磁界などの医療計測に用いられている。SQUIDセンサはピコテスラ以下の微弱磁界を検出できるため，本センサを用いることにより極めて微量な反応の検出が期待できる。

4.2.3　SQUID磁気センサ

図1（b）にSQUID磁気センサを用いた免疫検査システム[1]の概略を示す。磁気マーカーを磁化するために外部から励起用の磁界B_{ex}を印加している。この際，センサの性能を劣化しないように，磁界はセンサに対して平行に印加される。この磁界により磁気マーカーが磁化され，磁化信号の垂直成分をSQUIDセンサで信号磁束Φ_sとして検出する。

図1（b）において，SQUIDセンサは高温超伝導体を用いたものであり，センサを動作させるためには液体窒素温度に冷却しなければならない。一方，測定すべき試料は室温にあり，試料からの磁気信号は試料からの距離dとともに急激に減少する。従って，試料からの信号を感度良く検出するためには，冷却されたSQUIDセンサと室温の試料との距離dを近接する必要がある。試料サイズが3mm×3mmでセンササイズが3mm×6mmの場合には，距離dを1.5mm程度にする必要がある。このため，両者の距離を近接できる，いわゆるSQUID顕微鏡が用いられている。

図2に試作したシステムの模式図を示す。SQUIDは顕微鏡ヘッドにマウントされており，サファイアロッドを通して伝導冷却により液体窒素温度に冷却されている。また，顕微鏡ヘッドは厚さ0.3mmのサファイアウインドウを用いて真空断熱されており，室温の試料とSQUIDとの距離は1.5mm程度である。環境磁気雑音をシールドするため，SQUID顕微鏡は2重の円筒磁気シールド内に設置されており，磁気シールド率は1/100程度である。また，励起磁界B_{ex}を発生させるためのfield coilと，励起磁界の垂直成分を補償するためのcompensation coilが設置されている。本システムでは試料を電動スライダーで移動し，この時のSQUIDセンサの出力波形

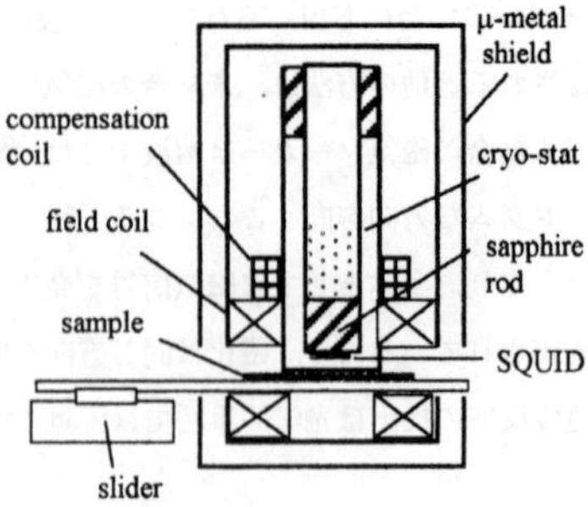

図2　SQUID 免疫検査システムの模式図

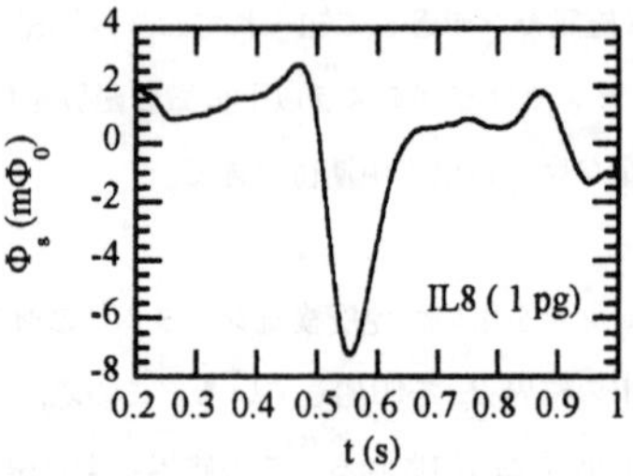

図3　SQUID センサの出力波形
抗原としては1pg の重さの Interleukin 8 (IL8) を用いている。

を測定する。試料移動用の電動スライダーはシールド外に設置しており，シールドにあけた窓から試料の出し入れを行っている。なお，電動スライダーを含めた装置全体の大きさは70cm×50cm×60cm 程度であり，コンパクトな仕様となっている。

図3に試料を移動したときのSQUID センサの出力波形の例を示す。なお，センサの出力は1Hz～20Hz のバンドパスフィルターを通している。試料がセンサの真下を通過するときにピーク信号が得られており，このピーク値が試料内の磁気マーカーの量に比例することになる。なお，磁気信号はSQUID センサで検出した磁束Φ_sで表している。これは，試料からの磁界が空間的に大きく変化するため，磁界よりは磁束で表した方が信号の大きさを正確に表せるためである。また，磁束の単位$\Phi_0 = 2.07 \times 10^{-15}$ Wb は磁束量子である。環境雑音と電動スライダーの雑音を含んだシステム雑音は現状では0.4mΦ_0（6ピコテスラの磁界感度に対応）であるが，さらなる低雑音化は可能である。

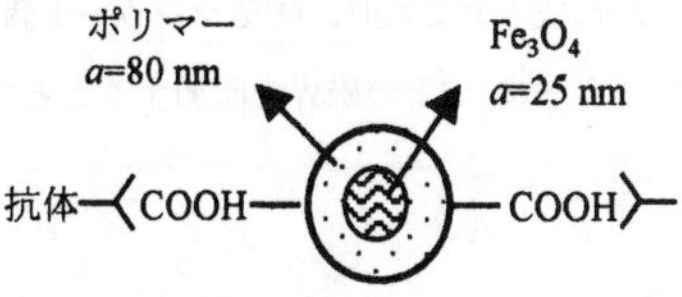

図4　磁気ナノマーカーの模式図

4.2.4　磁気ナノマーカー

抗原－抗体の結合反応を高感度に検出するためには，磁気マーカーから発生する磁気信号が大きいことが望ましい。また，磁気マーカーとして使用するためには凝集や沈殿が発生しないなどの溶液中での分散性の良さも必要となる。しかしながら，このような要求を満足する磁気マーカーはまだ市販されておらず，免疫検査用に最適化された磁気マーカーの開発が重要な課題となっている。

磁気マーカーの模式図を図4に示す。磁気ナノ粒子を高分子で包み，その表面にカルボキシル基等を介して抗体を結合させている。磁気ナノ粒子の磁気特性はその粒子径 a に大きく依存することが知られている。これは粒子サイズが小さくなると粒子の磁気エネルギーが小さくなり，熱雑音のエネルギーが無視できなくなるためである。すなわち粒子径が小さい場合には熱雑音による磁化の緩和現象が発生し，その緩和時間 τ は以下の様に与えられる[2)]。

$$\tau=\tau_0\exp(KV/k_B T) \tag{1}$$

ここで，$\tau_0=10^{-9}$s は特性時間，K は磁化を特定の方向に保つための磁気異方性エネルギー，$V=(\pi/6)a^3$ はナノ粒子の体積，k_B はボルツマン定数，T は絶対温度である。

(1)式に示す様に緩和時間は粒子の体積 V に強く依存する。一例として，直径が $a=15$nm の Fe_2O_3 を考えてみる。異方性エネルギーとして $K=13$kJ/m^3 を取ると，この場合の緩和時間は $\tau=2.6\times10^{-7}$s となる。すなわち磁化は極めて短時間で緩和してしまう。この場合には磁気ナノ粒子は強磁性体としての性質を示さなくなり，常磁性体と同様な振る舞いを示すため，いわゆる超常磁性体と呼ばれている。抗原の磁気分離や精製のために開発されている市販の磁気ナノ粒子では，このサイズが用いられている。しかしながら，この磁気ナノ粒子を免疫検査に代用した場合には磁気信号が小さいという問題がある。

これに対して，粒子の直径を $a=25$nm とした場合には，緩和時間は $\tau=140$s となる。この場合には磁化はかなりの時間にわたって緩和しないことになる。すなわち，残留磁気が発生することになり，この場合には大きな磁気信号を得ることが出来る。このため，直径が $a=25$nm の Fe_3O_4 を用いた磁気マーカー[3)]を新規に開発した。図4においてこの磁気ナノ粒子を直径が80 nm の高分子で包みその表面にカルボキシル基（COOH）を結合させている。抗体はカルボキシル基と結合し，磁気マーカーが形成されており，磁気マーカー1個当たり表面に20個の抗体が結合されている。この磁気マーカーに0.1Tの磁界を印加することにより，残留磁気を発生することが出来る。

4.2.5 免疫検査実験

磁気ナノマーカーとSQUIDセンサを用いた免疫検査実験の最近の成果について紹介する。使用する磁気ナノマーカーと信号検出法の違いにより，検査システムは以下の3つのタイプに分類される。なお，どの測定法を用いるかは使用する磁気ナノ粒子の磁気特性に大きく依存する。また，ナノ粒子の磁気特性はその粒子径に大きく依存するため，どのようなサイズの磁気ナノ粒子を使うかによって測定法を選定する必要がある。

(1) 磁化率測定[1, 4, 5]

図1（b）で励起磁界B_{ex}を用いて試料（磁気マーカー）を磁化する。なお，励起磁界としては直流磁界を用いる場合と10Hz程度の交流磁界を用いる場合がある。磁化した試料は電動スライダーにより移動され，この時のSQUIDセンサの出力波形は図3の様になる。この方法では，信号磁束Φ_sの大きさは励起磁界B_{ex}に比例するため，大きな信号を得るためには磁界B_{ex}を大きくすることが重要である。ただし，磁界を大きくしすぎるとSQUID性能が劣化してしまうという問題がある。これは励起磁界とSQUIDセンサが完全には平行でないため，励起磁界の垂直成分がセンサに鎖交し，その結果センサの低周波雑音が増加するためである。従って，この問題を避けるためには磁界の垂直成分をマイクロテスラ以下に押さえる必要があり，図2に示すように垂直成分を補償するための補償磁界が一般に用いられている。

この測定法を用いた免疫検査実験[1, 4)]が行われている。磁気マーカーとしては抗原の磁気分離

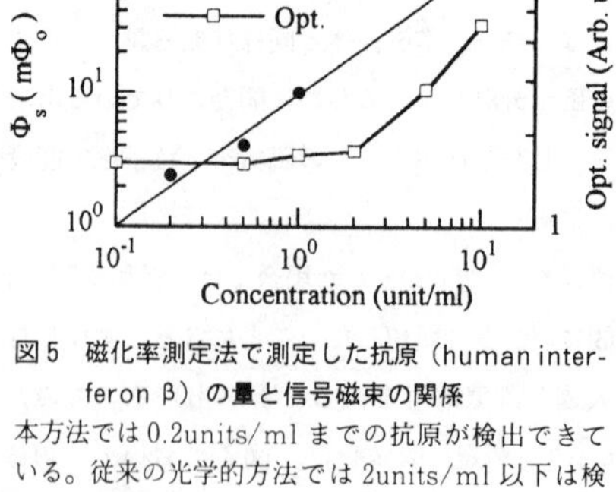

図5　磁化率測定法で測定した抗原（human interferon β）の量と信号磁束の関係

本方法では0.2units/mlまでの抗原が検出できている。従来の光学的方法では2units/ml以下は検出できていない。

や精製用に開発された市販のもの（MACS : Miltenyi Biotec, Germany）が用いられている。磁気マーカーは直径が $a=15$nm の Fe_2O_3 で構成されており，いわゆる超常磁性を示すため，励起用の直流磁界として $B_{ex}=0.8$mT を印加している。抗原としては human interferon β と呼ばれるものを用いており，抗原－抗体の結合反応の後に，未結合の磁気マーカーを洗い流している。図5の●印に示すように，抗原の量と測定信号の間には良い比例関係が得られており 0.2units/ml までの濃度の抗原が検出できている。これに対して，従来の光学的方法では□印で示すように 2units/ml 以下の濃度の検出は出来ていない。すなわち，磁気的方法では従来の光学的方法に比べて10倍高感度に反応検出が可能であることを示している。

(2)　磁気緩和測定[6~9]

この方法では，図1（b）で試料を SQUID センサの下に固定し，$B_{ex}=1$mT のパルス磁界を印加する。このパルス磁界により磁気マーカーは磁化され，磁界印加後にはマーカーに残留磁気が発生する。この残留磁気は，磁気ナノ粒子のサイズが小さい場合には，熱雑音のため時間とともに減少する。この磁気緩和を測定し，緩和前と後の磁気信号の差から磁気マーカーの量を測定する。

磁気マーカーの磁化の緩和の様子は次式で与えられている[10]。

$$\Phi(t)=\Phi_s \ln\{1+\tau_{mag}/(t-t_0)\} \tag{2}$$

ここで，τ_{mag} は励起用のパルス磁界が印加されている時間であり，通常1秒程度である。また，t_0 は実験と(2)式を合わせる際の調整パラメータである。なお，(2)式は磁気ナノ粒子の集合体の磁気緩和であり，(1)式で表される粒子1個の緩和とは異なることを注意しておく。これはナノ粒子の集合体では粒子径に分布があり，その結果種々の緩和時間が存在するためである。(2)式は種々の緩和時間を持つ集合体の平均的な磁気緩和の振る舞いを示している。

(2)式で Φ_s が磁気マーカーの量に比例する磁気信号となる。この値は励起用のパルス磁界 B_{ex} の大きさにも比例するため，この場合も大きな磁界を用いることが有効である。現在，$B_{ex}=1$mT 程度のパルス磁界が用いられているが，磁界をさらに増加するためには垂直成分の補償が重要である。

この方法を用いた免疫検査実験も報告されている。磁気ナノ粒子としては直径が 15nm の Fe_2O_3（Quantum Mangetics, U. S. A）を用いており，$B_{ex}=1$mT 程度のパルス磁界印加直後から1秒後までの磁気緩和を測定している。測定は未結合の磁気マーカーが共存した溶液中で行っており，4×10^3 個の結合した磁気マーカーを検出している[9]。従来の光学的方法では 10^5 個のマーカーしか検出できておらず，この結果は従来法に比べて数10倍高感度に検出が可能であることを示している。

なお，上述の2つの測定では磁気分離や精製用に開発された磁気ナノ粒子を代用していること

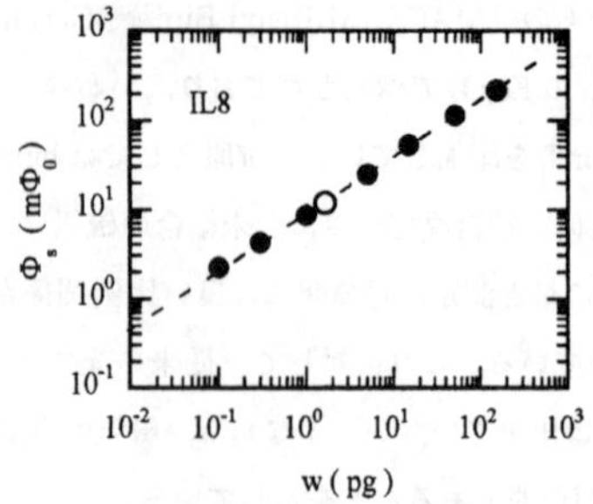

図6　残留磁気を用いた免疫検査
抗原（Interleukin 8）の重さ w と信号磁束Φ_sの関係。本方法では0.1pgまでのIL8が検出できている。

を注意しておく。免疫反応検出用に磁気マーカーを最適化すれば，システム感度を1桁改善することは可能である。

⑶　**残留磁気測定**

前述したように，磁気ナノ粒子のサイズが大きくなると，粒子の残留磁気は緩和しなくなる。このため，この場合の測定は上述の2つの方法に比べて簡単になる。すなわち，図1（b）においてSQUIDセンサから離れた場所で磁気マーカーに0.1T程度の大きな磁界を印加し，マーカーに残留磁気を発生させる。この後，試料を図2に示す装置にセットし，試料を電動スライダーで移動し残留磁気をSQUIDセンサにより測定する。この方法では測定時にSQUIDセンサに磁界が印加されないため，システムが簡単になるとともに，励起磁界の垂直成分の問題が無く低雑音化が容易である。

図4に示す残留磁気を持つ磁気マーカーを用いた免疫実験の結果について述べる。図1（a）の模式図で抗原としては，がんなどの診断の際に用いられるInterleukin 8（IL8）と呼ばれるタンパクを用いた。また，磁気標識されたMAB208を検出用抗体（磁気マーカー）として用いた。なお，結合反応が終了した後に未結合の磁気マーカーは洗い流している。図3に抗原（IL8）の重さが1pgの時の，検出波形の例を示す。試料がSQUIDの真下を通過するときに大きな磁気信号が得られている。図では信号の振幅として10mΦ_0が得られており，この信号振幅が抗原と結合した磁気マーカーの量に比例することになる。なお，この磁束信号はほぼ150ピコテスラの磁界に対応する。

図6に抗原（IL8）の重さを変化したときの，重さと磁気信号Φ_sの関係を示す。抗原の重さは0.1pgから150pgまで変化させており，この範囲で両者には良い相関関係が得られている。なお，

磁束信号Φ_sは抗原の重さwに対して$w^{0.65}$で増加しており，完全な比例関係にはならない。同様の依存性は文献11）でも報告されている。この依存性の原因としては磁気ナノ粒子間の磁気的相互作用が考えられるが，現時点では不明である。図6に示すように，本実験では0.1pgまでの抗原（IL8）が検出できている。IL8の分子量は10,000であるため0.1pgは10amolに相当する。なお，本システムでは$0.4m\Phi_0$までの磁束信号の検出が可能であるため，図6の結果を外挿すると，本システムにより0.01pg（1amol）までの抗原の検出が期待できる。

図6の中の○印は，正常人の血清200μl中に含まれるIL8の量を，本システムにより測定した結果である。この場合には血清中に1.5pgのIL8が含まれていることが分かる。この値は正常人としては妥当な値であり，この結果は，本システムの妥当性を示している。

なお，残留磁気を用いて未結合の磁気マーカーが共存する溶液中で免疫反応を検出した報告[12]もなされている。比較的大きな磁気マーカー（高分子径140nm）を用いて，IL-6と呼ばれる抗原を検出しており，40amolのIL-6を検出している。この測定感度は従来の光学的方法に比べて100倍程度高感度であるとのことである。

4.2.6　おわりに

磁気ナノ粒子とSQUIDセンサを用いた免疫検査システムについて述べた。SQUIDセンサの高感度性を利用することにより，従来不可能であった極微量なバイオ物質の検出が期待できる。これまでの実験により，本システムは従来の光学的方法に比べて10倍以上高感度に免疫反応の検出が可能であることが既に示されている。本システムの高性能化のためには，SQUID磁気顕微鏡，診断用磁気マーカー，及び磁気信号の測定法を改善していく必要がある。特に，診断用磁気マーカーの開発が遅れており，今後の重要な課題である。これが実現できれば，従来に比べて100倍以上高感度となり，バイオ免疫検査分野における画期的な装置となることが期待される。

文　　献

1) K. Enpuku *et al.*, *IEEE rans. Appl. Supercond.* **11**, 661 (2001).
2) 新井敏弘：日本応用磁気学会誌，**26**，51（2002）.
3) K. Enpuku *et al.*, *IEEE Trans. Appl. Supercond.* in press (2003).
4) K. Enpuku *et al.*, *Jpn. J. Appl. Phys.* **38**, L1102 (1999).
5) S. Tanaka *et al.*, *IEEE Trans. Appl. Supercond.* **11**, 665 (2001).
6) Y. R. Chemla *et al.*, *Proc. National Acad. Sciences of U. S. A.* **97**, 14268 (2000).
7) R. Kotitz *et al.*, *J. Magn. Magn. Mat.* **194**, 62 (1999).
8) A. Haller *et al.*, *IEEE Trans. Appl. Supercond.* **11**, 1371 (2001).

9) Seung Kyun Lee *et al.*, *Appl. Phys. Lett.* **81**, 3094 (2002).
10) D. V. Erkov and R. Kotitz ; *J. Phys. Condens. Matter*, **8**, 1257 (1996).
11) R. Kotitz *et al.*, *IEEE Trans. Appl. Supercond.* **7**, 3678 (1997).
12) M. S. Dilorio *et al.*, Applied Superconductivity Conference (2002, Houston), paper no. 1EL01.

4.3　偏光顕微鏡などによる細胞の観察

加藤　薫*

4.3.1　バイオ分野の光学顕微鏡の特徴とその分解能および検出限界

光学顕微鏡は，微小物体を拡大表示する光学器械である。無色透明な試料の場合，そのままでは観察が難しいので，コントラストをつけるために，各種の染色法や顕微鏡法が使われる。特に細胞などの生体試料では，何らかの方法でコントラストをつけて観察するのが一般的である。バイオ分野で使われる代表的な顕微鏡法とその特色を表1にまとめた。

これらの顕微鏡法には，「生体試料自体の光学特性」を観察に使うものと，試料を色素で染色し「色素の分布や強度」を観察するものとがある。前者には，位相差顕微鏡，微分干渉顕微鏡，干渉顕微鏡，偏光顕微鏡などがあり，後者には蛍光顕微鏡，共焦点レーザー顕微鏡，全反射蛍光顕微鏡などがある。ここでは，生体試料自体の光学特性を利用する顕微鏡法を主にふれる。

位相差顕微鏡，干渉顕微鏡，微分干渉顕微鏡は，試料を透過する光線の光路長の差を利用し，コントラストをつける。この光路長について，砂糖水と蒸留水を例に考えてみる。ある濃度の「砂糖水（屈折率：n_{sugar})」と「蒸留水（屈折率 n_{water})」が，横から見たときの奥行きだけが違う無色透明な容器に入っている。どちらも，真横から眺めただけでは，区別がつかないが，屈折率と奥行きには違いがある。この（屈折率）×（試料の厚さ）を光路長という。「外界と光路長が異なる無色透明な物体」を，光波が通過すると，光波の振幅はそのままで，光波の位相だけが変わる。このため，位相物体と呼ばれる。位相物体を観察対象とするのが，位相差顕微鏡，干渉顕微鏡，微分干渉顕微鏡である。(偏光顕微鏡については次項で述べる。)

これら光学顕微鏡の分解能は

　d＝(光の波長)/2(開口数)

で与えられる。高圧水銀灯のe線（546nm）の単色光を光源とし，開口数1.4の油浸対物レンズを用いた場合，分解能は約200nmとなる。注意すべきことは，分解能は「2つの微小な点を2点と識別できる最小距離」であることである。「単一の微小物体の存在の有無の検出」だけなら，分解能以下の直径30nmの粒子でも光学顕微鏡で検出できる（顕微鏡法や使用するレンズにより異なる。暗視野顕微鏡では，10nm程度の粒子でも検出できるという)。つまり，光学顕微鏡(“マイクロ”スコープ）をうまく使えば，ナノメーターレベルの現象も計測できるのである。

4.3.2　医学・生物学での偏光顕微鏡の貢献

偏光顕微鏡は，汎用の光学顕微鏡の対物レンズ側とコンデンサーレンズ側に，1対の偏光子を

---

*　Kaoru　Katoh　㈱産業技術総合研究所　脳神経情報研究部門　主任研究員・科学技術振興事業団　さきがけ21「認識と形成」領域　研究員

表1　医学・生物学で使われる各種の光学顕微鏡法

	顕微鏡が可視化する物理量	特徴	対物レンズ
位相差顕微鏡	背景光と試料を透過する光の光路長の差	薄い試料（培養細胞など）の観察に適する。ハロと呼ばれるにじみを生じる。	内部に位相膜を持つ。（対物の外に位相膜を持つタイプもある。）
干渉顕微鏡	「参照光(試料が無い光路を透過)」と「試料を透過する光」を干渉させ光路長の差を可視化	乾燥重量が見積もれる。干渉計と同様の原理で動く。高精度の計測が可能だが調整が難しい。	たわみが少なく偏光特性が良い。使用する光の波長の透過率が高ければ蛍光用にも使える。
微分干渉顕微鏡	試料の光路長の微分値	細胞内構造のエッジをよく検出し，形態観察に適する。ビデオカメラと，組合わせて使われる。偏光顕微鏡の地物側とコンデンサー側にワラストンプリズムを取付けたもの	
偏光顕微鏡	試料の複屈折	規則的な分子の配列を解析できる	
蛍光顕微鏡	蛍光分子の蛍光強度	蛍光ラベルした分子を観察する	紫外から可視光まで，広範囲の光をよく透過する。
共焦点レーザー顕微鏡	蛍光分子の蛍光強度	光学的切片の中の蛍光分子を観察する	
多光子励起蛍光顕微鏡	蛍光分子の蛍光強度	赤外パルスレーザーを光源とし，多光子吸収を利用した顕微鏡。赤外光で，紫外や可視励起の色素を励起。厚みのある生体試料内部の観察に使われる。	赤外を透過する。
全反射蛍光顕微鏡	エバネッセント場の中の蛍光分子	エバネッセント光を利用し，カバーガラスから100nmの範囲内に存在する蛍光分子を励起する。	開口数が大きい（1.45や1.6）

取り付けた顕微鏡で，複屈折を観察するのに用いられる。生体試料の複屈折は，分子自体の形，分子の並びあるいは屈折率の異なる界面（界面複屈折）などに起因する。これらのいずれの場合も，結晶などの複屈折に比べると，ずっと小さく，リタデーション（後述）で，2nm以下のことが多い。

この小さな複屈折の偏光顕微鏡観察は，医学生物学の分野で，大きく貢献した。たとえば，医学部の生理の教科書で筋肉を扱った部分を開くと，明帯（anisotropic band）と暗帯（isotropic band）という言葉が必ずでている[1)]。これは，横紋筋を偏光顕微鏡で観察したときに，明るく見える部分，および暗く見える部分のことである。明帯はミオシン分子の尾部が並び，複屈折を示す部域で，暗帯はアクチンが並ぶ部域である。筋肉が収縮すると，暗帯の幅が狭くなることは，筋収縮の「滑り説」を支持する根拠のひとつである。

細胞分裂では，「紡錘体」という構造が現れ，染色体の移動に貢献し，また消える。この紡錘体が生きた細胞に存在することを証明したのも偏光顕微鏡である。紡錘体は微小管という繊維状タンパク質が放射状に配列した数十マイクロメーターの細胞内構造である。今から50年以上前，固定染色した細胞の観察で発見された。光学顕微鏡で観察可能なサイズだが，発見当時の顕微鏡で生細胞を観察してもみえなかった。このため，はじめは，試料の固定染色に伴うアーティファクトの可能性が指摘された。生きた細胞内の紡錘体を，直接，可視化し，意味のある構造だと示したのが偏光顕微鏡である[2, 3]。また，生細胞の「染色体DNA」の構造予測にも，偏光顕微鏡による注意深い解析が貢献した[4, 5]。その後，多くの知見に基づく修正が加えられ，「ヌクレオソーム」の構造が明らかになった。この様に偏光顕微鏡は細胞内の分子の並びを解析する有力な手段である。

4.3.3　複屈折と偏光顕微鏡

(1)　複屈折

偏光顕微鏡は「複屈折」をしめす試料を検出する。複屈折[6~8]は，異方性結晶が示す光学異方性の一つで，「試料に入射する偏光波の振動方向により，屈折率が異なる性質」である。屈折率nと媒質中の光速度には

屈折率＝(真空中の光速)／(媒質中の光速)

の関係があるので，複屈折は「媒質中の光速」でも表現できる。この場合，複屈折は「試料中を進む偏光波の振動方向により，光速度が異なる性質」といえる。

この複屈折を示す結晶の中での光波の様子を考えてみる。仮想上の複屈折性の試料へ光波が入射すると，互いに振動方向が直交する2つの光波（常光線（o波）と異常光線（e波））に分かれる。試料中を進むo波とe波は速度が異なるので，試料の透過後に，位相のずれが生じる。この位相のずれはリタデーション[脚注1]と呼ばれ，位相遅れが生じる方位がアズムス角と呼ばれる。リタデーションとアズムス角よって複屈折は特徴づけられる。

(2)　偏光顕微鏡による複屈折の観察

偏光顕微鏡はコンデンサーレンズと対物レンズの側に，偏光子，検光子と呼ばれる偏光板を取

脚注1　正確には，e波とo波の位相差（Δ）は

$$\Delta = 2\pi d(n_e - n_o)/\lambda$$

（ただし，d：試料の厚さ，n_e：e波に対する屈折率，n_o：o波に対する屈折率，λ：光の波長）と書ける，この式の“$d(n_e - n_o)$”がリタデーションであり，「e波とo波の相対的な光路長の差」にあたる。

り付けた顕微鏡である。偏光子を固定し（偏光波が0時と6時の方向に振動するように据える），検光子を回転させ，2枚の偏光板が90度になるように調節する（クロスニコル）。この時，視野は最も暗くなる（消光状態）。試料を回転ステージ上に置き，回転させると，複屈折性を持つなら，試料と偏光子の角度に依存して，明るく，あるいは暗く見える。この様に，直線偏光をベースにした偏光顕微鏡では，試料の見え方に方向依存性がある。例えば，偏光顕微鏡をうまく調整すると，1本の微小管（直径25nmのタンパク繊維）を観察できるが，最もよく微小管が見える状態から，45度，微小管の方位を回転させると，それまで見えていた微小管は見えなくなってしまう。

4.3.4 Pol-scope（液晶を用いた試料の方位に依存しない偏光顕微鏡）

Pol-scope（図1）は試料の方位に関係なく，観察が可能な偏光顕微鏡である[9, 10]。試料を回転

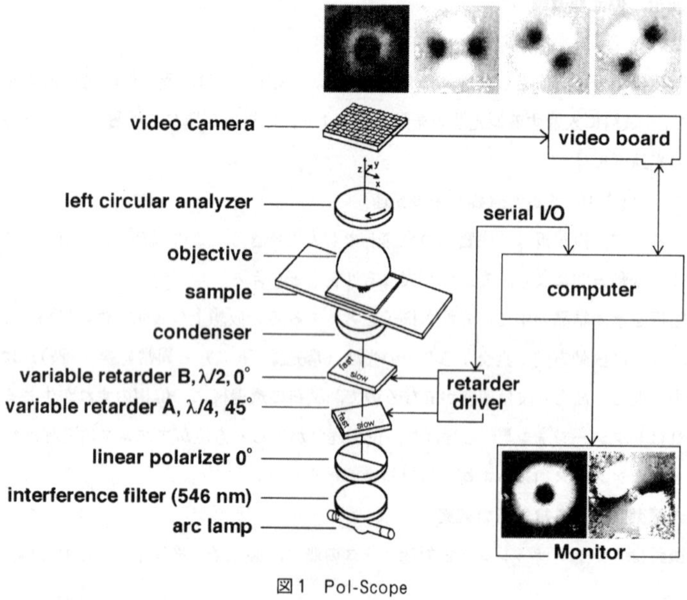

図1　Pol-Scope

2枚の液晶板からなるユニバーサルコンペンセーターが光路に取り付けられている。この光学部品を電気的に制御し，あらゆる種類の偏光波で，試料を照明できる。図中の右上の4枚の写真は，円偏光（左端）と3種類の楕円偏光（右の3枚）で照明した星状体（ハマグリ卵から単離）である。この4枚の画像を元に，試料（この場合は星状体）の，リタデーションとアズムス角のマップ（図中，左下，右：リタデーション，左：アズムス角）を作成する。リタデーションは一定方向に配列した繊維状タンパク質の繊維数に比例し，アズムス角は，繊維状タンパク質の配向方向に平行になる。

（文献10より許可を得て複製）

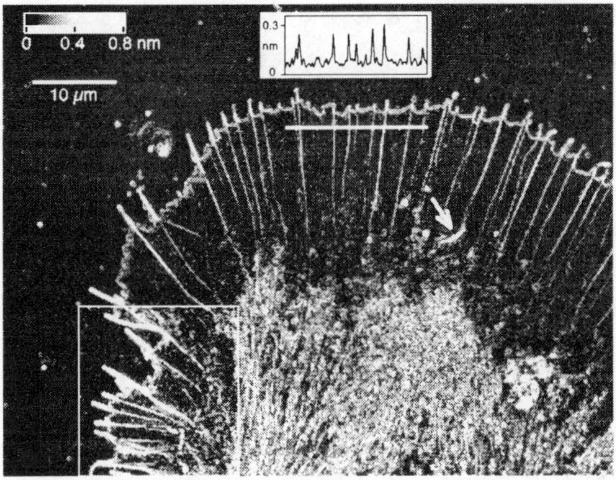

図2　Pol-scopeで観察した成長円錐とその内部のアクチン束
Pol-scopeのリタデーションマップを用いて可視化した成長円錐。リタデーションは画像の輝度値として示されている。
挿入図：白線部のリタデーションのプロットプロファイル。リタデーションの値から，アクチン束の内部には15-30本のアクチン繊維が含まれると見積もれる。
（文献11より許可を得て複製）

させることなく，照明に使う偏光波の振動方向や楕円率を，液晶とコンピューターで制御し，偏光観察ができるようにした新しいタイプの偏光顕微鏡である。試料の複屈折（リタデーションとアズムス角）を2次元計測し，瞬時に2種類のマップとして表示する。この新しい偏光顕微鏡は，従来の偏光顕微鏡の解析力を保ったまま，方向依存性の壁を打ち破ったものである。

Pol-scopeは，従来の偏光顕微鏡が使われた，様々な分野に応用可能である。例えば，①神経先端部の細胞骨格（アクチン束）の動きの観察（図2）[11]。②細胞分裂中の紡錘体の動態観察。③微小管[12, 13]や繊維状アクチンの定量[14, 15]。④染色体の観察。⑤細胞内外の小胞の観察。⑥人工授精に用いる未受精卵の透明層[16]や紡錘体[17]の観察，などの生物学の分野や，これまで偏光顕微鏡が使われてきた，広範な材料科学や結晶学の分野で利用可能である。

4.3.5　おわりに

この小文では蛍光以外の光学顕微鏡を用いた微小物体の生物学分野での観察法について，偏光を主体にまとめた。

アッベが1873年に，回折格子を用いた実験で顕微鏡の結像理論を確立してから，約100年を経て，ビデオカメラという「電子の眼」と顕微鏡とを組み合わせることにより，理論的限界まで，光学顕微鏡を使いうるようになった。さらに，光学顕微鏡の画像処理と情報理論を組み合わせて，高解像度化を目指す試みがなされている（超解像光学顕微鏡）。これが本格的に実用化されれば，光学顕微鏡の分解能はさらにあがるだろう。

文　　献

1) H. E. Huxley, *Science*, **164**, 1356 (1969).
2) S. Inoué *et al.*, *J. Molphol*, **89**, 423 (1951).
3) S. Inoué *et al.*, *Mol Biol. Cell.*, **9**, 1603 (1998).
4) S. Inoué *et al.*, Science, **136**, 1122 (1962).
5) S. Inoué *et al.*, "Molecular Archtecture in Cell Physiology" p209, Prentice-Hall, New Jersey (1966).
6) S. Inoué "Video Microscopy, 1st. ed," p477, Plenum Press, New York (1986).
7) E. Hecht "Optics", p319, Addison Wesley Longman Inc., Massachusetts (1998).
8) 鶴田匡夫 "光の鉛筆", p186, 新技術コミュニケーションズ, (1984).
9) R. Oldenbourg *et al.*, *J. Microsc.*, **180**, 140, (1995).
10) R. Oldenbourg, *Nature*, **381**, 811, (1996).
11) K. Katoh *et al.*, *Mol. Biol. Cell.*, **10**, 197 (1999).
12) P. Tran *et al.*, *Biol. Bull.*, **189**, 206 (1995).
13) R. Oldenbourg *et al.*, *Biophys. J.*, **74**, 645 (1998).
14) K. Katoh *et al.*, *Biol. Bull.*, **191**, 270 (1996).
15) K. Katoh *et al.*, *Proc. Natl. Acad. Sci. USA*, **96**, 7928 (1999).
16) D. Keefe *et al.*, *Hum. Reprod*, **12**, 1250 (1997).
17) L. Liu *et al.*, *Nat. Biotechnol*, **18**, 223 (2000).

4.4 生体分子の高速ナノダイナミクス撮影

安藤敏夫*

4.4.1 はじめに

タンパク質は巧妙な働きをするナノマシンと言ってよいであろう。その動作の仕組みを探るべくさまざまな手法が用いられているが，機能しているまさにそのときの様子を手に取るように見ることなど不可能であった。それを可能にするには，水溶液中に在る試料を観察できる手法が必要であり，かつ，その手法は高い空間分解能と時間分解能の両方をもたなければならない。これまで開発された手法はこの3つの条件の内少なくとも1つを満たさなかった。我々は前者2つの条件を満たす原子間力顕微鏡（AFM）を高速化することにより，すべての条件を満たす「高速AFM：ナノダイナミクス撮影装置」を開発した[1, 2]。この装置により，水溶液中でドラマティックに動くタンパク質の様子を連続した実空間の映像として見ることが初めて可能になった。

4.4.2 AFMの仕組み

AFMは1986年にBinnigらによって開発された[3]。以下に述べる原理から明らかなように，試料の環境（真空中，大気中，液中）を選ばないという優れた特徴を有する顕微鏡である。基板に固定された試料を先端の尖った探針で触ると探針に斥力が働く。その探針が端に付いた柔らかいレバー（カンチレバーと呼ばれる）はその斥力によって撓む。試料をXY走査しつつレバーの撓みを計測し，その撓み量をXY各点でプロットすると試料の形状がグラフに再現される。試料の高い部分では斥力が大きく，低い部分では小さい。試料がカンチレバーに比べて十分硬い場合は別だが，そうでない場合には高い部分で試料は大きく変形する。従って，試料の形状は正しく再現されない。できるだけ小さい斥力をXY走査中に一定に保つために，カンチレバーの撓みが一定になるように試料ステージをZ方向にも走査する。これを実現するために，カンチレバーの撓み信号と目標とする撓みに対応する電圧（セットポイントと呼ばれる）との差（エラー信号と呼ばれる）に比例する信号で試料ステージをZ方向に駆動する。エラー信号がゼロになるまで，これは素早く繰り返される。この工夫（フィードバック制御）により探針から試料にかかるZ方向の力を軽減できるが，横方向の力を軽減できない。これを克服するために考案された方法がAC走査モード（Intermittent Contact Mode，或いは，Tapping Mode）である。このモードでは，カンチレバーをその共振周波数（付近）でZ方向に振動させる。探針が試料に接する時間が短いために，横方向の力が軽減される。探針・試料の相互作用により振動振幅が減少するので，振幅値が一定（すなわち，試料にかかるZ方向の力が一定）になるように試料ステージをZ方向に走査する（フィードバックをかける）。このフィードバック下では，試料ステージの動きは試

* Toshio Ando 金沢大学大学院 自然科学研究科 教授

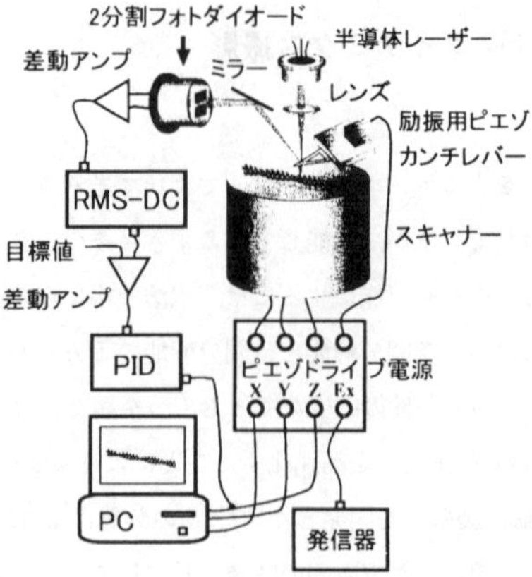

図1　通常の AFM 装置の構成（詳細は本文参照）

料の凹凸をなぞることになるので，フィードバック信号を XY 各点でプロットすれば，試料形状（実際には等力面だが，一定の保つべき力が小さければ差は小さい）がグラフに再現される。

AC 走査モードにおける装置の構成を図1に示す。カンチレバーの支持部近くに置かれたピエゾ素子を振動させてカンチレバーを励振する。カンチレバーの撓みを検出する方法にはいくつかあるが，光テコ法と呼ばれる方法が一般的である。半導体レーザー光をレンズで絞り，金コートされたカンチレバー背面に当てる。反射光を2分割フォトダイオードに導く。2分割フォトダイオードの各ダイオードからの信号の電圧差はカンチレバーの撓み量に比例する。この電圧差を RMS-DC 回路に入力してカンチレバーの振動振幅値に対応する電圧に変換する。この電圧と目標とするセットポイントとの差を PID（比例・積分・微分）制御回路に入力し，その出力を Z ピエゾドライブ電源に入力し試料ステージを Z 方向に走査する。また，PID 制御回路の出力を試料の高さの情報としてパソコンに取り込む。試料ステージを XY 走査しつつ，以上の一連の手続きを行うことで，XY 走査範囲の試料の形状を画像化することができる。

4.4.3　撮影速度の律速度因子

市販されている AFM 装置では1画像を撮るのに分オーダーの時間がかかる。それゆえ，試料が基板上で激しく動いている場合には像にならない。水溶液中にある生体分子を見ることができるといっても，基板にきつく吸着させた動かないものしか見ることができない。AFM の撮影速度（走査速度）が何によって決まっているかをここでまとめておこう。1枚の画像をとるのにかかる時間 T は以下の2つの式できまる。

$$T \geq 2nN^2/f_c \tag{1}$$

$$T \geq 2NL/\lambda f_b \tag{2}$$

ここで，n はRMS-DC回路が振動振幅値に変換するのにかかる周期数（サイン波の波の数），f_c はカンチレバーの共振周波数，$N \times N$ は画像の全ピクセル数，L は速い水平走査方向（通常X方向）の走査距離，f_b はフィードバック帯域，λ は試料の水平方向の大きさと探針先端の太さとのコンボルーションである。式(1)は，カンチレバーが少なくとも1回振動しないと1ピクセルの情報が得られないことに由来する。係数2は，X走査を往復するために現れる（行きと帰りではカンチレバーの振る舞いは若干異なるので，どちらか一方のみを画像化する）。通常のRMS-DC回路では $n=10$ 程度で，柔らかい生体試料観察用カンチレバーの水中での共振周波数はせいぜい数kHz程度である。従って，100×100ピクセルから成る画像を撮るのにかかる時間は1分程度になる。試料の凹凸の空間周波数（$1/\lambda$）は試料ステージのX走査（速度 V_s）により時間周波数（V_s/λ）に変換される。式(2)は，フィードバック周波数がこの周波数よりも高くなければならないことに由来する。通常の市販AFM装置のフィードバック帯域は100Hzオーダーしかなく，100×100ピクセルから成る画像を撮るのにやはり1分前後の時間がかかる。

4.4.4　高速AFM

撮影速度を上げるには，高速変換できるRMS-DC回路，ばね定数が小さく共振周波数の高いカンチレバー，広いフィードバック帯域が必要である。以下に我々の行った開発の概略をまとめる。

通常のRMS-DC回路は，搬送波（カンチレバーの共振周波数の振動波）と振幅変調波（試料の凹凸による振幅の変調）から搬送波を除去するために，入力信号を整流しローパスフィルターにかける。ローパスフィルターにかけるために搬送波の1周期で振幅値に変換することができない。また，探針・試料間の接触によるサイン波波形の変形は，接触時点の部分しか変化せず（水中では粘性のためにそうなるが，大気中や真空中では慣性があるので波形全体が変わる），これをローパスフィルターで均してしまうために，探針・試料間の接触を敏感に検出できない。我々は図2に示す高速振幅計測回路を開発した。サイン波の上と下のピークのタイミング信号を移相器とゼロクロスコンパレーターで作り，そのタイミングでSample/Hold回路に入力信号電圧をホールドする。これらホールドされた電圧の差にローパスフィルターをかける。この方法により，搬送波の半周期ごとに振幅を計測できると同時に，サイン波波形の変化した部分だけを捉えるので感度が高い。

ばね定数が小さく共振周波数の高いカンチレバーのサイズは小さくなければならない。長さ9μm，幅2μm，厚さ140nmの微小カンチレバーを我々は開発した（図3）。材質は窒化シリコンで，ばね定数は150～200pN/nm，共振周波数は大気中で1.5MHz，水中で600kHz程度である。

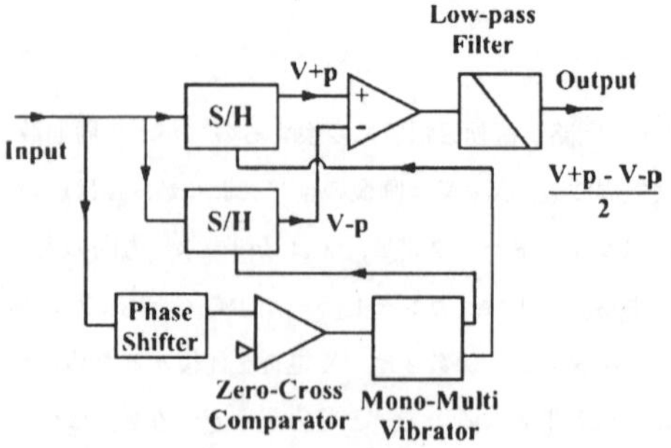

図2　高速振幅計測回路のダイアグラム
ハイパスフィルターを通ったサイン波信号を3経路に分け，ひとつを移相器にかけ位相を90度ずらす。その信号がゼロ点を横切る2箇所でゼロになる矩形波に変換し，単安定マルチバイブレータによりその立ち上がりと立下りでパルスを発生させる。このパルス発生位置は入力サイン波のピーク位置に一致する。2つのS/Hにより，ピーク位置のサイン波電圧をホールドし，その差電圧（振幅値）にローパスフィルターをかけた信号を出力する。

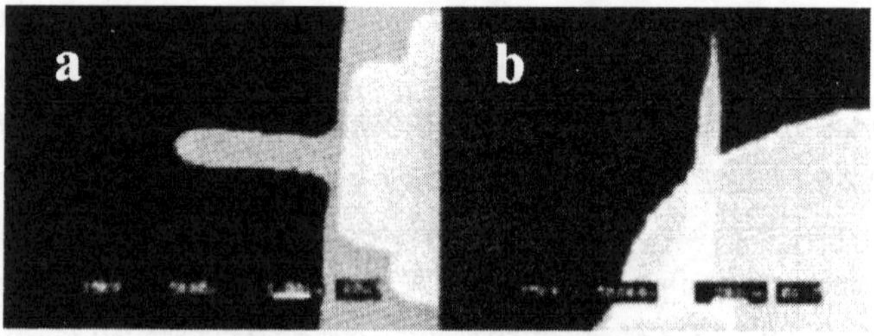

図3　高速走査用微小カンチレバーの電子顕微鏡写真
(a) 探針は付いていない。
(b) EBD法で形成させた探針。

エッチングプロセスの都合で探針は付いていない。電子顕微鏡を用いて電子線を1点に当てて試料室内に残存するガス分子を重合させるElectron Beam Deposition（EBD）法により探針を形成させた。針の成長速度は約5nm/sで，1μm程度成長させる。先端曲率半径はおおよそ10nm前後になるが，Ar雰囲気下でプラズマエッチングすると4nm程度に先鋭化できる。サイズが市販カンチレバーの1/10以下になったため，図1に示すような通常の光テコ光学系を用いた場合にはレーザースポットは十分小さくならず，効率よくレーザーを当てることができない。そこで，

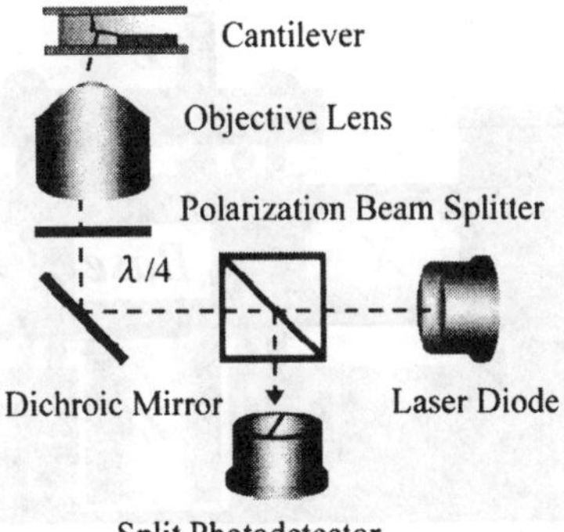

図4　小さいカンチレバーに適用できる光テコ光学系

偏光したレーザー光は偏光ビームスプリッタを透過し，λ/4 板で円偏光になる。それを 20X 対物レンズで絞りカンチレバー背面に当てる。対物レンズの中心から少しずれた位置に入射させ，斜めに設置したカンチレバーに垂直に当たるようにしている。反射光を同じ対物レンズで集める。反射により位相がπ変わるので，逆回転の円偏光になり，1/λを通ったあとの直線偏光の向きは入射光のそれに直交する。従って，反射光は偏光ビームスプリッターを通って分割フォトダイオードに向かう。

図4に示すように，入射光と反射光の両方をひとつの対物レンズに通す新しい光テコ光学系を開発した。レーザースポットの大きさは3μm 程度である。入射光と反射光は偏光ビームスプリッターとλ/4 板で分けられる。

図1に示すようにフィードバックループには，カンチレバー，光テコ光学系，センサーアンプ，RMS-DC 回路，PID 制御回路，ピエゾドライブ電源，スキャナーが含まれる。これらのデバイスの中で最も応答速度の遅いデバイスはスキャナーである。電気回路系の応答速度を上げることはそれほど難しくないが，スキャナーは機械系であり，その応答速度を上げることはかなり難しい。Z スキャナーの共振周波数は Z 走査周波数よりも十分高くなければならない。そうでないと，走査によりスキャナーはその共振周波数で勝手に大きく振動してしまう。もうひとつの困難は剛性である。例えば，1g の質量をもった物体を 100kHz で 10nm の振幅だけ振動させたときに生ずる最大撃力は 4N（400g の物体にかかる重力に相当）にも達する。この大きさの力が働いても 1nm 以下の変移しか生じない高い剛性をもった機械を作ることは不可能に近い。図5に示すデ

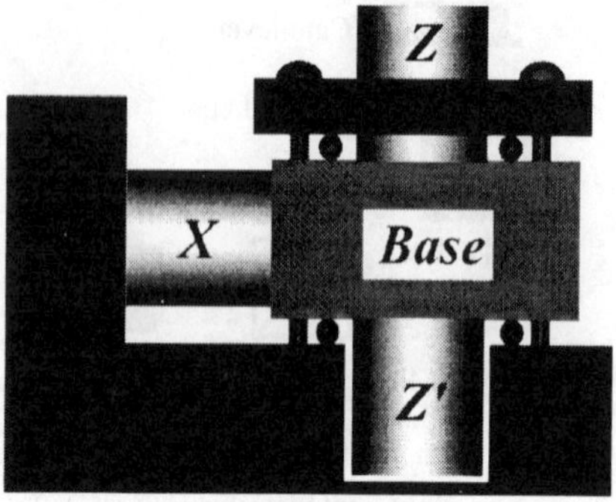

図5 高速スキャナーの構造
ここではYスキャナーは書かれていないが，この図に示す全体をYスキャナーは動かす。X方向に移動するベース部に2つのZピエゾを逆向きに接着している。このベースはボールベアリングを介して上下2枚の平板でZ方向に締め付けられている。上のZピエゾの上面に試料台を載せる。

ザインでこれらの困難を乗り切ることができた。2つの対向するピエゾ素子を同時に同じだけ変移させることで激力を中和させた。これにより，これらのピエゾの支持部には激力はほとんど働かず，支持部の構造の共振周波数が低くても振動しにくい。また，X方向に走査される支持部をZ方向に締め付けることにより，共振周波数が低くても大きく共振することがない。ピエゾ素子も含めた機械系の共振周波数はピエゾ素子のそれとほぼ等しくなり，Zスキャナーの帯域はピエゾ素子の共振周波数で決まる。約230kHzの自己共振周波数をもつピエゾ素子（最大変移量2μm）を採用したところ，片端固定のためにその半分になり，試料ステージの質量の効果でさらに低くなり，Zスキャナー共振周波数は100kHzになった。

スキャナーの帯域は実は共振周波数だけでは決まらない。共振スペクトルのQ値が重要となる。Q値とは最大振幅の$1/\sqrt{2}$となる2つの周波数の差（Δf_s）と共振周波数（f_s）との比（$f_s/\Delta f_s$）のことであり，共振スペクトルの鋭さを表す。ZスキャナーのQ値は10〜20程度である。スキャナーにかかわらずすべての振動系の応答周波数（入力に対する応答が安定になるまでの時間の逆数）はおおよそf_s/Qであり，このZスキャナーの場合，5〜10kHzしかない。我々はこの問題をQ値制御により解決した。Q値制御とは，振動系の振動信号を検出し，その位相を90度遅らせた信号にゲインをかけたものを振動系の駆動信号に加える方法である。これにより，Q値を下げることができる（270度遅らせた信号を加えるとQ値は逆に大きくなる）。Q値制御を採用した場合には，Zキャナーの変移を実際に検出しなければならないように思えるが，Zキャナーと同じ

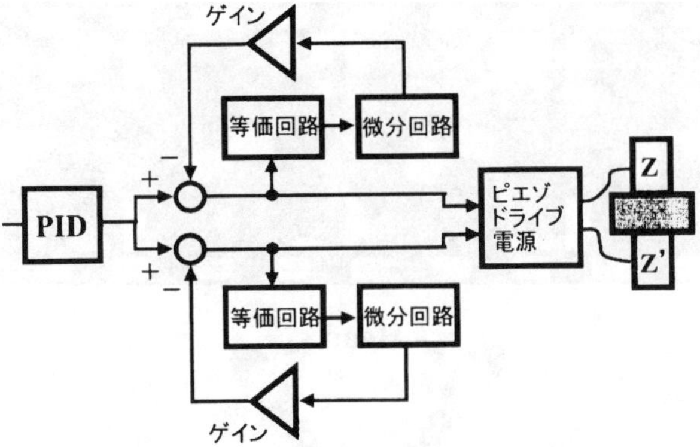

図6　Zスキャナーの Q 値制御のダイアグラム

各Zピエゾの力学特性（2次ローパスフィルター特性）と等価な電気回路にPID制御回路からの出力信号を入力する。それを微分して適当なゲインをかけた信号をPID出力から減算する（90度位相がおくれた信号を加算したことになる）。これにより，等価回路のQ値を下げる（力学量の粘性の増大に対応）。Zピエゾの特性と等価回路の特性は同じなので，ZピエゾのQ値も下がることになる。

共振特性をもった電気回路の出力を検出するだけで十分である（図6）。この方法により，我々の装置のフィードバック帯域は約60kHzに達した。市販AFMではZスキャナーの共振周波数（付近）の周波数をカットするノッチフィルターを用いてZスキャナーが共振するのを防ぎ，帯域を広げている例があるが，ノッチフィルター自身が共振系であり，ノッチフィルターのQ値で決まる応答周波数を超えることはできない。

4.4.5　タンパク質のナノダイナミクス撮影

上述したデバイスの高速化に向けた最適化により，100×100ピクセルからなる画像を80msで撮れる高速AFMの開発に成功した[1,2]。ピクセル数が少ないので，走査範囲はせいぜい300×300nm^{2}程度であるが，個々のタンパク質分子の挙動を見るには十分であろう。図7に50フレーム連続に撮影したミオシンVの像の一部とミオシンVの構造の模式図を示す（実際の映像はhttp://www.s.kanazawa-u.ac.jp/phys/biophys/bmv_movie.htm に掲載されている）。ミオシンVをマイカ表面に載せただけで，特に吸着させるための工夫は行っていない。それゆえ，マイカに吸着せずに自由に動ける部分が存在する。ミオシンVは特に脳に多く見出され，神経細胞内で物質輸送を担うモータータンパク質のひとつである。頭部と頸部との間がヒンジになっているようで，その周りに頭部と頸部が相対的な位置を変えている様子が見える。この試料にはエネルギー源であるATPは含まれていない。ATPを結合・分解するときの様子をリアルタイムに

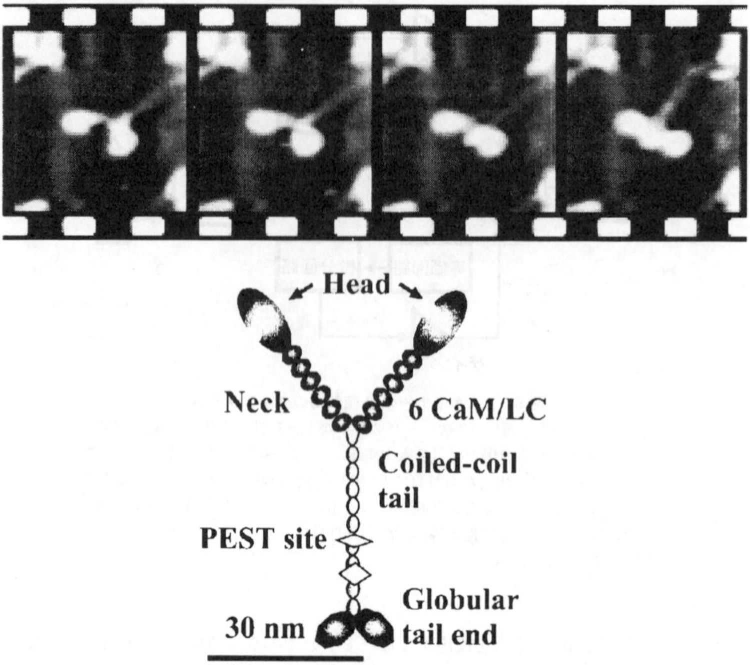

図7　バッファー溶液中でマイカに緩く吸着したミオシンＶのＡＦＭ像とミオシンＶの構造の模式図

(a) 80ms ごとに 50 フレーム連続して撮影した像の一部を示す。200nm 四方を走査して得た像から 120nm 四方を切り出したもの。

(b) ミオシンＶは 2 つの頭部と長い頚部，それに続いてほぼ Coiled-coil の長い尾部からなる。尾部の最後は球状になっており，ここに運ぶべきカーゴが結合する。各頚部は 6 つの IQ モチーフをもち，カルモジュリンと軽鎖を合計 6 つ結合している。頭部には ATP 分解活性とアクチン結合部位が存在する。

観察したいのだが，ATP の分解速度は 0.05/s 程度であり，ミオシンＶの構造変化を繰り返し見るためには，長時間の連続観察が要求される。装置のドリフトの問題があり，長時間観察は難しい。また，構造変化が観察されたとしても，それが実際に ATP 加水分解反応によるものかどうかを断定することも難しい。生体高分子の動的挙動を撮影するためには，試料を基板に強く吸着させてはならない。それゆえ，吸着していない部分はブラウン運動することになる。例えば ATP 分解に伴う構造変化（生理的構造変化と呼ぼう）が撮影中に繰り返し現れる場合は問題ないであろうが，そのブラウン運動と生理的構造変化を識別することは難しくなる。

ATP を添加する前後を撮影することができれば，この問題は解決される。すなわち，ATP 添

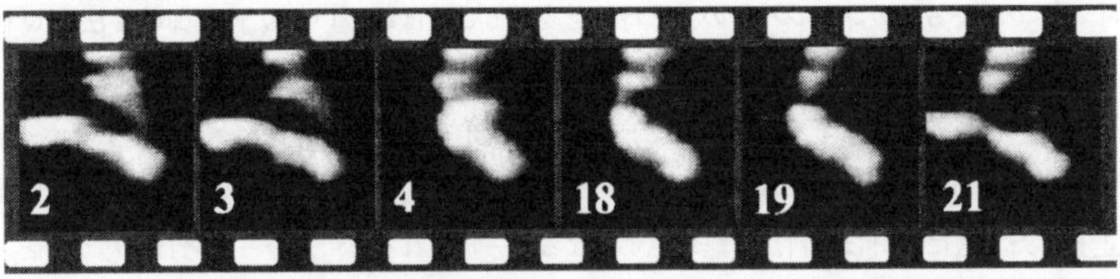

図8　Caged-ATP に紫外線を照射したあとのミオシン V の AFM 像
80ms ごとに連続 500 フレーム撮った像の中から，紫外線パルスを当てた直後からの像の一部を示す。各フレームに付けた数字は Caged-ATP 照射後のフレーム番号。最初ほぼ水平方向を向いていた左側の頭部が 4 フレーム目で急に右方向に曲がり，しばらくその屈曲形態を維持した。16 フレーム目から 19 フレーム目までゆっくりと戻っていき，21 フレーム目で元の水平方向に戻った。270nm 四方を走査して得た映像から 90nm 四方を切り出した。

加に同期した変化が観察されれば，それはミオシン V の生理的構造変化と断定することができる。この目的に Caged 化合物は有効である。このように総称される化合物は，本来の生理作用をもつ化合物に光感受性色素を結合させて生理作用を失わせた化合物である。通常紫外線照射によりこの Caged 化合物から生理作用をもつ化合物が生成される。水銀ランプとメカニカルシャッターを組み合わせて簡易紫外線パルス照射装置を作成し，Caged ATP を含む溶液に紫外線を照射する前後のミオシン V 分子を撮影した（図8）。紫外線を照射する前には，ミオシン V の 2 つの頭部・頸部はほぼ直線上に並んでいたが，紫外線照射後片方の頭部が頸部に対して大きく曲がり，その結果，頭部先端は頸部と尾部のジョイント近くにまで位置するようになった。その曲がった状態は約 1.5 秒間続き，そのあと元のまっすぐな状態に戻っていった。Caged ATP が存在しない場合には，このような変化は観察されなかったことから，この大きな屈曲運動は ATP の結合，或いは分解に伴って生じた現象であると断定できると思われる。

ミオシン V はアクチンフィラメントと相互作用して力や運動を起こすモータータンパク質である（他のモータータンパク質，キネーシンとダイニンはマイクロチュービュルと相互作用する）。それゆえ，ミオシン V 単独で起こる構造変化がモーター機能そのものであるかどうかは不明である。アクチンフィラメントと相互作用しながら ATP を分解しているときの動的挙動を捉える必要がある。しかし，新しい技術的問題が持ち上がった。

4.4.6　探針・試料間にかかる力の軽減化

アクチンフィラメントやマイクロチュービュルをイメージングしたところ，時間とともに構造が壊れていった。探針と試料との間にかかる力が強すぎるためと思われた（X 方向の力か，Z 方向の力かは断定できないが）。Z 方向の力は振動するカンチレバー探針が試料にぶつかるために生ずる。この力は，カンチレバーのばね定数，共振周波数，Q 値，自由振動振幅，それとセットポイントで決まる。カンチレバーの力学特性を変えることは難しい（Q値制御の手法でQ値を上げて，働く力を弱くすることは可能だが[4]，カンチレバーの応答速度が遅くなってしまう）。それゆえ，この力を弱くするには，セットポイント（走査中に一定に保つべきカンチレバーの振幅）を自由振動振幅に近付けるしかない。しかし，近づけ過ぎると，試料の高さが低くなる部分を走査したときに探針は試料から離れやすくなる。一旦離れると，エラー信号は試料からどんなに離れていようとも小さいままであるので，フィードバックのゲインは小さく，探針が試料（基板）に再着地するまでに時間がかかる。再着地までの間，試料の形状情報はすべて失われる。我々はこの困難を次のような方法で乗り越えることができた。自由振動振幅に近いセットポイントと自由振動振幅の間に或る閾値を設け，カンチレバーの振幅がその閾値を越えた場合にその振幅信号に或るDC値を加算する。フィードバック回路は探針が試料表面から大きく離れたものとみなし，大きなフィードバック信号を返す。その結果，カンチレバーの振幅は目標値に急速に近づく。動的にパラメターを変えるこの「動的PID制御法」により，マイクロチュービュルを破壊することなく，連続イメージングできるようになった。この手法は，カンチレバーの振幅が目標値よりも小さくなった場合にも使える。ただし，この場合には，セットポイントは自由振動振幅に近いため，エラー信号はもともと大きいので，それほど有効ではない。しかし，急に高さが高くなる部分を走査している場合には十分大きなフィードバックゲインを確保でき，探針を試料に強くぶつけたままX走査することを回避できる。動的PID制御はフィードバック帯域を上げることになり，Z方向の力ばかりでなく横方向の力も軽減できる点で，もろい生体分子の高速撮影に有効な方法である。

4.4.7　今後の展開

AFMの原理は単純であり，構成デバイスにこれといった大掛かりなものはない。しかし，丹念に最適化したすべてのデバイスを集積化することで単純さからは想像できない高度な機能をもつ装置となる。現在ある技術を見渡し，将来生まれるであろう技術を想像しても，液中ナノメーター世界のダイナミクスを観察できる装置は高速AFM以外にはありそうもない。それ故，高速AFMは今後様々な分野で世界に普及するものと予想される。生体分子機械の動作の仕組みを解明する従来の研究を例にとると，各分子の振る舞いを直接実空間の影像として見ることはできず，種々の間接的手法によって得られたデータから動的な振る舞いを推測するしかなかった。例えば，筋収縮がミオシンクロスブリッジの回転によって起こるという説は1950年代に提唱されたが，半世紀経った今でもそれを見事に証明した実験結果はなく，もはや解決済みの問題であるとの認識をもっている研究者は少ないであろう。実空間の映像が見せるナノスケールの分子ダイナミクスは分子プロセスを極めて直接的かつ具体的に我々に示す。それは我々の推測の正しさを実証する，あるいは想像もしえなかった真実を明らかにするであろう。

さて，装置についてであるが，高速AFMの性能はさらに向上できるものであろうか。生体分子のダイナミクスの時間領域はnsからsまで幅広い。この内，生理作用に密接した時間領域は大方msからsの間にあり，80ms/frameでは追跡できない速い分子過程も存在する。さらなる高速化が望まれるところであるが，AC走査モードに限れば，25ms/frameあたりが現状の延長線上で到達できる限界であると思われる。使えるピエゾ素子やカンチレバーの材質特性から達成できる最大変移量，共振周波数，ばね定数に限界があるからである。25ms/frameでも追跡できない分子過程については，試料系の温度を低くしたり，基質の濃度を下げるなどの工夫である程度対応可能であろう。走査範囲が狭くてもよい場合には，ピクセル数を減らすことで数ms/frameを達成できる。

従来のAFM観察では実質的に静止画像しかとれず，従って，試料を基板にしっかり固定することが理想とされた。しかし，しっかり固定した場合に生理活性が維持されているか疑わしい。高速AFM観察では，分子の生理活性を維持し，分子ができるだけ自由に振舞えるように基板に緩やかに吸着させることが望ましい。この条件は対象とする分子の特性に依存するため，汎用的な方法は存在しない。この条件を得るために基板を修飾する必要性がでてくるであろうが，基板の平滑性と両立させなければならない。高速AFMが普及するにつれて，この技術のノウハウが蓄積されていくことを期待したい。

X線結晶構造解析などによりすでに精緻な原子レベルの三次構造が明らかにされているタンパク質においては，高速AFM観察で見出される分子形態の動的変化と静的な三次構造との関係を明らかにすることは興味深い。AFM像の解像度が高ければ，三次構造のどの部分が動的にどのような変化をしているかを把握することは可能であろう。そうでない場合にはタンパク質にマーカーを導入し，そのマーカーとの相対的な位置関係から，この把握は可能になるであろう。更に厳密な対応関係を求めるには，両者をつなぐもうひとつの構造情報が必要になるかもしれない。いずれにしても，両者の構造形態情報を比較することにより，原子レベルの三次構造をAFMの映像を反映するように変形させ，三次構造の時間発展（動的原子モデル）を求めることができるように思われる。そのモデルを解析することにより，その時間発展の必然性を理解し，生体分子機械の動作の物理化学的仕組みに迫ることができるのではないであろうか。

文　　献

1) T. Ando *et al.*, *Proc. Natl. Acad. Sci. USA* **98**, 12468 (2001).

2) T. Ando *et al.*, *Jpn. J. Appl. Phys.* **41**, 4851 (2002).
3) G. Binnig *et al.*, *Phys. Rev. Lett.* **56**, 930 (1986).
4) A. D. L. Humphris *et al.*, *Surf. Sci.* **491**, 468 (2001).

4.5 X線顕微鏡による細胞の機能イメージング

眞島利和*

4.5.1 はじめに

X線顕微鏡は，可視光線や電子線の代わりに，X線源から出て物質を透過したX線あるいは物質と相互作用したX線による像を得て，物体の内部構造や元素の組成などについての情報を得る装置である[1,2]。X線顕微鏡の歴史は古く，1885年にX線が発見されると間もなくX線顕微鏡の研究が開始されたが，X線源をはじめ，X線の結像技術やX線像の記録技術が未熟であったため実現はできなかった。研究が活発になったのは，1980年代以降のICの登場による超精密微細加工技術の発展や大出力レーザー，高輝度放射光施設の建設など，X線顕微鏡に関連する周辺技術の発展によるところが大きい。

生体機能を分子レベルにとどまらず，生きたままの細胞や組織のレベルで観察することは，病気の発生や治癒過程の研究においても重要である。医学診断では，X線を用いた非破壊検査方法としてX線投影像やX線トモグラフィーが利用されていることはよく知られている。豊富な経験を必要とするX線投影像の診断に代わり，コンピューターによる画像情報処理技術にもとづいたX線CTの登場は，X線CTによる非破壊検査の用途を広げた。工業分野では，マイクロフォーカスCTを中心とする硬X線を用いた計測技術が，部品の高密度化・高集積化の進む電子機器業界において実装基板の検査技術として実用化されつつある。従来のマイクロフォーカスX線管の焦点径が1μm～10μm程度であったのに対して，焦点径が250nm～750nmのものが製品化され，装置の小型化と低コスト化がはかられている。こうした計測に用いられるX線は，エネルギーが高く物質透過性が大きい硬X線が中心であるが，従来の硬X線領域での使用に加え，多様化するプラスチック素材やその用途の広がりに対応して炭素などの軽元素によるX線吸収に注目した軟X線領域での使用も試みられ始めている。本稿の主題であるナノバイオテクノロジーとの接点でX線顕微鏡を考えると，軟X線顕微鏡による生きている生物試料の高分解能観察や，蛍光X線顕微鏡の利用による生物試料の元素分析があげられる。本稿では，筆者らがおこなっているレーザー生成プラズマをフラッシュX線源とする密着型X線顕微鏡[3,4]による生物試料の観察を中心に，X線顕微鏡による細胞の機能イメージングについて概観する。

4.5.2 密着型フラッシュ軟X線顕微鏡

生物試料の高分解能観察装置として軟X線顕微鏡に期待が寄せられるのは，生物を構成している主な元素である炭素，窒素，酸素などが軟X線領域に吸収端をもつためである。軟X線領

---

* Toshikazu Majima ㈱産業技術総合研究所 光技術研究部門 ライフエレクトロニクス研究ラボ 主任研究員

域にある炭素（4.4nm）と酸素（2.3nm）の吸収端の間の波長領域では，炭素のX線吸収係数が酸素のX線吸収係数を約一桁上回っているため，この波長領域のX線を用いることにより水分子を構成している酸素による軟X線の吸収に妨げられることなく，タンパク質・脂質・糖質などに由来する炭素の密度分布像として生物試料を画像化することができる。

軟X線顕微鏡による生物試料の観察できれいなX線像を得る上で問題となるのが，X線照射による試料の熱損傷である。試料を構成している炭素に吸収された軟X線のエネルギーは時間が経つと熱エネルギーに変わり，試料の熱変性や膨張による変形を引き起こすことは避けられない。このため，パルス幅の短い単パルスレーザー光を金属標的に集光して生成される寿命の短いプラズマをフラッシュX線源に用いる[5]。X線露光により最終的には試料は変性するが，短い露光時間内にX線像の記録に必要な数のX線フォトンを照射することが可能であり，露光時間を10ナノ秒以下にすることにより，試料の熱変性が始まる前にX線像を撮りおえることができる。電子技術総合研究所（現　産業技術総合研究所）で開発された密着型フラッシュ軟X線顕微鏡（図1）は，レーザー生成プラズマを軟X線源とするもので，3ナノ秒の露光時間で水中試料の軟X線像を得ることができる。実験室レベルでの使用を想定した卓上型の小型な装置で[6]，X線

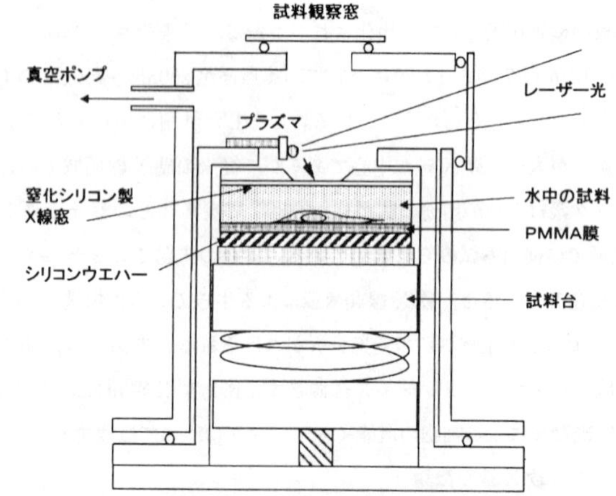

図1　密着型フラッシュ軟X線顕微鏡の概要図

単パルスレーザー光を，図には表示されていない凸レンズでイットリウム製金属標的に集光し，プラズマを発生させる。プラズマから出てくる軟X線を，X線感光性のPMMA薄膜上に置いた試料に照射し，原寸大のX線像を得ることができる。プラズマを発生させる真空チェンバーと大気圧に保たれた試料ホルダー内は，窒化シリコン薄膜製のX線窓で区切られている。

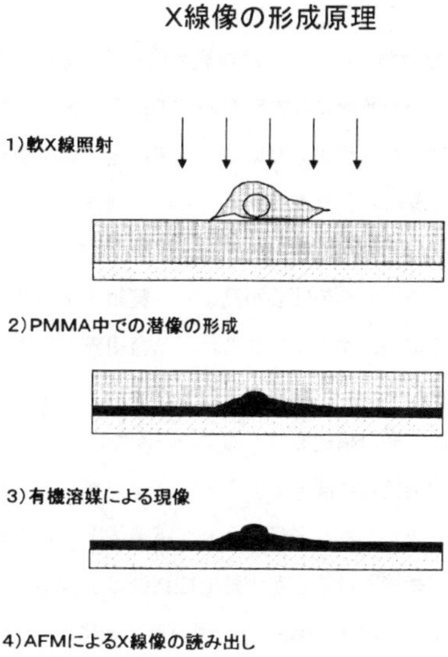

図2 X線像の形成原理
シリコンウエハーにスピンコートしたPMMA薄膜上に試料を載せ，X線照射をおこなう。X線を吸収したPMMAは主鎖が切断され，分子量が小さくなる。PMMA表面に残っている試料を取り除いたのち有機溶媒で現像すると，分子量の小さいほど溶解速度が速いため，PMMA表面に試料の影としてレリーフ状のX線像が顕れる。

感光性ポリマーのPMMA（ポリメチルメタクリレート）薄膜上に試料を密着させて置きX線露光をおこない，試料に含まれる炭素密度を反映した影絵として，レリーフ状のX線像を得る(図2)。このX線像を原子間力顕微鏡を用いて拡大読み出しをおこなう。この装置の分解能は，40nmである。

この軟X線顕微鏡像の特徴は，培養細胞など水中で生きている試料のタンパク質，脂質，糖質などにより構成されている細胞小器官の軟X線顕微鏡像を得ることができることである。また，軟X線顕微鏡は炭素密度分布に敏感であるため，水分を潤沢に含んでいる細胞外マトリックスなどゲル状の構造でも画像化することができることである。現在の密着型フラッシュ軟X線顕微鏡の前身となる装置を用いて，500ピコ秒の露光により撮影したウニ精子のX線像の例[5]では，精子頭部前半部の核と後方部のミトコンドリアが炭素密度の高い構造体として記録され，両者の境界部分が炭素密度の低い構造として記録されている。ミトコンドリアはドーナツ状の形をしており，その中央部分を貫いて鞭毛が伸び出しているが，X線像にはドーナツ状のミトコンドリアの形態的特徴が記録されている。

密着型フラッシュ軟X線顕微鏡を用いると，炭素密度の低い部分が細胞の周辺にあることがわかる。こうした部分は，水分を潤沢に含んだゲル状の構造であり，脱水・固定処理などにより水中で見られる本来の構造は失われやすいためで，従来の電子顕微鏡観察にはなじみ難いものである。図3に示すように，緑藻類のクラミドモナスでは細胞壁の外側に広がる糖タンパク質を中心とする水分に富んだゲル状の部分が観察できる[7]。

近年，糖タンパク質の生理的役割への関心が高まり，糖鎖工学が注目されている。動物の組織において細胞間を埋めている細胞外マトリックスは，結合組織としての働きに加えて細胞の形態や機能発現，移動，組織形成，発がんや転移などとも密接に関係していると考えられている。細胞外マトリックスの主成分は，網目構造をつくるコラーゲン，プロテオグリカン，グリコサミノグリカンなどの複合糖質，細胞接着に関与しているフィブロネクチンなどで，これらがヒアルロン酸などと巨大な会合体を形成して水を多量に含んだ構造体となり細胞をとりまいている。こうした細胞外の構造は，電子顕微鏡では観察が困難で観察例は少なかったが，生きているままの試料が観察できる密着型フラッシュ軟X線顕微鏡を用いることにより，細胞外マトリックスのイメージングが可能となった（眞島ほか，未発表)。細胞外マトリックスの可視化は新たな研究課題であり，細胞の機能発現機構との関連など，これまでは注目されることの少なかった細胞外マトリックスの機能や構造について，今後種々の知見の蓄積が期待される。ナノテクノロジーとの

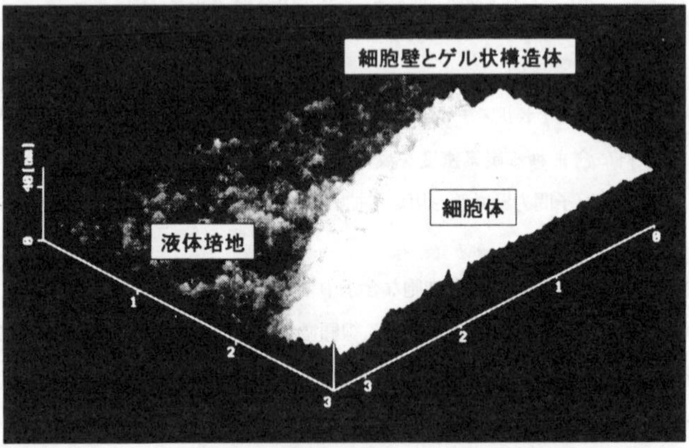

図3　クラミドモナスの細胞壁とゲル状構造

PMMA 薄膜上に記録された緑藻類のクラミドモナスの軟X線顕微鏡像の一部を示す。X線像は，試料の炭素密度分布を反映したレリーフ状の構造であることがよくわかる。細胞体の外側を取り巻くように炭素密度の低い構造が見られる。XY軸は3μm，Z軸は40nmである。

関連に注目すれば，新しい表面形状や性質・機能を持った素材の開発が期待され，こうした新しい素材を用いた細胞培養技術など，新たなナノバイオテクノロジーの研究分野の発展が期待される。

密着型フラッシュ軟X線顕微鏡の応用例として，腫瘍の中性子線療法の基礎過程の研究がある[8)]。中性子療法は，ホウ素化合物を取り込ませた腫瘍細胞に中性子線を照射し，ホウ素が崩壊するときに生じる高エネルギーのα線を腫瘍細胞に照射し，DNAなどを損傷させ腫瘍細胞を死滅させる治療法である。α線の軌跡を記録するために使用されるプラスチック素材であるCR 39に試料切片を貼り付け，中性子照射をおこない腫瘍細胞に取り込まれたホウ素の崩壊により放出されるα線の軌跡をCR 39上に記録する。次いで軟X線を照射し細胞像を記録することにより，α線の飛跡と細胞のX線像とをCR 39上に重ねて記録できるようになり，同一試料に由来する両者の可視化が可能になった。また，水の中での存在形態の観察が本質的に重要であるコロイド科学に密着型フラッシュ軟X線顕微鏡を適用した例として，hematite/silica/liposome複合微粒子の観察[9)]がある。これは水溶液中での複合微粒子の存在形態の観察をしたもので，固定や脱水処理を一切おこなわずに水中での形態が観察できるため，今後こうした分野での軟X線顕微鏡利用の発展が期待される。

4.5.3　投影型X線顕微鏡と結像型X線顕微鏡

X線顕微鏡は，X線源の種類や結像に用いるX線光学素子の種類，X線像の記録方式などの組み合わせにより種々の方式が考案されている[2)]。代表的なX線源は，シンクロトロン放射光，レーザー生成プラズマ，電子線照射金属薄膜などである。X線の集光やX線像の拡大をおこなう場合には，回折現象を利用して光軸上の一点にX線を集光させるゾーンプレートや多層膜X線反射鏡などが用いられている。X線像の記録には，CCDカメラやX線レジスト薄膜などが用いられている。代表的な方式として表1に示したさまざまな組み合わせのうち，シンクロトロン放射光・集光用および結像用ゾーンプレート・CCDカメラにより構成された結像型X線顕微鏡がある。

放射光を光源とするX線顕微鏡に対して，上で述べたレーザー生成プラズマをフラッシュX線源とするX顕微鏡や電子顕微鏡を改造して作成される投影型のX線顕微鏡[10)]は，実験室レベルで設置できる装置として汎用性がある。電子顕微鏡を改造して作成された投影型X線顕微鏡による昆虫や蛹などの観察が，吉村らにより報告されている[11)]。電子線を集光した金属箔膜をX線源として利用するもので，X線像を投影するスクリーンと点光源の間に試料を置き，その拡大投影像を得るものである。

結像型X線顕微鏡の特徴は，ゾーンプレートや斜入射ミラーなどのX線光学素子を用いて集光したX線で試料を照射するとともに，試料を透過したX線を結像させ拡大像X線を得ること

表1　X線顕微鏡の要素の組み合わせ

X線光源，X線光学系，検出系の組み合わせにより，さまざまな方式のX線顕微鏡が考案されている[1,9]。レーザー生成プラズマは，小型で簡便に利用できる光源である。シンクロトロン放射光は，波長選択性に優れている反面，利用できる施設が限られている。ゾーンプレートや斜入射ミラーは，高精度の加工技術が必要とされる。

光源	X線光学系	検出系
・レーザー生成プラズマ（フラッシュ光源） ・シンクロトロン放射光（連続光源）	・使用しない ・ゾーンプレート ・斜入射ミラー	・X線レジスト ・CCDカメラなど
・電子線照射金属薄膜	・使用しない	・フィルム

である。シンクロトロン放射光の利用により実用化に近づいているが，軟X線照射をおこなって生物試料のX線像を得るには長時間の露光が必要なため，軟X線照射に起因する生物試料の熱変性の対策が必要であり，氷中に試料を閉じ込める方式などが試みられている。一方，シンクロトロン放射光は波長選択性に優れているため元素の分析には適している。元素の吸収端の前後での画像を比較することにより牛ガエルの精子に含まれるタンパク質とDNAの分布比の画像化が，シンクロトロン放射光を用いた結像型X線顕微鏡を利用してZhangらによっておこなわれている[12]。

X線顕微鏡を用いて生物試料に含まれている元素の価数を知ることが出来ることが，ホヤの赤血球を用いて示されている[13]。竹本らは，蛍光X線顕微鏡を用いて，ホヤの血液に含まれるバナジウムの血球内分布をイメージングするとともに，そのイオンの価数が海水中と細胞中で異なっていることを明らかにした。イオンの価数の違いと生理機構との関連について今後の研究によって興味深い知見が得られると期待される。

ナノテクノロジーへの関心が高まる中，現存するナノサイズのアクチュエーターやセンサーとしてタンパク質分子が注目されているが，この背景にはポストゲノム時代の課題として，タンパク質に代表される分子レベルでの生体機能発現の仕組みを*in vivo*で観察したいという要求と，医学から工学までの幅広い範囲でそれらの利用技術開発への期待が高まっていることがあげられる。X線顕微鏡による生物試料の観察の可能性がさらに広がることを期待したい。

文　献

1) 波岡武ら, X線結像光学, 培風館 (1999).
2) J. Kirtz *et al.*, *Qurt. Rev. Biophys.*, **28**, 33 (1995).
3) 眞島利和, 現代化学, **386**, 51 (2003).
4) T. Majima *et al.*, *Bioimages*, **7**, 59 (1999).
5) H. Tomie *et al.*, *Science*, **252**, 691 (1991).
6) H. Shimizu *et al.*, "X-ray microscopy and Spectroscopy", p. 1, Springer-Verlag, Berlin (1998).
7) T. Majima *et al.*, *Proc. SPIE*, **2983**, 81 (1997).
8) K. Amemiya *et al.*, *Nucl. Instr. and Meth. in Phys. Res. B.*, **187**, 361 (2002).
9) K. Furusawa *et al.*, *J. Colloid and Interface Science*, **264**, 95 (2003).
10) H. Yoshimura *et al.*, *J. Phys. IV France*, **104**, 355 (2003).
11) H. Yoshimura, *Proc. Arthropod Embryol. Soc. Jpn.*, **38**, 1 (2003).
12) X. Zhang *et al.*, *J. Struct. Biol.*, **116**, 335 (1996).
13) 木原裕ら, 電子顕微鏡, **39**, 8 (2003).

4.6 X線結晶構造解析からみるナノバイオテクノロジー

田之倉優[*1]，伊東孝祐[*2]

4.6.1 ナノバイオテクノロジー（医療と工業への応用）

医療の分野では，薬物の作用点であるタンパク質の立体構造をもとに，薬物分子上のどの官能基を置換すべきであるのか，あるいは付加するべきであるのかを判断し，より有用な薬物合成の方策を効率よく立てることができる。いわゆるドラッグデザインである。実際，HIVプロテアーゼやインフルエンザウイルス・ノイラミニダーゼなどの阻害剤の開発は，それらタンパク質の立体構造が決定されたことによって飛躍的な進歩を遂げた。

工業の分野では，環境問題に対する関心の高まりとともに物を製造するだけでなく，使用後の廃棄，および廃棄物質の生態系への影響についても責任が問われる時代となってきた。自然界において分解しにくい難分解性化合物，有害性化合物などの環境汚染物質を浄化する技術開発は特に重要であり，その中で，生物を利用した浄化技術をバイオレメディエーションとよぶ。この技術は，物理化学的浄化技術と比較して，低コスト，かつマイルドな条件下で環境汚染物質に対応できることから特に注目されており，なかでも微生物から汚染物質を分解する酵素を単離して使用する方法は，タンパク質工学による酵素の分解機能の向上，改変，大量生産につながることか

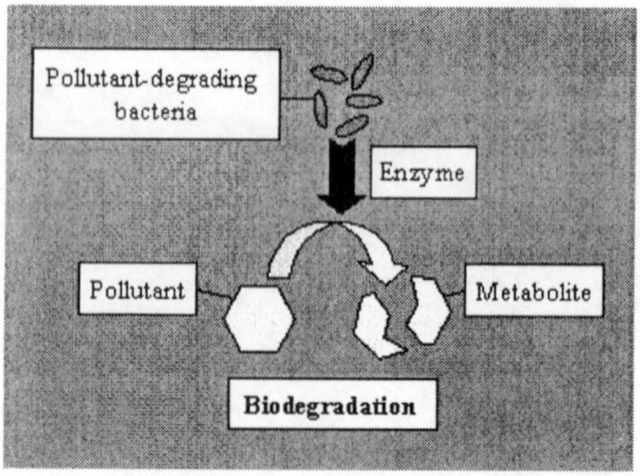

図1　バイオレメディエーションの概念図
バイオレメディエーションの一つの方法として，微生物から汚染物質を分解する酵素を単離して使用する方法を図式化した。

*1　Masaru　Tanokura　東京大学大学院　農学生命科学研究科　教授
*2　Kosuke　Ito　東京大学大学院　農学生命科学研究科　産学連携研究員

ら特に注目を浴びている（図1）。

いずれにせよ，これらのことを実現するためにはまずタンパク質の立体構造を原子座標レベルで，いわゆるナノオーダーで知る必要がある。なぜなら，タンパク質の分子認識や反応機構はその立体構造，および立体構造から形成される電荷などにもとづいているからである。

本項では，原子座標レベルでのタンパク質の立体構造の解析方法について述べ，次いで我々が原子座標レベルで立体構造解析に成功したアゾ化合物分解酵素である AzoR（Azo Reductase）を実例とし，立体構造から得られた知見，およびバイオレメディエーションへの今後の展望について述べていきたい。

4.6.2　タンパク質立体構造の解析法[1~4)]

タンパク質分子の立体構造をナノオーダーで，つまり原子座標レベルで調べる方法としては，X 線結晶構造解析，NMR（核磁気共鳴），電子線回折（電子線結晶構造解析，電子顕微鏡），中性子結晶構造解析などがある。X 線結晶解析と電子線結晶解析は電子の分布を観測する方法であり，NMR と中性子結晶解析は原子核の位置を測定する方法である。

X 線結晶構造解析は，結晶化するものであればリボソームやウイルスのような巨大なものでも構造解析が可能であり，核外電子数の多い原子ほど観測されやすい特徴をもつ。それゆえ，酵素反応などで重要な役割を果たしている水素原子を観測することは困難であるが，1.2〜1.1Åを越える分解能の解析では水素も観測することが可能である。最近では強力な X 線源である放射光と液体窒素温度での低温測定法の利用により，このクラスの分解能の解析例が急激に増えてきている。NMR は，溶液中のタンパク質の構造解析に用いられる。現在のところ NMR を用いて構造決定できるタンパク質の分子量は実質的に 3 万が上限であるが，タンパク質が働く溶液中の分子の構造を直接的に調べられるという意味において重要な手法である。電子顕微鏡は，2 次元結晶をつくりやすい膜タンパク質などには有効な手法である。タンパク質の分子構造を原子レベルで得るには，2 次元結晶からの回折像を解析する。その際，回折像だけでなく実像も同時に得られるので，以下に説明する X 線結晶構造解析のような位相問題がない。

以上の様に，これらの方法は種々の特徴を有しており，競合的であるというよりむしろ互いに相補的であるといえる。また，ナノオーダーの構造解析としてこれまでになされた例数は X 線結晶構造解析によるものが最も多く，ついで NMR による構造解析の数が急速に増えている。本節では，AzoR を実例として X 線結晶構造解析について述べる。

4.6.3　X 線結晶構造解析

タンパク質の X 線結晶構造解析では，①タンパク質の発現，精製と結晶化，②回折強度データ収集，③位相決定，④モデル構築，⑤モデルの精密化の段階を経て分子の構造が得られる。実際の操作としては，結晶化の段階は生化学実験であり，②のデータ収集は結晶回折実験と計算で

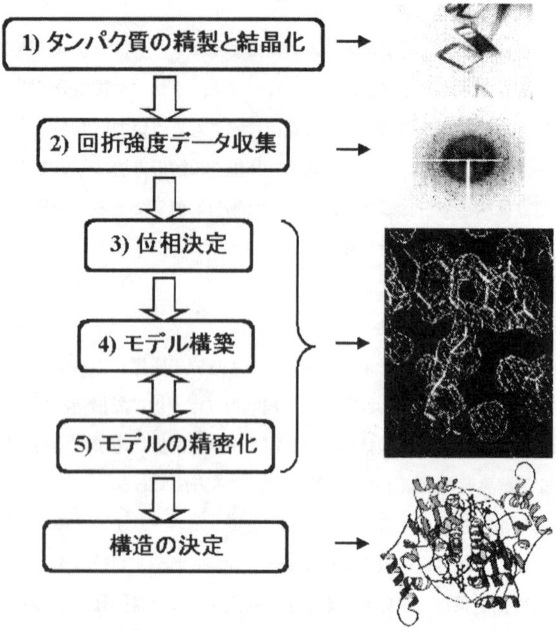

図2　タンパク質のX線結晶構造解析の手順
四角で囲んだ操作がタンパク質のX線結晶構造解析に必要な作業であり，下向きの矢印に従って順次解析を進めていく。

ある。さらに③の初期段階では，生化学実験と結晶回折実験および計算を並行して行う。位相計算により解釈可能な電子密度マップが得られた後は，④，⑤の段階を計算機とグラフィックを用いて繰り返し行う（図2）。

①　タンパク質の発現，精製と結晶化

X線結晶構造解析では，ミリグラムオーダーの精製タンパク質評品が必要となる。したがって，生体内に微量にしか存在しないタンパク質を解析するには，大腸菌，酵母，培養細胞などを利用したタンパク質発現系の構築が必須である。

結晶化に用いるタンパク質試料は一般に，精製度の高いものほど良い結晶が得られると考えられている。つまり，会合状態まで含めたタンパク質のコンフォメーションが均一な試料を結晶化に使うことが，X線解析に適した結晶を得る上で重要である。タンパク質の結晶を得る方法としては，蒸気拡散法，バッチ法，透析法などがあるが，ここではもっともよく用いられている蒸気拡散法の原理について説明する。まず，タンパク質の溶解度を下げる沈殿剤を相対的に高濃度含むリザーバ液と，沈殿剤を相対的低濃度に含むタンパク質溶液（ドロップ）を密閉した容器中でインキュベートする。するとそれらの溶液間の蒸気拡散によりゆっくりとタンパク質の過飽和状態が実現し，タンパク質の結晶が形成される。

②　回折強度データの収集と結晶学パラメータの決定

結晶が得られたら，X線を照射し，回折強度データの収集を行う。X線発生装置としては，実験室系で回転対陰極型のものを用いるか，高エネルギー加速器研究機構（KEK）・放射光施設（PF，PF−AR）や高輝度光科学研究センター・大型放射光施設（SPring−8）などの放射光を用いる。回折強度データを測定するにはCCDやIP（Imaging Plate）を使用する。回折強度データが得られたら，回折斑点の対称性，間隔，並び方，回折強度が消滅する規則性から結晶学パラメータを決定する。

③　位相決定

X線結晶構造解析によるモデル構築の計算には，強度と位相の情報が必要である。強度は結晶にX線を照射することによりCCDやIPを検出器とするカメラで測定することができるが，そこでは位相の情報は失われている。目的タンパク質と相同性の高いタンパク質の立体構造が既に決定されている場合には，それをプローブモデルとして位相を取得し，立体構造を決定することが可能である（分子置換法（MR法）: Molecular Replacement method)。しかし，新規構造の決定には，結晶の同型性を保持した状態で結晶を重原子でラベルした誘導体（重原子同型置換体）も作製しなければならない。また最近では，小さなタンパク質に限ってではあるが，プローブモデルや誘導体を使用せずに位相を決定する方法（直接法 : Direct Method）が可能となってきた。

重原子同型置換体の調製法には，浸漬法，共結晶法，およびセレノメチオニンを利用する方法がある。浸漬法は，重原子を含む溶液にラベルを施していない結晶（Native結晶とよぶ）を漬し，重原子を結晶内に拡散させてタンパク質分子の表面に結合させる方法である。共結晶法は，目的タンパク質が金属などの重原子と結合するものである場合，あらかじめ金属を目的タンパク質に結合させた後に結晶化を行う方法である。セレノメチオニンを利用する方法は，目的タンパク質の遺伝子をメチオニン要求株にクローニングし，セレノメチオニンを含む培地で培養することによりセレンをタンパク質に導入する方法である。

初期位相の取得法であるが，重原子でラベルした重原子同型置換体が2種類得られれば，Native結晶との回折強度の差を利用して理論上一義的に位相を決定することができる（多重重原子同型置換法（MIR法）: Multiple Isomorphous Replacement method)。また，入射X線の波長を変化させて原子の固有振動数に近づくと原子からの散乱波の位相に変化が生じる（異常分散 : anomalous dispersion)。異常分散を含む回折強度データが2波長分得られれば，異なる波長での回折強度の差を利用して理論上一義的に位相を決定することができる（多波長異常分散法

(MAD法) : Multi-wavelength Anomalous Dispersion method)。その他にも重原子同型置換法と異常分散法を考慮して位相を決定するSIRAS法 (Single Isomorphous Replacement with Anomalous Scattering method), MIRAS法 (Multiple Isomorphous Replacement with Anomalous Scattering method) がある。

以上の様にして位相を取得することができるが，この段階では重原子同型置換体中における重原子導入の不完全さ（占有率の低さ，不均一性），測定誤差などにより，位相を正確に決定できない。それゆえ，得られた電子密度からそのまま目的タンパク質のモデルを構築することは困難である。そこで，まずは得られた初期位相を改良する必要がある。位相改良方法としては，溶媒平滑化法，ヒストグラムマッチング法，電子密度平均化法などが知られているが，最近ではこれらの方法に加え，タンパク質の二次構造を考慮しながら位相改良を行うアルゴリズム “Maximum-likelihood density modification”[5] も開発された。この様な位相改良プログラムの発展により，位相改良もさることながら，理論上一義的には位相を決定できないSAD法 (Single-wavelength Anomalous Dispersion method), SIR法 (Single Isomorphous Replacement method) でも位相決定が可能となってきた。

④　モデル構築および⑤　モデルの精密化

分子構造モデルの構築は，グラフィックソフトウエアを用いて電子密度マップとモデルを画面上に表示し，電子密度マップにモデルをフィッティングすることにより行う。次にモデル分子の精密化プログラムを用いてモデル分子の精密化計算を行う。以上，電子密度マップへのモデル分子のフィッティング，モデル分子の精密化計算を繰り返すことにより分子構造を決定する。

一般に精密化計算が正しく行われているかどうかを検証する際には，R-factor が判断基準として用いられる。R-factor とは，実験により得られた回折強度と，モデル分子から計算される回折強度との差にもとづいて計算される値である。この値が小さくなれば精密化が良好に行われたと判断する。しかし，タンパク質の結晶構造解析では観測された回折強度データと比べて，パラメータ（座標など）が多いため容易に over-fitting がおこり，R-factor が低下しても精密化がうまく行われていない場合がある。そこで，R-factor の計算と同時に free-R を精密化の各段階で計算する。free-R とは，overfitting がおこった場合にその値は大きくなり，精密化が良好に行われた場合は小さくなるパラメータである。つまり，free-R によって精密化計算が正しく行われたか否かを客観的に判断することができる。 その他の判断基準として，タンパク質の主鎖のϕ, ψ値の取り得る確率を統計的なポテンシャル関数で表した Ramachandran plot が使用される。精密化が正常に進行すると，グリシン以外のϕ, ψ値は，その確率の高い領域に分布するようになる（図3)。

最近は，上記の電子密度マップへのモデルフィッティング，R-factor, free-R を考慮した構

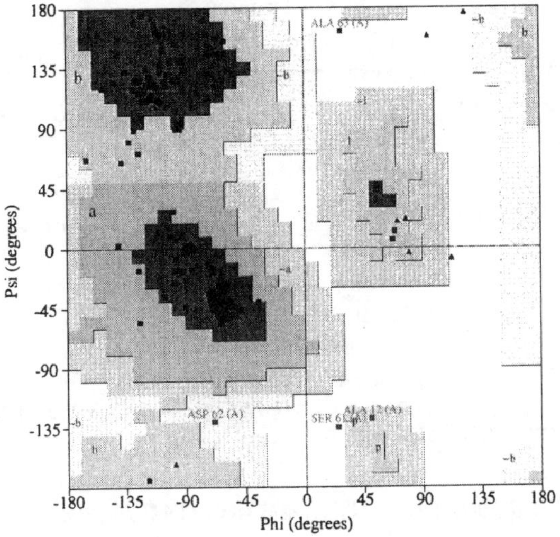

図3　Ramachandran プロット
バックグランドの濃淡はφ，ψ角の取り得る確率を統計的ポテンシャル関数で表しており，左上の濃い部分がβストランド，その下の濃い部分がαヘリックス，中央より右上の濃い部分が左巻きαヘリックスである。その上に各々アミノ酸残基のφ，ψ角がプロットしてあり，グリシン以外のアミノ酸残基のφ，ψ角は，その確率の高い領域に部分布する。

造精密化計算をし，自動的にモデルビルディングするプログラム[6]も発展してきており，立体構造決定が迅速にかつ容易になってきている。

4.6.4　アゾ化合物および AzoR について

AzoR は，アゾ化合物を分解する微生物のスクリーニングの過程で，メチルレッドを分解する酵素として同定された大腸菌由来の酸化還元酵素である[7]。一般的にアゾ化合物は製造が容易で安定なことから，印刷，染色など様々な用途で幅広く大量に使用されている化合物である。だがその安定性のため，一度環境中に放出されると分解されずに環境汚染を引き起こす。具体的には，アゾ化合物は遺伝子変異を引き起こすなどの毒性があることが判っている[8]。

現在までの酵素学的研究により[7]，AzoR は NADH を電子供与体，FMN を補酵素として ping-pong bi bi 機構によりアゾ基を還元して，メチルレッド（4′-dimethylaminoazobenzene-2-carboxylic acid），およびエチルレッド（4′-diethylaminoazobenzene-2-carboxylic acid）を分解することが判っている。また，アゾ化合物のみならず，キノン化合物であるメナジオン（ビタミン K_3；2-methyl-1,4-naphthoquinone）も還元する。そして，電子供与体は NADH 特異的であ

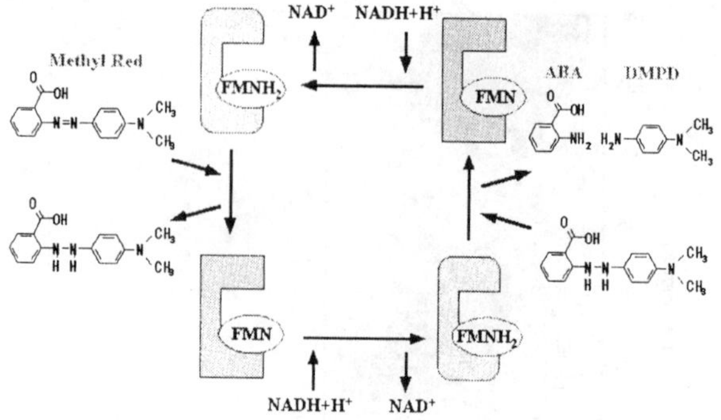

図4　AzoR によるメチルレッドの分解

ping-pong bi bi 機構を 2 サイクル繰り返して，メチルレッドを ABA と DMPD に分解する反応機構を図式化した。

ること（NADPH は電子供与体とならない），補酵素は FMN 特異的であること（FAD は補酵素とならない）が明らかになっている。

AzoR はメチルレッドを基質としたとき，分解産物は ABA（2-aminobenzoic acid），および DMPD（*N,N'*-dimethyl-*p*-phenylenediamine）であることが同定されている。また，メチルレッド 1 mol を分解するのに 2 mol の NADH が必要なことも証明されている。これらのことから，AzoR は ping-pong bi bi 機構を 2 サイクル繰り返し，アゾ基を還元分解すると考えられている（図4）。

4.6.5　AzoR の X 線結晶構造

①　AzoR の全体的構造

AzoR の全体的な構造は，中心部に 5 本鎖からなるβシートがあり，そのβシートを 3 本および 2 本のαヘリックスがサンドイッチした形になっている（図5）。結晶の非対称単位中にタンパク質は 1 分子のみ存在するが，AzoR はホモダイマーで機能発現する酵素であると考える。その理由として，ゲル濾過で分子量が 2 分子分に相当すること，対称操作をすると活性部位（FMN 周辺）に 2 分子のアミノ酸残基が寄与する構造になっていることがあげられる（図6）。つまり非対称単位に 1 分子のみ存在していたことはタンパク質の対称軸と結晶学的対称軸が一致した結果だと言える。

②　活性中心部位，および反応機構（2 電子転移反応）の推測

FMN のイソアロキサジン環は，*si*-face が活性ポケットの方を，*re*-face がタンパク質側を向いていて空間が満たされており，一方向（*si*-face）のみからしか基質が接触できない形になっている（図6）。このことは，活性部位に同時に 2 つの基質が結合できないことを示しており，

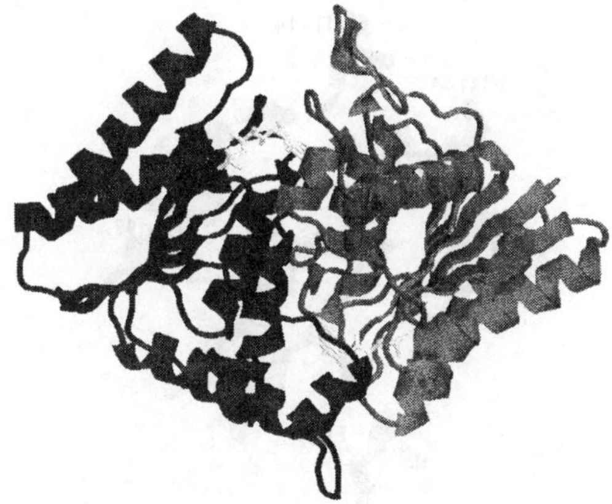

図5　AzoR の全体構造
AzoR の全体構造を対称操作によりホモダイマーとして表示した。一方の分子を黒色，もう一方の分子を灰色としてリボンモデルで表示し，補酵素である FMN はスティックモデルで表示した。

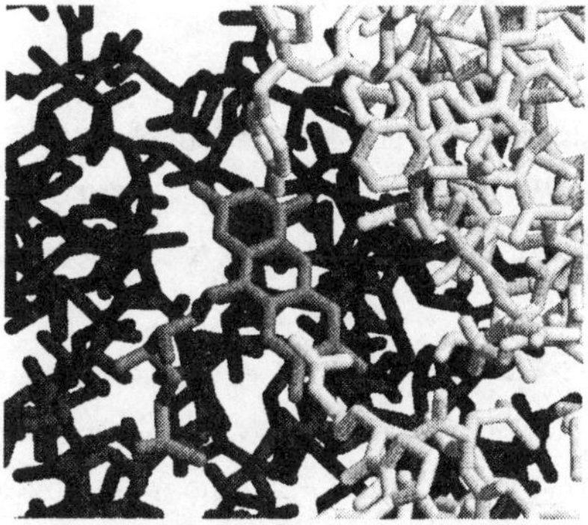

図6 ホモダイマーによる活性発現
各々サブユニットのタンパク質部分，および FMN の明るさを変えてスティックモデルで表示した。FMN 周辺に2分子各々のアミノ酸残基が寄与した構造になっている。

ping-pong mechanism で反応が進行するという反応速度論的解析から得られた結果と合致する。

ハイドライドイオンにより2電子が供与される際には通常，イソアロキサジン環 N5 位をハイドライドイオンが攻撃し，N1 位に水素イオンが結合するが，本酵素中のイソアロキサジン環 N5 近辺には水素イオンを供与するようなアミノ酸残基，および水分子が存在しない。しかしながら，

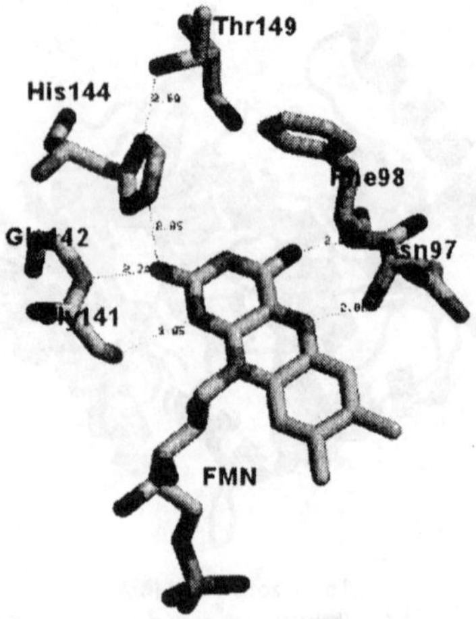

図7　イソアロキサジン環O2位の互変異性に関与する水素結合
イソアロキサジン環O2位の互変異性に関与するアミノ酸残基，およびFMNをスティックモデルで表示し，水素結合をドットラインで表示した。また，その他のイソアロキサジン環との水素結合に関与するアミノ酸残基も表示した。

イソアロキサジン環O2位は144His NE位と水素結合を形成しており，このNE位上の水素イオンがイソアロキサジン環O2位に結合することが考えられる（図7)。つまり，AzoRの結晶構造から，AzoRの2電子転移の反応機構は互変異性をともなったものであることが示唆された（図8)。

③　バイオレメディエーションへの今後の展望

AzoRの結晶構造から，FMNイソアロキサジン環の*re*-faceはタンパク質側を向いていて空間が満たされており，基質がFMNイソアロキサジン環の*si*-faceのみからしか接触できないためにping-pong mechanismで反応が進行することが判った。また，2電子転移反応は通常のフラビン酵素のそれとは違い，イソアロキサジン環N1位に水素イオンを供給するアミノ酸残基および水分子が存在しないことから，互変異性をともなった反応であることが示唆された。

現在までに多くの酸化還元酵素の結晶構造が報告されているが，それにともない，イソアロキサジン環とアミノ酸残基との水素結合の様式の違いにより，ハイドライドイオン転移の効率が違うことも報告されている。これらの水素結合様式の情報とAzoRの立体構造をもとに，タンパク質工学的手法によって，よりハイドライドイオン転移の効率がよいAzoRの開発が可能であろう。また，現在では結晶構造から酵素と基質がどの様に結合するのかをシュミレーションすることが

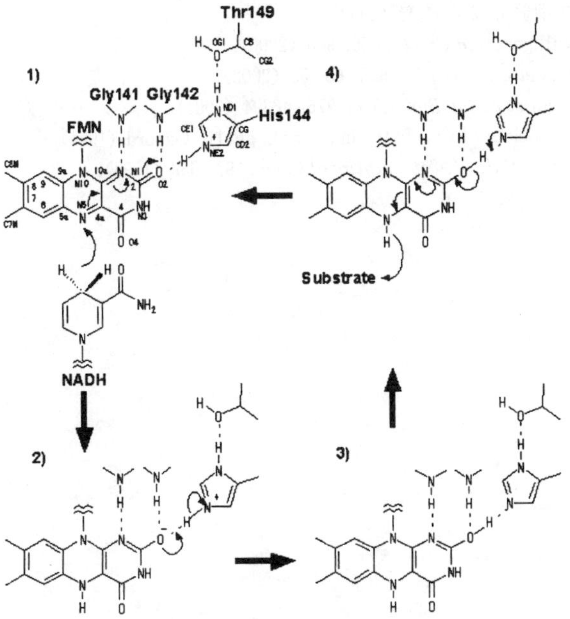

図8　2電子転移反応の推定
1) NADHからFMNイソアロキサジン環N5位へのハイドライドイオンの転移
2) 互変異性をともなったエノラートアニオンの形成
3) エノール形成による2電子還元状態
4) 基質を還元し再び完全酸化状態へ

できる[9)]。このことから，AzoRの基質特異性をタンパク質工学的手法により改変させることも可能であろう。いずれにせよ，AzoRの立体構造を原子座標レベルで決定したことにより，バイオレメディエーションのためのナノバイオテクノロジーの発展が期待できることは確かである。

文　　献

1)　笹田義夫，角戸正夫，X線解析入門，東京化学同人（1993）.
2)　平山令明，生命科学のための結晶解析入門，丸善（1996）.
3)　佐藤　衛，タンパク質のX線解析，共立出版（1998）.
4)　田之倉優，永田宏次，タンパク質工学.

分子細胞生物学 pp. 274，丸善（1999）.
5）T. C. Terwilliger *Acta Cryst*. D **56**，965（2000）.
6）R. J. Morris *et al*.，*Acta Cryst*. D **58** 458（2002）.
7）M. Nakanishi *et al*.，*J. Biol. Chem*. **276**，46394（2001）.
8）I. Holme，"Society of Chemistry Industry"，pp111，Oxford（1984）.
9）G. M. Morris *et al*.，*J. Computational Chem*. **19**，1639（1998）.

4.7　時間分解振動分光法で観たタンパク質の動き

水谷泰久*

4.7.1　はじめに

タンパク質はその高次構造を巧みに変化させ機能している。とりわけ，ヘモグロビンの四次構造変化と協同的酸素親和性はその好例である[1]。ヘモグロビン（Hb）においては酸素結合に伴って実に大きな高次構造変化が起き，これが協同的な酸素親和性を生む源になっている。興味深い点は，この高次構造変化が高々数本の共有結合の生成／切断という酸素結合部位での局所的な変化によって引き起こされているという点である。この局所的な変化から四次構造変化という大域的な変化へ至る雪崩的構造変化の様子を観ることができれば，Hb の働くしくみについて理解が大きく深まるに違いない。そこで筆者らは，特に構造変化のスタート地点において動きがどのように始まるかに注目して研究を行っている。本稿では，Hb とその比較のためミオグロビン（Mb）のピコ秒領域での構造ダイナミクスについて最近の研究成果をまとめる。より詳しい内容は最近の筆者らの論文，総説を参照していただきたい[2~4]。

Hb は血球中で酸素運搬を行うタンパク質で，α鎖およびβ鎖の 2 種類のサブユニットそれぞれ 2 つずつからなる四量体タンパク質である。一方，Mb は筋肉中で酸素貯蔵を行う単量体タンパク質で，Hb サブユニットに相当構造が似ている。いずれも酸素結合部位はヘムとよばれる鉄ポルフィリン錯体であり，Mb では 1 タンパク質分子あたり 1 個，Hb では 1 サブユニットあたり 1 個のヘムが含まれている。ヘムおよびその軸配位子の構造を図 1 に示す。鉄の軸配位座にはヒスチジン（近位ヒスチジンとよぶ）のイミダゾール環が配位している。そのトランス位に CO,

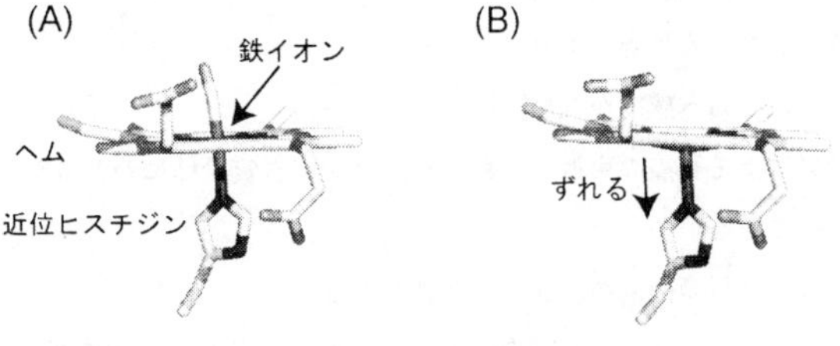

図 1　ヘム近傍の図
リガンドが結合した状態では，ヘムはほぼ平面構造を持っており，鉄原子も平面内にいて，低スピン状態をとる（A)。これに対して，リガンドが結合していない状態（デオキシ形とよぶ）ではヘムはややドーム形に変形し，鉄原子も高スピン状態をとって近位ヒスチジン方向へずれる（B)。

*　Yasuhisa　Mizutani　神戸大学　分子フォトサイエンス研究センター　助教授

NO，O_2といった二原子分子が結合する。ヘムが可視光を吸収するとこれら二原子分子は解離するので，酸素結合部位からリガンドが脱離する際にタンパク質がどのように応答するか，ということを調べるのに好都合である[5]。生理的にはO_2の結合解離が重要であるが，タンパク質を知るという観点から，この3種の2原子分子がよく用いられている[2]。リガンド結合状態では鉄はポルフィリン面にあるが，リガンドが結合した状態（デオキシ形）では鉄がポルフィリン面より近位ヒスチジン側に約0.3Å出ていて，ポルフィリン面がドーム型に変形していることがX線結晶解析より知られている[6]。鉄イオンはリガンド結合形では低スピン状態，デオキシ形では高スピン状態をとっており，スピン状態の変化が上記の構造変化の原因である。リガンド脱着に伴うヘムの変形と鉄原子の変位は，タンパク質構造の変化を誘起する。これがHbにおいては四次構造変化を引き起こす最初の動きである。後で述べるように，ヘムの変形および鉄原子の変位は数ピコ秒以下と非常に速く起きるため，時間的にシャープな摂動をタンパク構造に与える。このため，COの光解離を構造変化のスタートトリガーとして利用することができる。

4.7.2 ピコ秒時間分解共鳴ラマン分光法

筆者らは構造変化の観測手法として時間分解共鳴ラマン（time-resolved resonance Raman, TR^3）分光法を用いている。TR^3分光法の特徴・利点は，

- ラマン分光法では分子振動を観測しているため，電子遷移を利用した分光法（紫外－可視吸収分光法，蛍光分光法）に比べ，分子構造に関してはるかに詳細な情報を与える。
- タンパク質のような複雑な分子であっても共鳴ラマン効果によって特定部位に関する構造情報を選択的に得ることができる。同様に共鳴効果のために，溶媒によるラマン散乱の影響をほとんど受けず，広い波数領域でタンパク質の振動スペクトルが観測可能である。
- X線回折法やNMR分光法に比べ時間分解能が高い（サブピコ秒）。

などがあげられる。もちろん欠点もあり，

- 吸収や蛍光分光にくらべ感度が低い。
- 共鳴ラマン効果による利点の裏返しであるが，タンパク質全体にわたった広い構造情報を得ることはきわめて難しい。
- レーザーによって試料の損傷が起きる可能性がある。

などがあげられる。しかし，タンパク質のダイナミクスを研究するうえでTR^3分光法のもつ利点は重要であり，感度が低いことからくる実験上の困難さを考慮しても，その苦労の見返りは十分に大きいと筆者らは考えている。

図2に筆者らが用いているピコ秒TR^3分光装置の模式図を示す[3]。ピコ秒時間分解分光法では，分子に変化を起こすためのパルス光（ポンプ光）とスペクトルを測定するためのパルス光（プローブ光）の2種類のパルスを用いるポンプ－プローブ法が一般的である。本研究では，モード同期

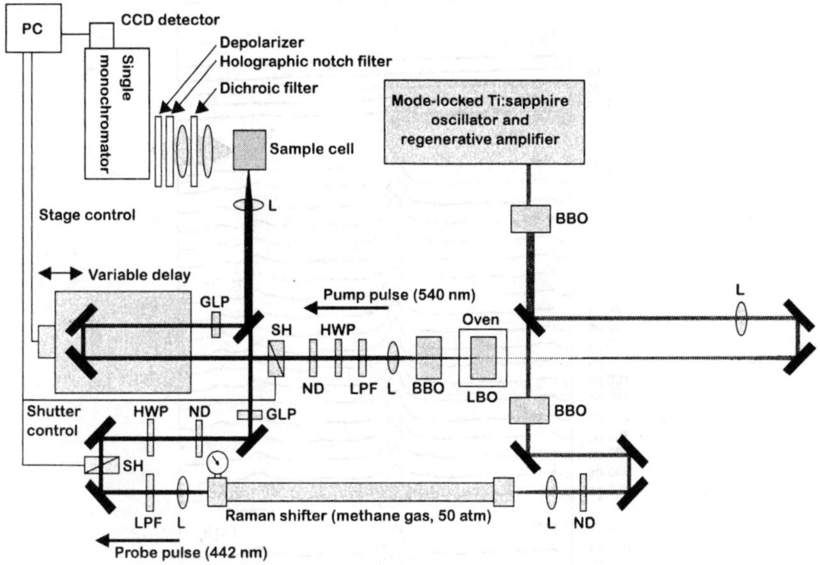

図2　筆者らが製作したピコ秒 TR³ 分光装置の概略図

BBO＝β-barium borate（非線形光学結晶），GLP＝グランレーザープリズム，HWP＝1/2波長板，L＝レンズ，LBO＝lithium triborate（非線形光学結晶）

チタンサファイアレーザーの出力を増幅した784nmのピコ秒パルス光を2つに分け，種々の非線形光学技術を用いて一方からは540nm（ポンプ光），他方からは442nm（プローブ光）のパルス光を発生させた。パルス幅はどちらも約2psである。540nmはCO結合形ヘムの吸収極大に，また442nmは解離形ヘムの共鳴ラマンスペクトル測定に有利となるよう合わせている。2つのパルス光は空間的に重ねあわされ試料に照射されるが，ポンプ光は光学遅延路を経由しており，遅延路を制御することによってポンプ光に対するプローブ光の遅延時間を制御することができる。試料からのラマン散乱光はシングル分光器に入れ分散させた後，液体窒素冷却型CCD検出器で検出する。異なる遅延時間の設定で共鳴ラマンスペクトルを繰り返し測定することによって，一連のTR³スペクトルを測定する。このように振動スペクトルを通して，CO脱離後に時々刻々と起きる構造変化をピコ秒の時間刻みで時々刻々と追跡することができる。

4.7.3　ミオグロビンの構造ダイナミクス

図3にCO結合形Mbのピコ秒TR³スペクトルを示す。可視光をプローブ光としたMbの共鳴ラマンスペクトルには，ヘム由来の振動バンドが観測される。図中のスペクトルは実測スペクトルから未反応分のCO結合形のスペクトルを差し引いた差スペクトルとして表してあり，左側

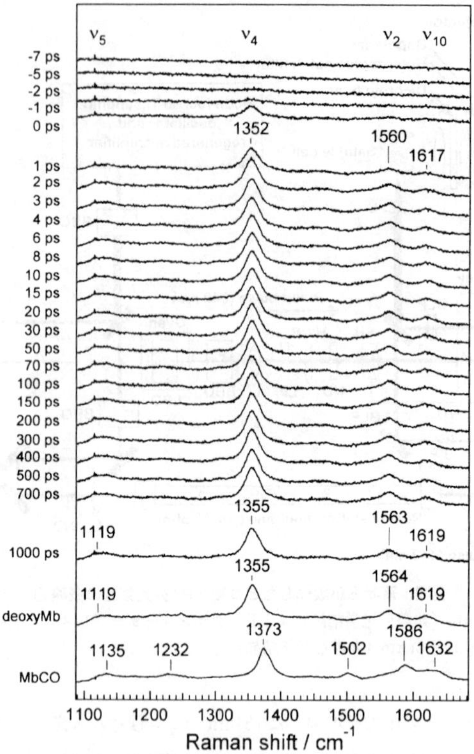

図3 CO結合形Mbの光解離後のTR³ラマンスペクトル（高波数領域）

デオキシ形とCO結合形の共鳴ラマンスペクトルを併せて示してある（文献2より転写）。試料はウマ由来のMbをpH8.0のトリス・塩酸緩衝液に溶かして調製した。

の数字は遅延時間（Δt）を表す。0psを境にしてプラスの時間帯では反応生成物（すなわち解離形ヘム）のラマンバンドが現れているのがわかる。また，デオキシ形とCO結合形のスペクトルを比較のため下に示してある。Δt=1000psのスペクトルでは4本の面内振動（ν_3, 1119cm^{-1}; ν_4, 1355cm^{-1}; ν_2, 1563cm^{-1}; ν_{10}, 1619cm^{-1}）が見えており，デオキシ形のスペクトルと誤差範囲内で一致する。これらのバンドは0psから現れており，ヘムの構造変化のほとんどが装置の時間分解能以下で非常に速く起っていることを示している。Δt=0–10psの間では中心波数やバンド幅に変化がみられるが，これらの変化はCO解離直後の反応余剰エネルギーが散逸する過程

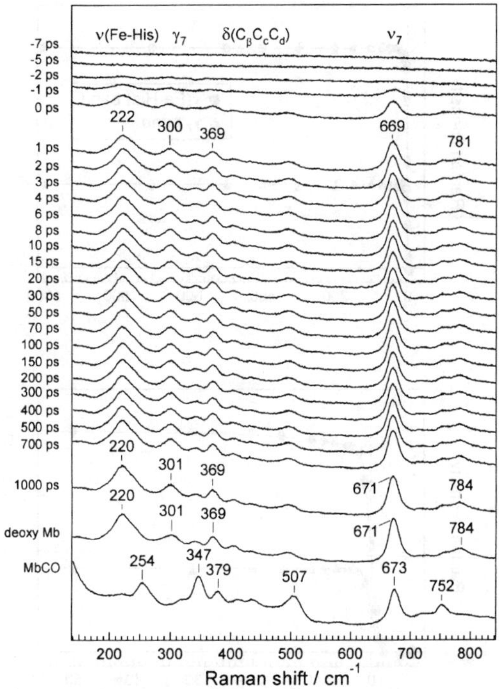

図4　CO 結合形 Mb の光解離後の TR^3 ラマンスペクトル（低波数領域）

デオキシ形と CO 結合形の共鳴ラマンスペクトルを併せて示してある（文献2を一部改変）。

によるものである[7)]。

次に，同じ過程について測定した低波数側の共鳴ラマンスペクトルを図4に示す。解離形ヘム由来のラマンバンドが早い時刻から現れ，デオキシ形の波数と一致する点は高波数側のスペクトルの特徴と共通している。ここで，220cm^{-1} 付近に観測されたラマンバンドに着目する。これは鉄－近位ヒスチジン間（Fe–His）結合の伸縮振動［ν(Fe–His)］である。Fe–His 結合はヘムとグロビンをつなぐ唯一の共有結合であり，したがってν(Fe–His) バンドはヘム周辺のタンパク質構造に敏感であろうと予想される。実際にν(Fe–His) 波数はヘモグロビンの四次構造の良いマーカーとなる[8)]。そこでこのバンドを高次構造変化のプローブとして詳しく調べた。デオキシ形のν(Fe–His) バンドは 220cm^{-1} に現れる。波数の近いポルフィリン環の振動（γ_7, 301cm^{-1}）と比較しながら，その振舞いを以下に説明する。

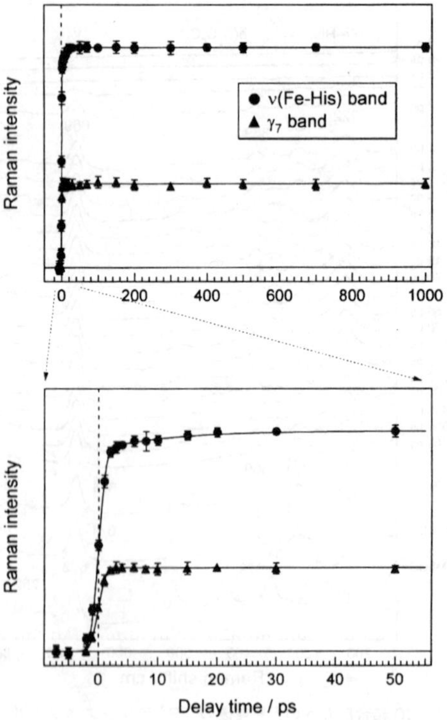

図5　Mb の ν(Fe-His) モードおよび γ_7 モードのバンド強度の時間依存性（●，ν(Fe-His) バンド；▲，γ_7 バンド)。下のパネルは上のパネルの 0-50ps 領域を拡大したもの。

図5に ν(Fe-His) バンドと γ_7 バンドの強度を Δt に対してプロットした。上側は 0-1000ps の全体図で，下は，その 0-50ps 領域の拡大図である。強度の速い立ち上りは装置の応答関数によって決まり，γ_7 バンドはその後一定値を保つが ν(Fe-His) バンドは 3-30ps の間に強度増加が認められた。そこで同じタイプの鉄ポルフィリンを用い，ヒスチジンの代わりに 2-メチルイミダゾール (2-MeIm) をトランスリガンドとして CO 錯体をつくり，光解離後の時間分解共鳴ラマンスペクトルを測定した。ν(Fe-Im) および γ_7 バンドは各々 204 および 298cm^{-1} に観測され，それらの強度を Δt に対してプロットすると，意外にも図4とほとんど同じであった。すなわち図4の ν(Fe-His) バンドのゆっくりした強度増加は光解離した鉄ポルフィリン錯体に特徴的で，タンパク特有の現象ではない。

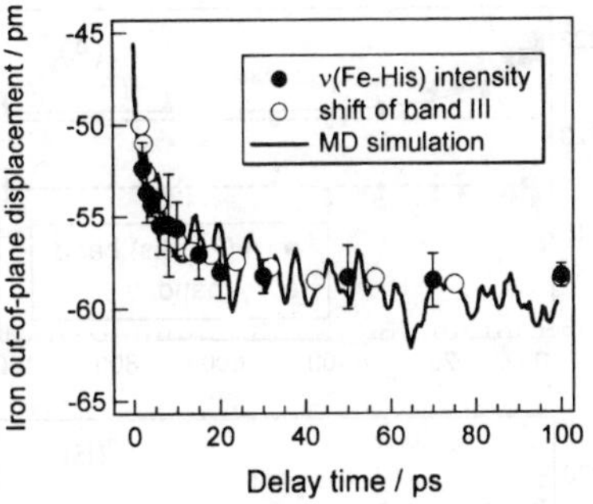

図6　鉄原子のポルフィリン面から垂直方向への変位量の時間変化［$z(t)$］（文献2より転写）
CO結合状態で$z(0)=0$は実験的に確立している。実線，MD計算の結果（文献9）；●，ν(Fe-His)ラマンバンドの強度；○，鉄－ポルフィリン間のCT吸収帯（バンドⅢ，763nm）のピークシフト（文献10）

鉄原子がポルフィリン面内にある6配位化合物ではν(Fe-His)バンドが共鳴ラマン強度を失うことがよく知られている。ChampionらはFe-His結合のσ^*軌道とポルフィリンのπ^*軌道との重なりがそのカップリングの大きさを決める上で重要であると考えた[9]。この考えが正しければ，鉄の面外変位によって重なりが大きくなり，その結果バンド強度が大きくなると予想される。一方，Karplusのグループは光解離後の鉄原子の面外変位，$z(t)$，を分子動力学法で計算した[10]。鉄原子の動きはサブピコ秒の速い相と非指数関数的な遅い相から成っていて，図6のように表された。その曲線の上に図5に示したν(Fe-His)バンドの強度をプロットすると曲線によく一致する。このことは，ν(Fe-His)バンドの3-30ps領域の強度増加はFeの面外変位の遅い動きを反映している，という解釈を強く支持する。ヘムのドーム形への変化は電子吸収スペクトルでも感知される。Anfinrudのグループはピコ秒の分解能で近赤外吸収を測定し[11]，763nmにある電荷移動吸収帯（バンドⅢ）がΔtによりシフトする事を見つけていたが，そのシフトを波数単位にして縦軸にとりΔtに対してプロットすると図6の○印になることをKuczeraらが指摘している[10]。これら3種類のデータの一致は大変興味深い。

次にν(Fe-His)バンドの波数に注目する。解離形のν(Fe-His)およびγ_7バンドの波数のΔt依存性を図7（A）に，モデル化合物のそれらを図7（C）に示す。γ_7の波数は一定値を示すのに対し，Mbのν(Fe-His)の場合は時定数106±14psで約2cm^{-1}の低波数シフトがみられた。モデル化合物のそれを見るとγ_7はもちろんν(Fe-Im)も一定値である。したがって，ν(Fe-His)

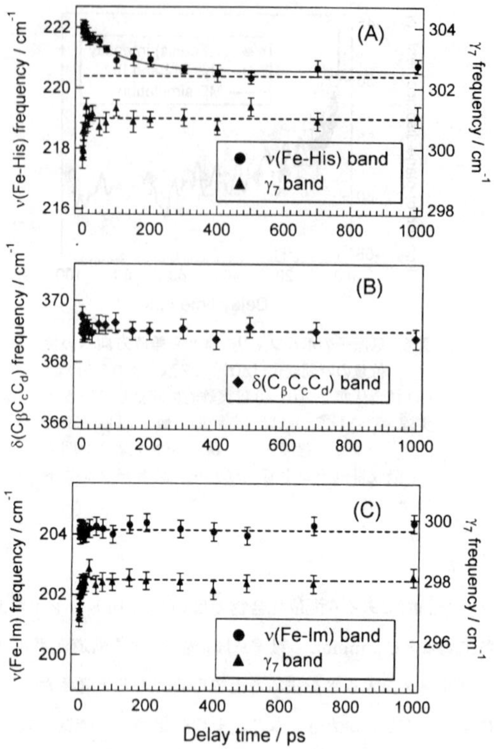

図7　(A) Mb のν(Fe-His) バンド (●印) およびγ_7バンド (▲印) 波数の時間依存性。(B) Mb のδ($C_\beta C_c C_d$) バンド (◆印)。(C) 鉄ポルフィリン・2-メチルイミダゾール錯体のν(Fe-Im) バンド (●印) およびγ_7バンド (▲印) 波数の時間依存性。破線はいずれもデオキシ形の値を表す。(文献2より転写)

波数の時間変化はタンパク特有の現象であり，その構造緩和を反映している。すなわち，数ピコ秒以下のヘムの構造変化によって生じたヘム周囲の歪みがタンパク構造の緩和とともに解消されていく過程を反映している。他のグループによるこれまでの報告[12]ではMbでは30ps以内に構造変化が完了するとこれまで考えられてきたが，時間分解能と実験精度を高めたことでタンパクの構造緩和によるわずかなν(Fe-His) 波数シフトがはじめて観測された。ピコ秒時間分解円二色性測定の結果[13]によると，光解離形のN吸収帯 (355nmでプローブ) がデオキシ形と同じになるのに300ps要し，この時間スケールにタンパクのコンフォメーション変化があると説明されている。また，AnfinrudらはBandⅢのバンド位置の変化に83psの成分があることを報告してい

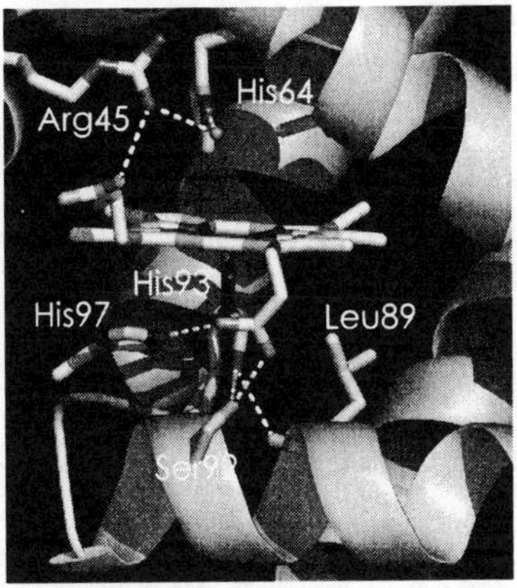

図8　Mbのヘム周辺に形成されている水素結合ネットワーク

る[11]。このようにTR^3スペクトルの結果は，100psの時間帯でヘム周辺の構造変化を示唆するこれまでの実験結果と矛盾しない。

ν(Fe–His) バンドの波数シフトがヘム周辺のタンパク構造変化を反映していることがわかったが，それは具体的にどのようなものなのだろうか。その答えとして，近位ヒスチジンの水素結合状態の変化を著者らは考えている。イミダゾール環の塩基性はν(Fe–His) 波数を変化させることが知られている。例えばペルオキシダーゼ類では一般にν(Fe–His) 波数は高く，これは近位ヒスチジンと近接したアミノ酸残基との相互作用によってアニオン性を帯びているためであると考えられている[14]。また，近位ヒスチジンはSer92およびLeu89と水素結合しているが[15] (図8)，Ser92をAlaに置換するとν(Fe–His) バンドに$+3\mathrm{cm}^{-1}$の波数シフトがみられることが報告されている[16]。このように，ν(Fe–His) バンドは近位ヒスチジン周囲との相互作用に敏感である。したがってヘムの構造変化によって生じたヘム周辺の歪みが緩和する際に近位ヒスチジンと周囲との水素結合が変化すると考えると，観測されたν(Fe–His) 波数シフトをうまく説明できる。Ser92は近位ヒスチジンと水素結合する一方で，ヘムの片方のプロピオン酸基とも水素結合している[15]。プロピオン酸基の変角振動［$\delta(C_\beta C_c C_d)$］の波数は，プロピオン酸基の水素結合状態と相関がある。図7 (B) にこの波数のΔt依存性を示す。ν(Fe–His) バンドとは異なり$\delta(C_\beta C_c C_d)$バンドは100ps領域で波数シフトを示さなかった。CO結合形とデオキシ形とで$9\mathrm{cm}^{-1}$の違いがあるにもかかわらずCO脱離後$\delta(C_\beta C_c C_d)$ バンドに波数シフトが観られなかったということは，プロピオン酸基の水素結合状態は脱離に伴って非常に速くデオキシ形の状態まで変化することを示している。これはFe-His結合とは対照的である。

4.7.4 ヘモグロビンの構造ダイナミクス

HbについてCO脱離後のダイナミクスを研究した結果を，Mbの結果と比較しながら説明する。図9はCO光解離に伴うHbのTR^{3}スペクトルである[17]。ポルフィリン環由来のほとんどのラマンバンドは早い段階でデオキシ形と同じ波数を示した。この点についてはMbの場合と似ていたが，いくつかの相違点もみられた。

①ν(Fe–His) バンドについて，1000psでの波数（231cm^{-1}）はデオキシ形の値（215cm^{-1}）とは一致しなかった。

②γ_7バンドについて，1000psでの波数（305cm^{-1}）はデオキシ形の値（300cm^{-1}）とは一致しなかった。

③デオキシ形ではν_8バンド（341cm^{-1}）の存在が認められるが，1000psではまだ現れていなかった。

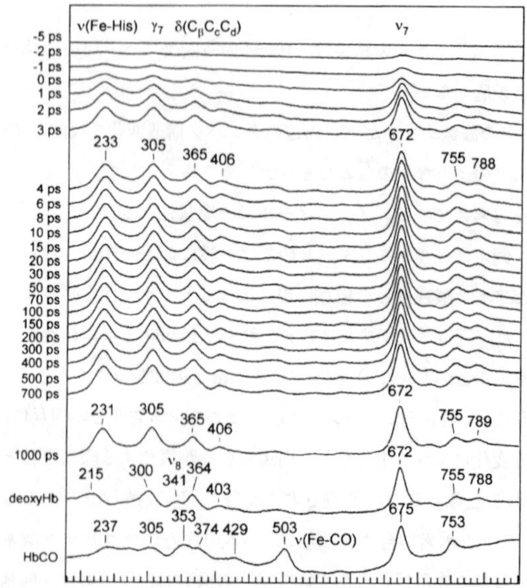

図9　CO結合形Hbの光解離後のTR^{3}ラマンスペクトル（低波数領域）

デオキシ形とCO結合形の共鳴ラマンスペクトルを併せて示してある。

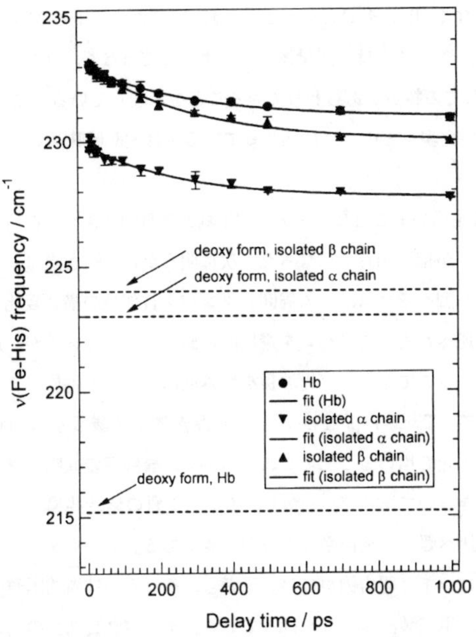

図10　Hbおよびその単離鎖のν(Fe−His) バンド波数の時間依存性
破線はデオキシ形の値を表す。Hb（●印），単離α鎖（▼印），単離β鎖（▲印）。

これらの結果は，Mbとは対照的にHbではヘムの構造緩和およびヘム周辺のタンパク構造変化が1000psではまだ完了していないことを意味している。

④Hbについても Mbと同様にν(Fe−His) バンドの波数シフトについて解析すると，シフトの時定数は284±38psとMbに比べ大きかった（図10）。

①〜③の点については，Friedmanらが CO脱離後10nsの TR^3 スペクトルにおいて指摘しているが[18]，ピコ秒領域での詳細は本研究によって初めて明らかになった。

HbとMbとのこれらの違いが，Hbの四量体形成や協同性に直接関係する相互作用によるものなのか，それともMbとHbサブユニット固有の性質の違いによるものかを調べるために，α鎖およびβ鎖を単離した試料について TR^3 測定を行った。その結果，上に挙げた4つの相違点は，単離鎖とMbとの比較においても同様にみられることがわかった。溶液中で，単離α鎖は単量体として，単離β鎖は四量体として存在し，いずれもHbのような協同性を示さない。単離鎖の試料では，協同性を示さないにもかかわらず，さらにMbと同じ単量体であってもそのダイナミクスの特徴はMbではなくHbに近いということはHbサブユニットとMbの構造の類似を考えると意外な結果である。このことは，四量体形成によってではなく，サブユニットの段階ですでにMbにはないHbとしての特徴があらわれていることを示唆している。このようなHb特有の動的性質がHbの協同性発現にどのように関わっているかは大変興味深い。今後の課題である。

4.7.5 今後の展望

ピコ秒TR^{3}分光法を用いることによって，MbおよびHb中のヘムやFe-His結合に起きる変化とその時間スケールが相当明らかになった。次に明らかにすべき点は，この構造変化の次のステップである。これを調べるには，ヘム周囲のタンパク質部分の構造変化を直接観測する必要がある。しかし本稿で述べた実験ではヘムを選択的に観ることはできるが，逆にそれ以外の部分を観ることはできない。そこでプローブ光波長を紫外域に移し，芳香族アミノ酸残基の共鳴ラマンスペクトルを測定する。Tyr，Trp，Pheなどの芳香族アミノ酸残基は200〜300nmに吸収帯を持っているので，紫外光を用いることでこれらのアミノ酸残基の共鳴ラマンスペクトルを選択的に測定することができるのである[19]。しかし，タンパク質の紫外共鳴ラマンスペクトル測定は可視光を用いた測定に比べ難しく検出系の工夫が必要である。しかもタンパク質についてピコ秒領域での時間分解測定はいまだ報告例がない。筆者らはそれらの技術的困難を克服するべくいくつかの工夫を取り入れ，現在装置づくりを行っている。タンパク質部分の構造変化とFe-His結合の変化とがどのように連動して起きているかが明らかになれば，リガンドの脱着から四次構造変化にいたるしくみの解明に大きく近づくと考えている。

＜謝辞＞

ここで述べた研究は，岡崎国立共同研究機構北川禎三教授，金沢大学医学部長井雅子教授との共同研究の成果である。

文　献

1) D. Voet *et al.*, Biochemistry. New York, Wiley, 215 (1995).
2) Y. Mizutani *et al.*, *J. Phys. Chem. B*, **105**, 10992 (2001).
3) Y. Mizutani *et al.*, *Chem. Record*, **1**, 258 (2001).
4) T. Kitagawa *et al.*, *Biopolymers* (*Biospectroscopy*), **67**, 207 (2002).
5) J. S. Olson *et al.*, *J Biol Chem*, **271**, 17596 (1996).
6) G. S. Kachalova *et al.*, *Science*, **284**, 473 (1999).

7) Y. Mizutani *et al.*, *Science* **278**, 443 (1997).
8) T. Kitagawa, The Heme Protein Structure and the Iron Histidine Stretching Mode, ed. T. G. Spiro, vol. Ⅲ. New York, John Wiley & Sons, pp. 97 (1987).
9) O. Bangcharoenpaurpong *et al.*, *J. Am. Chem. Soc.*, **106**, 5688 (1984).
10) K. Kuczera *et al.*, *Proc. Natl. Acad. Sci. USA*, **90**, 5805 (1993).
11) T. A. Jackson *et al.*, *Chem. Phys.*, **180**, 131 (1994).
12) E. W. Findsen *et al.*, *J. Am. Chem. Soc.*, **107**, 3355 (1985).
13) X. Xie *et al.*, *Biochemistry*, **30**, 3682 (1991).
14) J. Teraoka *et al.*, *J. Biol. Chem.*, **256**, 3639 (1981).
15) S. V. Evans *et al.*, *J. Mol. Biol.*, **213**, 885 (1990).
16) Y. Shiro *et al.*, *Biochemistry*, **33**, 14986 (1994).
17) Y. Mizutani *et al.*, *manuscript in preparation.*
18) J. M. Friedman *et al.*, *J. Biol. Chem.*, **258**, 10564 (1983).
19) S. Asher, *Annu. Rev. Phys. Chem.*, **39**, 537 (1988).

第7章　ナノバイオテクノロジーの未来

植田充美*

2002年，日本人が2人同時にノーベル賞を受賞した出来事は，まだ，記憶に新しいところである。物理学賞の小柴昌俊博士のカミオカンデや化学賞の田中耕一氏の質量分析機は，先端を行くサイエンスとテクノロジーの融合の産物であり，この開発とそれらによって得られた（あるいは，現在得られつつある）成果に対する受賞であったことを考えると，これまでの日本人のノーベル賞受賞とは，ひと味ちがうものであった。昨今の偏った考え方，すなわち，サイエンスは基礎的で，テクノロジーは応用でサイエンスよりも下位であるといった誤った考え方を根底から覆し，当たり前のことであるが，サイエンスとテクノロジーはDNAの2重らせんのようにどちらも等位で切り離せるものではないということを再認識させた受賞でもあった。

バイオサイエンスの世界は，今や，ポストゲノム時代を迎え，遺伝子からタンパク質の発現と機能解析や代謝産物の解析へと研究が向かっており，多様な遺伝子から対応するタンパク質を調製し，その機能を迅速に明らかにしたり，多種類の代謝産物を高速に分離同定していくところに，従来の方法論をブレークスルーするようなサイエンスとテクノロジーの融合が今や求められてきている。こういう状況は，これまで支配的であった欧米一辺倒の分析技術を，日本の得意とする技術と組織的な産官学連携で歴史的に大転換する絶好のチャンスである。世の中はITによる技術革新が進み，次の大きな革新技術で，日本の得意とする技術であるナノテクノロジーが隆盛してきており，これらの技術とバイオテクノロジーの融合に，そのブレークスルーの芽がふき始めてきた。この潮流をいかに捉えて，駆け抜けるかが，日本再生（リセット）の未来を左右しかねないと考えられる。そのためにも，産官学がそれぞれ得意とするところをお互い協力的に引き伸ばしあうことが，特に，このナノバイオテクノロジーの分野では求められていくであろう。

そもそも，生物の細胞の世界はナノのサイズの世界と言っても過言ではなく，ナノバイオロジーという言葉も流布されているとおり，その世界を分析するためには，従来の技術を上回るマイクロやナノテクノロジーに活路を見い出すことが必要である。ナノバイオテクノロジーは，バイオテクノロジーが多くのナノテクノロジーを取込みながら，まさに末広がりにスパイラルに進化していく分野であり，その究極には，この成書でも取り上げてきたケミストリーとマテリアルと

---

*　Mitsuyoshi　Ueda　京都大学大学院　農学研究科　応用生命科学専攻　教授

バイオエンジニアリングが相互に融合した新しいサイエンスとしての革新的なコンビナトリアル・サイエンスの世界が広がり，生体高分子を自在に制御し，その組織化によるマイクロあるいはナノマシンに相当する細胞が創製されていくことが予想される。この方向に，バイオテクノロジーとナノテクノロジーとITの融合による新しい産業や社会の活性化と再建，さらには，若い世代へのフューチャーサイエンスとテクノロジーへの関心の喚起を託していけるのではないかと考えられる。

《CMCテクニカルライブラリー》発行にあたって

弊社は、1961年創立以来、多くの技術レポートを発行してまいりました。これらの多くは、その時代の最先端情報を企業や研究機関などの法人に提供することを目的としたもので、価格も一般の理工書に比べて遙かに高価なものでした。

一方、ある時代に最先端であった技術も、実用化され、応用展開されるにあたって普及期、成熟期を迎えていきます。ところが、最先端の時代に一流の研究者によって書かれたレポートの内容は、時代を経ても当該技術を学ぶ技術書、理工書としていささかも遜色のないことを、多くの方々が指摘されています。

弊社では過去に発行した技術レポートを個人向けの廉価な普及版《CMCテクニカルライブラリー》として発行することとしました。このシリーズが、21世紀の科学技術の発展にいささかでも貢献できれば幸いです。

2000年12月

株式会社　シーエムシー出版

ナノバイオテクノロジー
—新しいマテリアル，プロセスとデバイス—　(B0885)

2003年10月31日　初　版　第1刷発行
2009年 8月20日　普及版　第1刷発行

監　修　植田　充美　Printed in Japan
発行者　辻　賢司
発行所　株式会社　シーエムシー出版
東京都千代田区内神田1-13-1　豊島屋ビル
電話03（3293）2061
http://www.cmcbooks.co.jp

〔印刷　倉敷印刷株式会社〕

ISBN978-4-7813-0111-2 C3047 ¥6200E